NANOMATERIALS

纳米材料前沿

编委会

"十三五"国家重点出版物
出版规划项目

国家出版基金项目
NATIONAL PUBLICATION FOUNDATION

纳米材料前沿 >

Rare Earth Nanomaterials

稀土纳米材料

张洪杰 等编著

化学工业出版社

·北 京·

本书依据作者研究团队以及国内外稀土纳米材料的最新研究进展，从稀土元素的特点和性质出发，系统介绍了稀土有机－无机杂化发光纳米材料、白光LED稀土发光材料、稀土上转换发光纳米材料、场发射显示器用稀土发光材料、稀土单分子磁性材料、稀土巨磁电阻材料、稀土陶瓷材料、稀土催化材料以及稀土电化学能源材料，内容涵盖稀土纳米材料在光、电、磁、催化等领域的应用。

本书可供从事稀土纳米材料及其相关领域的研究人员及高等院校相关专业师生参考使用。

图书在版编目（CIP）数据

稀土纳米材料/张洪杰等编著. —北京：化学工业出版社，2018.4

（纳米材料前沿）

ISBN 978-7-122-31670-7

Ⅰ.①稀⋯ Ⅱ.①张⋯ Ⅲ.①稀土金属－纳米材料 Ⅳ.①TB383

中国版本图书馆CIP数据核字〔2018〕第042741号

- -

责任编辑：韩霄翠　仇志刚
文字编辑：向　东
责任校对：王　静
装帧设计：尹琳琳

- -

出版发行：化学工业出版社
　　　　　（北京市东城区青年湖南街13号　邮政编码100011）
印　　装：北京瑞禾彩色印刷有限公司
710mm×1000mm　1/16　印张25　字数420千字
2018年10月北京第1版第1次印刷

- -

购书咨询：010-64518888 售后服务：010-64518899
网　　址：http://www.cip.com.cn
凡购买本书，如有缺损质量问题，本社销售中心负责调换。

- -

定　　价：148.00元

NANOMATERIALS

稀土纳米材料

编写人员名单
（按姓氏汉语拼音排序）

卞祖强	北京大学
曹昌燕	中国科学院化学研究所
常志文	中国科学院长春应用化学研究所
程子泳	中国科学院长春应用化学研究所
高　松	北京大学
黄春辉	北京大学
李富友	复旦大学
李焕荣	河北工业大学
李志强	河北工业大学
梁　飞	中国科学院长春应用化学研究所
林　静	中国科学院长春应用化学研究所
林　君	中国科学院长春应用化学研究所
刘孝娟	中国科学院长春应用化学研究所
刘志伟	北京大学
孟　健	中国科学院长春应用化学研究所
施伟东	江苏大学
宋术岩	中国科学院长春应用化学研究所
宋卫国	中国科学院化学研究所
唐金魁	中国科学院长春应用化学研究所
王炳武	北京大学
王立民	中国科学院长春应用化学研究所
尤洪鹏	中国科学院长春应用化学研究所
张洪杰	中国科学院长春应用化学研究所
张　鹏	中国科学院长春应用化学研究所
张新波	中国科学院长春应用化学研究所

纳米材料是国家战略前沿重要研究领域。《中华人民共和国国民经济和社会发展第十三个五年规划纲要》中明确要求："推动战略前沿领域创新突破，加快突破新一代信息通信、新能源、新材料、航空航天、生物医药、智能制造等领域核心技术。"发展纳米材料对上述领域具有重要推动作用。从"十五"期间开始，我国纳米材料研究呈现出快速发展的势头，尤其是近年来，我国对纳米材料的研究一直保持高速发展，应用研究屡见报道，基础研究成果精彩纷呈，其中若干成果处于国际领先水平。例如，作为基础研究成果的重要标志之一，我国自2013年开始，在纳米科技研究领域发表的 SCI 论文数量超过美国，跃居世界第一。

在此背景下，我受化学工业出版社的邀请，组织纳米材料研究领域的有关专家编写了"纳米材料前沿"丛书。编写此丛书的目的是为了及时总结纳米材料领域的最新研究工作，反映国内外学术界尤其是我国从事纳米材料研究的科学家们近年来有关纳米材料的最新研究进展，展示和传播重要研究成果，促进学术交流，推动基础研究和应用基础研究，为引导广大科技工作者开展纳米材料的创新性工作，起到一定的借鉴和参考作用。

类似有关纳米材料研究的丛书其他出版社也有出版发行，本丛书与其他丛书的不同之处是，选题尽量集中系统，内容偏重近年来有影响、有特色的新颖研究成果，聚焦在纳米材料研究的前沿和热点，同时关注纳米新材料的产业战略需求。丛书共计十二分册，每一分册均较全面、系统地介绍了相关纳米材料的研究现状和学科前沿，纳米材料制备的方法学，材料形貌、结构和性质的调控技术，常用研究特定纳米材料的结构和性质的手段与典型研究结果，以及结构和性质的优化策略等，并介绍了相关纳米材料在信息、生物医药、环境、能源等领域的前期探索性应用研究。

丛书的编写，得到化学及材料研究领域的多位著名学者的大力支持和积极响应，陈小明、成会明、刘云圻、孙世刚、张洪杰、顾忠泽、王训、杨卫民、张立群、唐智勇、王春儒、王树等专家欣然应允分别担任分册组织人员，各位作者不懈努力、齐心协力，才使丛书得以问世。因此，丛书的出版是各分册作者辛勤劳动的结果，是大家智慧的结晶。另外，丛书的出版得益于化学工业出版社的支持，得益于国家出版基金对丛书出版的资助，在此一并致以谢意。

众所周知，纳米材料研究范围所涉甚广，精彩研究成果层出不穷。愿本丛书的出版，对纳米材料研究领域能够起到锦上添花的作用，并期待推进战略性新兴产业的发展。

万立骏

识于北京中关村

2017 年 7 月 18 日

稀土元素因具有独特的4f电子构型、大的原子磁矩、强的自旋-轨道耦合等特点，在光、电、磁和催化等领域展现出优异的性能，不仅广泛用于冶金、石油化工、玻璃陶瓷等传统产业，更是清洁能源、新能源汽车、半导体照明、新型显示、生物医药等新兴高科技产业和国防尖端技术领域不可或缺的关键材料，在国际上被誉为高新技术材料的"宝库"。我国是世界上稀土资源最丰富的国家，而且矿种齐全，开展稀土研究与应用具有得天独厚的条件。目前我国已建立了完整的稀土采、选、冶、用的工业体系，特别是在稀土发光与激光材料、稀土磁性材料、稀土催化材料、稀土陶瓷材料、稀土能源材料及稀土轻合金材料等一批新型功能材料研发与应用方面，已经取得了长足的进步。稀土功能材料的应用不仅极大地改造和提升了传统产业，而且对开发高新技术、发展新兴产业起着关键性的作用，因此进一步研究和开发新型、高性能、具有自主产权的高附加值稀土功能材料，对我国的现代工业和国防尖端技术的发展具有极其重要的战略意义。

纳米科学是一门探索微观世界的新兴学科，它最初的设想源于诺贝尔物理学奖获得者费曼（R. P. Feynman）1959年在美国加州理工大学的一次著名演讲。随着微观表征技术的发明和发展，纳米科学得到了飞速的发展，已经成为世界范围内的研究热点。纳米材料因其独特的物理和化学性质，例如小尺寸效应、宏观量子隧道效应、表面和界面效应等，在光学、电学、磁学、催化、传感和生物医学等方面都具有广阔的应用前景。将纳米材料特有的物理和化学性质与稀土元素独特的4f电子层构型相结合，使稀土纳米材料增加了许多新颖的性质，展现出不同于传统材料的更加优异的性能，发挥出更大的潜能，并为稀土资源的利用开辟了新的途径，进一步扩展了其在尖端技术、高科技制造、国防军工等领域的应用范围。

编写本书的宗旨是试图以稀土元素独特的电子结构及其相关特征为基础，以光、磁、电、催化功能为导向，以应用为目标，比较系统、全面地介绍稀土纳米材料研究与应用的现状、存在的问题以及未来的发展方向，以引导稀土纳米材料的基础研究与应用向纵深发展。

本书共分10章，第1章概述了稀土元素的特点和性质，以及稀土纳米材料在光、电、磁、催化等领域的应用。第2章介绍了稀土有机-无机杂化发光纳米材料特点、分类、设计、制备方法及其光学性质。第3章从白光LED的应用角度综述了铝酸盐体系、硅酸盐体系、磷酸盐体系、氮（氧）化物体系和白光LED稀土材料的研究进展及应用。第4章主要介绍了稀土上转换发光纳米材料的几种上转换发光机制、组成、制备及表面功能化的方法，并进一步结合生物成像应用实例，介绍了稀土上转换发光纳米材料在生物医学领域的应用。第5章首先介绍了场发射显示器的原理及应用，根据FED对发光材料的要求，从应用的角度详细地介绍了稀土FED发光材料的制备方法、性能的调控与优化以及薄膜和图案化FED的制备技术。第6章首先介绍了单分子磁体的基本知识，然后详细介绍了稀土单分子磁性材料的研究进展，包括稀土单分子磁体、稀土单离子分子磁体、双核稀土单分子磁体以及多核稀土单分子磁体。第7章主要从计算机理论模拟和实验研究两方面介绍了稀土在半金属性巨磁电阻材料中的应用，以及对磁介电材料结构及电性能的影响。第8章首先介绍了稀土在陶瓷中的作用机理，然后详细介绍了稀土对超导陶瓷、压电陶瓷、导电陶瓷、介电陶瓷和敏感陶瓷等功能陶瓷的改性作用。第9章首先介绍了稀土元素在催化剂中的作用机理，然后重点介绍了稀土催化材料在工业废气、汽车尾气和光催化环境净化等方面的研究进展。第10章从稀土纳米材料在电化学能源中的应用角度详细综述了其在镍氢电池、锂电池、固体氧化物燃料电池和超级电容器中的应用研究进展。

本书是一本阐述稀土纳米材料原理和技术的专著，全面和系统地介绍了稀土纳米材料的相关知识，及其在光、磁、电、催化等领域的应用。本书对从事稀土纳米材料事业的人员，尤其对从事稀土纳米材料的研究及应用的人员有很好的参考价值，也可作为大专院校、科研院所纳米材料专业师生的参考书。

随着我国稀土基础和应用研究的不断深入和发展，更多的新观点、新材料和新应用将不断地涌现。但总的来说，稀土纳米材料的研究和应用尚在发展之中，很多方面还有待深入的研究。受编著者知识面和专业水平所限，书中难免有不足之处，恳请各位专家学者和广大读者批评指正。

在编写本书的过程中，参加编写的各位专家密切合作，宋术岩研究员做了大量细致而卓有成效的工作，并得到化学工业出版社的大力支持，在此，我们谨表示衷心的感谢。

张洪杰

中国科学院长春应用化学研究所

稀土资源利用国家重点实验室

Chapter 1

第1章
绪论

001
刘志伟，卞祖强，黄春辉
（北京大学化学与分子工程学院）

Chapter 2

第2章
稀土有机-无机杂化发光纳米材料

027
李焕荣，李志强，张洪杰
（河北工业大学化工学院，中国科学院长春应用化学研究所）

Chapter 3

第3章
白光LED稀土发光材料

073

尤洪鹏
（中国科学院长春应用化学研究所）

Chapter 4

第4章
稀土上转换发光纳米材料

133
李富友
（复旦大学化学系）

Chapter 5

第 5 章
场发射显示器用稀土发光材料

林君，程子泳
（中国科学院长春应用化学研究所）

Chapter 6

第6章
稀土单分子磁性材料

223 唐金魁，张鹏，王炳武，高松
（中国科学院长春应用化学研究所，
北京大学化学与分子工程学院）

Chapter 7

第7章
稀土巨磁电阻材料

277

孟健，刘孝娟
（中国科学院长春应用化学研究所）

Chapter 8

第8章
稀土陶瓷材料

313

施伟东，宋术岩
（江苏大学化学化工学院，中国科学院长春应用化学研究所）

Chapter 9

第9章
稀土催化材料

329
宋卫国，曹昌燕
（中国科学院化学研究所）

Chapter 10

第10章
稀土电化学能源 材料

353
林静，梁飞，王立民，常志文，张新波
（中国科学院长春应用化学研究所）

NANOMATERIALS

稀土纳米材料

Chapter 1

第1章
绪论

刘志伟，卞祖强，黄春辉
北京大学化学与分子工程学院

1.1
稀土元素简介

1.1.1
稀土元素的概念

具有相似外层电子结构的稀土元素也具有非常相似的化学性质,在地壳中常常以氧化物的形式伴生,因此,人们在对它们的性质还没有充分认识以前将其统称为稀土。稀土元素位于元素周期表的第三副族,包括原子序数为21的钪(Sc)、39的钇(Y)和57～71的镧(La)、铈(Ce)、镨(Pr)、钕(Nd)、钷(Pm)、钐(Sm)、铕(Eu)、钆(Gd)、铽(Tb)、镝(Dy)、钬(Ho)、铒(Er)、铥(Tm)、镱(Yb)、镥(Lu),共17种元素。其中,原子序数为57～71的15种元素又统称为镧系元素。从17世纪80年代"钇土"(主要成分为Y_2O_3)的发现,到1945年最后一个稀土成员——钷被人造出来,人们对稀土元素的认识经历了近两个世纪[1,2]。

稀土并不"稀",Ce、Y、La的质量克拉克(Clarke)值约在10^{-3},而Sm、Gd、Pr、Dy、Yb、Ho、Er、Eu等也有10^{-4},远高于Ag(10^{-6})、Au和Pt(10^{-7})等贵金属。不过,稀土常常以伴生矿存在于其他矿石之中,不易分离,如我国内蒙古自治区的白云鄂博铁矿中就含有很丰富的氟碳铈镧矿。

中国拥有丰富的稀土资源。根据美国地质调查局2011年1月《矿产品摘要》公布的数据,全球稀土资源储量为1.1亿吨(以REO计,下同),已探明的稀土矿储量54%分布在中国。

1.1.2
稀土元素的电子结构

基态原子的电子组态由主量子数n和角量子数l决定。若以[Xe]代表惰性气体

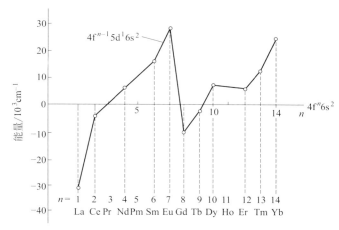

图1.1　中性镧系原子$4f^n6s^2$和$4f^{n-1}5d^16s^2$组态的能量相对位置[3,4]

氙的电子组态，即$1s^22s^22p^63s^23p^63d^{10}4s^24p^64d^{10}5s^25p^6$，那么根据能量最低原理，镧系元素（除镥外）的原子的电子组态有两种类型，即[Xe]$4f^n6s^2$和[Xe]$4f^{n-1}5d^16s^2$，其中n为1～14。镧、铈、钆的基态原子的电子组态属于[Xe]$4f^{n-1}5d^16s^2$类型；镥原子的基态电子组态属于[Xe]$4f^{14}5d^16s^2$类型；其余元素即镨、钕、钷、钐、铕、铽、镝、钬、铒、铥、镱等均属于[Xe]$4f^n6s^2$类型。对于钪和钇，它们虽然没有4f电子，但最外层电子具有$(n-1)d^1ns^2$组态，因此在化学性质上与具有f电子的镧系元素有相似之处，这是人们常将它们统称为稀土元素的原因。

镧系元素原子的基态电子组态是[Xe]$4f^n6s^2$还是 [Xe]$4f^{n-1}5d^16s^2$，取决于这两种组态的能量高低。图1.1表示出中性镧系元素原子分别以$4f^n6s^2$或$4f^{n-1}5d^16s^2$为电子组态时体系能量的相对数值。对于镧、铈、钆，电子组态为[Xe]$4f^{n-1}5d^16s^2$时，体系能量低于相应的[Xe]$4f^n6s^2$组态的能量，所以前者的排布方式是基态；而铽在这两种组态时能量相近，二者均有可能；镥的4f电子全充满，只有[Xe]$4f^{14}5d^16s^2$一种排布方式；其余各元素则均为[Xe]$4f^n6s^2$。现将它们总结于表1.1中。

1.1.3
稀土元素的价态

稀土元素的最外和次外两层的电子组态基本相似，易于失去3个电子，呈+3

表1.1　稀土元素的基态电子组态

原子序数	元素	符号	内层情况	原子的电子组态					三价离子的电子组态	金属原子半径（配位数=12时）/pm	原子量
				4f	5s	5p	5d	6s			
57	镧	La		0	2	6	1	2	[Xe]$4f^0$	187.91	138.9905
58	铈	Ce		1	2	6	1	2	[Xe]$4f^1$	182.47	140.12
59	镨	Pr		3	2	6		2	[Xe]$4f^2$	182.80	140.9077
60	钕	Nd		4	2	6		2	[Xe]$4f^3$	182.14	144.24
61	钷	Pm		5	2	6		2	[Xe]$4f^4$	（181.0）	（147）
62	钐	Sm	内部各层已填满，共46个电子	6	2	6		2	[Xe]$4f^5$	180.41	150.35
63	铕	Eu		7	2	6		2	[Xe]$4f^6$	204.20	151.96
64	钆	Gd		7	2	6	1	2	[Xe]$4f^7$	180.13	157.25
65	铽	Tb		9	2	6		2	[Xe]$4f^8$	178.33	158.9254
66	镝	Dy		10	2	6		2	[Xe]$4f^9$	177.40	162.50
67	钬	Ho		11	2	6		2	[Xe]$4f^{10}$	176.61	164.9304
68	铒	Er		12	2	6		2	[Xe]$4f^{11}$	175.66	167.26
69	铥	Tm		13	2	6		2	[Xe]$4f^{12}$	174.62	168.9342
70	镱	Yb		14	2	6		2	[Xe]$4f^{13}$	193.92	173.04
71	镥	Lu		14	2	6	1	2	[Xe]$4f^{14}$	173.49	174.97
				3d	4s	4p	4d	5s			
21	钪	Sc	内部填满18电子	1	2				[Ar]	164.06	44.956
39	钇	Y		10	2	6	1	2	[Kr]	180.12	88.905

价，在化学反应中表现出典型的金属性质。其金属性仅次于碱金属和碱土金属，与潮湿空气接触将被氧化而失去金属光泽，因此稀土金属一般应保存在煤油中。17种稀土元素按金属的活泼性排列，由钪到镧依次递增，由镧到镥依次递减，即镧在17种稀土元素中最活泼。

　　根据Hund规则，在原子或离子的电子结构中，当同一层的电子处于全空、全满或半充满的状态时体系能量较低，所以4f亚层上电子布居数分别为$4f^0$（La^{3+}）、$4f^7$（Gd^{3+}）和$4f^{14}$（Lu^{3+}）时比较稳定。在La^{3+}之后的Ce^{3+}和Gd^3之后的Tb^{3+}分别比稳定的电子组态多1个电子，因此它们可进一步失去一个电子被氧化成+4价；与之相反，在Gd^{3+}之前的Sm^{3+}、Eu^{3+}以及Lu^{3+}之前的Yb^{3+}，它们分别比稳定的电子组态少1个或2个电子，因此它们有获得1个或2个电子被还原成+2价的倾向。这是这几个元素有时以非三价形式存在的原因。

　　氧化（或还原）的难易程度，通常用标准氧化电位$E^{\ominus}$表示。$E^{\ominus}$的正值越大，还原形式越稳定，故部分稀土元素形成4价和2价的倾向可由表1.2所示数据看出。

表1.2　稀土元素的氧化电位$E^{\ominus}$

电对	$E^{\ominus}$/V	电对	$E^{\ominus}$/V
Ce^{4+}/Ce^{3+}	+1.74	Eu^{3+}/Eu^{2+}	−0.35
Tb^{4+}/Tb^{3+}	+3.1±0.2	Yb^{3+}/Yb^{2+}	−1.15
Nd^{4+}/Nd^{3+}	+5.0±0.4	Sm^{3+}/Sm^{2+}	−1.55
Dy^{4+}/Dy^{3+}	+5.2±0.4	Tm^{3+}/Tm^{2+}	−2.3±0.2

由表1.2可以看到：Ce^{3+}和Tb^{3+}都能氧化成+4价，而Nd^{3+}和Dy^{3+}则很难被氧化到+4价。Ce在氧或空气中加热即可被氧化生成CeO_2，铽必须在300℃和1000atm（1atm=101325Pa）下才能形成TbO_2，在空气中分解铽的碳酸盐或草酸盐只能得到Tb_4O_7（Tb_7O_{12}和$Tb_{11}O_{20}$的混合物）；Eu^{2+}、Yb^{2+}、Sm^{2+}和Tm^{2+}都容易氧化成+3价，但是Eu^{2+}和Yb^{2+}的化合物能相对稳定存在，如EuO和YbO能在低温下存在。

1.1.4
稀土元素的化学键

稀土作为一类典型的金属，它们能与周期表中大多数非金属形成化学键。在金属有机化合物或原子簇化合物中，有些低价稀土元素还能与某些金属形成金属-金属键，但作为一种贫电子和很强的正电排斥作用的金属，至今还没有发现稀土-稀土金属键的存在。

从软硬酸碱的观点看，稀土离子属于硬酸，因而它们更倾向于与被称为硬碱的离子形成化学键。例如，在氧族中，稀土更倾向于与氧形成RE—O键，而与硫、硒、碲形成化学键的数目明显减少。我们曾以1935～1995年上半年正式发表的有结构数据的1391个稀土配合物为例[3]，按化学键的分类：含有RE—O键的有1080个，占全部配合物的77.6%。其中仅含RE—O键的有587个，占全部配合物的42.2%。而含RE—S键的配合物只有46例，含RE—Se键的只有7例，含RE—Te的配合物只有10例。稀土也能与氮族元素形成化学键，含有RE—N键的配合物共有318个，含有RE—P键的配合物只有15个，而含RE—As键的配合物尚未见报道。含有稀土与碳的化学键的配合物在通常情况下已经很不稳定了，但在无水无氧的条件下，它们还能稳定地存在的共407例，含有RE—Si键的配合物则很少。

对稀土化合物中化学键的性质和4f电子是否参与成键的问题，长期以来曾有过很多的争论。近年来理论化学家展开了对稀土化合物分子轨道的研究，旨在深入了解它们的电子结构和化学键性质。目前，对于稀土化合物的化学键是具有一定的共价性的离子键的定性结论，不同作者的观点是比较一致的。徐光宪等[5]采用自旋不限制的INDO方法计算并讨论了许多稀土化合物（其中包括许多稀土配合物）后，指出稀土化合物中的化学键具有相当的共价成分，其主要贡献来自稀土原子的5d和6s轨道，而4f轨道是定域的。

1.1.5
稀土元素的半径

根据原子核外电子排布规律，镧系元素随着原子序数的增加，新增加的电子不是填充到最外层，而是填充到4f内层；而由于4f电子云的弥散，并没有全部地分布在5s5p壳层内部。如图1.2（a）为铈原子的4f、5s、5p、5d、6s和6p电子的径向分布函数；图1.2（b）为三价镨离子的4f、5s、5p电子的径向分布函数。故当原子序数增加1时，核电荷增加1，4f电子虽然也增加1，但增加的4f电子并不能完全屏蔽所增加的核电荷。因此，当原子序数增加时，外层电子所受到有效核电荷的引力增加，导致原子半径或离子半径缩小。这种现象称为镧系收缩。一般认为，在离子中4f电子只能屏蔽核电荷的85%；而在原子中由于4f电子云的弥散没有在离子中大，故屏蔽系数略大。

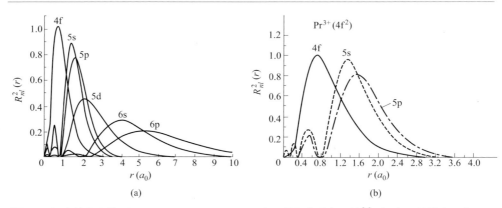

图1.2 （a）铈原子的4f、5s、5p、5d、6s和6p电子的径向分布函数[6]；（b）三价镨离子的4f、5s、5p电子的径向分布函数[7]

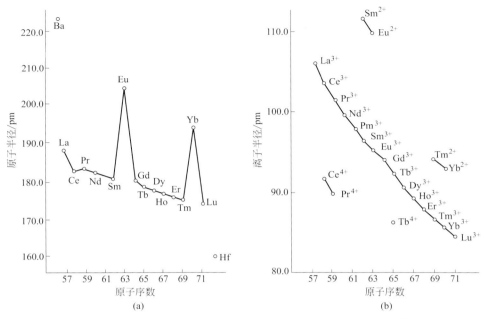

图1.3　镧系金属的原子半径（a）和三价镧系离子的半径（b）与原子序数的关系[3]

　　镧系元素的原子半径因镧系收缩发生有规律的变化。前述我们已经提到4f电子对核电荷的屏蔽系数在元素处于原子或离子状态时是不同的。在原子状态时4f电子的屏蔽系数比在离子状态时的大。因此，镧系收缩在原子中表现得比在离子中小。镧系元素原子半径的数值列于表1.1，它们随原子序数的变化如图1.3（a）所示，除铈、铕、镱"反常"外，金属原子半径表现了收缩的趋势，只是这种变化不如离子半径收缩的数值大而已［图1.3（b）］。

　　铈、铕、镱的原子半径表现"反常"的原因何在？金属的原子半径大致相当于最外层电子云密度最大处所对应的半径，而在金属中最外层电子云在相邻原子之间是相互重叠的，它们可以在晶格之间自由运动，成为传导电子。对稀土金属来说，一般情况下这种离域的传导电子是三个。但是，由于铕和镱倾向于分别保持$4f^7$和$4f^{14}$的半充满和全充满的电子组态，因此它们倾向于只提供两个离域电子，外层电子云在相邻原子之间相互重叠得少，有效半径就明显增大。相反，铈原子由于4f轨道中只有一个电子，它倾向于失去这个电子保持$4f^0$的稳定亚层结构，再加上$5d^16s^2$中的3个电子，因此总共提供四个离域电子而保持稳定的电子组态；重叠的电子云多了，这就使它的原子间的距离比相邻的其他金属镧和镨都要小一些。

　　镧系收缩的结果，使镧系元素的同族，上一周期的元素钇的原子半径与钕、钐相近，其三价离子半径位于钬、铒之间，因而钇的化学性质与镧系元素非常相似。天然矿物中钇与镧系元素常常共生。

　　由于镧系收缩，镧系元素后的其他第三过渡金属元素的离子半径接近于同族第二过渡金属元素的，如 Hf 与 Zr、Ta 与 Nb、W 与 Mo 这三对元素的化学性质相似，离子半径接近（Zr^{4+}：80pm，Hf^{4+}：81pm；Nb^{5+}：70pm，Ta^{5+}：73pm；Mo^{6+}：62pm，W^{6+}：65pm）。它们在自然界亦共生于同一矿床中，彼此的分离比较困难。

　　由于镧系收缩，镧系元素的离子半径递减，从而导致镧系元素在性质上随原子序数的增大而有规律地发生递变。例如，在大多数情况下，镧系元素的配合物的稳定常数随原子序数增大而增大；其氢氧化物的碱性随原子序数增大而减弱；氢氧化物开始沉淀的 pH 值随原子序数的增大而递降等。

1.2
稀土化合物的性质

1.2.1
稀土化合物的发光性质

1.2.1.1
镧系元素的光谱项

　　镧系元素具有未充满的4f电子层结构，由于4f电子的不同排布，产生了不同的能级。4f电子在不同的能级之间的跃迁，可产生丰富的吸收或发射光谱。光谱项是通过角量子数 l、磁量子数 m_l 以及它们之间不同的组合以表示与电子排布相联系的能级关系的一种符号。

　　表1.3列出了三价镧系元素离子基态的电子排布及其基态光谱项，图1.4是三价镧系元素离子的能级图。

表1.3　三价镧系元素离子基态的电子排列及其基态光谱项

三价镧系元素离子	4f	4f 轨道的磁量子数 m_l							L	S	J	基态光谱项	Δ/cm^{-1}	ζ_{4f}/cm^{-1}
		3	2	1	0	−1	−2	−3						
											$J=L-S$			
La^{3+}	0								0	0	0	$^1S_0$		
Ce^{3+}	1	↑							3	1/2	5/2	$^2F_{5/2}$	2200	640
Pr^{3+}	2	↑	↑						5	1	4	$^3H_4$	2150	750
Nd^{3+}	3	↑	↑	↑					6	3/2	9/2	$^4I_{9/2}$	1900	900
Pm^{3+}	4	↑	↑	↑	↑				6	2	4	$^5I_4$	1600	1070
Sm^{3+}	5	↑	↑	↑	↑	↑			5	5/2	5/2	$^6H_{5/2}$	1000	1200
Eu^{3+}	6	↑	↑	↑	↑	↑	↑		3	3	0	$^7F_0$	350	1320
											$J=L+S$			
Gd^{3+}	7	↑	↑	↑	↑	↑	↑	↑	0	7/2	7/2	$^8S_{7/2}$		1620
Tb^{3+}	8	↑↓	↑	↑	↑	↑	↑	↑	3	3	6	$^7F_6$	2000	1700
Dy^{3+}	9	↑↓	↑↓	↑	↑	↑	↑	↑	5	5/2	15/2	$^6H_{15/2}$	3300	1900
Ho^{3+}	10	↑↓	↑↓	↑↓	↑	↑	↑	↑	6	2	8	$^5I_8$	5200	2160
Er^{3+}	11	↑↓	↑↓	↑↓	↑↓	↑	↑	↑	6	3/2	15/2	$^5I_{15/2}$	6500	2440
Tm^{3+}	12	↑↓	↑↓	↑↓	↑↓	↑↓	↑	↑	5	1	6	$^3H_6$	8300	2640
Yb^{3+}	13	↑↓	↑↓	↑↓	↑↓	↑↓	↑↓	↑	3	1/2	7/2	$^2F_{7/2}$	10300	2880
Lu^{3+}	14	↑↓	↑↓	↑↓	↑↓	↑↓	↑↓	↑↓	0	0	0	$^1S_0$		

角量子数 $l=3$ 的4f亚层共有7个轨道，它们的磁量子数 m_l 依次等于−3、−2、−1、0、1、2、3。表1.3中：$L=M_{L最大}=\Sigma m_l$；$S=M_{S最大}=\Sigma m_s$；$J=L\pm S$；Δ 表示从基态至其上最靠近的另一 J 多重态之间的能量差，ζ_{4f} 为自旋-轨道耦合系数。M_L 是离子的总磁量子数，它的最大值即离子的总角量子数 L；M_S 是离子的总自旋量子数沿磁场的分量，它的最大值即离子的总自旋量子数 S；$J=L\pm S$，它是离子的总内量子数，它表示轨道和自旋角动量总和的大小。对于从 La^{3+} 到 Eu^{3+} 的前7个离子，$J=L-S$；对于从 Gd^{3+} 到 Lu^{3+} 后8个离子，$J=L+S$。光谱项由 L、S、J 这三个量子数组成，表达式为 $^{2S+1}L_J$。光谱项中的 L 的数值与光谱项英文字母符号之间的对应关系如下：

L	0	1	2	3	4	5	6
符号	S	P	D	F	G	H	I

L 左上角的数字表示光谱项的多重性，它等于 $2S+1$；右下角的数字为内量子

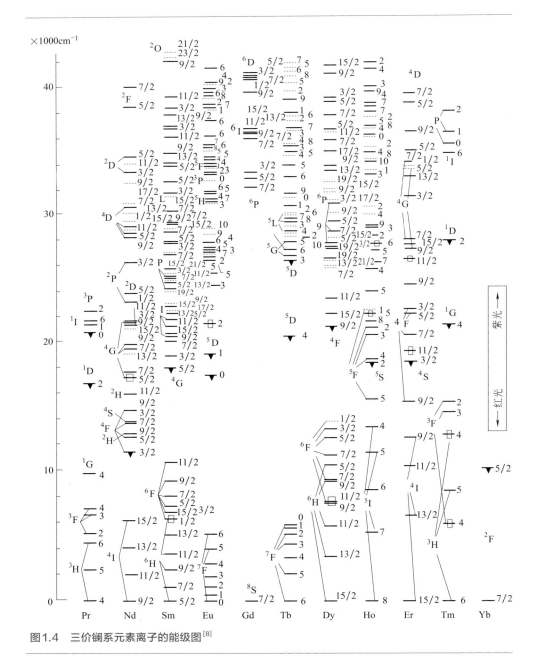

图1.4　三价镧系元素离子的能级图[8]

数J。例如Nd^{3+}的L=6，用大写英文字母I表示，S=3/2（三个未成对电子），则$2S+1$=4，$J=L-S$为9/2，所以Nd^{3+}的基态的光谱项用$^4I_{9/2}$表示。

1.2.1.2
镧系元素的光谱特征

镧系元素由于具有丰富的4f电子能级，其光谱具有以下特征。

（1）线状光谱

除La^{3+}和Lu^{3+}的4f亚层为全空或全满外，其余镧系元素的4f电子可在7个4f轨道之间任意排布，从而产生各种光谱项和能级。由于光谱是电子在受屏蔽的内壳层4f轨道间跃迁的结果，因此保留了原子光谱的特点，即线状光谱。

（2）谱线的多样性

稀土元素的能级是多种多样的，例如，镨原子在$4f^36s^2$电子组态时有41种可能的能级跃迁，在$4f^36s^16p^1$电子组态时有500种可能的能级跃迁，在$4f^25d^16s^2$电子组态时有100种可能的能级跃迁，在$4f^35d^16s^1$电子组态时有750种可能的能级跃迁，在$4f^35d^2$电子组态时有1700种可能的能级跃迁；而钆原子的$4f^75d^16s^2$电子组态则有3106种可能的能级跃迁，它的激发态$4f^75d^16s^1$则多达36000种可能的能级跃迁。但由于能级之间的跃迁受光谱选律的限制，所以实际观察到的光谱线还没有达到无法估计的程度。通常具有未充满的4f电子壳层的原子或离子的光谱谱线大约30000条可观察到的谱线，具有未充满的d电子壳层的过渡金属元素的谱线约有7000条，而具有未充满的p电子壳层的主族元素的光谱线则只有1000条。由此可见，稀土元素的电子能级和谱线要比一般元素更多种多样。它们可以吸收或发射从紫外、可见光区到红外光区的各种波长的电磁波。

（3）激发态寿命较长

稀土离子的电子能级多种多样的另一个特征是有些激发态的平均寿命长达$10^{-6} \sim 10^{-2}s$，而一般原子或离子的激发态平均寿命只有$10^{-10} \sim 10^{-8}s$。这种长激发态又被称作亚稳态。稀土离子有许多亚稳态是由4f→4f电子能级之间的跃迁引发的。根据光谱选律，这种$\Delta l=0$的电偶极跃迁是禁阻的，但实际上可观察到这种跃迁。这主要是由于4f组态与宇称相反的组态发生混合，或对称性偏离反演中心，因而使原属禁阻的f→f跃迁变为允许。稀土离子有许多亚稳态间的4f→4f跃迁的这种性质，跃迁概率很小，激发态寿命较长。这也是某些稀土元素可以作为激光材料的原因。

（4）光谱受晶体场或配位场的影响较小

在镧系元素离子的4f亚层外面，还有$5s^2$、$5p^6$电子亚层。由于后者的屏蔽作用，4f亚层受化合物中其他元素的势场（在晶体或配离子中这种势场叫作晶体场或配位场）影响较小，因此镧系元素化合物的吸收光谱或发射光谱在各种化合物中基本不变。这与d区过渡元素的化合物的光谱不同，它们的光谱是由d→d的电子跃迁所产生的，d亚层处于过渡金属离子的最外层，外面不再有其他电子层屏蔽，受晶体场或配位场的影响较大，所以同一过渡金属离子在不同化合物中的吸收或发射光谱往往不同。

1.2.2
稀土化合物的磁学性质

1.2.2.1
磁学性质与电子结构

磁性与物质中电子（及核）的运动状态密切相关，因而磁性是物质普遍存在的一种属性。当物质中存在不成对电子时，材料可以表现出顺磁性、铁磁性或反铁磁性等性质；当物质中没有不成对电子时表现为抗磁性行为。稀土元素有7个4f轨道，除 Sc、Y 和 La 没有 4f 电子，Lu 的 4f 轨道电子全充满外，其余的稀土元素都有不成对电子，因此稀土元素具有丰富的磁学性质[9]。

当一种物质置于强度为 H 的磁场中，物质内部的磁感应强度 B（即物质内部的磁场强度）可由下式给出：

$$B=H+4\pi I \tag{1.1}$$

式中，I 称为磁化强度；$4\pi I$ 是物质在外场作用下所产生的附加磁场强度，随磁介质的不同而不同。对非铁磁性物质而言：

$$I=\kappa H \tag{1.2}$$

即磁化强度与外磁场 H 成正比，κ 为单位体积的磁化率，或称体积磁化率，因此：

$$B=(1+4\pi\kappa)H=\mu H \tag{1.3}$$

式中，$\mu=1+4\pi\kappa$，μ 表示物质的磁化能力，称为磁导率。在真空中，$B=H$，因而 $\mu=1$，$\kappa=0$。物质的磁性可按 μ 的大小分为下列几种情况：

① 在顺磁体中，$\mu>1$，即 $\kappa>0$，意味着 $B>H$，即物质内部的磁场强度 B 比原来磁场 H 增强，或者说顺磁物质在外加磁场中所产生的磁场与原磁场方向相同。

② 在反磁体中，$\mu < 1$，即 $\kappa < 0$，意味着 $B < H$，即物质内部的磁场 B 比未加外磁场 H 时减弱，或者说附加磁场后磁体所产生的磁场与外加磁场方向相反。

③ 在铁磁体中，$\mu \gg 1$，比顺磁或反磁体复杂得多，并随 H 的增加，B 达到一个饱和值后即不再增强。去掉外磁场后仍保留很强的磁性，如 Fe、Co、Ni、Gd、Dy（在所有单质中只发现这五种有铁磁性）及其合金，例如稀土永磁材料 $SmCo_5$、Nd-Fe-B 等。

在化学上常用摩尔磁化率 χ_M 来代替 κ，用以表示物质的磁性。

$$\kappa/d = \chi \; ; \; M\chi = \chi_M \tag{1.4}$$

式中，d 为物质的密度，g/cm^3；M 为分子量；χ 为单位质量磁化率。

物质的摩尔磁化率 χ_M 与原子（离子、分子）的磁矩 μ_m 有一定的关系。前者是宏观性质，后者是微观性质。

电子的自旋及轨道运动有其对应的自旋磁矩和轨道磁矩。当原子中的电子壳层充满时，因其矢量在内部互相抵消，电子自旋磁矩和轨道磁矩之和各为零。只有当原子中有未被充满的壳层时，原子才可能有一个不为零的永久磁矩。这一永久磁矩可是电子的自旋磁矩或轨道磁矩，也可是二者按一定规律的耦合。根据量子力学原理，原子（离子、分子）的磁矩 μ_m 可以由下式给出：

$$\mu_m = g\sqrt{J(J+1)\mu_0} \tag{1.5}$$

式中，g 是朗德因子，它对孤立原子有如下的关系：

$$g = 1 + \frac{J(J+1) + S(S+1) - L(L+1)}{2J(J+1)} \tag{1.6}$$

J、S、L 的意义与 L-S 耦合近似中的意义相同。当轨道磁矩 $L=0$ 时，则 $J=S$，即

$$g = 1 + \frac{S(S+1) + S(S+1)}{2S(S+1)} = 2 \tag{1.7}$$

此时得：

$$\mu_m = 2\sqrt{S(S+1)}\,\mu_B \tag{1.8}$$

对含有 n 个未成对电子的一个原子（离子、分子）来说，每个电子的自旋 =1/2，总自旋 $S=n/2$，因而

$$\mu_m = 2\sqrt{\frac{n}{2}\left(\frac{n}{2}+1\right)}\,\mu_B = \sqrt{n(n+2)}\,\mu_B \tag{1.9}$$

式中，$\mu_B = \dfrac{eh}{4\pi mc} = 9.273 \times 10^{-21}$ erg/G（erg=10^{-7} J），μ_B 称为 Bohr 磁子（简写为 B.M.），即单个电子的自旋磁矩，是原子磁矩的单位；e 为电子电荷；h 为 Planck 常数；m 为电子质量；c 为光速。

由此看出，几乎所有不具有未成对电子的原子、离子及分子都是反磁性的，如惰性气体、Na^+、Cl^- 和 H_2、N_2、H_2O 等。由于这些物质在外磁场中只能产生一个反向的诱导磁矩，故使物质内部的磁场减小；反之，所有具有未成对电子的物质，如未满壳层的过渡金属离子及稀土离子都是顺磁性的，因其 μ_m 只有平行于外磁场时势能最低，故 $B>H$。然而反磁性是电子轨道运动的必然属性，所以是一切物质都具有的，在顺磁性物质中只是反磁性较弱而不易表现罢了。物质的总的 χ_M 也应是顺磁磁化率（正值）与反磁磁化率（负值）之和。在近似计算中，对于顺磁物质，因反磁磁化率约是顺磁磁化率的百分之一，故通常不予考虑。

具有 $d^{1\sim9}$ 构型的第一过渡系的原子或离子因有未成对电子而是顺磁性的，这类离子的 μ_m 可用下式计算：

$$\mu_m = \sqrt{n(n+2)}\ \mu_B$$

对于镧系元素，除 La^{3+} 及 Lu^{3+} 连同 Y^{3+}、Sc^{3+} 外，其余都具有未成对电子，因而也是顺磁性的，但由于受 $5s^2 5p^6$ 壳层的屏蔽，4f 轨道不易受环境的影响，轨道磁矩未被湮灭，故其磁矩要用下式计算：

$$\mu_m = g\sqrt{J(J+1)}\ \mu_B$$

对于 Gd 以前的元素，$J=L-S$；对于 Gd 和其以后的元素，$J=L+S$。

顺磁物质的每个原子（离子、分子）都有使磁矩平行于外磁场以降低势能的趋势，但原子的热运动又有破坏这种取向使归于无序的趋势，这种关系体现在下述的摩尔顺磁磁化率 χ_M 与 μ_m 和 T 的关系式中：

$$\chi_M = \frac{N\mu_m^2}{3kT} \tag{1.10}$$

式中，N 为 Avogadro 常数；k 为 Boltzmann 常数；T 为热力学温度。显然，测定 χ_M 后可按此式计算 μ_m 值。

对于轨道磁矩未被湮灭的稀土离子来说：

$$\chi_M = \frac{Ng^2\mu_B^2 J(J+1)}{3kT} \tag{1.11}$$

对所有 Ln^{3+}，除 Sm^{3+} 及 Eu^{3+} 外，在适当考虑到因为对每一顺磁离子中潜在的反磁性和其他因素缺乏校正时，则按上式计算的 μ_m 值和实验值满意地符合。

其后，Van Vleck 又对式（1.11）做了某些修正，他认为 Sm^{3+} 和 Eu^{3+} 的实际 J 值因基态中混入了激发态的成分而较高，故而有效磁矩也较高。Van Vleck 方法修正的结果与实测值可以很好符合。

Gd^{3+} 是每个4f轨道上有1个电子，因其 $L=0$，$J=S$，故 $n=7$，仅用自旋计算，则得到的 μ_m 为 $7.94\mu_B$ [$\mu_m=\sqrt{n(n+2)}\ \mu_B=\sqrt{7\times9}\ \mu_B=7.94\mu_B$]，这和实测值符合得很好。

除 Sm^{3+} 和 Eu^{3+} 外，所有 Ln^{3+} 都服从居里（Curie）定律：

$$\chi_M=C/T \qquad\qquad (1.12)$$

除了由高频组分引起的微小偏差外，式中 C 值对一定的顺磁物质为一常数，称为居里常数。Sm^{3+} 和 Eu^{3+} 的各种能态中电子 Boltzmann 分布使二者的磁学行为明显地违反了居里定律。

由图1.5中可以明显看到：未成对的4f电子数与磁矩之间没有简单的依赖关系。两个极大值的存在表示上面列举的各种因素间的平衡结果。可以预料，非三价镧系离子的磁矩应当和等电子的三价离子相同或近乎相同。例如，La^{3+} 与 Ce^{4+} 都是反磁性的（有微弱的表面顺磁性）；Ce^{3+} 与 Pr^{4+}（PrO_2）的磁矩很接近；Eu^{2+}（硫酸盐）与 Gd^{3+} 在室温下的磁化率近乎相等。Eu^{2+} 在氯、溴、碘化物中的磁矩与 Gd^{3+} 也相同。Sm^{2+} 与 Eu^{3+} 的磁矩随温度的变化几乎相等；而 Yb^{2+} 与 Lu^{3+} 相似。这些情况从另一方面讲，磁矩的测量也有助于判断稀土元素的价态。

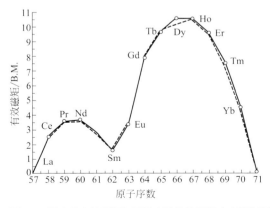

图1.5　稀土的有效磁矩与原子序数的关系图（实线为理论值，虚线为测量值，数据来自参考文献[10]）

1.2.2.2

内禀磁性和外赋磁性

从材料学的角度看，磁性可分为两类：内禀磁性和外赋磁性，前者与材料的组成结构有关；后者不仅与材料的组成和结构有关，而且还与材料的制备条件和加工工艺有关。它是磁性材料的一个宏观性质。

稀土永磁材料如 $SmCo_5$ 是铁磁性物质。铁磁性的产生是因为很多数目的原子由于交换作用，电子自旋同向状态的能量较反向状态为低，所以电子的自旋磁矩就自发地取同一方向，这是一种合作现象，只出现于晶态固体中。每一铁磁体实际上分成许多小区域，每一小区域叫"磁畴"。在磁畴内各个原子的磁矩排列在同一方向，一个磁畴的体积约为 $10^{-9}cm^3$ 数量级，由于一个原子的体积约为 10^{-24} cm^3，所以每个磁畴内约包含 10^{15} 个原子，而各个磁畴的磁矩方向却是无序的，因此在没有外磁场时，铁磁体的总磁矩仍为零，整个铁磁体不表现磁性。由于在没有磁场时每个磁畴内的原子磁矩已自发取向，因而在不大的外磁场中各个磁畴的磁矩方向都转向与外磁场相同的方向，此时，能表现出很强的磁性。各个磁畴之间具有某种阻碍改变磁畴方向的"摩擦"作用，所以在除去外磁场后各个磁畴之间的有序排列仍能保留，故表现为剩磁和磁滞现象。

实验证明，顺磁性晶体不完全符合居里定律，在某一温度以上，χ_M 与 T 的关系可写成：

$$\chi_M = \frac{C}{T-\theta} \tag{1.13}$$

此关系式叫 Curie-Weiss 定律，θ 为居里温度，它在某种意义上代表相邻的磁畴之间的相互作用，可由实验测定。简单的顺磁性物质遵守 Curie 或 Curie-Weiss 定律，且磁化率与磁场强度无关。但铁磁性物质的磁化关系并非如此，而且到达居里温度以上时，磁畴内的自发取向由于热运动而被破坏，铁磁性即消失，表现为顺磁性，如铁、钴、镍的居里温度分别为 1040K、1388K 和 631K。钆在稀土中居里温度最高，但也只有 289K，所以纯稀土在常温下不能作为永磁材料，而必须做成合金才能作为永磁材料就是基于这一理由。

既然磁畴内的自取向是晶体中某一区域内的原子的合作现象，那么磁畴的形成就和原子的电子结构、电子状态以及晶体中不同方向上原子间的距离等有关。稀土钴合金 $RECo_5$ 为六方晶体，其中 $SmCo_5$ 的磁晶各向异性特别强，即沿着六重轴（c轴）的方向很容易磁化，其他方向则不易磁化。磁晶各向异性强，则矫顽力高，较高的矫顽力和较高的饱和磁化强度结合起来，就能达到最大的磁能积（BH）。Nd-Fe-B则是新一代的稀土永磁材料，而且已在工业中得到广泛的应用。

1.3
稀土化合物纳米材料及其应用

稀土元素因具有独特的4f亚层电子结构、大的原子磁矩、强的自旋-轨道耦合等特点，而产生十分丰富的光、电、磁等性质，是当今世界各国改造传统产业、发展高新技术所不可或缺的战略物资，被誉为"新材料宝库"。稀土除在冶金机械、石油化工、玻璃陶瓷、轻纺等传统领域中的应用外，更是清洁能源、大运载工具、新能源汽车、半导体照明、新型显示等新兴领域的关键支撑材料，与人类生活息息相关。经过数十年的发展，稀土相关研究的重点也相应从单一高纯稀土的冶炼分离，向稀土在磁学、光学、电学、储能、催化、生物医药等高新技术应用方面拓展。一方面在材料体系上更多地趋向于稀土复合材料；另一方面，在形态上更多地集中于低维和功能晶体材料。特别是随着现代纳米科学的发展，将纳米材料所具备的小尺寸效应、量子效应、表面效应和界面效应等与稀土元素独特的电子层结构特点相结合，稀土纳米材料呈现出不同于传统材料的许多新颖的性质，更大限度地发挥稀土材料的优异性能，并进一步拓展其在传统材料领域和新兴高科技制造领域的应用。

1.3.1
稀土有机-无机杂化发光纳米材料

复合材料将不同功能的单元在分子水平上复合，可实现功能的互补和优化。有机-无机杂化材料兼具有机组分和无机组分的功能，显现出良好的机械稳定性、柔韧性、热稳定性以及优异的可加工性。稀土配合物具有色纯度高、激发态寿命长、量子产率高、发射谱线丰富等优点，在显示、光波导放大、固体激光器、生物标记及防伪等诸多领域有着广泛的应用。但是，稀土配合物的光热稳定性低、可加工性差，严重阻碍了其应用推广。将稀土配合物与具有良好力学性能和光热稳定性的无机基质相结合，是改善稀土配合物的发光性能的一条有效途径。

如无机介孔材料是一种性能优异的基质材料[11]。近年来，人们已经成功地将稀土配合物引入到各种介孔材料（如MCM-41、MCM-48、FDU-1、HMS、SBA-15及SBA-16等）中，得到的稀土配合物-介孔杂化发光材料不仅具有优异的发光性能，其热稳定性和化学稳定性也得到了明显改善。

稀土有机-无机杂化材料发展至今，其发展趋势展现以下几个特点：①物理杂化向化学杂化转变，化学掺杂法得到的杂化材料活性组分稳定且掺杂量高，各组分分布均匀；②单一功能材料向多功能材料转变，发展多功能材料使其应用更为广阔；③基质多样化，从最初的二氧化硅为主，发展到现在的二氧化钛、有机高分子、黏土类和离子液体等多种基质。

1.3.2
白光LED稀土发光材料

与现有照明技术相比，半导体照明产品发光二极管（LED）具有使用寿命长、能耗低、发光利用率高、无汞、无紫外辐射、工作稳定等优点，被认为是继白炽灯、荧光灯和高强气体放电灯（HID）之后的"第四代光源"。

白光LED由芯片、衬底、荧光粉及驱动等构成。其中稀土荧光粉对白光LED性能起着关键作用。目前白光LED普遍采用"蓝光LED+荧光粉"方式实现，使用稀土荧光粉进行荧光转换获得白光以及调整发光颜色、色坐标、显色指数、色温等，主要使用的发光材料有：铝酸盐体系，包括黄粉$(Y,Gd)_3Al_5O_{12}:Ce$，绿粉$(Y,Lu)_3Al_5O_{12}:Ce$、$Y_3(Ga,Al)_5O_{12}:Ce$等；氮化物体系和氮氧化物体系，包括红粉$(Sr,Ca)_2Si_5N_8:Eu$、$(Sr,Ca)AlSiN_3:Eu$；硅酸盐体系，包括橙红粉$(Ba,Sr)_3SiO_5:Eu$、绿粉与黄粉$(Ba,Sr)_2SiO_4:Eu$等[12]。

近年来，人们围绕着白光LED荧光粉开展了大量的研究工作，并取得有益的进展：①蓝光LED（460nm）激发的新型荧光粉开发，对蓝光LED芯片所用的$Y_3Al_5O_{12}:Ce$（YAG:Ce）开展了掺杂、改性的研究，以提高光效和显色性；②紫光（400nm）或紫外光（360nm等）LED激发的新型荧光粉开发，系统研究了红、绿、蓝三种荧光粉的组成、结构与光谱特性的相关性，以及三种荧光粉的不同配比以获得不同色温的白光LED；③荧光粉的制备工艺对助熔剂的影响规律等制备过程中的基本科学问题开展了深入工作，以保证荧光粉的质量及其稳定性。

此外，白光LED主要采用荧光粉与硅胶混合封装工艺，由于荧光粉导热性能较差，器件会因工作时间过长发热而导致硅胶老化，缩短器件使用寿命。这个问题在大功率白光LED中尤为严重。远程封装是解决这一问题的途径之一，将荧光粉附着在基板上，并与蓝光LED光源分开，从而降低芯片产生的热量对荧光粉发光性能的影响。如利用稀土荧光陶瓷具有的高热导率、高耐腐、高稳定性及优异光输出性能等特点，可较好地满足高能量密度的大功率白光LED的应用需求。相应地，具有高烧结活性、高分散性的微纳粉体已经成为高光学输出性能的高透明度稀土光功能陶瓷制备的重要前提。

1.3.3
稀土上转换发光纳米材料

上转换发光是一类特殊的发光过程，其特征是发光材料吸收多个低能量光子并产生高能量的光子发射。与传统的有机染料分子或量子点相比，稀土上转换发光纳米材料具有反斯托克斯位移大、发射谱带窄、稳定性好、毒性低、组织穿透深度高、自发荧光干扰低等诸多优势，在生物医学领域具有广阔的应用前景。

稀土上转换发光纳米材料组成通常分为三个部分：无机基质、敏化剂和激活剂。理想的基质应该有较低的晶格声子能量以减少非辐射跃迁。氟化物由于具有较低的声能（约$350cm^{-1}$）和较好的化学稳定性，是目前应用最广泛的基质材料之一。相比其他稀土离子，Yb^{3+}在980nm附近有更大的吸收截面，通常作为敏化剂与激活剂共掺，以增强上转换发光效率。Er^{3+}、Tm^{3+}和Ho^{3+}均具有很多梯状能级，在近红外激发下，可以作为激活剂产生上转换发光的现象。敏化剂和激活剂的不同组合可以产生不同波长的光，如在980nm近红外光源激发下，Yb^{3+}和Er^{3+}共掺杂的体系可以在510～570nm区域内发射绿色上转换光；Yb^{3+}和Ho^{3+}共掺杂的体系在541nm（绿色）、647nm（红色）和751nm（近红外）处有三个特征发射峰等。

近年来，稀土上转换发光纳米材料在合成、表面改性、表面功能化以及生物医学领域的应用方面均得到了长足的发展。人们通过优化纳米尺度下材料的组成、相态、尺寸等，并结合核/壳结构减少发光猝灭中心，来提高跃迁概率，从而达到提高材料发光性能的目的；通过化学修饰，建立具有良好生物相容性的技术，降低毒性，并发展上转换发光活细胞、活体上的成像方法；根据不同应用中的需求（免疫检测细胞、活体荧光成像、光动力学治疗、光热治疗、光控释药等），发展高效、安全的生物偶联方法[13,14]。

该研究具有巨大的应用潜力和经济效益，对纳米生物医学的发展、促进人类健康和社会进步具有重要的科学意义。

1.3.4
稀土单分子磁体

现在社会信息量爆炸式增长对磁存储技术提出了更高要求，器件正向大容量、高速度、小型化的方向快速发展。然而，由于纳米材料的量子尺寸限制，传统磁存储材料的存储密度已接近极限。因此，在信息技术飞速发展的今天，人们对开发具有更高存储密度及更快响应速度的信息存储材料的迫切性显得尤为突出。分子尺度的单分子磁性材料为解决此类关键问题提供了有效途径。单分子磁体由分立的、磁学意义上没有相互作用的单个分子构成，并在阻塞温度（blocking temperature，TB）以下呈现磁滞行为，可应用于超密存储和量子计算等领域。20世纪90年代初，意大利科学家 R. Sessoli 及其合作者首次发现了高自旋的 Mn_{12} 分子 $[Mn_{12}O_{12}(OAc)_{16}(H_2O)_4]$ 在低温下显示出磁化强度慢弛豫现象并且在阻塞温度以下时具有明显的磁体特征[15~17]。此后，人们在对过渡金属离子单分子磁体的研究中发现，高自旋基态（S）和显著的大单轴各向异性（D）是单分子磁体必须具备的两个要素，二者结合产生自旋翻转的能垒。但高自旋基态与大单轴各向异性常常是不可兼得的，提高分子的自旋基态往往以降低体系的磁各向异性为代价，即单分子磁体自旋翻转的能垒主要取决于旋轨耦合的强度，无法靠分别优化 S 和 D 来实现。因此，分子中引入单电子数多、具有强旋轨耦合作用的稀土离子是提高单分子磁体自旋翻转能垒的重要途径。

稀土离子应用于单分子磁体领域始于 2003 年[18]，特别是在 2006 年具有自旋手性的 Dy_3 单分子磁体[19]报道以后，稀土单分子磁体引起了相关领域研究人员的极大关注。得益于稀土离子在合成高有效能垒的单分子磁体时的优秀表现，近年来大量的稀土单分子磁体被报道，其中镝化合物占据了绝大部分，它们具有不同的核数及各种各样的拓扑结构。特别是，在这里单分子磁体的有效能垒及阻塞温度纪录不断被打破。现在最高的有效能垒已经高达 932K[20]，而最高的阻塞温度也达到了 14K[21]。

但是，由于稀土离子中 4f 电子受 5s 和 5p 电子的屏蔽，很难提高离子间磁相互作用的强度以及稀土离子普遍存在磁化强度量子隧穿（QTM）效应致使磁各向异性能垒降低的现象，因此合理设计高阻塞温度稀土单分子磁体依然是此领域急需解决的关键问题。

1.3.5
稀土巨磁电阻材料

巨磁电阻效应是指磁性材料的电阻率在有、无外磁场作用下产生巨大差异的现象。巨磁电阻效应的物理机制源于电子自旋在磁性薄膜界面处发生了与自旋相关的散射作用，并因此发展成为一门新兴的学科——自旋电子学。自旋电子学研究电子的自旋极化输运特性以及基于这些特性而设计、开发的电子器件。在纳米材料体系中，当磁性颗粒的大小、磁性薄膜的厚度等与电子平均自由程相当或更小时，在电子输运过程中除考虑其作为电荷的载体外，还必须考虑电子自旋相对于局域磁化矢量的取向，不同的取向将会导致电子被散射的概率或电子隧穿的概率不同，从而产生巨磁电阻效应。根据巨磁电阻效应，人们开发研制了用于硬磁盘的体积小而灵敏的数据读头，使得存储单字节数据所需的磁性材料的尺寸大大减小，从而使磁盘的存储能力得到大幅度提高。巨磁电阻效应的发现者 Albert Fert 和 Peter Grüenberg 也于 2007 年共同获得了诺贝尔物理奖，以表彰他们对发现巨磁电阻效应所做出的贡献。

1993 年，德国西门子公司的研究人员 Helmolt 等首次在氧化物体系 $La_{2/3}Ba_{1/3}MnO_3$ 薄膜中观察到巨磁电阻效应的现象[22]，引起了巨大的反响。随后掺杂稀土锰氧化物的研究吸引了很多研究小组的注意，是凝聚态材料物理最活跃的领域之一。深入的物理研究使人们认识到，在这一材料体系中观察到的磁场下的反常输运性质，有别于金属磁性超晶格与多层膜样品中的巨磁电阻效应，甚至将在掺杂稀土锰氧化物中观察到的磁场对电阻率的影响称为庞磁电阻效应。

以钙钛矿结构稀土氧化物为代表的巨磁电阻材料，由于它们所表现出来的超大磁电阻效应在提高磁存储密度及磁敏感探测元件上具有十分广阔的应用前景，因而受到人们的广泛关注。自旋电子器件基于电子自旋进行信息的传递、处理与存储，具有传统半导体电子器件无法比拟的优势。

同时，这类材料还表现出诸如磁场或光诱导的绝缘体——金属转变、电荷有序、轨道有序等十分丰富的物理内容，相关研究涉及凝聚态物理的许多基本问题。这些微观物理机制问题的解决将对凝聚态物理的发展和完善起到巨大的推动作用。

1.3.6
稀土催化材料

稀土元素具有独特的4f电子层结构，在多种催化材料中发挥着重要的作用，对许多反应过程表现出良好的助催化功能。迄今，工业中获得广泛应用的稀土催化材料主要有三类：①分子筛稀土催化材料，主要用于石化领域，作为工业炼油催化剂；②稀土钙钛矿催化材料，主要用于环保和清洁能源领域，如有机废水处理、光催化分解水制氢，在石化领域的烃类重整反应中也有应用；③铈锆固溶体催化材料，主要应用于汽车尾气净化。

对于应用最多的铈锆固溶体催化材料，研究表明，稀土元素作为催化剂的助剂，可以提高催化剂的活性。如在$Pt-Rh-Ce/\gamma-Al_2O_3$催化剂中，人们研究发现，减小助剂CeO_2的晶粒尺寸可以增强Pt/Ce的相互作用，而这种相互作用可以协同还原Pt和表面Ce，从而提高催化活性[23]。稀土元素的另一个作用是可以稳定催化剂载体，提高其高温抗烧结能力和机械强度。如Ce、La、Pr、Nd等元素常掺入三效催化剂的载体$\gamma-Al_2O_3$或ZrO_2中，使其在高温下保持较高的比表面积和机械强度。此外，稀土具有抗硫化物中毒的能力，能显著提高催化剂寿命。如Ce_2O_3与硫化物反应生成稳定的$Ce_2(SO_4)_3$。在还原气氛中，这些硫化物又被释放出来并在Pt和Rh催化剂上转化为H_2S气体，随尾气排出而脱除[24]。

与传统的贵金属催化剂相比，稀土催化材料在资源丰度、成本、制备工艺以及性能等方面都具有较强的优势。目前不仅大量用于汽车尾气净化，还扩展到工业有机废气、室内空气净化、催化燃烧以及燃料电池等领域。因此，稀土催化材料在环保领域，特别是在有毒、有害气体的净化方面，具有巨大的应用市场和发展潜力。

未来的工作应面向国家在环保、清洁能源产业应用和发展中对具有高效物质转化及能量转换功能的新型高性能催化材料的需求，开展稀土纳米催化材料结构的理性设计、控制合成、有序组装、催化特性及其构效关系研究，通过理论模拟和实验相结合的方法，探索反应分子在纳米材料表面的活化及转化过程（吸脱附、成键特性、活性位结构）、动力学参数和基元反应步骤，从而揭示这些探针反应的分子催化机制，并基于对纳米材料在这些探针反应中的催化作用本质的认识和理解，衔接产业需求。

1.3.7
稀土电化学能源材料

随着科学技术的发展，现代社会日常生活中，小到手机、数码相机/摄像机、笔记本电脑等便携电子产品，大到电动汽车和可再生能源的利用，无一不与储能技术密切联系在一起。作为一种清洁、高效的能源技术，电化学能源在社会发展中发挥了重要的作用，具有使用方便、环境污染小、能量转化效率高等优点。

电化学储能最早可以追溯到1859年普兰特发明的、至今仍然在用的铅酸蓄电池。百余年来，该领域的发展非常迅速，开发出多种新的电化学储能系统及其材料，如镍-氢电池、锂离子电池、固体氧化物燃料电池和超级电容器等。各类化学电池的研究集中在获得低污染、长寿命、高可靠性能的同时，不断提高其容量、功率。

稀土纳米材料因稀土元素的独特电子结构而在电化学能源领域中扮演重要的角色。以镍氢电池为例，镍氢电池的诞生就应该归功于储氢合金的发现。而稀土镧的合金$LaNi_5$即可用作镍氢二次电池的负极材料，在一定温度和压力条件下可吸放大量的氢。由于储氢合金在吸放氢过程中存在体积膨胀，随着充放电循环的进行，合金不断粉化，导致电池容量降低，而合成纳米级储氢合金后，电池容量和循环使用寿命得到提高[25~27]。20世纪80年代，荷兰Philips公司解决了$LaNi_5$合金容量衰减问题，使利用储氢合金制造镍氢电池成为可能。1989年美国Ovonic公司研发出镍氢电池，1990年日本实现了镍氢电池规模产业化生产。至今，镍氢电池已经发展得十分成熟，全球镍氢电池的生产主要集中在东亚地区，如日本三洋、松下和我国的比亚迪、科力远等厂商[28~30]。

此外，如前所述，稀土离子半径大、电荷高，能与碳形成强键，很容易获得和失去电子，促进化学反应。稀土氧化物的顺磁性、晶格氧的可转移性、阳离子可变价以及表面碱性等与许多催化作用有本质联系。因此，稀土纳米催化材料具有较高的催化活性、大的比表面积、高的稳定性和选择性等特点，可广泛地应用于与催化反应相关的电化学储能电池，如固体氧化物燃料电池等。

稀土纳米材料除上述应用外，在场发射显示器（FED）用荧光粉以及稀土陶瓷材料等方面也有应用，本书后续章节将会详细阐述。

总之，新材料的发明和应用是人类社会文明发展进程的里程碑，材料的发展推动了人类社会和文明的进步。至今，科学家已认识到稀土纳米材料的宏观性能与结构的相关性，但其本质的内在规律尚待进一步认识以实现功能导向的结构设计、化学合成和材料制备，获得所需应用特性的材料和器件。

参考文献

[1] 徐光宪. 稀土：上册. 第2版. 北京：冶金工业出版社，1995.

[2] 易宪武，黄春辉，王慰，等. 钪、稀土元素//无机化学丛书：第七卷. 北京：科学出版社，1992.

[3] 黄春辉. 稀土配位化学. 北京：科学出版社，1997.

[4] Huang C H. Rare earth coordination chemistry: fundamentals and applications. John Wiley and Sons (Asia) Pte Ltd, 2010.

[5] 徐光宪，王祥云. 物质结构. 第2版. 北京：科学出版社，2010

[6] Gschncidncr Jr K A. Handbook on the physics and chemistry of rare earths. North Holland Publishing Company, 1978, 1.

[7] Marks T J, Fisher R. D. Organometallics of the f Element. Dordrecht: D Reidel Publishing Company, 1979.

[8] Reisfeld R, Jorgensen C K. Lasers and Excited States of Rare Earths. Berlin: Springer-Verlag, 1977.

[9] 林建华，荆西平，等. 无机材料化学. 北京：北京大学出版社，2006.

[10] Atkins P, Overton T, Rourke J, Weller M, Armstrong F. Inorganic Chemistry, 5th edition. Oxford University Press, 2010.

[11] 张洪杰，牛春吉，冯婧. 稀土有机-无机杂化发光材料. 北京：科学出版社，2014.

[12] 洪广言. 稀土发光材料：基础与应用. 北京：科学出版社，2011.

[13] Sun Y, Feng W, Yang P Y, et al. The biosafety of lanthanide upconversion nanomaterials. Chem Soc Rev, 2015, 44(6): 1509-1525.

[14] Zhou J, Liu Z, Li F Y, Upconversion nanophosphors for small-animal imaging. Chem Soc Rev, 2012, 41(3): 1323-1349.

[15] Caneschi A, Gatteschi D, Sessoli R, et al. Alternating current susceptibility, high field magnetization, and millimeter band EPR evidence for a ground S=10 state in $[Mn_{12}O_{12}(CH_3COO)_{16}(H_2O)_4] \cdot 2CH_3COOH \cdot 4H_2O$. J Am Chem Soc, 1991, 113(15): 5873-5874.

[16] Sessoli R, Tsai H L, Schake A R, et al. High-spin molecules: $[Mn_{12}O_{12}(O_2CR)_{16}(H_2O)_4]$. J Am Chem Soc, 1993, 115(5): 1804-1816.

[17] Sessoli R, Gatteschi D, Caneschi A, et al. Magnetic bistability in a metal-ion cluster. Nature, 1993, 365(6442): 141-143.

[18] Ishikawa N, Sugita M, Ishikawa T, et al. Lanthanide double-decker complexes functioning as magnets at the single-molecular level. J Am Chem Soc, 2003, 125(29): 8694-8695.

[19] Tang J, Hewitt I, Madhu N T, et al. Dysprosium triangles showing single-molecule magnet behavior of thermally excited spin states. Angew Chem Int Ed, 2006, 45(11): 1729-1733.

[20] Ganivet C R, Ballesteros B, de la Torre G, et al. Influence of peripheral substitution on the magnetic behavior of single-ion magnets based on homo- and heteroleptic Tb[III] bis(phthalocyaninate). Chem Eur J, 2013, 19(4): 1457-1465.

[21] Rinehart J D, Fang M, Evans W J, et al. A N_2^{3-}-radical-bridged terbium complex exhibiting magnetic hysteresis at 14 K. J Am Chem Soc, 2011, 133(36): 14236-14239.

[22] von Helmolt R, Wecker J, Holzapfel B, et al. Giant negative magnetoresistance in perovskitelike $La_{2/3}Ba_{1/3}MnO_x$ ferromagnetic films. Phys Rev Lett, 1993, 71: 2331-2333.

[23] Nunan J G, Robota H J, Cohn M J, et al. Physicochemical properties of Ce-containing three-way catalysts and the effect of Ce on catalyst activity. J Catal, 1992, 133(2): 309-324.

[24] 赵卓, 彭鹏, 傅平丰. 稀土催化材料在环境保护中的应用. 北京: 化学工业出版社, 2013.

[25] 赵家宏, 邢志勇, 李相哲, 等. 用于电动车的新型高能动力镍氢电池研发. 能源研究与利用, 2005, 3: 1-3.

[26] 王艳芝, 赵敏寿, 李书存. 镍氢电池复合储氢合金负极材料的研究进展. 稀有金属材料与工程, 2008, 37: 195-199.

[27] Cuscueta D J, Ghilarducci A A, Salva H R. Design, elaboration and characterization of a Ni-MH battery prototype. Int J Hydrogen Energ, 2010, 35: 11315-11323.

[28] 张瑞英. 稀土储氢产量的发展与应用. 内蒙古石油化工, 2010, 10: 109-111.

[29] 林河成. 中国稀土储氢电池在快速发展. 稀有金属快报, 2003, 6: 3-5.

[30] 程菊, 徐德明. 镍氢电池用储氢合金现状与发展. 金属功能材料, 2000, 7: 13-14.

NANOMATERIALS

稀土纳米材料

Chapter 2

第 2 章
稀土有机 - 无机杂化发光纳米材料

李焕荣，李志强，张洪杰
河北工业大学化工学院，中国科学院长春应用化学研究所

2.1
概述

我们将元素周期表中第ⅢB族的钪（Sc）、钇（Y）和原子序数从57到71的15种镧系元素的总称称为稀土元素，常用符号"RE"或者"R"表示。镧系元素（lanthanide element）包括镧（La）、铈（Ce）、镨（Pr）、钕（Nd）、钷（Pm）、钐（Sm）、铕（Eu）、钆（Gd）、铽（Tb）、镝（Dy）、钬（Ho）、铒（Er）、铥（Tm）、镱（Yb）、镥（Lu）。镧系元素的一般电子构型为$[Xe]4f^{0\sim14}5d^{0,1}6s^2$，其三价离子的电子构型为$[Xe]4f^{0\sim14}$，具有相同的最外层电子排布$5s^25p^6$，因此，$Ln^{3+}$具有相似的理化性质和非常接近的离子半径。另外，镧系元素独特的4f电子层和未充满的4f轨道赋予了其独特的光、电、磁性质，稀土元素广泛应用于冶金、化工、石油、材料科学等领域。

2.1.1
稀土离子的光谱性质

2.1.1.1
稀土离子的价态

稀土元素具有相似的价电子层结构，在化学反应中表现出典型的金属性，易失去三个电子呈现正三价。但是，在不同条件下，稀土离子又呈现混合价态，目前已报道四价稀土离子Ce^{4+}、Pr^{4+}、Nd^{4+}、Tb^{4+}、Dy^{4+}和二价稀土离子Nd^{2+}、Sm^{2+}、Eu^{2+}、Ho^{2+}、Tm^{2+}、Yb^{2+}的存在。

一般来讲，稀土离子的价态变化遵循如下规律：4f电子层处于全空（$La^{3+}[Xe]4f^0$）、半充满（$Gd^{3+}[Xe]4f^7$）和全充满（$Lu^{3+}[Xe]4f^{14}$）状态的三价离子最为稳定，临近的镧系元素倾向于形成稳定的$4f^0$、$4f^7$和$4f^{14}$电子构型而发生变价。例如，元素周期表中分别位于La和Gd右侧的Ce和Tb倾向于多失去一个电子形成更高价态的Ce^{4+}和Tb^{4+}，Lu右侧的Hf易形成稳定的Hf^{4+}。分别位于 Gd 和 Lu 左侧的 Eu 和 Yb 容易形成 Eu^{2+} 和 Yb^{2+}，而 La 左侧的 Ba 的稳定价态为 Ba^{2+}。并且，轻稀土的变价倾向大于重稀土：$Ce^{4+}>Tb^{4+}$，$Pr^{4+}>Dy^{4+}$；$Eu^{2+}>Yb^{2+}$，$Sm^{2+}>Tm^{2+}$。

2.1.1.2
三价稀土离子的能级

稀土离子具有未充满的 4f 电子层，因此具有丰富的光谱支项，光谱支项的数目可以通过总的自旋角动量和总轨道角动量耦合的方法求得，稀土离子 $4f^n$ 组态的能级数目可以通过排列组合求得。4f 电子层电子数目为 5、6、7 的稀土离子能级数目可达几千之多，如此之多的能级间的跃迁可以得到不同波长的发射光谱，正是这一性质使得稀土离子在光谱学领域占有极其重要的地位，被誉为"发光宝库"。稀土离子在不同化合物中的能级已经得到了广泛的测定和研究。美国 Johns Hopkins 大学的 Dieke 和 Crosswhite 首先系统地收集和分析了各种稀土离子在 $LaCl_3$ 晶体中的光谱，并在此基础上给出了稀土离子在 $40000cm^{-1}$ 以下的能级分布图[4]（见图 1.4），被称为"Dieke"图[1,2]。根据该图，人们可以分析稀土化合物的光谱，确定能级位置，判断光谱产生的能级来源等，并且，它显示了整个稀土离子能级的全貌。Carnall 等[3]通过系统地研究晶体场对稀土离子能级的影响，进一步发展和完善了能级图。

稀土离子能级多种多样造成的另一重要现象是稀土离子激发态的平均寿命长达 $10^{-6} \sim 10^{-2}s$，而一般离子的激发态平均寿命只有 $10^{-10} \sim 10^{-8}s$，这种长的激发态叫作亚稳态。稀土离子许多亚稳态是由于 4f→4f 跃迁造成的，长激发态寿命是稀土离子广泛用于激光和荧光材料的根本原因。

2.1.1.3
稀土离子电子跃迁形式

（1）f→f 电子跃迁

稀土离子的吸收和发射光谱主要是由稀土离子 f 电子层组态内能级跃迁（f→f 跃迁）、组态间能级跃迁（f→d 跃迁）和电荷跃迁（电子由配体向稀土离子的跃迁）三种形式造成的。稀土离子具有未充满的 4f 电子层，稀土离子的 f→f 跃迁会产生丰富的吸收和发射现象。但是，由于 4f 组态内的各个状态的宇称是相同的，它们之间的电偶极跃迁的矩阵元的值为零，因此，稀土离子的 4f→4f 跃迁是禁阻的。然而，稀土离子的 f→f 跃迁会受到其所处的周围微环境及晶体场的影响，晶体场的奇次项可以使与4f^{n}组态状态相反宇称的组态状态混入到4f^{n}组态状态中，这样，稀土离子原来的4f^{n}组态状态已经不再是一种宇称的状态，而是两种宇称状态的混合态。由于稀土离子的4f电子层被其外部的5s和5p电子层所屏蔽，受外部晶体场影响很小，它们在晶体场中的能级与自由离子所呈现的分立能级类似。因此，稀土离子f→f跃迁产生的荧光光谱除了具有谱线丰富、分布范围广、温度猝灭小等特点外，其吸收和发射都呈现尖锐的线状光谱，发射光谱色纯度高，激发态寿命较长，发光效率高。

（2）f→d电子跃迁

除了上述的f→f跃迁，稀土离子还存在f→d电子跃迁（4f^n→4f^{n-1}5d^1），f→d跃迁是允许的跃迁，荧光寿命短，其吸收强度与f→f跃迁相比提高了4个数量级，因而可用于短余辉发光材料。f→d跃迁主要存在于Ce^{3+}、Pr^{3+}、Tb^{3+}、Eu^{2+}、Yb^{2+}、Sm^{2+}、Tm^{2+}、Dy^{2+}等低价稀土离子中，其中Ce^{3+}、Eu^{2+}、Yb^{2+}研究较多。由于5d轨道裸露在外，它受外界环境影响较大，因此，f→d电子跃迁的谱带较宽且受外部环境影响较大。例如，Ce^{3+}在LaF$_3$中的发射峰位置位于蓝光区的280nm和300nm处，而其在La$_2$S$_3$中的发射峰可红移至红光区（620nm），因此，可利用f→d跃迁的这一特点来制备可调谐的短波激光材料。但它与同为宽带的电荷跃迁又存在明显的不同之处[5]：①f→d电子跃迁带随环境对称性的改变发生劈裂，而电荷跃迁带无明显的劈裂现象；②f→d电子跃迁带的半峰宽一般较小，而电荷跃迁带的半峰宽较大。

（3）电荷跃迁

电子从配体（氧、氮或卤素）的全满分子轨道迁移至稀土离子内部未充满的4f轨道，从而在光谱上产生较宽的电荷迁移带，其半峰宽在溶液中为3000～4000cm^{-1}，在固相中，由于环境作用较强，半峰宽可达10000～20000cm^{-1}。并且，电荷迁移带受外部环境影响明显，谱带位置随环境的改变位移较大。目前，三价稀土离子Eu^{3+}、Yb^{3+}、Sm^{3+}、Tm^{3+}和四价稀土离子Ce^{4+}、Pr^{4+}、Tb^{4+}、Nd^{4+}、Dy^{4+}等的电荷迁移带已见诸报道。在稀土离子的激发光谱中，f→f跃迁是禁阻的，并且吸收带窄，强度弱，不利于吸收激发光能量，这已经成为制约稀土离子发光效率的重要原因之一。如果能充分利用电荷迁移带吸收的能量，并利用其宽带吸收将能量传递给稀土离子，实现对稀土离子的敏化，将成为提高稀土离子发光效率和改善稀土离子发光品质的有效途径。稀土离子的电荷迁移带具有以下特点：

①配体原子的电负性越小，电荷迁移带的能量越低。

② 稀土离子的配位数越大，电荷迁移带的能量越低。

③ 稀土离子的氧化态越高，电荷迁移带的能量越低。

2.1.1.4
稀土离子的发光特点

稀土离子独特的发光特点源于其未完全充满的4f电子层。f→f跃迁能级项众多，因此，稀土离子的4f电子层内电子跃迁会产生丰富的吸收和发射谱线。另外，由于4f轨道处于稀土原子结构内层，受外层5s5p轨道电子的屏蔽，f→f跃迁的光谱受外部磁场和晶体场影响较小。因此，除了两端的Ce和Yb表现为连续发射外，其他稀土离子，特别是三价稀土离子主要表现为窄带锐线发射。并且，稀土离子极广的能量分布导致其发射光谱几乎覆盖了真空紫外（VUV）、紫外（UV）、可见光区（Vis）和近红外（NIR）的全部区域。除了f→f跃迁外，稀土离子的f→d跃迁和电荷跃迁进一步丰富了其光学谱线，使得稀土离子表现出以下发光特点[6]：

① 稀土离子中处于激发态的电子寿命与其他离子相比长得多，可达10^{-2}ms。

② 稀土离子在固相中，特别是在晶体中会形成发光中心，受到激发时，晶体中存在电子空穴，因此，激发停止后晶体仍可以持续发光，我们将这一现象称为长余辉效应。

③ 可采用一些与稀土离子能级匹配的有机分子作为稀土离子的配体，通过形成的稀土配合物内部能量传递，即"天线效应"，增强稀土离子的吸光能力，从而大大提高稀土离子的发光强度。

④ 由于稀土离子发光谱线丰富且容易实现掺杂和敏化，因此，可以利用这一特点制备不同余辉、不同颜色的发光材料。

2.1.1.5
f→f跃迁的谱线强度

（1）Judd-Ofelt理论

正如本书前文所介绍的那样，稀土离子的f→f跃迁是禁阻的，但是，由于晶体场展开项中奇次项的贡献，或者由于晶格振动，相反宇称的组态混入到$4f^n$组态中，从而产生弱的（振子强度为$10^{-6} \sim 10^{-5}$）"强制"电偶极跃迁。1962年，Judd和Ofelt提出了研究稀土离子f→f跃迁光谱项强度的Judd-Ofelt理论[7,8]。关于Judd-Ofelt理论的推导和计算公式，苏锵院士在《稀土化学》一书中给出了详尽的推导过程，张洪杰院士在《稀土有机-无机杂化发光材料》一书中也做了大篇幅的介绍，读者可参阅以上两部专著，在此不再赘述。

（2）超灵敏跃迁

Judd[9]在之前工作的基础上观察并总结出了稀土离子光谱中有些对环境变化比较敏感的"超灵敏跃迁"，其选择规则遵循$|\Delta J|=2$，$|\Delta L| \leqslant 2$，$\Delta S=0$。相应于这些跃迁的谱线强度随着环境的不同可改变2～4倍，并认为这是由于强度参数中的τ_2对离子周围环境很灵敏而引起的。Henrie等曾对镧系离子的超灵敏跃迁做过评论，他们认为影响超灵敏跃迁谱带强度的因素有：

① 配体的碱性越强，超灵敏跃迁的强度越大。

② 当邻近配位原子是氧原子时，镧系离子与氧原子形成的Ln—O键越短，超灵敏跃迁强度越高。

③ 共价性和轨道重叠越大，超灵敏跃迁强度越大。

2.1.1.6
谱线位移和谱线劈裂

（1）谱线位移

大量事实证明，稀土离子5s5p轨道对4f轨道的屏蔽是不完全的，f→f跃迁仍然受外部磁场和晶体场的影响。因此，稀土化合物并非完全意义上的离子型化合物，而是表现出了一定的共价性，这一点也可以从其f→f跃迁的光谱谱线在配位场的作用下发生谱线位移得到证明。在配位场作用下，4f轨道与相反宇称的5d轨道重叠而成键，从而表现出一定程度的共价性。正是这种电子云扩大效应减小了电子间的斥力，使得4f组态多重项之间的能量差降低而发生谱线的红移现象。因此，也可以根据谱线的红移量反推稀土离子与配体之间的共价程度。并且，红移量的大小与配位原子的电负性有关，红移量随配位原子的电负性的减小而增大，其次序为：自由离子< F⁻ < O²⁻ < Cl⁻ < Br⁻ < I⁻ ≤ S²⁻ < Se²⁻ < Te²⁻。

引起谱线位移的电子云扩大效应除了与配位原子的电负性有关外，还与配位数及稀土离子与配体之间的距离有关。电子云扩大效应随着配位数的减小和稀土离子与配体之间距离的缩短而增强，相应的红移量增大。

（2）谱线劈裂

晶体场的作用和周围环境对称性的改变会导致稀土离子谱线劈裂现象。能级劈裂数目和跃迁数目都与稀土离子所处环境的对称性有关，对称性越低，能解除一些能级的简并度而使谱线劈裂越多。目前，部分稀土离子不同跃迁所产生的谱线的数目已经被计算出来，因此，稀土离子荧光光谱谱线数目可直观地反映其所处环境的对称性。利用这一原理，可利用稀土荧光探针来研究有机、无机及生物大分子的结构。例如，可以利用Eu^{3+}的能级和荧光特性灵敏地得到Eu^{3+}周围环境的对称性、所处格位及不同对称性的格位数目和有无反演中心等结构信息[10]。

苏锵院士在《稀土化学》一书中给出了不同对称性晶体场中Eu^{3+}的^7F_J能级的劈裂和$^5D_0 \rightarrow {}^7F_J$跃迁所产生的谱线数目。据此，可了解$Eu^{3+}$周围环境的对称性，具体可分为以下几种情况：①当$Eu^{3+}$处于严格的反演中心格位时，将以允许的$^5D_0 \rightarrow {}^7F_1$磁偶极跃迁为主，此时稀土离子所处环境具有$C_i$、$C_{2h}$、$D_{2h}$、$C_{4h}$、$D_{4h}$、$D_{3h}$、$S_6$、$C_{6h}$、$D_{6h}$、$T_h$、$O_h$ 11种点群对称性。当Eu^{3+}处于C_i、C_{2h}、D_{2h}点群对称性时，由于$^7F_1$能级完全解除简并而劈裂成为三个状态，故$^5D_0 \rightarrow {}^7F_1$跃迁可出现三条荧光谱线；当$Eu^{3+}$处于$C_{4h}$、$D_{4h}$、$D_{3h}$、$S_6$、$C_{6h}$、$D_{6h}$点群对称性时，$^7F_1$能级劈裂成为两个状态，故$^5D_0 \rightarrow {}^7F_1$跃迁可出现两条荧光谱线；当$Eu^{3+}$处于对称性很高的立方晶系的$T_h$和$O_h$点群对称性时，$^7F_1$能级无劈裂，此时$^5D_0 \rightarrow {}^7F_1$跃迁只有一条荧光谱线。②当$Eu^{3+}$处于偏离反演中心格位时，由于4f组态中混入了相反宇称的组态，晶体中宇称选择规则放宽，将出现$^5D_0 \rightarrow {}^7F_2$等电偶极跃迁；当$Eu^{3+}$处于无反演中心的格位时，则以$^5D_0 \rightarrow {}^7F_2$跃迁为主，此时发射出明亮的红光（612nm）。③虽然$J=0$的$^5D_0 \rightarrow {}^7F_0$跃迁属于禁阻跃迁，但当$Eu^{3+}$处于$C_s$、$C_n$（$n=1，2，3，4，6$）、$C_{nv}$（$n=2，3，4，6$）10种点群对称格位时，由于晶体场展开式需包括线性晶体场项，将出现发射中心在580nm的$^5D_0 \rightarrow {}^7F_0$发射峰。由于$^5D_0 \rightarrow {}^7F_0$跃迁只有一个发射峰，因此，当$Eu^{3+}$同时存在几种不同的$C_s$、$C_n$、$C_{nv}$格位时，将出现相应个数的$^5D_0 \rightarrow {}^7F_0$发射峰，每个发射峰对应于一种格位，从而可以利用$^5D_0 \rightarrow {}^7F_0$发射峰的数目确定化合物中$Eu^{3+}$处于$C_s$、$C_n$、$C_{nv}$的格位数。④当$Eu^{3+}$处于对称性很低的点群格位时，如三斜晶系$C_1$、单斜晶系$C_s$和$C_2$，$^7F_1$和$^7F_2$能级简并完全解除，分别劈裂为三个和五个状态，此时荧光光谱为一条$^5D_0 \rightarrow {}^7F_0$发射，三条$^5D_0 \rightarrow {}^7F_1$发射和五条$^5D_0 \rightarrow {}^7F_2$发射，并以$^5D_0 \rightarrow {}^7F_2$发射为主。

2.1.2
有机-无机杂化材料的特点

随着科学技术的发展，单一功能的材料已经不能满足人们的需求，发展集两种或多种功能于一身的新型复合材料已经迫在眉睫。通过将不同功能的材料在分子水平上复合,实现功能的互补和优化,已成为当今材料科学领域的研究前沿和热点。在这样的背景下,有机-无机杂化材料应运而生。有机-无机杂化材料与传统复合材料相比,其结构上有明显的差异,功能上也更趋于完善,正因如此,有机-无机杂化材料一经出现,就受到了广泛关注。有机-无机杂化材料具有以下几个显著的特点。

① 有机-无机杂化材料兼具有机组分和无机组分的功能,但并非二者的简单物理混合和功能叠加,有机-无机杂化材料在融合了不同组分功能的同时还可明显改善单一组分的性能。

② 结构新颖,采用不同的杂化组分可赋予材料不同的微观结构和性能,实现材料的可设计性。

③ 有机-无机杂化材料往往具有良好的机械稳定性、柔韧性和热稳定性,具有优异的可加工性。

有机-无机杂化材料的特殊结构和性能使得其在生物传感、医学成像、超分子化学等众多学科和领域展示出了重要的应用前景。

2.1.3
有机-无机杂化材料的分类

根据有机-无机杂化材料中有机、无机两组分之间的结合方式,可将有机-无机杂化材料分为Ⅰ型杂化材料和Ⅱ型杂化材料[11]。Ⅰ型杂化材料是有机组分(有机分子或者高分子聚合物)简单地包埋于无机基质中,有机组分和无机组分之间通过非共价弱相互作用(氢键、范德华力、静电吸引等)相结合。这种杂化方式也称为物理杂化,早期杂化材料多采用这种杂化方式。Ⅱ型杂化材料是指有机组分与无机组分之间通过强的化学键(离子键、共价键、配位键)相互连接,也称为化学掺杂法。化学掺杂法由于在两相之间存在着较强的共价键,有效地克服了物理掺杂法带来的缺点和不足。但是,化学掺杂法也存在合成路线繁冗复杂,制备过程烦琐的缺点。

根据无机基质的不同,还可以将有机-无机杂化材料分为介孔杂化材料、凝胶杂化材料和高分子杂化材料等。近些年,又出现了纳米粒子、碳纳米管、磁性纳米颗粒、离子液体等新兴的基质材料。

2.1.4
稀土有机-无机杂化材料研究的发展历程

稀土有机-无机杂化材料在过去的二十年中，一直是一个十分活跃的研究领域。前面已经介绍过，稀土配合物具有色纯度高、激发态寿命长、量子产率高、发射谱线丰富等优点，在显示、光波导放大、固体激光器、生物标记及防伪等诸多领域有着广泛的应用。但是稀土配合物存在光热稳定性差、可加工性差的缺点，限制了其器件化和进一步应用，将稀土配合物与具有良好力学性能和光热稳定性的无机基质相结合，制备稀土有机-无机杂化材料，为改善稀土配合物的发光性能提供了一条有效途径。1993年，Matthews等[12]首次采用溶胶-凝胶（sol-gel）法将稀土配合物$[Eu(TTA)_3(H_2O)_2]$引入到二氧化硅凝胶基质中，所得杂化材料的发光强度与同浓度的稀土无机盐$EuCl_3$凝胶材料相比有了数量级的提升。自此，引起了科研工作者对稀土有机-无机杂化材料的研究兴趣和关注。大量报道表明，将稀土配合物引入无机基质后，的确可以改善其光热稳定性和加工性能，并且其发光性能也得到了不同程度的提高。稀土有机-无机杂化材料发展至今，展现出了以下几个发展趋势。

① 物理杂化向化学杂化转变。在稀土有机-无机杂化材料发展初期，稀土配合物与基质材料之间多采用物理掺杂的方式相结合，应用物理掺杂法所得杂化材料由于有机组分和无机组分之间的相互作用力较弱，就不可避免地存在有机组分掺杂浓度偏低、掺杂不均匀、易泄漏等问题。在这种情况下逐渐发展起来了化学掺杂法，即稀土配合物通过共价键嫁接到基质材料上。化学掺杂法由于在两相之间存在着较强的共价键，有效地克服了物理掺杂法带来的缺点和不足，利用化学掺杂法得到的杂化材料活性组分稳定且掺杂量高，有机组分和无机组分分布均匀，目前已成为有机-无机杂化材料发展的趋势和主流。

② 单一功能材料向多功能材料转变。稀土有机-无机杂化材料在设计之初是为了改善其发光性能。近年来，随着人们对稀土材料要求的不断提高，单一功能的稀土有机-无机杂化材料已不能满足人们的需要，发展多功能材料已经成为一种趋势。例如，同时将具有磁性的四氧化三铁纳米粒子和稀土配合物引入到无机基质中，制备兼具磁性和发光性能的杂化材料。

③ 基质多样化。在稀土有机-无机杂化材料研究初期，研究多集中在以二氧化硅（凝胶材料和介孔二氧化硅等）材料为基质的杂化材料上。后来相继发展起来了二氧化钛基质、有机高分子基质、黏土类基质和离子液体基质等，这些自身性能各不相同的基质材料的出现极大地丰富了稀土有机-无机杂化材料大家庭。

2.2

稀土有机-无机凝胶杂化发光材料

溶胶-凝胶技术（sol-gel process）是一种常见的材料制备方法，是指在低温下将烷氧基化合物或金属盐等物质进行水解缩合形成溶胶，再经固化和热处理等过程形成具有空间网状结构的凝胶的过程。该方法始于19世纪中期，经过多年发展，已经形成了一门独立的科学与技术，融合了物理学、有机化学、无机化学、配位化学以及高分子化学等多个学科，多用于指导凝胶、玻璃以及陶瓷等新材料的制备，具有方法简单、易于操作以及反应条件温和等优点。稀土有机配合物有着优异的光学性能（如发光谱带窄、斯托克斯位移大、荧光寿命长），不过其光、热、化学稳定性较差，这些限制了它们在实际中的应用。凝胶材料是一种理想的基质，具有理想的光、热、化学稳定性，并且具有非晶态特性，将其与稀土有机配合物结合制备兼具稀土发光特性和凝胶稳定性的新型杂化发光材料，已成为发展新型高性能光功能材料的重要途径。目前制备稀土有机-无机凝胶杂化发光材料的方法主要有预掺杂法、原位合成法和共价键嫁接法，下面分别介绍。

（1）预掺杂法

1993年，Matthews等[12]以二氧化硅凝胶为基质，首次利用溶胶-凝胶技术将稀土配合物 Eu(TTA)$_3\cdot$2H$_2$O（TTA为α-噻吩甲酰三氟丙酮）掺杂入其中，得到的杂化材料的发光强度以及量子效率比起掺杂相同浓度 EuCl$_3$ 的二氧化硅凝胶材料有了显著提高。将稀土有机配合物掺杂到含硅凝胶基质中是一种经典的凝胶杂化发光材料制备方法，该方法可以有效提高材料的光、热稳定性，发光强度以及荧光寿命等[13,14]。Adachi、Carlos以及 Serra 等课题组[15~17]采用此方法将一些含 Eu 或 Tb 的有机配合物（所用配体主要有β-二酮化合物、邻菲罗啉或联吡啶等）掺杂到含硅凝胶基质中制备杂化发光材料，所得杂化材料与相应的稀土配合物相比，发光性能均有不同程度的提升。预掺杂法及后来发展起来的后掺杂法操作简单方便，但是利用该方法得到的材料实质上是一种复相材料，存在其固有的缺陷，例如部分稀土化合物在溶胶-凝胶工艺条件下会出现化学分解的现象，稀土配合物在基质材料中掺杂不均匀等。

（2）原位合成法

为了克服掺杂法的不足，人们又发展了原位合成法。该法的特点是凝胶基质与稀土配合物的合成同步完成，制备过程中不涉及反应物和生成物的长距离迁移，因此形成的凝胶材料组分的分布更加均匀，配合物的稳定性和光学性能有了进一步提高。在此方面，张洪杰院士和钱国栋课题组做出了重要贡献，该方法相比于传统的杂化材料制备方法耗时短，制备的杂化发光材料发光性能优异，实用价值较高[18,19]。原位合成法也属于物理掺杂的范畴，凝胶基质与稀土配合物之间的作用力为氢键、范德华力等弱相互作用，不可避免地存在界面（相）分离的现象和稀土配合物的漏析现象。为了解决这些问题，研究人员在此基础上发展了共价键嫁接法。

（3）共价键嫁接法

共价键嫁接法是通过共价键将稀土配合物修饰到基质材料上，从而实现分子水平的杂化。该方法的关键是合成既能与稀土离子配位形成配合物又能作为溶胶-凝胶反应前驱体的双功能化合物。Franville[20]等将2,6-吡啶二甲酸嫁接到硅氧烷上，通过溶胶-凝胶手段制备了红光材料。Jiang等[21]将苯甲酸以共价键的形式接枝到含硅的基质中，再和三价稀土离子（Eu^{3+}和Tb^{3+}）进行配位制备了新型凝胶杂化发光材料，其发光谱带较窄，且色纯度高，并且材料的均匀程度比掺杂法有了很大提高，因此，该方法受到了广泛关注。张洪杰等[22]则将杂环配体如邻菲罗啉、联吡啶等引入了基质当中，同样得到了色纯度极高的红光材料。李焕荣等在此基础上发展了该方法，他们尝试在无TEOS存在的条件下将双功能化合物聚合，有效提高了稀土离子的掺杂量，并且未发现高浓度荧光猝灭现象[23]，见图2.1。共价键嫁接法的开发和应用使得稀土配合物在凝胶基质中的分布更为均匀，且掺杂量也有了明显提升，同时还有效地避免了物理掺杂中稀土漏析的现象，尤为重要的是，利用共价键嫁接法得到的杂化材料的热稳定性和荧光性能均有明显改善。

目前报道的溶胶-凝胶基质多为硅基基质，其他基质报道较少，李焕荣等利用二氧化钛作为基质材料构筑了一系列凝胶材料[24,25]。利用烟酸羧酸根与TiO_2之间的相互作用作为驱动力，他们成功地将$Eu(TTA)_3(H_2O)_2$负载到TiO_2为基质的凝胶材料中，TTA配体不仅可以作为配体敏化稀土发光，同时也可有效防止水分子对稀土荧光的猝灭。杂化凝胶的发光性能与单纯地将稀土盐$EuCl_3$负载到烟酸-TiO_2基质中相比有了极大的改善。近些年来，一些新型的基质如离子液体也应用到了稀土杂化发光材料的制备中。由于离子液体在常温下是液体，并且具有良好的可加工性，是制备凝胶杂化材料的优良基质。Binnemans和李焕荣等课题

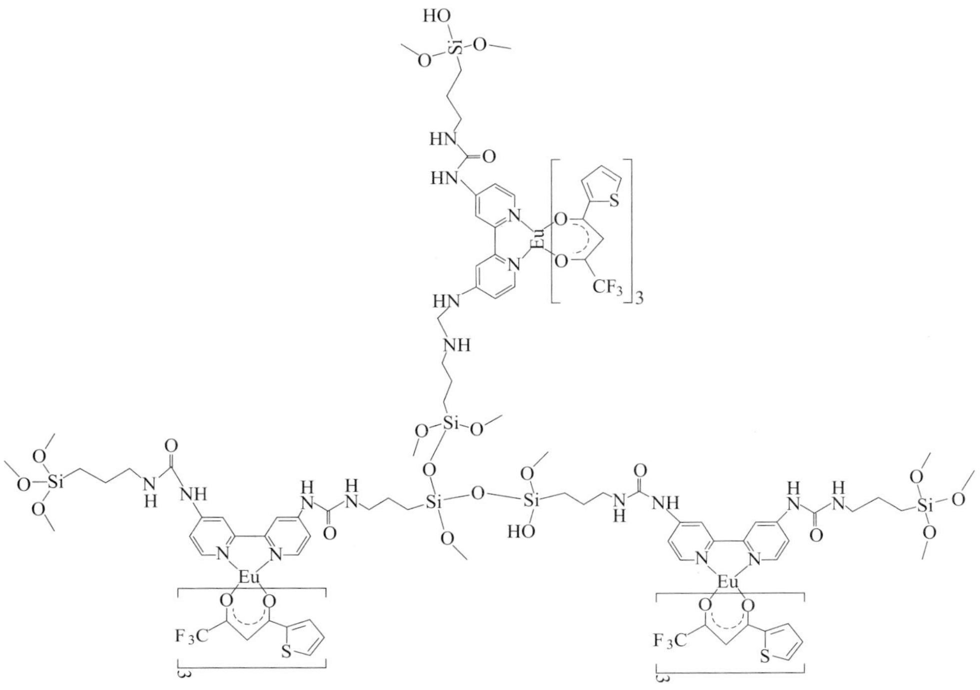

图2.1 李焕荣等发展的共价键嫁接法溶胶－凝胶模式图[23]

组[26,27]均在此方面进行了系统的研究，在本章的其他杂化材料部分我们将进行详细介绍。

目前，稀土凝胶杂化发光材料的研究多集中于可见光材料，对近红外区的材料研究相对较少。随着生物荧光探针、激光以及光纤通信的迅猛发展，近红外发光材料也逐渐受到了人们的重视。一些具有近红外发光性质的稀土离子（Er^{3+}、Nd^{3+}、Yb^{3+}和Sm^{3+}）也被应用到了实际当中。科研工作者利用共价键嫁接法，合成了邻菲罗啉功能化的含硅基质，与正硅酸乙酯通过缩聚反应结合，并加入配体Hpfnp [4,4,5,5,5-五氟-1-(2-萘基)-1,3-丁二酮]和稀土氯化物进行配位合成了一系列近红外稀土凝胶杂化发光材料，并对它们的荧光性质进行了研究[28]。

凝胶类稀土杂化发光材料以其优异的光学性能、良好的稳定性等优点，受到了业界的广泛关注，相关研究也取得了重大的进展。但仍存在着一些不足，如凝胶的结构和性能较为单一，材料的荧光强度还有待进一步提高，等等。凝胶有机改性的空间还很大，引入更多功能化的基团对凝胶进行改性，并赋予其新功能仍是工作重点。

2.3
稀土有机-无机微孔杂化发光材料

微孔材料（microporous materials）一般是指孔径小于2nm的多孔材料，经典的沸石分子筛都属于微孔材料。近年来，将稀土离子以及稀土配合物组装到沸石分子筛纳米孔道或纳米笼中，构筑新型沸石微孔杂化发光材料引起了人们的广泛关注[29~31]。

到目前为止，报道比较多的是使用X型沸石、Y型沸石以及L型沸石来构筑稀土沸石杂化发光材料。X型沸石的分子式为$Na_{86}[(AlO_2)_{86}(SiO_2)_{106}] \cdot 264H_2O$，其硅铝比小于1.5，Y型沸石的分子式为$Na_{56}[(AlO_2)_{56}(SiO_2)_{136}] \cdot 264H_2O$，其硅铝比大于1.5。X型和Y型沸石都属于立方晶系的八面沸石。L型沸石具有一维孔道结构，它由交替的六方柱笼与钙霞石笼在c轴方向上堆积而成，再按六重轴旋转产生十二环孔道，孔径最窄处为0.71nm，最宽处为1.26nm，硅铝比为3[32~35]。

稀土离子是通过离子交换的方式装载到沸石的孔道中的，大多数稀土离子交换的沸石杂化材料发光能力较弱。一方面可能是由于沸石孔道中的水分子或者沸石骨架上的高能量振动基团——羟基的振动造成的荧光猝灭；另一方面也可能是由于三价稀土离子Eu^{3+}的f→f禁阻跃迁使得其吸光系数小，发光效率低。为了克服这一缺点，有人采用热处理的方法，将沸石孔道内的水脱除[36]，稀土Eu^{3+}从超笼转移到方钠石笼，荧光强度有了一定程度的提高。

Ding等[37]采用L型沸石（ZL）作为主体材料，并用不同溶剂对Eu^{3+}交换的L型沸石进行洗涤，经700℃焙烧，得到可以发射蓝色、红色荧光的材料。这是由于700℃条件下，Eu^{3+}被还原为Eu^{2+}，Eu^{3+}和Eu^{2+}同时存在于焙烧沸石孔道内部。用不同的溶剂洗涤Eu^{3+}交换的沸石，焙烧后在紫外灯下呈现不同的颜色，水和甲醇洗涤后在紫外灯下发出明亮的蓝紫光，而用乙醇洗涤后在紫外灯下发红光（图2.2）。Mech等[38]报道了近红外稀土离子交换的Er^{3+}/L型沸石杂化材料经过煅烧过程产生Er^{3+}的有效发射峰，该发射峰是由氧空位到稀土离子的能量传递产生的，而且此发射峰可以由近红外区355~700nm之间任意波长激发得到（如图2.3所示）。该发现对多功能的以近红外稀土离子/沸石杂化材料为基础的白光材料的发展提供了非常重要的依据。

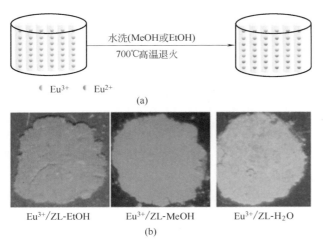

(a)

Eu³⁺   Eu²⁺

Eu³⁺/ZL-EtOH   Eu³⁺/ZL-MeOH   Eu³⁺/ZL-H₂O

(b)

图2.2 （a）稀土/L型沸石离子交换过程；（b）不同发光颜色的稀土/L型沸石在紫外灯下的数码照片[37]

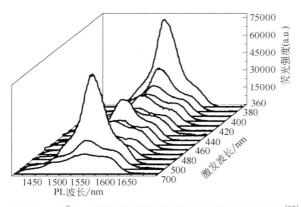

图2.3 Er³⁺/L型沸石经过高温煅烧的近红外荧光光谱图[38]

　　尽管稀土离子交换的沸石经过高温煅烧后荧光强度有了一定程度的提高，但是由于稀土离子的f→f跃迁属于禁阻跃迁，其吸光系数小，发光效率低，因此稀土离子交换的沸石杂化材料经高温煅烧后，仍然展现出比较弱的发光强度和量子效率。为了改善稀土/沸石杂化材料的荧光性能，可将多种离子，比如Ce^{3+}、MoO_4^{2-}、WO_4^{2-}、Ag^+以及Bi^{3+}共掺到稀土离子交换的沸石杂化材料中，通过适当的热处理，杂化材料的荧光性能会得到明显的改善。Kynast等[39]将Ce^{3+}引入稀土Tb^{3+}交换的X型沸石（NaX）中制备得到沸石杂化发光材料。在该杂化材料中，以254nm作为激发波长，Ce^{3+}的90%的激发态能量转移给Tb^{3+}。以330nm作为激发波长，Ce³⁺到Tb³⁺的能量传递效率达到最大，此时稀土Tb³⁺的量子效率达到85%。但是Ce³⁺到Tb³⁺的能量传递只发生在X型沸石中，不会在A型沸石和ZSM-5型沸石中出现。稀土Eu³⁺/Tb³⁺共掺的Y型沸石杂化材料经800℃处理后展现出多种颜色的荧光，包括蓝光（434nm）、绿光（543nm）和红光（611nm）。该发光材料在白光器件以及可擦除光存储等方面具有潜在的应用价值。李焕荣课题组[40]通过简单的离子交换过程，将稀土离子Eu³⁺和Bi³⁺装载到沸石的孔道中，展现出很强的Eu³⁺特征红光（图2.4）。上述现象产生的原因是铋的化合物的熔点普遍很低，通过700℃焙烧后，进入沸石孔道的铋的化合物团聚，可以有效地阻隔孔道中的Eu³⁺和外界H₂O接触，从而降低水分子的—OH对稀土Eu³⁺的荧光猝灭作用。

另外一种改善稀土/沸石杂化材料发光性能的策略是通过"瓶中造船法"（ship-in-a-bottle）将有机配合物装载到稀土离子交换的沸石孔道中，在沸石孔道中形成稀土有机配合物，采用此方法使杂化材料的荧光性能得到了很大的改善。这是因为有机配体具有很大的摩尔吸收系数，可有效弥补稀土吸光系数小、发光效率低等缺点，将其激发态的能量通过无辐射的跃迁形式传递给稀土离子的发射态，从而敏化稀土离子发光，稀土离子的这种发光现象被称为"稀土敏化发光"。这种通过配体敏化中心离子发光的现象叫天线效应（antenna effect）。稀土有机配合物/沸石杂化发光材料已成为近年来备受关注的研究热点之一。

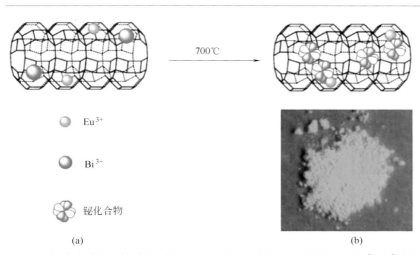

图2.4 （a）合成发光材料的步骤图；（b）波长为254nm下的5∶5 Eu³⁺/Bi³⁺共掺杂的L型沸石的数码照片[40]

将稀土有机配合物通过"瓶中造船法"组装到沸石纳米孔道中制备的稀土有机配合物/沸石杂化发光材料,不但可以保持稀土配合物优异的发光性能,并且由于沸石孔道的空间限域作用及沸石刚性骨架的保护和隔离作用,该类材料还表现出意想不到的优异性能。Wada等[41]将有机光敏剂二苯甲酮和4-乙酰基联苯装载到稀土离子Eu^{3+}和Tb^{3+}交换的八面沸石空腔中,通过改变Eu^{3+}和Tb^{3+}的比例以及敏化剂种类,将沸石杂化材料调节成红、绿、蓝三种不同的荧光颜色,而且这种材料的荧光颜色还可以通过改变温度和激发波长进行调节,如图2.5所示。该发现在温度传感器和全彩色显示器等方面具有很重要的潜在应用价值。

李焕荣课题组将有机配体2,2′-联吡啶(bpy)通过气态扩散法装载到$Eu^{3+}(Tb^{3+})$交换的L型沸石[42]中,制备出稀土有机配合物/L型沸石主客体杂化发光材料$Eu^{3+}(bpy)_n$-ZL和$Tb^{3+}(bpy)_n$-ZL。通过热失重分析,发现稀土有机配合物装载到沸石孔道后,其热稳定性有了极大的提高。他们课题组还将Eu^{3+}和Tb^{3+}同时交换到L型沸石孔道内,并将可以同时激发Eu^{3+}和Tb^{3+}的有机配体四氟二苯甲酮(FBP)插入到沸石的纳米孔道中,从而实现了发光色彩由绿色到红色的剪裁,如图2.6所示。他们课题组还将有机配体2-噻吩三氟乙酰丙酮(TTA)

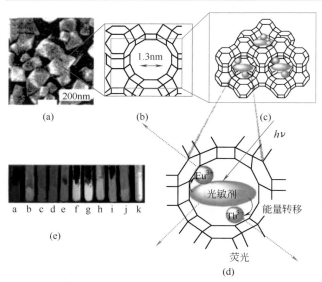

图2.5 (a)八面沸石SEM图片;(b),(c)八面沸石骨架结构图;(d)光敏分子通过能量传递使稀土离子Eu^{3+}和Tb^{3+}发出荧光;(e)杂化材料样品的荧光照片[41]

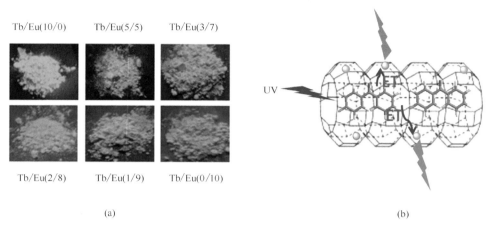

Tb/Eu(10/0) Tb/Eu(5/5) Tb/Eu(3/7)

Tb/Eu(2/8) Tb/Eu(1/9) Tb/Eu(0/10)

UV

(a)

(b)

图2.6 FBP-Ln^{3+}/ZL彩色发光材料的数码照片（a）和孔道内有机配体与金属离子的能量传递过程（b）[42]

和邻菲罗啉（phen）引入稀土Eu^{3+}交换的L型沸石孔道中[43]，得到稀土有机配合物/沸石杂化发光材料Eu^{3+}(TTA)$_x$(phen)$_y$/ZL，该杂化材料相比纯配合物Eu^{3+}(TTA)$_x$(phen)$_y$具有更优异的发光性能，即更高的发射荧光强度和荧光量子效率。这是由于刚性的沸石骨架限制了配体中高能量的振动基团的振动，从而抑制了高能量的振动基团通过无辐射跃迁的形式将稀土离子激发态能量带走而产生的荧光猝灭。

然而，与可见光区的稀土离子Eu^{3+}和Tb^{3+}不同，近红外稀土离子（Er^{3+}、Nd^{3+}、Yb^{3+}）的激发态能级能量相差较少，电子在能级间易发生弛豫运动而损耗能量，更容易受到配体中存在的C—H和O—H键等高能量振动基团的影响，辐射跃迁的概率和强度降低，发光效率降低。但是，近红外稀土离子在实际应用中具有很重要的价值，比如Er^{3+}的$^4I_{13/2} \rightarrow {}^4I_{15/2}$跃迁的发射波长为1.54μm，对应的是第三标准的通信窗口波长，也是现在得到实际应用的玻璃光纤（或平面波导）的最低损耗传输窗口[44]。Monguzzi等[45]发现，将有机分子二苯酮装载到Er^{3+}交换的L型沸石孔道中，通过激发有机分子可得到有效的近红外发光。然而其荧光强度比较弱，荧光寿命（0.9μs）也比较短。随后，他们又将二苯酮苯环上的H用氟取代（DFB）（图2.7）[46]，进一步降低由于C—H振动而造成的能量耗散。结果表明，Er^{3+}的发光效率有很大的提高，荧光寿命也提高到0.21ms（迄今为止有机分子敏化Er^{3+}发光所能达到的最长寿命）。上述研究为

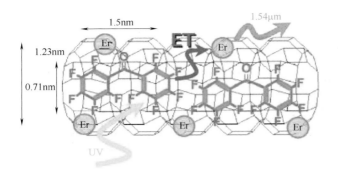

图 2.7　L型沸石的骨架结构以及沸石孔道中配体DFB与Er^{3+}之间的能量传递示意图[46]

开发近红外发光材料奠定了坚实的基础，也为制备新型高效的近红外光学器件开辟了新的可能。

L型沸石具有的一维平行纳米孔道，形貌和颗粒可调，且骨架振动频率低，是用来构筑新型主客体发光功能材料的理想主体材料。然而L型沸石的纳米孔道是对外开放状态，客体分子很容易从孔道中泄漏出来。另外，外界环境（如水分子）也很容易进入孔道从而造成稀土离子荧光的猝灭。Li等[43]发现$Eu^{3+}(TTA)_n$/ZL经过氨气处理后荧光性能得到明显的改善（荧光强度明显增强，荧光寿命也有很大提高）。这是由于稀土Eu^{3+}交换的沸石孔道中呈较强的酸性，然而有机配体TTA在沸石孔道的酸性环境下可被质子化，不利于稀土配合物$Eu^{3+}(TTA)_n$的形成，经氨气处理后沸石孔道内酸性环境有所改善，有机配体TTA脱去质子，与三价铕离子形成更稳定的稀土配合物，其发光性能得到很大的改善。

为了防止客体分子从沸石孔道中泄漏，并且得到高性能的稀土配合物/沸石杂化发光材料，研究人员采取了一些有效的措施。如图2.8所示，将SiO_2壳层包覆在装载稀土配合物的L型沸石表面，制备出新型核-壳光功能材料[47]。研究发现，该壳层可有效地防止客体分子的泄漏。进一步用Si-TTA对该核-壳光功能材料进行修饰，并与稀土Tb^{3+}反应。该材料利用Si-TTA不能敏化Tb^{3+}发光而2,6-吡啶二甲酸（DPA）可敏化Tb^{3+}发光的原理，实现了对2,6-吡啶二甲酸含量的检测。除了上述方法外，Calzaferri教授提出了柱塞型分子结构[48]。李焕荣课题组以水作为溶剂将柱塞型分子有机硅烷化的咪唑基离子液体插入装载稀土铕-β-二酮配合物的沸石孔道中[49]，制备了沸石杂化发光材料。有机硅烷化的咪唑基离子液体作为柱

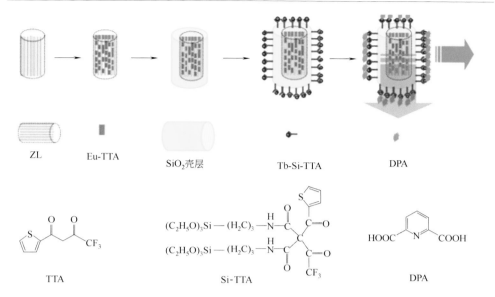

图2.8　SiO₂对沸石杂化材料Eu^{3+}(TTA)$_n$/ZL的表面修饰以及对DPA的检测[47]

塞型分子不仅阻止了水分子进入沸石孔道，而且通过与沸石孔道中的氢离子发生离子交换，改善了沸石孔道中的酸性，从而使得其荧光发光效率得到极大的提高（图2.9）。将该杂化材料分散到水中超声处理得到沸石透明溶液，采用溶剂蒸发法将透明溶液滴加到玻璃片上得到透明的发光薄膜。该沸石透明薄膜的构筑在新颖的光电设备及显示方面具有潜在的应用前景。

　　Calzaferri和李焕荣等[50]利用发光分子有机硅烷化的二联吡啶（Bipy-Si）作为分子连接体，控制、诱导L型沸石微晶体（或稀土有机配合物/L型沸石微晶体）在基体表面进行自组装，制得取向均一、排布紧密、覆盖度高的c轴取向L型沸石单层薄膜，并且在制备过程中没有阻塞或破坏L型沸石晶体的纳米孔道和其开口，保证了其完整性（见图2.10）。通过改变与分子连接体配位的金属离子的种类和数量，以及改变激发波长对薄膜发光颜色来调控和剪裁这种L型沸石薄膜的荧光颜色，实现了发光沸石单层薄膜的彩色化。Cao等[51]利用多功能分子连接体有机硅烷化的2-噻吩甲酰三氟丙酮（TTA-Si），控制诱导沸石在石英片表面的自组装，制备了高度覆盖、排列紧密的c轴取向L型沸石单层薄膜。并通过引入PVA膜制备了沸石透明薄膜，该沸石薄膜的构筑是采用共价键实现的。他们还采用配位键构筑了L型沸石薄膜。L型沸石微晶在三联吡啶衍生物与稀土离子Ln^{3+}

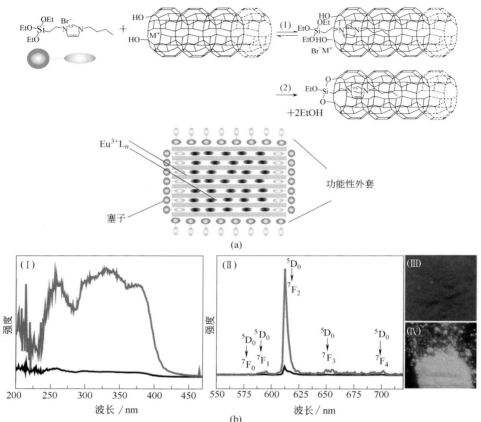

图2.9 （a）有机硅烷化的咪唑基离子液体1对沸石的选择性修饰示意图；（b）稀土/L型沸石杂化材料 Eu^{3+} （TTA） $_n$ -NZL 和 [Eu^{3+} （TTA） $_n$ -NZL]-1（1100）的荧光光谱图：（Ⅰ）激发谱图，（Ⅱ）发射谱图，紫外灯下的数码照片（Ⅲ） Eu^{3+} （TTA） $_n$ -NZL 及（Ⅳ）[Eu^{3+} （TTA） $_n$ -NZL]-1（1100）[49]

（ Ln^{3+} = Eu^{3+} ， Tb^{3+} ）和过渡金属离子 M^{n+} （ M^{n+} = Zn^{2+} ， Cu^{2+} 和 Fe^{3+} ）形成的配位键的诱导下，得到了 c 轴取向L型沸石单层薄膜，并且通过两种不同的方法制备出具有发红光、绿光、蓝光不同性质的沸石薄膜[52]（如图2.11所示），实现了L型沸石微晶的超分子组装。该透明薄膜在生物、诊断、光电设备以及光电化学太阳能转换等领域具有很重要的应用价值。

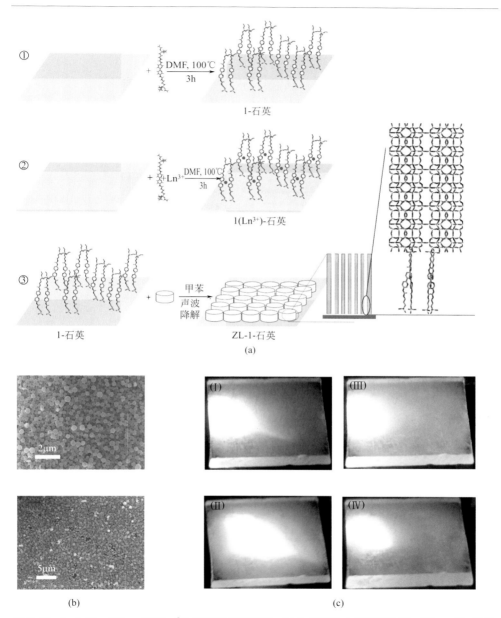

图2.10 （a）ZL-(Bipy-Si)(Ln^{3+})-石英的制备路线；（b）不同放大倍率下的ZL-(Bipy-Si)-石英的SEM图片；（c）(Eu^{3+}(TTA)$_n$-ZL)-(Bipy-Si)(Tb^{3+})-石英在不同激发波长照射下的数码照片：（Ⅰ）270nm，（Ⅱ）300nm，（Ⅲ）340nm，（Ⅳ）365nm

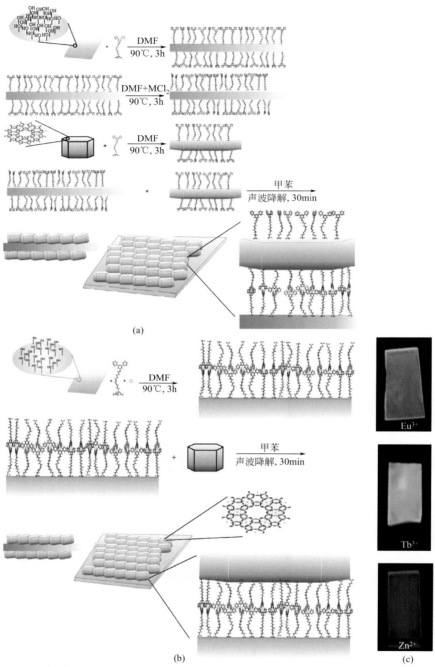

图2.11 （a）S-L（M）方法制备 c 轴取向沸石薄膜的示意图；（b）S-（L-M-L）方法制备 c 轴取向沸石薄膜的示意图；（c）在紫外灯（254nm）下ZL-L（M^{n+}）L-S的数码照片[52]

2.4
稀土有机-无机介孔杂化发光材料

与微孔沸石分子筛相似，介孔材料（mesoporous materials）也是孔径分布窄、孔道结构规则的多孔材料，其孔径介于2～50nm之间，比沸石分子筛的孔径要大一些，是以表面活性剂为模板，利用溶胶-凝胶、乳化或微乳化等化学过程而生成的。介孔材料具有一些其他多孔材料所不具备的独特的性能，比如，比表面积大、孔体积大、孔径尺寸分布范围窄、孔径尺寸可调以及孔道结构高度有序，这些优良性能使得介孔材料在催化、环保、生物、医药及化学传感器等方面有着重要的应用前景[53～55]。

介孔材料的一系列优异性能使其成为负载具有发光性能的稀土配合物的重要的基质材料。近年来，人们已经成功地将稀土配合物引入到各种介孔材料中，如MCM-41（六方结构，空间群为P6mm，孔道结构为二维直孔）、MCM-48（立方结构，空间群为Ia3d，孔道结构为三维交叉孔道）、FDU-1（立方结构，空间群为Fm3m，孔道结构为三维孔道）、HMS（近似六方结构）、SBA-15（六方结构，空间群为P6mm，孔道结构为二维直孔）及SBA-16（立方结构，空间群为Im3m，孔道结构为三维孔道）等，得到的稀土配合物-介孔杂化发光材料不仅具有优异的发光性能，稀土配合物的热稳定性和化学稳定性也得到了明显改善。

早期制备稀土配合物-介孔杂化发光材料的方法是浸渍法，该方法是制备稀土配合物-介孔杂化发光材料的一种简单易行的方法，但是用浸渍法制备的稀土配合物-介孔杂化发光材料的发光性能的稳定性比较差，而且用这种方法制备的杂化材料，稀土配合物在基质材料中的分布不均匀，有很大一部分聚集在介孔材料的孔道的入口处，一方面阻碍了稀土配合物进入孔道内，另一方面稀土配合物很容易造成浓度猝灭。因此，浸渍法制备的稀土配合物-介孔杂化材料的荧光性能需要进一步改善。

为了解决浸渍法制备稀土配合物-介孔杂化发光材料存在的缺陷并且改善稀土配合物-介孔杂化发光材料的性能，人们开发了离子交换法。介孔材料的合成是以表面活性剂为模板的，若模板为阳离子型表面活性剂，则阳离子表面活性剂会自组装成棒状胶束。合成反应后，阳离子表面活性剂的棒状胶束与合成的介孔材料的二氧化硅孔道表面的负电荷会借助其间的库仑作用力发生相互作用。由于库仑作用力比较弱，很容易被破坏，因此其他阳离子很容易取代阳离子表面活性剂。将稀土有机配合物通过离子交换法组装到介孔材料的孔道中，不仅有效去除了合成介孔材料时使用的模板剂，而且得到的稀土配合物-介孔杂化发光材料的发光性能、热稳定性以及化学稳定性都得到了很大的提高[56,57]。

张洪杰等用苯基三乙氧基硅[Ph-Si(OEt)$_3$]对介孔材料MCM-41外表面的活性Si—OH基团进行钝化得到Ph-MCM-41介孔杂化材料，然后将稀土配合物[Eu(phen)$_2$Cl$_3$·2H$_2$O]负载到介孔材料Ph-MCM-41孔道中，稀土阳离子[Eu(phen)$_2$·2H$_2$O]$^{3+}$（phen为1,10-菲罗啉）与MCM-41孔道中的阳离子表面活性剂进行离子交换，得到稀土配合物-介孔杂化发光材料Eu(phen)/Ph-MCM-41，详细的制备流程示意如图2.12所示。稀土配合物的装载没有破坏介孔材料Ph-MCM-41的介孔结构。从热失重曲线可以看出，稀土配合物Eu(phen)$_2$Cl$_3$·2H$_2$O掺杂到介孔材料MCM-41孔道内后，其热稳定性得到了很明显的提高[58]。而且稀土配合物-介孔杂化发光材料Eu(phen)/Ph-MCM-41展现出更加优良的荧光性能，即更高的量子产量、荧光强度、荧光寿命和更高的热稳定性。Li等[59]通过离子交换的方式将稀土有机配合物Tb(acac)$_3$phen（acac为乙酰丙酮）装载到经硅烷化试剂APTES（三氨丙基乙氧基硅烷）修饰的介孔分子筛SBA-15的孔道中，得到的稀土配合物-介孔杂化发光材料Tb(acac)$_3$phen/APTES-SBA-15也表现出了优异的荧光性能，即相对纯稀土配合物Tb(acac)$_3$phen具有更高的量子产量、荧光强度、荧光寿命和更高的热稳定性。

虽然浸渍法和离子交换法制得的稀土配合物-介孔杂化发光材料都可以使稀土配合物的发光性能、热稳定性以及化学稳定性得到一定程度的改善，然而这两种方法均存在一些明显的缺点，比如：杂化材料中稀土配合物与基质介孔材料之间的作用力（氢键、范德华力或静电作用）较弱，这些特点非常不利于稀土配合物-介孔杂化发光材料的制备和应用，于是人们探索了第三种制备稀土配合物-介

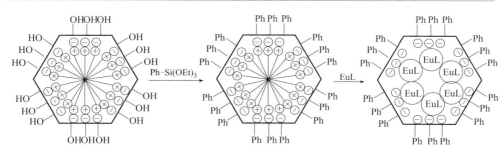

图2.12　Eu(phen)/Ph-MCM-41样品的合成路线[L=(phen)$_3$(H$_2$O)$_2$，省略了电荷[59]]

孔杂化发光材料的方法，即共价键嫁接法。

　　采用共价键嫁接法制备的稀土配合物-介孔杂化发光材料中，稀土配合物是借助共价键与基质介孔材料相连的，要达到这一目的，首先需要制备具有与稀土离子配合能力的配位基团和水解、缩聚反应功能的有机硅烷基团的双功能化合物。8-羟基喹啉硅氧烷是同时具有可以与稀土配位的8-羟基喹啉基团和水解、缩聚功能的硅氧烷基团的双功能化合物。稀土配合物LnQ$_2$Cl (H$_2$O)$_2$（Ln=Er，Nd，Yb；Q为8-羟基喹啉）已成功地通过共价键（Si—C）嫁接到介孔材料SBA-15或者MCM-41的骨架上，8-羟基喹啉的引入并没有破坏介孔材料原来的形貌和结构，而且均匀稳定地分布在介孔材料的骨架上。最重要的是，通过共价键嫁接法制备的稀土配合物-介孔杂化发光材料LnQ$_3$-SBA-15或LnQ$_3$-MCM-41具有优异的发光性能，主要是因为Si-Q可以代替纯配合物LnQ$_2$Cl(H$_2$O)$_2$第一配位圈中的水分子以及介孔材料SBA-15或者MCM-41表面的Si—OH与稀土离子配位（图2.13）[60～62]。

　　众所周知，羧酸是一类与稀土有很好的配位能力的基团，水杨酸、2-羟基-3-甲基苯甲酸、5-磺基水杨酸、间氨基苯甲酸、吡啶二羧酸等也可以制备出相应的有机硅氧烷类化合物，该类化合物通过共价键连接到介孔材料的表面上。Franville等[63～65]借助吡啶-2,6-二羧酸成功地进行了硅烷化，在有机硅烷化合物合成方面做出了很有成效的工作。此外，闫冰课题组将有机硅烷化的β-二酮类配体如1-(2-萘甲酰基)-3,3,3-三氟丙酮、2-噻吩三氟乙酰丙酮、二苯甲酰甲烷、乙

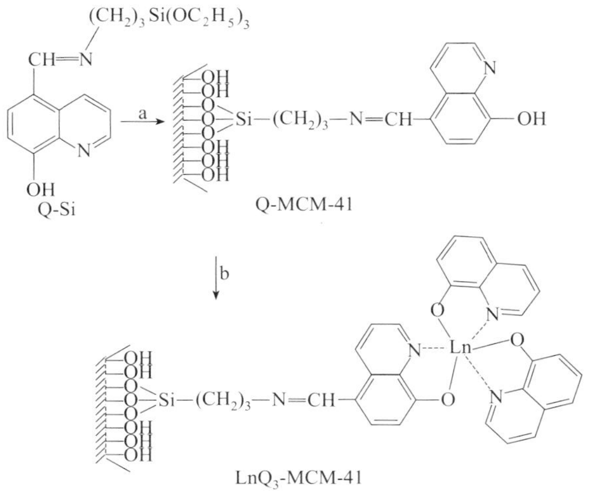

图2.13　LnQ$_3$-MCM-41的合成路线（Ln=Er、Nd、Yb）
a—TEOS，CTAB，H$_2$O，除表面活性剂；b—LnQ$_2$Cl(H$_2$O)$_2$，回流[62]

酰丙酮以及 2,2- 二联吡啶、1,10-菲罗啉通过共价键连接的方式嫁接到介孔材料 SBA-15、MCM-41 和 SBA-16 的骨架上[66,67]。采用共价键连接法得到的稀土配合物 - 介孔杂化发光材料展现了更高的荧光强度和量子效率，同时具有更高的热稳定性，并且在介孔材料表面上分布更均匀、更稳定。另外，Corriu 等[68]采用氧膦有机基团功能化的有机硅氧烷成功嫁接到介孔材料上制备了有机 - 无机杂化材料。

综上所述，共价键嫁接法有效地克服了浸渍法和离子交换法的缺点，其优势主要表现在以下几个方面：①稀土配合物与基质之间通过共价键连接，这种连接方式相当牢固，因此稀土配合物不易从基质材料中泄漏；②稀土配合物掺杂量明显增大；③稀土配合物均匀分布在基质材料中，这样稀土配合物在介孔材料中就不易团聚，有效抑制了稀土配合物因团聚引起的浓度猝灭。综上所述，共价键嫁接法制备的稀土配合物 - 介孔杂化发光材料将会有更广泛的应用前景。

除了传统的介孔材料，周期性介孔材料（PMO）是一种新颖的介孔材料，该材料是以双硅氧烷(R'O)$_3$—Si—R—Si—(OR')$_3$ 在酸性条件下水解缩聚而形成的。由此方法合成的周期性介孔材料 PMO 的一个突出优点是有机基团通过共价键嫁接到骨架内，有机基团的修饰量再大也不会堵塞 PMO 的介孔孔道。而且可以通过调节用于修饰的有机基团的性质来调节介孔材料 PMO 的亲水疏水性能、热稳定性、机械稳定性及光热稳定性等，从而使得 PMO 具有了传统介孔杂化材料不具备的独特的性能，如水热稳定性、化学稳定性和机械稳定性等优良的性能。因此 PMO 在催化、吸附、有机分子光响应方面有着非常重要的应用前景。

张洪杰课题组[69]在酸性条件下使用聚氧乙烯硬脂基醚表面活性剂作为模板，将 1,2- 二(三乙氧基甲硅烷基)乙烷（BTESE）和 phen-Si 进行共缩聚反应得到了高度有序的周期性介孔材料 PMO 介孔材料（phen-Si-PMO），然后将稀土配合物 Eu(TTA)$_3$·2H$_2$O 装载到周期性介孔材料 phen-Si-PMO 的孔道中。稀土配合物 Eu(TTA)$_3$·2H$_2$O 装载前后，phen-Si-PMO 的孔道尺寸没有发生明显变化，说明稀土配合物 Eu(TTA)$_3$·2H$_2$O 通过配位的方式连接到 phen-Si-PMO 的配体邻菲罗啉上。相比纯配合物 Eu(TTA)$_3$phen，稀土配合物周期性介孔杂化发光材料 Eu(TTA)$_3$phen-PMO 展现出了相似的荧光量子效率和更高的热稳定性。其反应过程示意如图 2.14 所示。他们组还使用 3,5- 双 [N,N- (三乙氧基) 脲基]-苯甲酸（BA-Si）和 BTESE 作为前驱体来合成 PMO[70]，然后将稀土铽离子引入 PMO 的孔道中，其中 3,5- 双 [N,N- (三乙氧基) 脲基]- 苯甲酸也起到了与稀土铽离子配位的作用，得到稀土配合物周期性介孔杂化发光材料。杂化材料 Tb-BA-PMO 在紫外灯下展现出了稀土铽离子的特征荧光以及具有更好的热稳定性（相对相应的纯配合物）。

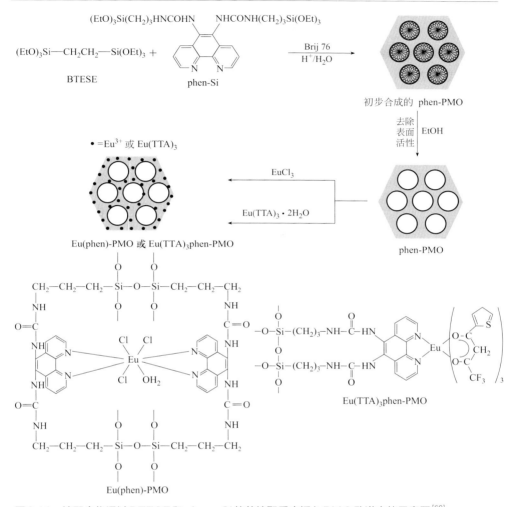

图 2.14　铕配合物通过 BTESE 和 phen-Si 的共缩聚反应插入 PMO 孔道中的示意图[69]

有趣的是，BA 含量的增加会产生更强的氢键作用，从而使得 PMO 从柱状逐渐变成球状，变得形貌更加规则[71,72]。PMO 虽然具有比传统的介孔材料更优越的特性，如有机基团是通过共价键嫁接到骨架内的，有机基团的修饰量再大也不会堵塞 PMO 的介孔孔道；PMO 具有传统介孔杂化材料不具备的独特的性能，如水热稳定性、化学稳定性和机械稳定性等优良的性能。但是该材料也存在一些缺点：有机基团修饰到 PMO 的孔道中，由于空间位置和电子云密度分布差异的影响，活性物质的发光比较弱；相比表面修饰的方式，这种在孔道内修饰的方式对材料有序性影响较大。

2.5

稀土有机-无机高分子杂化发光材料

　　高分子材料是另外一种理想的基质材料。高分子材料具有机械强度高、可加工性强、柔性可控等独特的特点，常见的高分子基质有聚甲基丙烯酸甲酯（PMMA）、聚乙烯醇（PVA）、聚乙烯（PE）、聚苯乙烯（PS）、聚氨酯、聚碳酸酯和环氧树脂。与其他稀土配合物杂化材料相似，高分子杂化发光材料的制备法也可分为物理分散法和化学掺杂法。根据杂化材料所含稀土和高分子基质的种类，稀土有机-无机高分子材料又可以分为单一体系（单一稀土负载与单一高分子）和复合体系（体系中含有多种稀土或多种高分子基质）。

2.5.1
单一体系

　　最早将稀土配合物与高分子相结合的是 Wolff 和 Pressley，他们将 Eu(TTA)$_3$ 掺入到 PMMA 中，并研究了它们的荧光和激光性质[73]。此后，人们将一些常见的稀土有机配合物掺杂到不同的高分子聚合物机制中并探究了它们的发光性质。例如，Okamoto 课题组[74,75]将 Eu 的配合物 Eu(DBM)$_4$（DBM 为二苯甲酰甲烷）掺入到 PMMA 或聚苯乙烯（PS）中，发现材料的荧光强度随着配合物的浓度升高而线性提高，并且不出现浓度猝灭。另外，将 Eu^{3+} 和醋酸根离子进行配位后掺入到 PMMA 中，其荧光强度比不配位的情形要强得多，并且也不会产生浓度猝灭。在稀土有机-无机高分子杂化发光材料中，稀土-β-二酮类配合物是使用最多的发光中心，这主要是由于稀土-β-二酮类配合物发光性能优异并且在高分子材料中具有良好的溶解性。Richards 等报道了一系列在 PMMA 中具有良好溶解性和分散性的 β-二酮类稀土配合物 [Eu(β-diketonate)$_3$(DPEPO)]，所得杂化材料的量子效率均在 0.76 以上，这在当时是史无前例的[76]。之后，研究人员尝试引入第二配体，Mishra 等[77]向 Eu(DBM)$_3$@PMMA 杂化材料中加入邻菲罗啉制备

Eu(DBM)₃phenₓ@PMMA，实验证明，加入邻菲罗啉后杂化材料的热稳定性和发光性能均有明显改善，当$x=1.5\%$时，其荧光发射强度最大。并且，随着邻菲罗啉含量的不断增加，杂化材料的玻璃化温度不断下降。Calzaferri等[78]开发了原位聚合法，将MMA单体与稀土配合物预先混合均匀，然后原位聚合制备稀土配合物-聚合物透明光学树脂，避免了稀土配合物在PMMA中掺杂不均匀的问题。李焕荣等利用离子液体可以直接溶于MMA单体的特点，在无须使用任何有机溶剂的条件下，制备得到了稀土离子液体-PMMA发光凝胶（图2.15），该方法既节约了成本，又有利于环境保护。并且所得凝胶具有良好的柔韧性和透明性，该材料可用于光学器件、光电转换器件如OLED的制备及太阳能荧光聚集器的研制[79]。

近年来，张洪杰等报道了无机簇（inorganic cluster）改性高分子材料为基质的稀土有机-无机高分子杂化发光材料[80,81]。他们将无机簇Sn₁₂引入到PMMA中，制备得到了PMMA-co-Sn₁₂为基质，高稀土掺杂量的杂化材料。高稀土掺杂量归因于柔性的基质骨架和无机簇Sn₁₂支撑的纳米孔隙的存在。值得一提的是，这一杂化材料可往复溶解于有机溶剂和成凝，这一特点赋予了该材料良好的形状可塑性（图2.16）。

前边已经提到过，稀土发光中心在基质中团聚和分散不均匀是目前稀土杂化材料面临的严峻挑战。这是因为团聚会造成稀土间能量传递以非辐射跃迁的形式消耗，从而导致稀土的荧光猝灭。防止稀土团聚的常用手段是利用有机外壳将稀

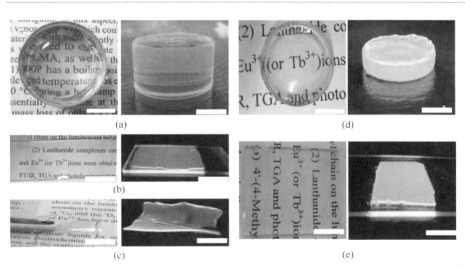

(a)

(b)

(c)

(d)

(e)

图2.15　稀土离子液体-PMMA发光凝胶在白光和紫外光下的数码照片（比例尺为1cm）[79]

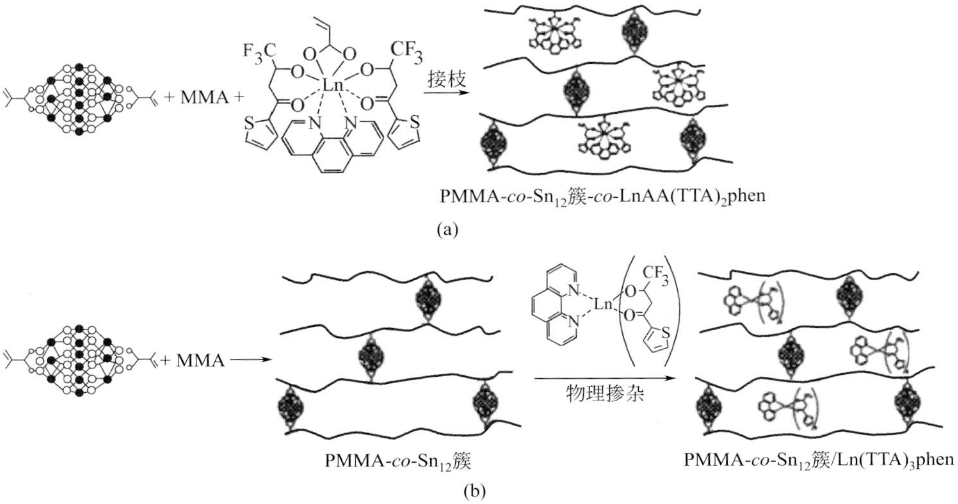

图 2.16 张洪杰等报道的 PMMA-*co*-Sn$_{12}$簇/Ln(TTA)$_3$phen 体系[81]

土发光中心包围，阻止稀土的团聚。有机配体主要起以下三方面的作用：敏化稀土发光；阻止水分子与稀土离子配位；防止稀土离子团聚。具有配位能力的树枝状分子无疑是构筑这种有机外壳的理想材料。Kawa 和 Fréchet 等通过稀土与一系列端基为羧基的不同衍生代的树枝状分子相结合构筑了"分子球"（图 2.17），构筑这一杂化材料的驱动力为树枝状分子上的羧基与稀土离子之间的分子间静电引力。他们尝试了 Eu(Ⅲ)、Tb(Ⅲ) 和 Er(Ⅲ) 等不同的稀土发光中心，研究表明，稀土的发光强度随着树枝状分子衍生代的增加不断增强，这主要是因为高衍生代的树枝状分子更有利于阻断稀土的团聚[82]。

2.5.2
复合体系

为了制备多色彩发光材料和颜色可调的发光材料，科学家们尝试将发光颜色不同的稀土发光中心同时负载到高分子基质中。Luo 等[83]将 Tb^{3+} 和 Eu^{3+}-β-二酮同时负载到聚 N-乙烯基咔唑（PVK）中，制备得到了白光 LED。在该体系中，PVK 不仅是蓝光来源，同时也起基质的作用，通过调整各组分的含量和选择不同的激发波长，可得到白光材料。在该材料中，存在由 PVK 到 Tb^{3+} 和 Eu^{3+} 以及由

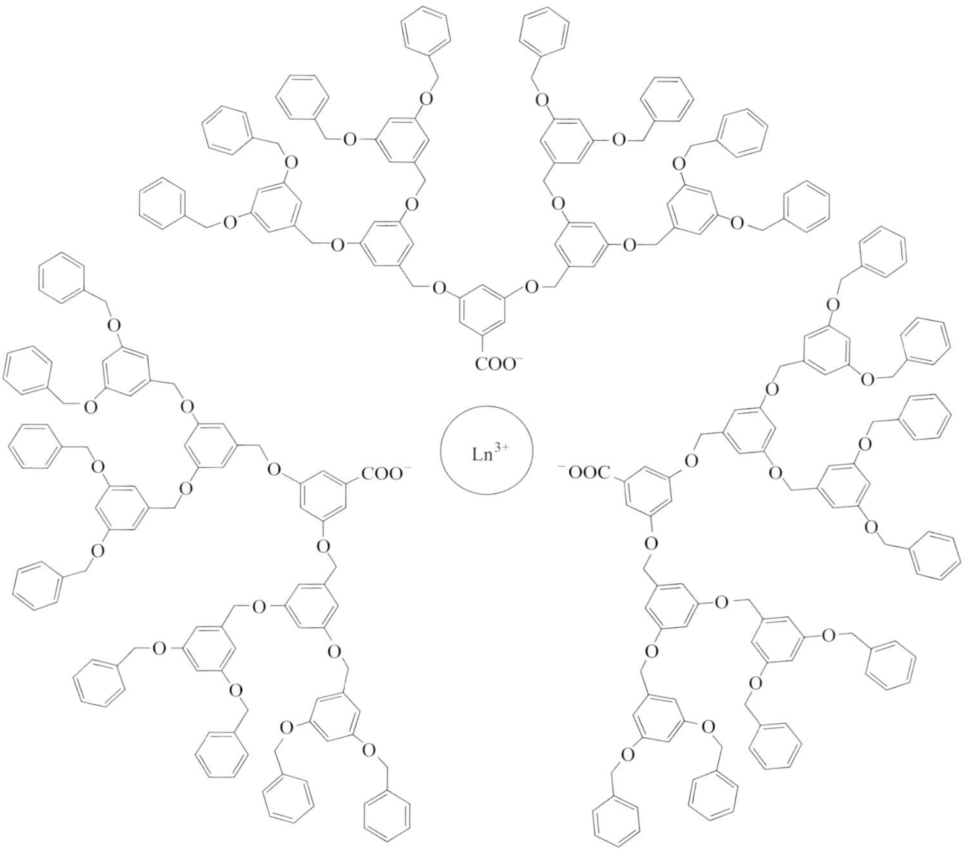

图 2.17　稀土有机－树枝状分子杂化发光材料[82]（Ln=Eu，Tb，Er）

Tb^{3+} 到 Eu^{3+} 的能量传递过程。Kai 等[84] 报道了一种 [Eu(TTA)$_3$-(H$_2$O)$_2$] 和 [Tb(acac)$_3$ (H$_2$O)$_2$] 共掺杂 PMMA 发光薄膜。在这一体系中 PMMA 作为基质的同时也充当稀土的敏化剂，该杂化材料展现出绿光和红光两种独立的主色，通过调节各组分的比例和激发波长，可得到颜色可调的发光薄膜（图 2.18）。另外，在该体系中首次观察到了由 Tb^{3+} 的 ^{5}D$_4$ 激发态到 TTA 配体 T$_1$ 态的分子间能量传递现象。

　　最近，科研工作者们意识到与单一高分子基质相比，复合基质材料的引入可能会带来意想不到的微观结构和性质。闫冰等[85,86] 通过将功能化配体（TTA、DBM 等）共价修饰到硅基基质上，然后引入高分子 PMMA 作为第二基质材料的方式，构筑了稀土有机 - 复合基质杂化材料。实验表明，基于复合基质的发光材料与相对应的单一基质发光材料相比，其热稳定性、荧光寿命等均有不同程度的提高。

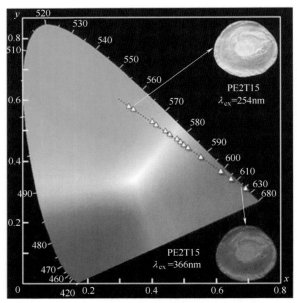

图2.18　PMMA:Eu(TTA)₃:Tb(acac)₃薄膜在不同激发波长下的CIE色坐标图[84]

2.6
稀土有机-无机多功能杂化材料

　　随着人们对材料要求的不断提高，单一功能的材料已经不能满足当今应用的需要，多功能杂化材料越来越受到科学家们的重视，人们希望将多种性质和功能融入同一材料中，从而形成具有多功能性质的新型纳米材料。目前，基于稀土杂化发光材料的多功能材料主要集中在将稀土的发光性能与磁性材料相结合。

　　与铁磁性材料相比，由于在外加磁场去除后没有剩磁出现，超顺磁材料更值得期待。其中纳米Fe_3O_4由于制备简单、原料廉价和性能稳定的特性受到了研究者的青睐，在药物靶向、生物传感与分离、磁共振造影等生物医学领域具有重要的应用价值。通过机械研磨法、溶胶-凝胶法、化学共沉淀法、超临界流体法、电化学法、水热还原法等可以制得这种磁性纳米材料。在碱性条件下共沉淀Fe^{3+}与Fe^{2+}的混合溶液可以制得Fe_3O_4，这种方法[87]简单易行，无须复杂的设备和仪器，是目前研究和应用最多的一种方法，得到的Fe_3O_4纳米颗粒粒径较为均一，团聚较少，且粒径分布多为10nm左右。

张洪杰院士在以磁性二氧化硅核壳结构的纳米球为基质的稀土配合物杂化磁光双功能材料的制备、形貌、结构、磁性及发光性能方面做出了开创性的工作[88~90]。他们用二氧化硅包覆Fe_3O_4纳米颗粒得到具有核壳结构的磁性二氧化硅纳米球，然后把稀土配合物$Ln(DBM)_3phen$（Ln=Tb，Nd，Yb）通过共价键的形式嫁接到磁性二氧化硅核壳结构的纳米球表面，制得了以磁性二氧化硅核壳结构的纳米球为基质的磁光双功能杂化材料样品。其中，含Tb^{3+}对氨基苯甲酸配合物的双功能杂化材料样品具有磁性和Tb^{3+}的特征可见荧光发射性能，而含Nd^{3+}和Yb^{3+}配合物的双功能杂化材料样品除具有磁性外，还分别具有Nd^{3+}和Yb^{3+}的特征近红外荧光性能。另外，他们还制备了一种新型的磁光双功能的具有介孔结构的杂化材料——$Eu(TTA)_3phen-Fe_3O_4@MM$，该材料有高色纯度的红光荧光性能。其中磁性Fe_3O_4纳米颗粒被包覆于介孔球中，$Eu(TTA)_3phen$以共价键的形式嫁接在介孔球的网络中。这些材料具有许多独特的性能，比如大的表面积和孔体积、表面易修饰、良好的生物相容性，在光通信、医药、生物学以及传感器方面显示出重要的潜在应用价值。这些磁光双功能材料具有以下几方面独特的特点：①介孔硅基质具有良好的生物兼容性，比表面积大，孔径可调并具有众多易于修饰的Si—OH；②由于近红外光对血液和组织器官具有良好的穿透性，因此近红外磁光双功能材料在生物成像领域具有重要的潜在应用价值；③在外加磁场作用下可实现靶向成像和定向成像。

2.7
其他稀土有机-无机杂化发光材料

以凝胶材料、介孔大孔材料、高分子材料作为基质的稀土有机-无机杂化发光材料的研究已取得了丰硕的成果。与此同时，其他基质稀土配合物杂化发光材料的研究也正在不断受到关注，如稀土配合物与层状基质材料（α-磷酸氢锆、水滑石、蒙脱石等）的杂化发光材料[91~95]、稀土配合物与半导体材料（如ZnO、TiO_2、ZnS、CdS、Ag_2S）的杂化材料[96,97]、稀土配合物与离子液体的杂化材料[98,99]、以M—O—M（M=B、Al、Ti）骨架材料作为基质的稀土配合物杂化材料[100]等的研究均取得了重要进展。以下拟介绍几种其他稀土有机-无机杂化发光材料，即稀土配合物插层发光材料、稀土配合物-离子液体杂化发光材料。

2.7.1
稀土配合物插层发光材料

无机基质因其优良的结构以及光、热稳定性被研究人员广泛采用作为稀土配合物杂化发光材料的基质。迄今，稀土配合物已被引入到LB薄膜、凝胶以及介孔材料（含周期性介孔材料）等基质材料中。层状化合物也是一种稀土配合物杂化发光材料的理想基质，其颗粒尺度在亚微米级或纳米级，而且材料的晶体具有层状结构。层状化合物及其改性材料在离子交换、吸附、传导、分离和催化等诸多领域有广阔的应用前景，因而关于层状化合物改性及其应用研究已成为目前的研究热点之一。通过调节层间间距的大小，客体分子在层间的空间相对更加"舒适"，反应可以更直接。大量实验证明，有机染料和发光材料的光学响应发生在纳米材料的中间层[101]。

大多数典型的层状化合物如合成的层状化合物（金属氧化物、四价金属磷酸盐、过渡金属硫化物）、石墨烯、层状双氢氧化物（水滑石、LDHs）和黏土等，同一平面上的原子之间以牢固的共价键相结合，而相邻层与层之间存在非共价相互作用，如范德华力和（或）静电作用力。这不但可使层间产生解离，而且层间可以插入数量不同、种类各异的客体，使得其结构具有可设计性和可调节性[102]。基于层状基质的结构特点，稀土配合物分子或离子可以在不改变其层板结构的前提下，通过与层板间离子的交换而插入层板中，得到具有较高稳定性及荧光性质的稀土配合物-无机层状基质的杂化发光材料[103]。

1964年，Clearfield等[91]采用回流法首次合成了α-磷酸氢锆（α-ZrP），并对其结构进行了详细的研究。晶态α-ZrP具有典型的层状结构，层间距为0.75nm。层状化合物α-磷酸氢锆是一种具有三明治式结构的化合物，每层由一个锆原子平面通过与上下交替的磷酸根桥联而成，每个磷酸上的三个氧原子分别与三个锆原子相连形成四面体，每个锆原子与六个不同磷酸上的氧原子形成八面体配位结构[104,105]。在α-磷酸氢锆中，每个磷酸根上具有一个可以离子化的羟基，从而使这一物质显示出比较强的酸性。因此，羟基上的质子将容易解离，而使所得的基团可以和另外的阳离子结合。由于其独特的性质，被广泛应用于离子交换、化学吸附以及催化等领域，除此之外，α-磷酸氢锆也是一种重要的无机基质材料。

由于 α- 磷酸氢锆本身的层间距比较小，因此体积较大的客体分子难以插入其层间。使用对甲氧基苯胺（PMA）对 α- 磷酸氢锆进行预处理是制备大体积客体分子插层复合材料的一个重要步骤。对甲氧基苯胺可以比较容易地嵌入 α- 磷酸氢锆的层间，扩大其层间距。另外，对甲氧基苯胺又很容易与具有适当分子尺寸、电荷及极性的客体分子发生交换反应，从而将最终的大体积客体分子组装进 α- 磷酸氢锆的层间。当光活性物质稀土配合物分子被嵌入 α- 磷酸氢锆的层间空隙后，稀土配合物分子的转动和振动将会受到限制，从而有助于延长稀土离子荧光寿命，提高稀土配合物的发光强度。同时，α- 磷酸氢锆基质的惰性环境会在一定程度上抑制和屏蔽稀土配合物的光化学分解反应；另外，α- 磷酸氢锆良好的导热和导光性能可以有效减少基质材料的热效应和光损耗，进而延缓稀土配合物的光衰过程，增加其光辐射寿命[6]。

石墨烯是一种由碳原子以 sp^2 杂化键相互连接组成的呈六角形蜂巢晶格的平面薄膜，其厚度仅为一个碳原子层的厚度（约 0.34nm），是目前发现的最薄的材料。石墨烯作为二维的碳材料，由于它具有优越的力学、热学、电学等性能，在研究和应用上得到了迅速的发展，已经成为材料科学领域的研究热点[106,107]。目前，具有特殊性能的石墨烯及其衍生物复合材料在多个行业中被大量地应用。其中在光电器件、医药、生物、环境保护等领域取得了极大的进展和研究成果[108,109]。大比表面积、高表面能、拥有大 π 共轭结构的石墨烯容易与其他材料进行复合，其氧化物带有大量的含氧基团，极容易与其他材料（如金属、小分子、大分子）通过非共价键和共价键的形式进行杂化复合[110,111]。石墨烯的氧化物——氧化石墨烯带有相当量的含氧基团，在有机极性溶剂中能够较好地分散[112,113]。

这些含氧基团以及区域的 π 共轭结构赋予其能够与无机和有机材料通过共价和非共价键的方式进行复合的性能，从而得到新型的材料。因此，科研工作者尝试将稀土配合物负载到石墨烯氧化物中制备杂化材料。Zhao 等通过酰胺键用稀土纳米粒子共价修饰氧化石墨烯，得到了一种热稳定性好，但是荧光强度较低的新型材料[110]。Cao 等通过 π-π 堆积的方式将稀土负载在氧化石墨烯上获得了红光材料[112]。另外，Zhang 等利用热稳定性好的均苯四甲酸（PMA）为第一配体、邻菲罗啉（phen）为第二配体，石墨烯为无机基质，通过 π-π 堆积和氢键作用合成了一种光热稳定性好、发光强度高、荧光寿命长的稀土荧光复合材料[114]。

水滑石类化合物（layered double hydroxides，LDHs）是一类典型的阴离子层柱状材料，包括水滑石和类水滑石，层板主体一般由 2 种或 2 种以上金属的氢氧化物构成，层间阴离子以柱子的形式填充并同时平衡骨架电荷。利用水滑石类化合物层间阴离子的可交换性，以适当方式将功能化材料通过离子交换嵌插入水滑石层间，可得到水滑石类有机-无机杂化材料。由于有机阴离子引入水滑石层间，可使层状结构和组成产生相应变化，并且由于主客体相互作用，可大大改变其化学性质并提高有机相的热稳定性，从而获得许多特殊性能的功能材料。Chen H 等[93]利用共沉淀法，通过铽取代类水滑石层的铝，制备了一种高强度荧光的层状含铽类水滑石。同时，将有机配体乙酰丙酮和邻菲罗啉插入水滑石层间，使其与板层上的稀土离子配位，形成独特的不对称性的配位结构。实验发现，发光中心离子分散于水滑石无机板层中，可有效减少其因聚集而造成的荧光猝灭，而且插入层间的配体与层板中的发光中心配位所形成的特殊组装结构，增强了发光中心的不对称性，使其能发出强烈荧光。获得的主客体纳米复合发光材料与其相应的稀土配合物相比，具有更高发光强度和更长荧光寿命，而且由于无机板层的保护作用，热稳定性得到提高。这类新型荧光材料在有机发光二极管等领域具有潜在应用。

　　除了上述层状化合物，还有一些阳离子型黏土，如高岭土、蒙脱石等。该类黏土大多数属于 2∶1 型的层状或片状硅酸盐矿物，层板厚度和层间距都约为 1nm，其基本结构单元是一层铝氧八面体夹在两层硅氧四面体之间，其四面体中心 Si^{4+} 和八面体中心的 Al^{3+} 分别被 Al^{3+} 和 Mg^{2+} 同晶取代，造成单元层内负电荷过剩，可由层板间吸附 Li^+、Na^+ 来补偿。各种阳离子，如稀土离子、有机阳离子也可以通过离子交换反应置换黏土层间的水合阳离子。这种特殊的晶体结构使该类黏土具有膨胀性、吸附性、离子交换性、分散性、悬浮性和黏结性等特性。

　　蒙脱土作为主客体插层化合物的基质材料不仅在结构上具有优越性，而且对插层复合杂化材料的性能也有重要影响。实验表明：杂化材料相比于纯稀土配合物，光热稳定性均有明显的提高。德国的 U. Kynast 等[115]通过离子交换使 Tb(Ⅲ) 替换蒙脱土中的钠离子，在气相条件下引入有机配体 bipy 后，得到了一种荧光强度增大 12 倍、量子效率为 20% 的发光材料。Lezhinia 及其合作者通过两种方式，在水溶液中将稀土二联吡啶配合物组装在锂皂石纳米颗粒上，制备出稀土配合物有机-无机杂化发光材料[101]。第一种方法：先通过离子交换法将稀土离子引入，再通过吸附法将有机配体二联吡啶组装到黏土纳米颗粒中。稀土离子与有机配体在纳米颗粒上反应形成稀土有机配合物，该方法被称为"原位"法。第二种方法：预先制备稀土有机配合物，再将该配合物吸附到黏土纳米颗粒上。河北工业大学的李焕荣课题组[116]在室温下，水溶液中高度分散锂皂石纳米薄片（直径：30nm，厚度：1nm）上原位形成 Eu^{3+}-β-二酮配合物；经硅烷化离子液体修饰该纳

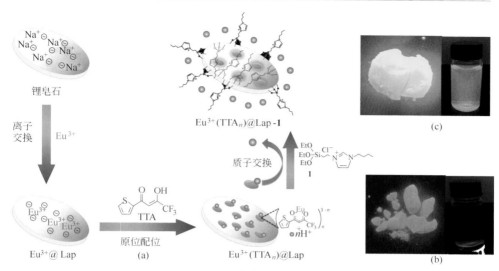

图2.19　水溶液中高效杂化发光材料的制备过程[116]

米薄片，可得到绝对量子效率为70%的红色纳米杂化发光材料（图2.19）。将该高亮度红色纳米杂化发光材料在水溶液中与聚乙烯醇（PVA）充分混合均匀，缓慢蒸发掉水之后，可制得高亮度、高度透明、高柔韧性的自支撑杂化发光薄膜，可以应用于柔性、可折叠发光器件的制备；该发光材料还可用于白光LED表面涂层，改善其发光品质。研究结果表明：硅烷化离子液体修饰是水溶液中制备出高量子效率的发光材料的关键。原因是：通过水溶液中硅烷化离子液体的离子交换和协同作用，消除了锂皂石薄片表面的酸性，高配位数的稀土配合物在薄片表面得以形成，有效地保护Eu^{3+}，使其免受水分子的荧光猝灭，提高配体到金属中心的能量传递效率。该工作系统地阐述了杂化材料中无机基质自身微环境（如酸碱性）对稀土有机配合物发光性质的影响机理和规律，据此提出了改善材料发光效率的理论依据和策略。同时该工作为实现高效稀土发光材料的环境友好制备和在水环境中应用稀土发光材料提供了有益的探索和借鉴。

2.7.2
稀土配合物-离子液体杂化发光材料

　　室温离子液体是近年来发展起来的全新的介质和软功能材料（soft materials），

是由特定阳离子和阴离子构成的在室温或近于室温下呈液态的物质[117]，具有不挥发、液程宽、电化学窗口宽、良好的导电性与导热性、良好的透光性与高折射率、选择性溶解能力以及可设计性等特性。因此离子液体介质与材料是当前化工、功能材料的热点领域之一。目前，离子液体研究已从发展"清洁"或"绿色"化学化工领域[118～120]，快速扩展到功能材料，如电光与光电材料、润滑材料及能源（如太阳能储存、太阳能电池关键材料）等。

含金属的离子液体（金属-离子液体，metal-containing ionic liquids）由于兼具离子液体固有的优点和金属离子的特性（如磁性、发光性能及催化性能等）而被认为是具有发展前途的新兴软功能材料。其中，稀土-离子液体不但兼具离子液体的独特性能（不挥发、良好的导电性与导热性、良好的透光性与高折射率、热稳定性好等）和稀土离子优异的发光性能（如量子效率高、荧光寿命长、单色性能好、发射光谱丰富），而且还显示出它们本身所不具有的优异性能。如：①将稀土有机配合物掺杂到离子液体中，稀土有机配合物的光稳定性和单色性有明显提高，而光稳定性差是稀土有机配合物在实际应用中的主要限制因素；②稀土离子的激发态的荧光寿命有了极大的提高；③该新型发光软材料同时具有良好的导电性和优异的发光性能。因此含稀土的离子液体发光软材料近年来得到高度重视，有望在激光器及有机光电显示等领域得到应用。

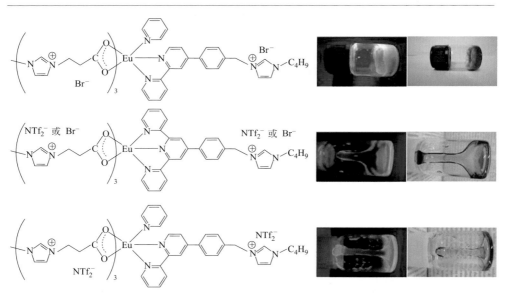

图2.20　不同阴离子发光离子液体：Br$^-$，NTf$_2^-$或Br$^-$，NTf$_2^{-[124]}$

近来离子液体作为发光软材料或作为发光分子的溶剂亦有所报道。例如，国际上 Binnemans 教授[121,122]以及 Mudring 教授[123]在这方面做出了较出色的工作。值得一提的是，K. Binnemans 教授将 β-二酮型稀土有机配合物掺杂到离子液体中，在维持其较高量子产率的同时还极大地提高了该类稀土有机配合物的光稳定性。河北工业大学的李焕荣教授[124]课题组利用稀土配合物溶解在离子液体中有较强的荧光和光化学稳定性的特性，以及离子液体的"可设计性"，将特定官能团嫁接到阳离子咪唑环上并与稀土离子配位制备功能化发光离子液体。该发光离子液体的物理性质很大程度上依赖于羧酸功能化离子液体的阴离子，以 Br^- 作为阴离子而获得的发光软材料呈糊状，而用 NTf_2^- 取代 Br^- 就可以得到黏性、透明、发光的液体材料。这种阴离子对物理性质的影响同时也适用于三联吡啶功能化离子液体。通过将三联吡啶功能化离子液体和与 Eu^{3+} 配位的羧酸功能化离子液体混合制备的发光软材料在紫外灯（$\lambda_{max}=365nm$）的照射下发出非常亮的红光（图 2.20）。该方法开发出了一种简单、容易、环保的稀土-离子液体发光软材料的制备方法，对拓展离子液体的应用范围、优化和发展新型发光软材料的绿色合成工艺具有十分重要的意义。

参考文献

[1] Dieke GH, Crosswhite HM. The spectra of the doubly and triply ionized rare earths. Appl Optics, 1963, 2: 675-686.

[2] Dieke GH. Spectra and energy levels of rare earth ions in crystals. New York: Wiley-InterScience, 1968.

[3] Carnall WT, Goodman GL, Rajnak K. A systematic analysis of the spectra of the lanthanides doped into single crystal LaF_3. J Chem Phys, 1989, 90: 3443-3457.

[4] 李梅, 等. 稀土元素及其分析化学. 北京: 化学工业出版社, 2009.

[5] 苏锵. 稀土化学. 郑州: 河南科学技术出版社, 1993.

[6] 张洪杰, 等. 稀土有机-无机杂化发光材料. 北京: 科学出版社, 2014.

[7] Henrie DE, Fellows RL, Choppin GR. Hypersensitivity in the electronic transitions of lanthanide and actinide complexes. Coord Chem Rev, 1976, 18: 199-224.

[8] Ofelt GS. Intensities of crystal spectra of rare-earth ions. J Chem Phys, 1962, 37: 511-519.

[9] Judd BR. Optical absorption intensities of rare-earth ions. Phys Rev, 1962, 127: 750-761.

[10] 洪广言. 稀土发光材料——基础与应用. 北京: 科学出版社, 2011.

[11] Sanchez C, Ribot F. Design of hybrid organic-inorganic materials synthesized via sol-gel chemistry. New J Chem, 1994, 18: 1007-1047.

[12] Matthews L, Knobbe E T. Luminescence behavior of europium complexes in sol-gel derived host materials. Chem Mater, 1993, 5: 1697-1700.

[13] Schmidt H. New type of non-crystalline solids between inorganic and organic materials. J Non-

Cryst Solids, 1985, 73: 681-691.

[14] Wilkes G L, Orler B, Huang H H. "Ceramers" hybrid materials incorporating polymeric/oligomeric species into inorganic glasses utilizing a sol-gel approach. Polym Prepr, 1985, 26. 300-302.

[15] Jin T, Tsutsumi S, Deguchi Y, Machida K, Adachi G Y. Preparation and luminescence characteristics of the europium and terbium complexes incorporated into a silica matrix using a sol-gel method. J Alloys Compd, 1997, 252: 59-66.

[16] Carlos L D, Sá Ferreira R, Rainho J V, Bermudez de Zea. Fine-tuning of the chromaticity of the emission color of organic-inorganic hybrids Co-doped with Eu[III], Tb[III], and Tm[III]. Adv Funct Mater, 2002, 12: 819-823.

[17] Serra O A, Nassar E J, Zapparolli G, Rosa I L. Organic complexes of Eu[3+] supported in functionalized silica gel: highly luminescent material. J Alloys Compd, 1994, 207: 454-456.

[18] Qian G, Wang M. Preparation and fluorescence properties of nanocomposites of amorphous silica glasses doped with lanthanide(III) benzoates. J Phys Chem Solids, 1997, 58: 375-378.

[19] Fu L, Zhang H, Wang S, Meng Q, Yang K, Ni J. In-situ synthesis of terbium complex with salicylic acid in silica matrix by a two-step sol-gel process. Chin Chem Lett, 1998, 9: 1129-1132.

[20] Franville AC, Zambon D, Mahiou R, Troin Y. Luminescence behavior of sol-gel-derived hybrid materials resulting from covalent grafting of a chromophore unit to different organically modified alkoxysilanes. Chem Mater, 2000, 12: 428-435.

[21] Dong D, Jiang S, Men Y, Ji X, Jiang B. Nanostructured hybrid organic-inorganic lanthanide complex films produced in situ via a sol-gel approach. Adv Mater, 2000, 12: 646-649.

[22] Li H, Lin J, Zhang H, Fu L, Meng Q, Wang S. Preparation and luminescence properties of hybrid materials containing europium (III)

complexes covalently bonded to a silica matrix. Chem Mater, 2002, 14: 3651-3655.

[23] Li H, Lin N, Wang Y, Feng Y, Gan Q, Zhang H, Dong Q, Chen Y. Construction and photoluminescence of monophase hybrid materials derived from a urea-based bis-silylated bipyridine. Eur J Inorg Chem, 2009, 519-523.

[24] Liu P, Li H, Wang Y, Liu B, Zhang W, Wang Y, Yan W, Zhang H, Schubert U. Europium complexes immobilization on titaniavia chemical modification of titanium alkoxide. J Mater Chem, 2008, 18: 735-737.

[25] Li H, Liu P, Wang Y, Zhang L, Yu J, Zhang H, Liu B, Schubert U. Preparation and luminescence properties of hybrid titania immobilized with lanthanide complexes. J Phys Chem C, 2009, 113: 3945-3949.

[26] Wang H, Wang Y, Zhang L, Li H. Transparent and luminescent ionogels based on lanthanide-containing ionic liquids and poly (methyl methacrylate) prepared through an environmentally friendly method. RSC Adv, 2013, 3: 8535-8540.

[27] Lunstroot K, Driesen K, Nockemann P, Görller-Walrand C, Binnemans K, Bellayer S, Le Bideau J, Vioux A. Luminescent ionogels based on europium-doped ionic liquids confined within silica-derived networks. Chem Mater, 2006, 18: 5711-5715.

[28] Feng J, Yu J B, Song S Y, Sun L N, Fan W Q, Guo X M, Dang S, Zhang H J. Near-infrared luminescent xerogel materials covalently bonded with ternary lanthanide [Er(III), Nd(III), Yb(III), Sm(III)]complexes. Dalton Trans, 2009: 2406.

[29] Carlos L D, Ferreira R A, de Zea Bermudez V, Julian-Lopez B, Escribano P. Progress on lanthanide-based organic-inorganic hybrid phosphors. Chem Soc Rev, 2011, 40: 536-549.

[30] Eliseeva S V, Bünzli J C G. Lanthanide luminescence for functional materials and bio-sciences. Chem Soc Rev, 2010, 39: 189-227.

[31] Feng J, Zhang H. Hybrid materials based on

lanthanide organic complexes: a review. Chem Soc Rev, 2013, 42: 387-410.

[32] Binnemans K. Lanthanide-based luminescent hybrid materials. Chem Rev, 2009, 109: 4283-4374.

[33] Jaramillo E, Auerbach S M. New force field for Na cations in faujasite-type zeolites. The J Phys Chem B, 1999, 103: 9589-9594.

[34] Calzaferri G, Huber S, Maas H, Minkowski C. Host-guest antenna materials. Angew Chem Int Ed, 2003, 42: 3732-3758.

[35] Calzaferri G, Lutkouskaya K. Mimicking the antenna system of green plants. Photochem Photobiol Sci, 2008, 7: 879-910.

[36] Sendor D, Kynast U. Efficient red-emitting hybrid materials based on zeolites. Adv Mater, 2002, 14: 1570-1574.

[37] Li H, Ding Y, Wang Y. Photoluminescence properties of Eu^{3+}-exchanged zeolite L crystals annealed at 700℃. Cryst Eng Comm, 2012, 14: 4767-4771.

[38] Mech A, Monguzzi A, Cucinotta F, Meinardi F, Mezyk J, De Cola L, Tubino R. White light excitation of the near infrared Er^{3+} emission in exchanged zeolite sensitised by oxygen vacancies. Phys Chem Chem Phys, 2011, 13: 5605-5609.

[39] Jüstel T, Wiechert D, Lau C, Sendor D, Kynast U. Optically functional zeolites: evaluation of UV and VUV stimulated photoluminescence properties of Ce^{3+}-and Tb^{3+}-doped zeolite X. Adv Funct Mater, 2001, 11: 105-110.

[40] Zhang H, Li H. Efficient visible and near-infrared photoluminescence from lanthanide and bismuth functionalized zeolite L. J Mater Chem, 2011, 21: 13576-13580.

[41] Wada Y, Sato M, Tsukahara Y. Fine control of red-green-blue photoluminescence in zeolites incorporated with rare-earth ions and a photosensitizer. Angew Chem Int Ed, 2006, 45: 1925-1928.

[42] Ding Y, Wang Y, Li Y, Cao P, Ren T. The sensitized emission of Eu^{3+} and Tb^{3+} by 4-fluorobenzophenone confined in zeolite L microcrystals. Photochem Photobiol Sci, 2011, 10: 543-547.

[43] Ding Y, Wang Y, Li H, Duan Z, Zhang H, Zheng Y. Photostable and efficient red-emitters based on zeolite L crystals. J Mater Chem, 2011, 21: 14755-14759.

[44] Comby S, Bünzli JC G. Lanthanide near-infrared luminescence in molecular probes and devices. Elsevier, 2007.

[45] Monguzzi A, Macchi G, Meinardi F, Tubino R, Burger M, Calzaferri G. Sensitized near infrared emission from lanthanide-exchanged zeolites. Appl Phys Lett, 2008, 92 (12).

[46] Mech A, Monguzzi A, Meinardi F, Mezyk J, Macchi G, Tubino R. Sensitized NIR erbium (Ⅲ) emission in confined geometries: a new strategy for light emitters in telecom applications. J Am Chem Soc, 2010, 132: 4574-4576.

[47] Wang Y, Yue Y, Li H, Zhao Q, Fang, Y, Cao P. Dye-loaded zeolite L@ silica core-shell composite functionalized with europium (Ⅲ) complexes for dipicolinic acid detection. Photochem Photobiol Sci, 2011, 10: 128-132.

[48] Maas H, Calzaferri G. Abfangen und einspeisen von energie in farbstoff-zeolith-nanoantennen. Angew Chem, 2002, 114: 2389-2392.

[49] Li P, Wang Y, Li H, Calzaferri G. Luminescence enhancement after adding stoppers to europium(Ⅲ) nanozeolite L. Angew Chem Int Ed, 2014, 53: 2904 -2909.

[50] Wang Y, Li H, Feng Y, Zhang H, Calzaferri G, Ren T. Orienting zeolite L microcrystals with a functional linker. Angew Chem Int Ed, 2010, 49: 1434-1438.

[51] Cao P, Wang Y, Li H, Yu X. Transparent, luminescent, and highly organized monolayers of zeolite L. J Mater Chem, 2011, 21: 2709-2714.

[52] Cao P, Li H, Zhang P, Calzaferri G. Self-assembling zeolite crystals into uniformly oriented layers. Langmuir, 2011, 27: 12614-12620.

[53] Davis M E. Ordered porous materials for

emerging applications. Nature , 2002, 417: 813-821.

[54] De Vos D E, Dams M, Sels B F, Jacobs P A. Ordered mesoporous and microporous molecular sieves functionalized with transition metal complexes as catalysts for selective organic transformations. Chem Rev, 2002, 102: 3615-3640.

[55] Scott B J, Wirnsberger G, Stucky G D. Mesoporous and mesostructured materials for optical applications. Chem Mater. 2001, 13: 3140-3150.

[56] Dai S, Burleigh M C, Shin Y, Morrow C C, Barnes C E, Xue Z. Imprint coating: a novel synthesis of selective functionalized ordered mesoporous sorbents. Angew Chem Int Ed, 1999, 38: 1235-1239.

[57] Lang N, Tuel A. A fast and efficient ion-exchange procedure to remove surfactant molecules from MCM-41 materials. Chem Mater, 2004, 16: 1961-1966.

[58] Guo X, Fu L, Zhang H, Carlos L, Peng C, Guo J, Yu J, Deng R, Sun L. Incorporation of luminescent lanthanide complex inside the channels of organically modified mesoporous silica via template-ion exchange method. New J Chem, 2005, 29: 1351-1358.

[59] Li S, Song H, Li W, Ren X, Lu S, Pan G, Fan L, Yu H, Zhang H, Qin R. Improved photoluminescence properties of ternary terbium complexes in mesoporous molecule sieves. The J Phys Chem B, 2006, 110: 23164-23169.

[60] Torelli S, Imbert D, Cantuel M, Bernardinelli G, Delahaye S, Hauser A, Bünzli J C G, Piguet C. Tuning the decay time of lanthanide-based near infrared luminescence from micro-to milliseconds through d→f energy transfer in discrete heterobimetallic complexes. Chem Eur J, 2005, 11: 3228-3242.

[61] Sun LN, Zhang HJ, Yu JB, Yu SY, Peng CY, Dang S, Guo XM, Feng J. Near-infrared emission from novel tris (8-hydroxyquinolinate) lanthanide (Ⅲ) complexes-functionalized mesoporous SBA-15.

Langmuir, 2008, 24: 5500-5507.

[62] Sun LN, Zhang Y, Yu JB, Yu SY, Dang S, Peng CY, Zhang HJ. Design and synthesis of near-IR luminescent mesoporous materials covalently linked with tris (8-hydroxyquinolinate) lanthanide (Ⅲ) complexes. Microporous Mesoporous Mater, 2008, 115: 535-540.

[63] Franville A, Zambon D, Mahiou R, Chou S, Troin Y, Cousseins J. Synthesis and optical features of an europium organic-inorganic silicate hybrid. J Alloys Compd, 1998, 275: 831-834.

[64] Franville AC, Zambon D, Mahiou R, Troin Y. Luminescence behavior of sol-gel-derived hybrid materials resulting from covalent grafting of a chromophore unit to different organically modified alkoxysilanes. Chem Mater, 2000, 12: 428-435.

[65] Franville AC, Mahiou R, Zambon D, Cousseins JC. Molecular design of luminescent organic-inorganic hybrid materials activated by europium (Ⅲ) ions. Solid State Sci, 2001, 3: 211-222.

[66] Li Y, Yan B. Photoactive europium (Ⅲ) centered mesoporous hybrids with 2-thenoyltrifluoroacetone functionalized SBA-16 and organic polymers. Dalton Trans, 2010, 39: 2554-2562.

[67] Li YJ, Yan B, Li Y. Lanthanide (Eu³⁺, Tb³⁺) centered mesoporous hybrids with 1,3-diphenyl-1,3-propanepione covalently linking SBA-15 (SBA-16) and poly (methylacrylic acid). Chem Asian J, 2010, 5: 1642-1651.

[68] Embert F, Mehdi A, Reyé C, Corriu RJ. Synthesis and luminescence properties of monophasic organic-inorganic hybrid materials incorporating Europium (Ⅲ). Chem Mater, 2001, 13: 4542-4549.

[69] Peng C, Zhang H, Yu J, Meng Q, Fu L, Li H, Sun L, Guo X. Synthesis, characterization, and luminescence properties of the ternary europium complex covalently bonded to mesoporous SBA-15. J Phys Chem B, 2005, 109: 15278-15287.

[70] Guo X, Guo H, Fu L, Zhang H, Deng R, Sun L, Feng J, Dang S. Novel hybrid periodic

mesoporous organosilica material grafting with Tb complex: synthesis, characterization and photoluminescence property. Microporous Mesoporous Mater, 2009, 119: 252-258.

[71] Moreau J J, Pichon B P, Wong Chi Man M, Bied C, Pritzkow H, Bantignies J L, Dieudonné P, Sauvajol J L. A better understanding of the self-structuration of bridged silsesquioxanes. Angew Chem Int Ed, 2004, 43: 203-206.

[72] Li J, Qi T, Wang L, Zhou Y, Liu C, Zhang Y. Synthesis and characterization of rod-like periodic mesoporous organosilica with the 1, 4-diureylenebenzene moieties. Microporous Mesoporous Mater, 2007, 103: 184-189.

[73] Wolff NE, Pressley R. Optical maser action in an Eu^{3+} containing organic matrix. J Appl Phys Lett, 1963, 2: 152-154.

[74] Ueba Y, Banks E, Okamoto Y. Investigation on the synthesis and characterization of rare earth metal-containing polymers. II. Fluorescence properties of Eu^{3+}-polymer complexes containing β-diketone ligand. J Appl Polym Sci, 1980, 25: 2007-2017.

[75] Banks E, Okamoto Y, Ueba Y. Synthesis and characterization of rare earth metal-containing polymers. I. Fluorescent properties of ionomers containing Dy^{3+}, Er^{3+}, Eu^{3+}, and Sm^{3+}. J Appl Polym Sci, 1980, 25: 359-368.

[76] O Moudam, Rowan B C, Alamiry M, Richardson P, Richards B S, A Jones C, Robertson N. Europium complexes with high total photoluminescence quantum yields in solution and in PMMA. Chem Commun, 2009: 6649.

[77] Singh A K, Singh S K, Mishra H, Prakash R, Rai S B. Structural, thermal, and fluorescence properties of $Eu(DBM)_3Phen_x$ complex doped in PMMA. J Phys Chem B, 2010, 114: 13042-13051.

[78] Suárez1S, Devaux A, Bañuelos J, Bossart O, Kunzmann A, Calzaferri G. Cover picture: transparent zeolite-polymer hybrid materials with adaptable properties. Adv Funct Mater, 2007, 17: 2298-2306.

[79] Wang H, Wang Y, Zhang L, Li H. Transparent and luminescent ionogels based on lanthanide-containing ionic liquids and poly(methyl methacrylate) prepared through an environmentally friendly method. RSC Adv, 2013, 3: 8535-8540.

[80] Fan W Q, Feng J, Song S Y, Lei Y Q, Zheng G L, Zhang H J. Synthesis and optical properties of europium-complex-doped inorganic/organic hybrid materials built from oxo-hydroxo organotin nano building blocks. Chem Eur J, 2010, 16: 1903-1910.

[81] Fan W Q, Feng J, Song S Y, Lei Y Q, Zhou L, Zheng G L, Dang S, Wang S, Zhang H J. Near-infrared luminescent copolymerized hybrid materials built from tin nanoclusters and PMMA. Nanoscale, 2010, 2: 2096-2103.

[82] Kawa M, Fréchet J M J. Self-assembled lanthanide-cored dendrimer complexes: enhancement of the luminescence properties of lanthanide ions through site-isolation and antenna effects. Chem Mater, 1998, 10: 286-296.

[83] Luo Y H, Yan Q, Zhang Z S, Yu X W, Wu W X, Su W, Zhang Q J. White LED based on poly(N-vinylcarbazole) and lanthanide complexes ternary co-doping system. J Photochem Photobiol A, 2009, 206: 102-108.

[84] Kai J, Felinto M C F C, Nunes L A O, Malta O L, Brito H F. Intermolecular energy transfer and photostability of luminescence-tuneable multicolour PMMA films doped with lanthanide-β-diketonate complexes. J Mater Chem, 2011, 21: 3796-3802.

[85] Guo L, Yan Bg, Liu J-L, Sheng K, Wang X-L. Coordination bonding construction, characterization and photoluminescenceof ternary lanthanide (Eu^{3+}, Tb^{3+}) hybrids with phenylphenacyl-sulfoxidemodified bridge and polymer units. Dalton Trans, 2011, 40: 632-638.

[86] Sheng K, Yan B, Lu H-F, Guo L. Ternary rare earth inorganic-organic hybrids with a mercapto-functionalized Si-O linkage and a polymer chain: coordination bonding assembly and

luminescence. Eur J Inorg Chem, 2010: 3498-3505.

[87] 张书第, 张振芳, 文松林. 化学共沉淀法制备纳米四氧化三铁粉体. 辽宁化工, 2011, 40: 325-328.

[88] Yu S Y, Zhang H J, Yu J B, Wang C, Sun L N, Shi W D. Bifunctional magnetic-optical nanocomposites: grafting lanthanide complex onto core-shell magnetic silica nanoarchitecture. Langmuir, 2007, 23: 7836-7840.

[89] Feng J, Zhang H J, Yu J B, Wang C, Sun L N, Shi W D. Novel multifunctional nanocomposites: magnetic mesoporous silica nanospheres covalently bonded with near-infrared luminescent lanthanide complexes. Langmuir, 2010, 26: 3596-3600.

[90] Feng J, Fan W Q, Song S Y, Yu Y N, Deng R P, Zhang H J. Fabrication and characterization of magnetic mesoporous silica nanospheres covalently bonded with europium complex. Dalton Trans, 2010, 39: 5166-5171.

[91] Clearfield A, Stynes J. The preparation of crystalline zirconium phosphate and some observations on its ion exchange behaviour. J Inorg Nucl Chem, 1964, 26: 117-129.

[92] Fu L, Xu Q, Zhang H, Li L, Meng Q, Xu R. Preparation and luminescence properties of the mesoporous MCM-41s intercalated with rare earth complex. Mater Sci Eng B, 2002, 88: 68-72.

[93] Chen H, Zhang W G. A strong-fluorescent Tb-containing hydrotalcite-like compound. J Am Ceram Soc, 2010, 93: 2305-2310.

[94] Sanchez A, Echeverria Y, Torres C S, González G, Benavente E. Intercalation of europium (Ⅲ) species into bentonite. Mater Res Bull, 2006, 41: 1185-1191.

[95] Li H, Li M, Wang Y, Zhang W. Luminescent hybrid materials based on laponite clay. Chem Eur J, 2014, 20: 10392-10396.

[96] Kwon B H, Jang H S, Yoo H S, Kim S W, Kang D S, Maeng S, Jang D S, Kim H, Jeon D Y. White-light emitting surface-functionalized ZnSe quantum dots: europium complex-capped hybrid

nanocrystal. J Mater Chem, 2011, 21: 12812-12818.

[97] Li Y J, Yan B. Photophysical properties of a novel organic-inorganic hybrid material: Eu (Ⅲ)-β-diketone complex covalently bonded to SiO$_2$/ZnO composite matrix. Photochem Photobiol, 2010, 86: 1008-1015.

[98] Gago S, Pillinger M, Sá Ferreira R A, Carlos L D, Santos T M, Gonçalves I. Immobilization of lanthanide ions in a pillared layered double hydroxide. Chem Mater, 2005, 17: 5803-5809.

[99] de Faria E H, Nassar E J, Ciuffi K J, Vicente M A, Trujillano R, Rives V, Calefi P S. New highly luminescent hybrid materials: terbium pyridine-picolinate covalently grafted on kaolinite. ACS Appl Mater Interfaces, 2011, 3: 1311-1318.

[100] Li Y, Yan B. Preparation, characterization and luminescence properties of ternary europium complexes covalently bonded to titania and mesoporous SBA-15. J Mater Chem, 2011, 21: 8129-8136.

[101] Lezhnina M, Kynast U. Optical properties of matrix confined species. Opt Mater, 2010, 33: 4-13.

[102] 耿利娜, 相明辉, 李娜, 李克安. 层状无机化合物——磷酸锆的研究和应用进展. 化学进展, 2004, 16 : 717-727.

[103] 徐君, 刘伟生, 唐瑜. 稀土配合物杂化发光材料的组装及光物理性质研究进展. 中国科学: 化学, 2013, 10: 006.

[104] Clearfield A. Role of ion exchange in solid-state chemistry. Chem Rev, 1988, 88: 125-148.

[105] Kim R M, Pillion J E, Burwell D A, Groves J T, Thompson M E. Intercalation of aminophenyl- and pyridinium-substituted porphyrins into zirconium hydrogen phosphate: evidence for substituent-derived orientational selectivity. Inorg Chem, 1993, 32: 4509-4516.

[106] Šimek P, Sofer Z, Jankovský O, et al. Oxygen-free highly conductive graphene papers. Advanced Functional Materials, 2014, 24: 4878-4885.

[107] Chen H, Müller M B, Gilmore K J, Wallace, et

al. Mechanically strong, electrically conductive, and biocompatible graphene paper. Adv Mater, 2008, 20: 3557-3561.

[108] Han S, Hu L, Liang Z, et al. One-step hydrothermal synthesis of 2D hexagonal nanoplates of α-Fe$_2$O$_3$/graphene composites with enhanced photocatalytic activity. Advanced Functional Materials, 2014, 24: 5719-5727.

[109] Sun J, Zhang H, Guo LH, et al. Two-dimensional interface engineering of a titania-graphene nanosheet composite for improved photocatalytic activity. ACS Applied Materials & Interfaces, 2013, 5: 13035-13041.

[110] Zhao C, Feng L, Xu B, et al. Synthesis and characterization of red-luminescent graphene oxide functionalized with silica-coated Eu^{3+} complex nanoparticles. Chemistry—A European Journal, 2011, 17: 7007-7012.

[111] Chandrasekar A, Pradeep T. Luminescent silver clusters with covalent functionalization of graphene. The Journal of Physical Chemistry C, 2012, 116: 14057-14061.

[112] Cao Y, Yang T, Feng J, et al. Decoration of graphene oxide sheets with luminescent rare-earth complexes. Carbon, 2011, 49: 1502-1504.

[113] Loh KP, Bao Q, Eda G, et al. Graphene oxide as a chemically tunable platform for optical applications. Nature Chemistry, 2010, 2: 1015-1024.

[114] Zhang W, Zou X, Zhao J. Preparation and performance of a novel graphene oxide sheets modified rare-earth luminescence material. Journal of Materials Chemistry C, 2015, 3: 1294-1300.

[115] Lezhnina M, Benavente E, Bentlage M, Echevarria Y, Klumpp E, Kynast U. Luminescent hybrid material based on a clay mineral. Chem Mater, 2007, 19: 1098-1102.

[116] Yang D, Wang Y, Wang Y, Li Z, Li H. Luminescence enhancement after adding organic salts to nanohybrid under aqueous condition. ACS Appl Mater Interfaces, 2015, 7: 2097-2103.

[117] Holbrey J, Seddon K. Ionic liquids. Clean Products and Processes, 1999, 1: 223-236.

[118] Visser A E, Swatloski R P, Reichert W M, Mayton R, Sheff S, Wierzbicki A, Davis Jr J H, Rogers R D. Task-specific ionic liquids for the extraction of metal ions from aqueous solutions. Chem Commun, 2001, 135-136.

[119] Cole A C, Jensen J L, Ntai I, Tran K L T, Weaver K J, Forbes D C, Davis J H. Novel Brønsted acidic ionic liquids and their use as dual solvent-catalysts. J Am Chem Soc, 2002, 124: 5962-5963.

[120] Mehnert C P, Cook R A, Dispenziere N C, Afeworki M. Supported ionic liquid catalysis-a new concept for homogeneous hydroformylation catalysis. J Am Chem Soc, 2002, 124: 12932-12933.

[121] Nockemann P, Beurer E, Driesen K, Van Deun R, Van Hecke K, Van Meervelt L, Binnemans K. Photostability of a highly luminescent europium β-diketonate complex in imidazolium ionic liquids. Chem Commun, 2005, 34: 4354-4356.

[122] Nockemann P, Thijs B, Postelmans N, Van Hecke K, Van Meervelt L, Binnemans K. Anionic rare-earth thiocyanate complexes as building blocks for low-melting metal-containing ionic liquids. J Am Chem Soc, 2006, 128: 13658-13659.

[123] Mallick B, Balke B, Felser C, Mudring A V. Dysprosium room-temperature ionic liquids with strong luminescence and response to magnetic fields. Angew Chem, Int Ed, 2008, 47: 7635-7638.

[124] Wang D, Wang H, Li H. Novel luminescent soft materials of terpyridine-containing ionic liquids and europium(Ⅲ). ACS Appl Mater Interfaces, 2013, 5: 6268-6275.

8 NANOMATERIALS

稀土纳米材料

Chapter 3

第3章
白光LED稀土发光材料

尤洪鹏
中国科学院长春应用化学研究所

白光LED稀土发光材料是在20世纪稀土发光材料研究的基础上，根据白光LED发光材料的特性与实际应用需要，历经二十多年的大量基础研究与应用研发逐渐发展起来的。在白光LED发光材料的研究过程中，人们在铝酸盐、硅酸盐、磷酸盐、氮化物、氮氧化物、硫化物等体系中开展了大量探索性研究，发现了多种具有潜在应用前景的新型发光材料，取得了一系列重要的进展。本章将重点介绍铝酸盐体系、硅酸盐体系、磷酸盐体系、氮（氧）化物发光材料的进展，并介绍Ce^{3+}激活的稀土石榴石基发光材料、Eu^{2+}激活的碱土硅酸盐发光材料、Eu^{2+}激活的氮化物发光材料、Eu^{2+}激活的氮氧化物发光材料的应用研究。

3.1
概述

白光LED是由发光二极管（light emitting diode）芯片和可以被LED芯片发光有效激发的发光材料组合而成的白光器件，其中发光二极管是一种可以将电能转化为光能的电致发光器件并具有二极管的特性，它与普通半导体二极管一样有正极和负极。自从20世纪60年代美国通用电气公司利用半导体材料GaAsP研制出第一个红光LED以来，LED研究经历了50多年的发展，已经实现了红、黄、绿、蓝、紫外等不同波段的发光。特别是1994年，日亚公司的Nakamura等成功研制出蓝光发光二极管[1]，从而实现了利用不同波段LED芯片发光组合或芯片发光与发光材料组合的全固态发光，开启了由真空管照明向固态照明的新时代，成为继白炽灯、荧光灯、高强度气体放电灯之后的第四代绿色固态照明光源。近年来，随着科学技术的发展，白光LED的发光效率从1998年5 lm/W发展到2014年303 lm/W，其发光效率得到了大幅度提高。同时，白光LED制造成本随着时间的推移大幅度降低，目前已接近荧光灯的制造成本。因此，白光LED已经开始大量取代白炽灯、荧光灯、高强度气体放电灯等照明与显示光源，广泛应用于不同的领域，并向高光效、低色温、高显色方向发展，进而实现高品质光源在照明与显示等不同领域的广泛应用。

白光LED与传统的照明光源白炽灯和荧光灯相比，其优点主要有：

① 发光效率高，耗电量小，节能，耗电量较同光效的白炽灯减少80%以上。

② 使用寿命长，在所有光源中，白光LED寿命最长，可达10万小时。

③ 响应快，响应时间为纳秒级，而一般白炽灯为毫秒级。

④ 环保，无辐射，无污染，克服了荧光灯用汞对环境造成的污染。

⑤ 安全，使用低压（3～24V）驱动，负载小、干扰小，全固态冷光源。

⑥ 体积小，适用范围广，可制备成各种形状，适用于易变的环境当中。

3.1.1
白光LED的发光原理

（1）LED芯片的发光原理

LED芯片发光的主要部分是p型半导体和n型半导体材料组成的PN结，其p区带有过量的正电荷而形成空穴，而n区带有过量负电荷形成电子。当正向导通的电压加在PN结上时，电子就会从n区向p区移动，从而在p区和n区的交界处与空穴发生复合，在复合过程中能量就会以光的形式发射出来，从而把电能直接转换为光能（图3.1）。

LED发光波长由半导体材料本身的特性决定，半导体材料不同，电子与空穴占据的能级不同，它们复合所产生光的能量不同，因此发光波长与颜色也就不同。如半导体材料$Ga_{1-x}In_xN$随着铟掺入量的增加，其LED发射峰红移（图3.2）。

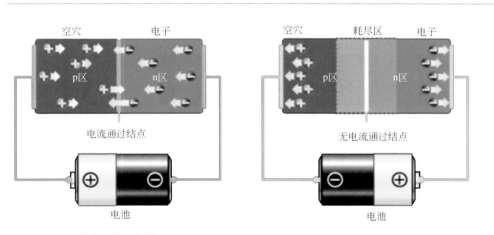

空穴　电子　　　　空穴　耗尽区　电子

p区　n区　　　　p区　n区

电流通过结点　　　　无电流通过结点

电池　　　　电池

图3.1　LED发光原理示意图

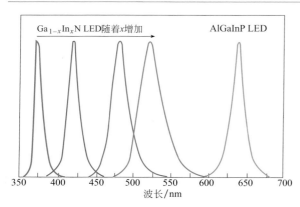

图3.2　不同半导体材料LED的发光

（2）白光LED的发光原理

根据发光学、光度学与色度学的基本原理，要获得白光，既可以通过具有连续光谱的可见光来实现，又可以利用二基色、三基色或多基色光混合相加法来实现。从半导体材料的能带结构与PN结的发光机理看，半导体PN结很难高效发射具有连续光谱的可见光，因此，必须利用光的混合相加法来获得白光。也就是说，可以利用已发展的多种不同发光颜色的芯片组合或芯片发光与可以被芯片发光激发的发光材料组合来实现白光。由此可见，实现白光的有效途径有多基色LED芯片组合法和蓝光或紫外光LED芯片与发光材料组合法（发光转换法），见图3.3。

芯片组合法是通过蓝绿红三基色LED芯片、蓝与黄两基色LED芯片或多种不同颜色的芯片发光相加混色实现白光的。该方法不需要发光材料就可产生白光，避免

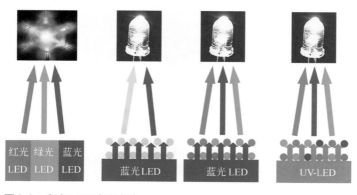

图3.3　白光LED实现方法

发光材料在发光波长转换过程中的能量损失，还可以通过控制所加电流来调控不同颜色LED芯片的发光强度，进而调节出所需要的颜色。由于红光、绿光、黄光、蓝光等不同颜色的半导体芯片发光效率和光衰不同，而且随着温度和驱动电流的变化发光效率也不一致，容易造成混合色形成白光时产生色差。为了保持颜色的稳定，需要对三种颜色分别加反馈电路进行补偿才能实现混色平衡。同时，考虑到多个LED组合使用成本较高，因此，该方法不是获得白光的有效方法。

发光转换法是指在LED半导体芯片上包覆发光材料，通过发光材料将半导体芯片发出的蓝光或紫外光转变成其他的可见光，进而形成白光。基于成本、工艺、技术现状等因素综合考虑，发光转换法是实现白光LED最有效的方法，也是目前产业应用中普遍使用的方法。根据半导体LED芯片的种类不同，该方法主要分为以下两种：① 蓝光LED芯片激发黄色发光材料或绿色与红色发光材料组合形成白光。采用蓝光LED芯片加上黄色发光材料的方法产生白光是基于光互补的原理。通过蓝光LED芯片激发发光材料发射黄光，剩余的蓝光透射出来与黄光互补混合产生白光，是一种冷白光。其优点是结构简单、发光效率高、技术成熟度高、成本相对低等；其缺点是红光不足、色温偏高、显色性指数较低等，难以满足低色温照明与高显色性特别是室内照明与显示的实际需要。为了提高显色指数，降低色温，制备暖白光LED，人们基于三基色原理提出了蓝光LED芯片加上绿色和红色发光材料的方案。通过芯片发出的蓝光与发光材料发出的绿光和红光混色形成白光。这种方法制备白光器件时通过适当调整绿色与红色发光材料，既可以获得显色指数高的白光LED，又可以获得色温低的暖白光LED，因此，它是目前产业界已经开始大量使用的方法。② 紫外光LED芯片激发蓝、绿、红三基色发光材料，混色形成白光。其工作原理同三基色荧光灯类似，不同点是激发光源的紫外光来自于LED半导体芯片。相对于蓝光芯片激发，这种方法优点是可供选择的高效发光材料较多，可以容易地制备显色性指数较高和不同色温的白光LED器件；但这种方案存在发光波长转换过程中能量损失较大、紫外光对材料的稳定性要求高、紫外光泄漏等问题，因此，不是目前白光LED发展的主流方向。

3.1.2
白光LED稀土发光材料的特性

稀土发光材料在白光LED中起着重要作用，是决定白光LED的发光效率、色温、显色指数等参数的重要材料。在白光LED发光材料二十多年的研究过程中，人们已经发展了种类繁多的材料，综合考虑这些材料的发光特性和物理与化学性质，特别是发光效率、发射位置和热力学稳定性等特性后，发现可以实际应用的材料体系相对有限，特别是可以与紫外光或蓝光LED芯片匹配的发光材料还较少。根据白光LED器件的内秉性特性以及封装对发光材料的具体要求，能够满足白光LED的稀土发光材料应该具有以下特性。

① 吸收光谱与蓝光或紫外光芯片的发射光谱匹配好，且吸收强度高。

② 具有高的量子效率和光转换效率。

③ 发射峰值位置好，半宽度合适，能够满足高光效、高显色性、色温不同的白光LED在不同应用领域中的实际需要。

④ 具有优良的热力学稳定性，高温猝灭性能好。

⑤ 紫外光或蓝光长时间辐照下性能保持稳定。

⑥ 物理与化学性质稳定，不与LED芯片和封装材料等发生作用。

⑦ 耐候性好，在空气中长期使用稳定性好。

⑧ 颗粒均一，粒径适中，最好是球形。

⑨ 环境友好，对环境无污染。

为找到满足以上要求的白光LED发光材料，在基质和激活离子的选择上必须精心考虑。基于稀土离子在基质中能级受到周围环境的影响，考虑到电子云的扩大效应与晶体场强作用，在稀土离子中适合于白光LED发光材料的激活离子主要是Ce^{3+}与Eu^{2+}，自由的Ce^{3+}与Eu^{2+}的$4f^{n-1}5d^1$最低激发态与基态的能量差分别约为$50000cm^{-1}$和$34000cm^{-1}$，它们进入基质晶格后其能级受到周围环境影响，能级结构发生明显变化（图3.4），5d能级重心下移，最低激发态能级降低，最低激发态

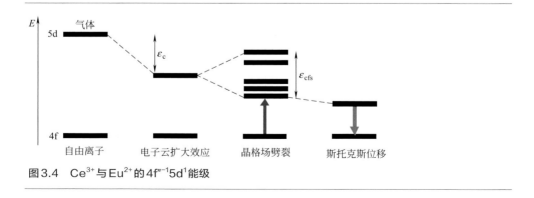

图3.4　Ce^{3+}与Eu^{2+}的$4f^{n-1}5d^1$能级

与基态的能量差减小，进而导致发光红移。可见，除了选择合适的稀土离子外，基质的选择也非常重要。因此，基质与激活离子的选择是获得适合白光 LED 发光材料的关键，选择时需要考虑以下几个主要方面：

① 基质具有强的晶场劈裂。

② 基质具有强的共价性。

③ 基质有良好的物理化学稳定性。

④ 激活离子具有较小的配位数。

⑤ 激活离子与配位离子之间具有较短的化学键。

⑥ 光谱跃迁为自旋允许或可以利用能量传递实现高效发光。

3.2
铝酸盐体系发光材料

在白光 LED 发光材料的研究过程中，铝酸盐体系由于发光效率高、结构稳定、成本低、制备工艺简单等优点引起人们的广泛关注，从早期对 YAG:Ce^{3+} 系列发光材料研究开始，到 Sr_3AlO_4F:Ce^{3+}、$LaSr_2AlO_5$:Ce^{3+}、$Ba_{0.93}Eu_{0.07}Al_2O_4$ 等体系的大量探索，获得了许多重要的进展，发现了多种具有潜在应用的新型发光材料。

3.2.1
YAG:Ce^{3+} 系列发光材料

以 $Y_3Al_5O_{12}$ 为代表的石榴石体系发光材料是研究最早、应用最广的一种基质材料。其晶胞结构如图 3.5 所示，晶胞中的 Y 与 8 个 O 配位形成十二面体，Al 分别与 4 个 O 和 6 个 O 配位形成 AlO_4 四面体和 AlO_6 八面体。激发光谱包含峰值位于 340nm 和 460nm 的两个激发峰，归属于 Ce^{3+} 的 f→d 跃迁，其激发光谱与商用的蓝光芯片匹配好。在 460nm 光激发下，样品的发射光谱为峰值位于 550nm 的宽带发射峰（图 3.6）。YAG:Ce^{3+} 发光材料由于红色成分不足，人们又通过结构调控及共

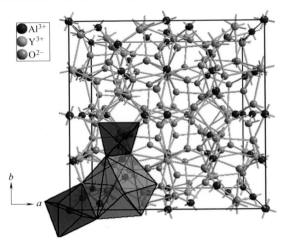

图3.5　$Y_3Al_5O_{12}$晶胞结构

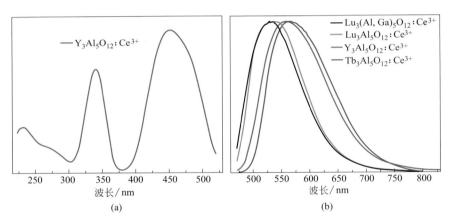

(a)

(b)

图3.6　稀土石榴石基发光材料的激发（a）与发射（b）光谱

掺离子等方式对其发光性质进行了一系列研究。

　　在$Y_3Al_5O_{12}$:Ce^{3+}中掺杂Gd^{3+}，随着Gd^{3+}浓度的增加，Ce^{3+}的发射谱峰会有十几纳米的红移，但是发光强度随着Gd^{3+}浓度的增加而减弱，限制了它的应用。Chiang等[2]合成了$Tb_3Al_5O_{12}$:Ce^{3+}，在460nm的激发下发射带为500～650nm。Setlur等[3]利用Si^{4+}-N^{3-}取代Al^{3+}-O^{2-}对YAG:Ce^{3+}体系进行了氮化，结果表明，氮化后YAG:Ce^{3+}的发射光谱红移，但其局限之处在于Si^{4+}-N^{3-}离子对只能部分掺杂到YAG体系之中，光谱调控能力有限。Shang等[4]还研究了Mg^{2+}-Si^{4+}/Mg^{2+}-Ge^{4+}

取代YAG体系中的Al^{3+}-Al^{3+}，均实现了YAG体系中Ce^{3+}的光谱红移。Jia等[5]利用YAG与$Mn_3Al_2Si_3O_{12}$之间的结构相似性，实现了YAG：Ce^{3+}体系中Mn^{2+}-Si^{4+}离子对的掺杂，利用$Ce^{3+}\rightarrow Mn^{2+}$能量传递，实现了YAG：$Ce^{3+}$体系光谱的红移。Ogiegło等[6]研究了$Gd_3Ga_xAl_{5-x}O_{12}$：$Ce^{3+}$（$x=1$，2，3，4）系列发光材料的合成以及发光特性，随着Al格位Ga浓度的增加，光谱向短波方向移动，归因于基质离子半径变化导致激活剂离子所处的晶体场环境变化，从而影响发光。另外，由于Lu^{3+}、Y^{3+}、Tb^{3+}的离子半径依次增大，因此LuAG：Ce^{3+}、YAG：Ce^{3+}、TbAG：Ce^{3+}的发射光谱向长波方向移动（图3.6）。

通过共掺杂Pr^{3+}、Sm^{3+}、Tb^{3+}、Eu^{3+}等其他离子[7~9]，可增加YAG：Ce^{3+}的红光发射成分，改善白光LED的显色性。共掺Eu^{3+}时，会在590nm附近产生一个由于$^5D_0\rightarrow{}^7F_1$跃迁引起的发射峰，但由于Eu^{3+}的吸收较弱，其发射峰强度也较弱。共掺Pr^{3+}时，会在609nm附近出现由于Pr^{3+}的$^3H_4\rightarrow{}^1D_2$跃迁引起的较强的发射峰，且Pr^{3+}在450~470nm范围内有较强的激发，与蓝光LED芯片比较匹配。当共掺Sm^{3+}时，红光发射出现在616nm处，强度也较强。尽管共掺杂其他稀土离子可以增加红色发光成分，但共掺后降低了YAG：Ce^{3+}的发光效率，很难在白光LED中获得应用。

3.2.2
Sr_3AlO_4F：RE（RE=Eu，Tb，Er，Tm，Ce）系列发光材料

1999年，Vogt等[10]对Sr_3AlO_4F进行了研究（图3.7），其晶体结构为四方晶系，空间群为I4/mcm，其中AlO_4四面体所配位的Sr(1)原子层被$Sr(2)_2F$原子层所隔离开，可以看作是$Sr(2)_2F$和Sr(1)AlO_4原子层互相穿插所构成的层状结构。在晶体结构中，Sr^{2+}有两种不同配位环境，其中，Sr(1)与8个氧原子和2个氟原子形成10配位的多面体，Sr(2)与同一平面上2个氟原子以及不共面的6个氧原子形成8配位的多面体。

2009年Park等[11]对稀土Eu、Tb、Er和Tm掺杂的$A(1)_{3-x}A(2)_xMO_4F$铝酸盐（A=Sr，Ca，Ba；M=Al，Ga）体系的发光特性进行了研究，观察到在紫外或近紫外激发下掺入不同激活剂离子可以分别发出红、黄、绿和蓝光，通过调节激活剂离子的浓度，实现了CIE色坐标的有规律调节。Im等[12]在2010年对Sr_3AlO_4F：Ce^{3+}的光谱性质进行了研究。图3.8为Sr_3AlO_4F：Ce^{3+}与YAG：Ce^{3+}的激发和发射光

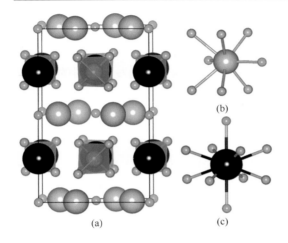

图3.7　Sr₃AlO₄F的晶体结构（a）与Sr²⁺的配位情况（b）、（c）

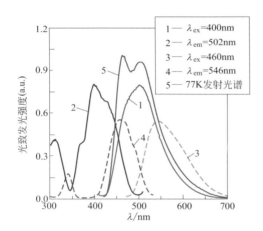

图3.8　Sr₃AlO₄F∶Ce³⁺（实线）与YAG∶Ce³⁺（虚线）的激发与发射光谱

谱。由图3.8可知，$Sr_3AlO_4F:Ce^{3+}$的激发光谱可覆盖紫外光区，峰值位于400nm处，能够与商业近紫外芯片相匹配，有望应用于近紫外芯片激发的白光LED中。在400nm激发条件下，其发射光谱可以从400nm一直延伸到650nm。最强发射位置位于460nm和502nm，归属到Ce（1）和Ce（2）两个发光中心，分别对应Sr（1）和Sr（2）晶体格位。另外，随着Ce^{3+}掺杂浓度的增加，位于绿光区的发射峰强度增强，可以归因于在Sr（2）处的Ce^{3+}浓度增加以及Ce（1）和Ce（2）之间存在能量传递。该发光材料的量子效率可达83%，是一种潜在的近紫外激发的绿色发光材料。另外，研究表明，当Ba^{2+}取代Sr^{2+}时，其量子效率可以大幅提高到95%。

随后 Park 等[13~15]对 $Sr_3AlO_4F:RE^{3+}$（RE=Tm，Tb，Eu，Ce）发光材料在单一基质中多激活离子共掺杂获得了白光，同时还观察到 $Tb^{3+} \rightarrow Eu^{3+}$ 和 $Ce^{3+} \rightarrow Tb^{3+}$ 之间的能量传递，Ce^{3+} 向 Tb^{3+} 通过偶极-偶极相互作用原理进行能量传递，发出峰值位于544nm的黄绿色光，是一款潜在的白光LED用稀土发光材料。

3.2.3
$LaSr_2AlO_5:Ce^{3+}$ 黄色发光材料

Im 等[16]合成并研究了 $LaSr_2AlO_5:Ce^{3+}$ 黄色发光材料，其结构为正交晶系，空间群为I4/mcm。晶体中8h格位一半被La占据，一半被Sr（1）占据，4a格位全部被Sr（2）占据，4b格位被Al占据，O占据4c和16l格位。Ce^{3+} 占据 La^{3+} 的格位，并与4c格位上2个O，16l格位上6个O配位，形成 CeO_8 多面体，进而形成发光中心，详细的晶胞结构与配位情况见图3.9。

图3.10是 $LaSr_2AlO_5:Ce^{3+}$ 的漫反射、激发和发射光谱，可见，它在400～500nm范围内有很强的吸收。在450nm激发条件下，发射光谱由峰值位于556nm的宽带构成。激发光谱可以覆盖紫外和可见光区，与商业蓝光芯片发射光匹配好，是一种具有潜在应用价值的黄色发光材料。与 $YAG:Ce^{3+}$ 体系相比，$LaSr_2AlO_5:$

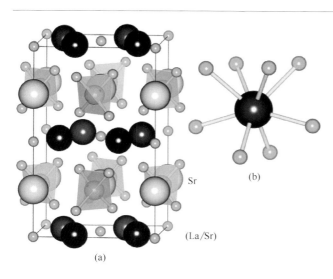

图3.9 $LaSr_2AlO_5$ 的晶胞结构（a）与配位情况（b）

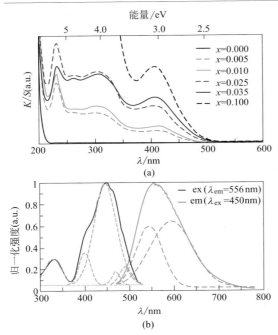

图 3.10　LaSr$_2$AlO$_5$:Ce^{3+}的漫反射光谱（a）及激发和发射光谱（b）

图（a）中 x 值表示 Ce^{3+} 的掺杂浓度

Ce^{3+} 的发射光谱发生红移，归因于 LaSr$_2$AlO$_5$ 体系中 Ce^{3+} 存在较大的斯托克斯位移。通过蓝光芯片与 LaSr$_2$AlO$_5$:Ce^{3+} 发光材料组合实现了显色指数为 80 的白光发射。但因其量子效率（50%）低于 YAG:Ce^{3+} 体系，影响了它的实际应用。

3.2.4
BaAl$_2$O$_4$:Eu^{2+} 黄色发光材料

Li 等[17]采用碳热还原和气相沉积法合成了 BaAl$_2$O$_4$:Eu^{2+} 黄色发光材料（Ba$_{0.93}$Eu$_{0.07}$Al$_2$O$_4$），该发光材料在 300 ～ 500nm 之间有很强的激发峰（图 3.11），归属于 Eu^{2+} 电子的 f→d 跃迁。在 400nm 的激发下，发射光谱为峰值位于 580nm 的宽带发射。不同温度下发光强度的研究表明它具有很好的热稳定性。将 470nm 的蓝光芯片与该发光材料封装组成 LED 器件，可以实现色温小于 4000K，显色指数大于 80 的暖白光发射。但在 440nm 激发下，其量子效率较低（约 30%），限制了它的应用。

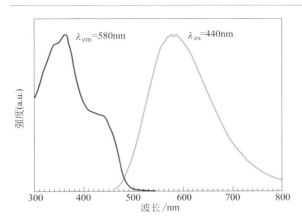

图3.11　Ba$_{0.93}$Eu$_{0.07}$Al$_2$O$_4$的激发（蓝色）和发射（黄色）光谱

　　除了上述铝酸盐体系的发光材料外，其他体系的铝酸盐发光材料也被大量研究，部分材料的发光谱特性列于表3.1。

表3.1　部分铝酸盐发光材料的光谱特性

发光材料	激发峰 /nm	发射峰 /nm	文献
GdSr$_2$AlO$_5$:Ce^{3+}	438	575	[18]
Ca$_2$YZr$_2$Al$_3$O$_{12}$:Ce^{3+}	409	495	[19]
BaMgAl$_{10}$O$_{17}$:Eu^{2+}	310	458	[20]
BaMgAl$_{10}$O$_{17}$:Eu^{2+},Mn^{2+}	370	450 (Eu^{2+})，514 (Mn^{2+})	[21]
Ca$_2$SrAl$_2$O$_6$:Ce^{3+},Mn^{2+}	350	460 (Ce^{3+})，610 (Mn^{2+})	[22]
CaSr$_2$Al$_2$O$_6$:Ce^{3+},Mn^{2+}	358	460 (Ce^{3+})，610 (Mn^{2+})	[23]
CaScAlSiO$_6$:Ce^{3+},Mn^{2+}	330	380 (Ce^{3+})，670 (Mn^{2+})	[24]
CaGdGaAl$_2$O$_7$:Ce^{3+},Tb^{3+}	360	430 (Ce^{3+})，545 (Tb^{3+})	[25]
Ca$_2$GdZr$_2$(AlO$_4$)$_3$:Ce^{3+},Mn^{2+}	420	480 (Ce^{3+})，570 (Mn^{2+})	[26]
SrAl$_2$O$_4$:Ce^{3+},Mn^{2+}	273	374 (Ce^{3+})，515 (Mn^{2+})	[27]
SrMgAl$_{10}$O$_{17}$:Eu^{2+},Mn^{2+}	275	470 (Eu^{2+})，515 (Mn^{2+})	[28]

3.3
硅酸盐体系发光材料

硅酸盐具有组成复杂性、结构多样性及优异的物理化学稳定性等特点，是发光材料的重要基质材料。硅酸盐的结构由基本结构单元硅氧骨干（硅原子和氧原子按不同比例组成的各种阴离子基团）和硅氧骨干以外的正离子和负离子构成，硅氧骨干的基本单元是SiO_4四面体，且Si—O距离在所有的硅酸盐中几乎保持不变（约0.162nm），O—O距离在0.262～0.264nm之间变动。SiO_4四面体的连接方式取决于硅氧骨干的结构形式，可以互相共用顶点连接成各种各样的结构形式（孤立四面体、双四面体、三环、四环、六环等），进而形成链状、岛状、层状和架状连接结构。在硅酸盐体系中，外加的正离子一般为Li^+、Na^+、K^+、Mg^{2+}、Zn^{2+}、Mn^{2+}、Ca^{2+}、Sr^{2+}、Ba^{2+}、Al^{3+}等，SiO_4四面体中的Si可以被Al、B等取代，形成铝硅酸盐、硼硅酸盐等。这种结构与组成的多样性决定了Ce^{3+}和Eu^{2+}掺入基质晶格中时，由于晶体场的不同导致其激发与发射光谱覆盖范围宽，激发覆盖紫外到绿光区，发射从紫外到红光区。因此，人们在发展白光LED稀土发光材料的过程中，开展了大量的探索性研究，获得了许多有意义的结果（部分报道见表3.2）。

表3.2　部分硅酸盐发光材料的发光特性

发光材料	激发峰 /nm	发射峰 /nm	参考文献
$Sr_3SiO_5:Eu^{2+}$	487	575	[29]
$Sr_3SiO_5:Ce^{3+}$	415	515	[30]
$Sr_2SiO_4:Eu^{2+}$	387	535	[31]
$Ca_3Sc_2Si_3O_{12}:Ce^{3+}$	420	505	[32]
$Lu_2CaMg_2(Si, Ge)_3O_{12}:Ce^{3+}$	470	605	[33]
$Ba_9Sc_2Si_6O_{24}:Eu^{2+}$	440	510	[34]
$Ca_7Mg(SiO_4)_4:Eu^{2+}$	365	500	[35]
$Ca_7Mg(SiO_4)_4:Ce^{3+}$	350	420	[35]
$\gamma\text{-}Ca_2SiO_4:Ce^{3+},Li^+$	450	559	[36]

发光材料	激发峰 /nm	发射峰/nm	参考文献
$Ca_3Si_2O_7:Eu^{2+}$	450	568	[37]
$Ca_2Y_2Si_2O_9:Eu^{2+}$	335	510	[38]
$Ba_2SiO_4:Eu^{2+}$	370	510	[39]
$Ba_3SiO_5:Eu^{2+}$	340	590	[39]
$BaSiO_3:Ce^{3+}$	335	404	[40]
$BaSiO_3:Eu^{2+}$	365	570	[40]
$Y_3Mg_2AlSi_2O_{12}:Ce^{3+}$	475	600	[41]
$NaBaScSi_2O_7:Eu^{2+}$	406	508	[42]
$BaCa_2MgSi_2O_8:Eu^{2+}$	330	440	[43]
$Ba_{1.55}Ca_{0.45}SiO_4:Eu^{2+},Mn^{2+}$	365	460 (Eu^{2+})，595 (Mn^{2+})	[44]
$BaCa_2Si_3O_9:Eu^{2+},Mn^{2+}$	300	444 (Eu^{2+})，594 (Mn^{2+})	[45]
$Ca_{1.65}Sr_{0.35}SiO_4:Eu^{2+}/Ce^{3+}$	365	465 (Ce^{3+})，538 (Eu^{2+})	[46]
$Ca_5(SiO_4)_2F_2:Ce^{3+}$	343	408	[47]
$CaAl_2Si_2O_8:Eu^{2+},Mn^{2+}$	354	425 (Eu^{2+})，568 (Mn^{2+})	[48]
$Ca_4Si_2O_7F_2:Eu^{2+},Mn^{2+}$	375	460 (Eu^{2+})，575 (Mn^{2+})	[49,50]
$Ca_3Y_2(Si_3O_9)_2:Ce^{3+},Tb^{3+}$	329	387 (Ce^{3+})，541 (Tb^{3+})	[51]
$Y_2SiO_5:Ce^{3+},Tb^{3+}$	355	423 (Ce^{3+})，542 (Tb^{3+})	[52]
$Ba_{1.3}Ca_{0.7}SiO_4:Eu^{2+},Mn^{2+}$	400	500 (Eu^{2+})，610 (Mn^{2+})	[53]
$Ca_8Mg_3Al_2Si_7O_{28}:Eu^{2+}$	420	535	[54]
$NaCa_2LuSi_2O_7F_2:Ce^{3+},Mn^{2+}$	330	410 (Ce^{3+})，600 (Mn^{2+})	[55]
$Ca_2Ga_2SiO_7:Eu^{2+}$	330	504	[56]
$Ca_2MgSi_2O_7:Eu^{2+},Mn^{2+}$	381	528(Eu^{2+})，602 (Mn^{2+})	[57]
$Li_4SrCa(SiO_4)_2:Eu^{2+},Mn^{2+}$	280	430 (Eu^{2+})，590 (Mn^{2+})	[58]
$La_{9.33}(SiO_4)_6O_2:Eu^{2+}$	365	510	[59]
$Ba_3MgSi_2O_8:Eu^{2+},Mn^{2+}$	360	440，505 (Eu^{2+})，620 (Mn^{2+})	[60 ～ 62]
$Sr_3MgSi_2O_8:Eu^{2+},Mn^{2+}$	375	470，570 (Eu^{2+})，680 (Mn^{2+})	[61,62]
$Ca_3MgSi_2O_8:Eu^{2+},Mn^{2+}$	370	480 (Eu^{2+})，700 (Mn^{2+})	[62]

3.3.1
Li$_2$SrSiO$_4$:Eu^{2+} 发光材料

Li$_2$SrSiO$_4$是硅酸盐发光材料中重要的化合物之一，它与Li$_2$EuSiO$_4$同构[63]，晶体结构为六方晶系，空间群为P3$_1$21，晶胞中LiO$_4$四面体和SiO$_4$四面体通过顶点相连形成骨架结构，Sr^{2+}填充在骨架结构之中（图3.12）。

2006年Saradhi等[64]对Li$_2$SrSiO$_4$:Eu^{2+}的光谱性质进行了研究，发现在450nm激发条件下，Li$_2$SrSiO$_4$:Eu^{2+}发射橙色光，相应的激发光谱可以覆盖240～550nm的区域，与商业蓝光芯片发光匹配较好。因此，Li$_2$SrSiO$_4$:Eu^{2+}是一种具有潜在应用前景的蓝光激发发光材料。Kim等[65]研究了共掺杂Ce^{3+}和Eu^{2+}的光谱特性，发现掺入Ce^{3+}进一步提高了Eu^{2+}的发射强度（图3.13）。

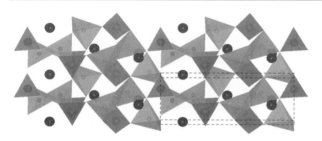

图3.12 Li$_2$SrSiO$_4$的晶体结构示意图

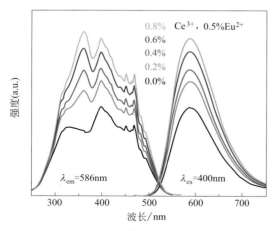

图3.13 Li$_2$SrSiO$_4$:Ce^{3+},Eu^{2+}的激发（左侧）与发射（右侧）光谱

3.3.2
$Ca_3Sc_2Si_3O_{12}:Ce^{3+}$ 发光材料

2007 年日本三菱化学 Shimomura 等[66]对 $Ca_3Sc_2Si_3O_{12}:Ce^{3+}$ 的晶体结构和发光性质进行了研究。结果表明，该化合物属于立方石榴石结构，晶格常数 a 为 1.225nm，Ca^{2+}、Sc^{3+} 和 Si^{4+} 分别占据 8 配位十二面体、6 配位八面体和 4 配位四面体配位环境。X 射线吸收精细结构证实，在 $Ca_3Sc_2Si_3O_{12}:Ce^{3+}$ 中 Ce^{3+} 占据 Ca^{2+} 的格位[67]，而并非占据 Sc^{3+} 的晶体格位，这与它们的离子半径相关。8 配位数时 Ce^{3+} 和 Ca^{2+} 的半径分别为 0.128nm 和 0.126nm，而 6 配位数时 Ce^{3+} 和 Sc^{3+} 半径分别为 0.115nm 和 0.075nm，因此，Ce^{3+} 容易占据 Ca^{2+} 的格位。图 3.14 为 $Ca_3Sc_2Si_3O_{12}:Ce^{3+}$ 的激发与发射光谱，其激发光谱可以覆盖 380 ~ 500nm 的区域，峰值位于 455nm 处，与蓝光芯片相吻合。发射光谱由峰值分别位于 505nm 和 560nm 双峰构成。与 $YAG:Ce^{3+}$ 相比，$Ca_3Sc_2Si_3O_{12}:Ce^{3+}$ 的发射光谱发生了蓝移，归因于 $Ca_3Sc_2Si_3O_{12}$ 的晶胞体积较大，晶场较弱，Ce^{3+} 的 5d 能级在晶体场中劈裂较小。此外，$Ca_3Sc_2Si_3O_{12}:Ce^{3+}$ 的光谱调控也可以通过组分调节来实现[68~71]。

Setlur 等[72]利用 Lu^{3+}-Mg^{2+} 离子对取代 $Ca_3Sc_2Si_3O_{12}$ 中的 Ca^{2+}-Sc^{3+} 离子对，设计合成了一种新型的石榴石体系 $Lu_2CaMg_2Si_3O_{12}:Ce^{3+}$ 发光材料（图 3.15）。取代后能够使 Ce^{3+} 的光谱发生红移，有望在低色温 LED 中获得应用。

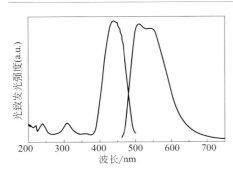

图 3.14 $Ca_3Sc_2Si_3O_{12}:Ce^{3+}$ 的激发（左）和发射（右）光谱

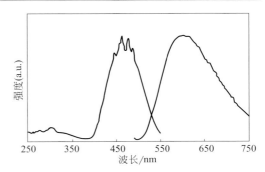

图 3.15 $Lu_2CaMg_2Si_3O_{12}:Ce^{3+}$ 的激发（左）和发射（右）光谱

3.3.3
(Ca,Sr)$_7$(SiO$_3$)$_6$Cl$_2$:Eu^{2+}发光材料

2012年Hisayoshi Daicho等[73]报道了黄色发光材料(Ca$_{1-x-y}$,Sr$_x$,Eu$_y$)$_7$(SiO$_3$)$_6$Cl$_2$，图 3.16为基质晶体结构与配位情况，它的晶体结构为单斜晶系，其中有M（1）、M（2）和M（3）三种阳离子格位。M（1）位于金属硅酸盐层，全部被Ca占据，与6个Si$_3$O$_9$基团配位，形成[Ca(SiO$_3$)$_6$]网状结构。M（2）被Sr/Eu占据，并与1个Cl和7个O配位。M（3）介于金属硅酸盐和金属氯化物层之间，被Ca/Sr/Eu占据并与2个Cl和5个O配位。 在400nm激光激发下，(Ca$_{0.37}$Sr$_{0.53}$Eu$_{0.10}$)$_7$(SiO$_3$)$_6$Cl$_2$（Cl-MS：Eu^{2+}）的发射光谱由峰值位于580nm的宽带构成（图3.17），与(Ba,Sr)$_2$SiO$_4$：Eu^{2+}（BOSE）和(Sr,Ca)AlSiN$_3$：Eu^{2+}（S-CASN：Eu^{2+}）发光材料相比，它在450～490nm范围内有较弱的吸收，因此可以有效避免对蓝光的再吸收作用，与紫外芯片及蓝光发光材料组合形成的白光LED器件性能更稳定。该体系的发射峰值与内量子效率会随Ca/Sr比的变化而变化，从图3.17（b）可见，Ca/Sr比值增大，其发射峰红移，其中组分Cl-MS：Eu^{2+}的内量子效率（IQE）高达94%，吸收效率（Ab）达到90%，是一种具有潜在应用前景的新型发光材料。

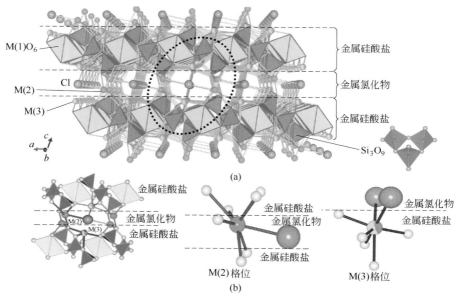

图3.16　(Ca$_{1-x-y}$,Sr$_x$,Eu$_y$)$_7$(SiO$_3$)$_6$Cl$_2$的晶胞结构及阳离子配位情况

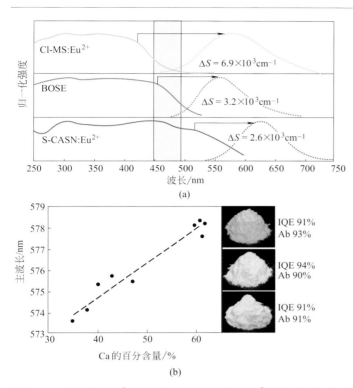

图 3.17 Cl-MS:Eu^{2+}、BOSE、S-CASN:Eu^{2+}的光谱对比（a）和 Ca 含量与发射峰值、发光颜色、量子效率的关系（b）

3.3.4
K$_2$Ba$_7$Si$_{16}$O$_{40}$:Eu^{2+}发光材料

2014 年吕文珍等[74]合成了一种蓝光激发的 K$_2$Ba$_7$Si$_{16}$O$_{40}$:Eu^{2+}绿色发光材料，其晶体结构如图 3.18 所示。晶体结构属于单斜晶系，空间群为 C2/m，晶胞参数 a=3.2046nm，b=0.7705nm，c=0.8224nm。晶体结构中由 SiO$_4$ 四面体构成一个平面层，K$^+$、Ba^{2+}分布在层与层之间的空隙中，有 Ba（1）、Ba（2）、Ba（3）、Ba（4）和 Ba（5）五种 Ba^{2+}格位，其中 Ba（1）和 Ba（3）都是 9 配位且具有相似的几何排布，而 Ba（2）是 7 配位的结构，Ba（4）和 Ba（5）都是 8 配位的结构，而且

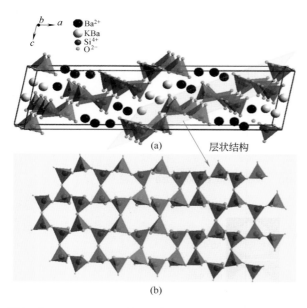

(a)

层状结构

(b)

图3.18　K₂Ba₇Si₁₆O₄₀的晶体结构

Ba（5）的配位结构更加有序。K$_2$Ba$_7$Si$_{16}$O$_{40}$:Eu^{2+}的激发光谱由峰值位于 290nm、319nm、373nm和440nm的宽带构成（图3.19），发射光谱由峰值位于500nm附近的非对称宽带构成，半高宽为3082cm^{-1}，归属于Eu^{2+}的4f^{6}5d^1→4f^{7}电偶极允许跃迁。由于该材料具有很好的热猝灭特性和较高的发光效率以及发射位置在蓝绿区，它在全光谱白光LED中具有潜在的应用价值。

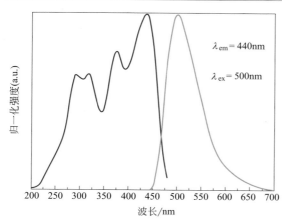

$\lambda_{em} = 440nm$

$\lambda_{ex} = 500nm$

图3.19　K$_2$Ba$_7$Si$_{16}$O$_{40}$:Eu^{2+}的激发（左）与发射（右）光谱

3.4
磷酸盐体系发光材料

磷酸盐具有四面体刚性三维矩阵结构、良好的化学稳定性与热稳定性、合成条件温和等优点，成为一类重要的基质材料。磷酸盐体系的发光材料主要有 $ABPO_4$（A=Li，Na，K；B=Mg，Ca，Sr，Ba）、$A_3B(PO_4)_3$（A=Sr，Ba；B=Sc，Y，La，Gd，Lu）、$A_9B(PO_4)_7$（A=Ca，Sr，Ba；B=La，Gd，Lu）、$A_2B_8(PO_4)_6O_2$（A=La，Eu，Gd；B=Ca，Sr）、$M_5(PO_4)_3Cl:Eu^{2+}$（M=Ca，Sr，Ba）、$(La,Ce,Tb)PO_4$ 等 体系，它们的激发范围主要位于紫外到蓝光区，发射范围可以从紫外区延伸到红光区，表3.3给出部分发光材料的光谱特性。

表3.3　部分磷酸盐体系发光材料的发光特性

发光材料	激发峰/nm	发射峰/nm	文献
$Ca_8La_2(PO_4)_6O_2:Eu^{2+}/Ce^{3+}$	318 (Eu^{2+})，310 (Ce^{3+})	453 (Eu^{2+})，415 (Ce^{3+})	[75]
$Ca_8Gd_2(PO_4)_6O_2:Eu^{2+}/Ce^{3+}$	300 (Eu^{2+})，314 (Ce^{3+})	452 (Eu^{2+})，415 (Ce^{3+})	[76]
$RbCaGd(PO_4)_2:Eu^{2+}$	343	476	[77]
$Na_2SrMg(PO_4)_2:Eu^{2+},Mn^{2+}$	343	445(Eu^{2+})，625(Mn^{2+})	[78]
$KNaCa_2(PO_4)_2:Ce^{3+}/Eu^{2+}$	318 (Ce^{3+})，355 (Eu^{2+})	367 (Ce^{3+})，474 (Eu^{2+})	[79]
$KCaGd(PO_4)_2:Ce^{3+}$	328	372	[80]
$KSrGd(PO_4)_2:Ce^{3+}$	320	370	[81]
$KCaGd(PO_4)_2:Eu^{2+},Mn^{2+}$	365 (Eu^{2+})	463 (Eu^{2+})，650 (Mn^{2+})	[82]
$KCaY(PO_4)_2:Eu^{2+},Mn^{2+}$	367 (Eu^{2+})	480 (Eu^{2+})，652 (Mn^{2+})	[83]
$Sr_{1.75}Ca_{1.25}(PO_4)_2:Eu^{2+}$	364	514	[84]
$Ca_4(PO_4)_2O:Ce^{3+},Eu^{2+}$	380 (Ce^{3+})，460 (Eu^{2+})	453 (Ce^{3+})，650 (Eu^{2+})	[85]
$Sr_8MgGd(PO_4)_7:Eu^{2+}$	380	606	[86]
$Sr_8ZnSc(PO_4)_7:Eu^{2+}$	360	560	[87]

发光材料	激发峰/nm	发射峰/nm	文献
$Ca_9MgNa(PO_4)_7:Ce^{3+}$	300	368	[88]
$Sr_8MgLn(PO_4)_7:Eu^{2+}$	365	611	[89]
$Sr_9Mg_{1.5}(PO_4)_7:Eu^{2+}$	460	620	[90]
$Ca_9La(PO_4)_7:Eu^{2+},Mn^{2+}$	340 (Eu^{2+})	502 (Eu^{2+}), 635 (Mn^{2+})	[91]
$Ca_9Lu(PO_4)_7:Eu^{2+},Mn^{2+}$	355 (Eu^{2+})	480 (Eu^{2+}), 630 (Mn^{2+})	[92]
$Ca_9Gd(PO_4)_7:Eu^{2+},Mn^{2+}$	355 (Eu^{2+})	490 (Eu^{2+}), 645 (Mn^{2+})	[93]
$Sr_4La(PO_4)_3O:Eu^{2+}$	371	444	[94]
$Ba_3Gd(PO_4)_3:Eu^{2+},Mn^{2+}$	280 (Eu^{2+})	540(Eu^{2+}), 625 (Mn^{2+})	[95]
$Sr_3Lu(PO_4)_3:Eu^{2+},Mn^{2+}$	300 (Eu^{2+})	496 (Eu^{2+}), 620 (Mn^{2+})	[96]
$Ba_3Lu(PO_4)_3:Eu^{2+},Mn^{2+}$	325 (Eu^{2+})	537 (Eu^{2+}), 605 (Mn^{2+})	[97]
$Sr_3Gd(PO_4)_3:Eu^{2+},Mn^{2+}$	325 (Eu^{2+})	500 (Eu^{2+}), 605 (Mn^{2+})	[98]
$Sr_3Y(PO_4)_3:Eu^{2+},Mn^{2+}$	305 (Eu^{2+})	490 (Eu^{2+}), 605 (Mn^{2+})	[99]
$Sr_3Sc(PO_4)_3:Eu^{2+},Mn^{2+}$	280 (Eu^{2+})	500 (Eu^{2+}), 605 (Mn^{2+})	[100]
$Sr_3In(PO_4)_3:Ce^{3+}/Tb^{3+}$	322 (Ce^{3+})	375 (Ce^{3+}), 545 (Tb^{3+})	[101]
$Ca_5(PO_4)_3F:Ce^{3+},Mn^{2+}$	342 (Ce^{3+})	432 (Ce^{3+}), 561 (Mn^{2+})	[102]
$Ca_5(PO_4)_3F:Eu^{2+},Mn^{2+}$	335 (Eu^{2+})	449 (Eu^{2+}), 570 (Mn^{2+})	[102]
$Ca_5(PO_4)_2SiO_4:Ce^{3+}/Mn^{2+}$	304 (Ce^{3+})	416 (Ce^{3+}), 618 (Mn^{2+})	[103]
$Ca_2Ba_3(PO_4)_3Cl:Eu^{2+}/Ce^{3+}$	274 (Ce^{3+}), 274 (Eu^{2+})	363 (Ce^{3+}), 490 (Eu^{2+})	[104]
$Ca_2YF_4PO_4:Eu^{2+},Mn^{2+}$	375 (Eu^{2+}),	455 (Eu^{2+}), 568 (Mn^{2+})	[105]
$KSrSc_2(PO_4)_3:Ce^{3+},Eu^{2+}$	280 (Ce^{3+}), 280 (Eu^{2+})	380 (Ce^{3+}), 445 (Eu^{2+})	[106]
$KBaSc_2(PO_4)_3:Ce^{3+},Eu^{2+}$	320 (Ce^{3+}), 285 (Eu^{2+})	380 (Ce^{3+}), 420 (Eu^{2+})	[107]
$LiCaPO_4:Eu^{2+}$	375	476	[108]
$LiSrPO_4:Eu^{2+}$	356	450	[109]
$LiBaPO_4:Eu^{2+}$	385	473	[110]
$NaCaPO_4:Eu^{2+}$	400	505	[111]

发光材料	激发峰/nm	发射峰/nm	文献
$NaSrPO_4:Eu^{2+}$	374	428	[112]
$NaBaPO_4:Eu^{2+}$	378	440	[113]
$KCaPO_4:Eu^{2+}$	355	495	[114]
$KSrPO_4:Eu^{2+}$	360	424	[115,117]
$KBaPO_4:Eu^{2+}$	350	420	[116,117]
$M_5(PO_4)_3Cl:Eu^{2+}$	375	457 (Ca), 447 (Sr), 436 (Ba)	[118]

3.4.1
稀土掺杂的ABPO$_4$

近年来，正磷酸盐ABPO$_4$（A=Li、Na、K等一价阳离子；B=Mg、Ca、Sr、Ba等二价阳离子）基发光材料受到人们越来越多的关注。在正磷酸盐ABPO$_4$体系中，LiSrPO$_4$晶体结构为六方晶系，空间群为P6$_3$（晶体结构如图3.20所示），

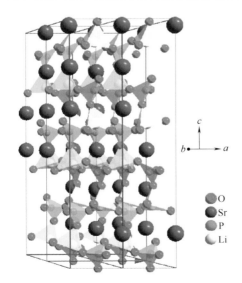

O
Sr
P
Li

图3.20　LiSrPO$_4$的晶体结构

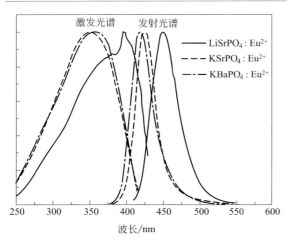

图 3.21 ABPO$_4$:Eu^{2+}的激发与发射光谱

KSrPO$_4$和KBaPO$_4$的晶体结构为正交晶系，空间群为Pnma。2010年，刘如熹等[117]报道了LiSrPO$_4$:RE（RE=Eu^{2+}，Tb^{3+}，Sm^{3+}）系列发光材料的晶体结构，通过粉末结构精修的方法确定了发光材料的相关结构参数，详细研究了该体系中Eu^{2+}、Tb^{3+}和Sm^{3+}的发光特性、荧光衰减寿命和色坐标性质。发现Eu^{2+}掺杂的正磷酸盐发射光谱主要发光位于蓝光区（图3.21），激发光谱位于近紫外区，与近紫外LED芯片匹配好，它们有望在近紫外光激发的白光LED中获得应用。同时，他们利用密度泛函理论模型计算了KSrPO$_4$系统的电子结构性质，提出了解释KSrPO$_4$类材料的发光机理模型。

NaCaPO$_4$的晶体结构属于正交晶系，空间群为Pn2$_1$a，沿着a坐标轴方向可以看到它的结构是由两种不同类型的链组成的。其中一条链由PO$_4$四面体和Na$^+$交替构成，而另外一条链由八面体配位的Ca^{2+}构成。晶体结构出现了3种不同位置取向的PO$_4$四面体，有3种不同类型的八面体配位的Ca^{2+}位置，Ce^{3+}和Tb^{3+}进入基质晶格后取代Ca^{2+}的格位。在328nm紫外光激发下，Ce^{3+}掺杂材料的发射光谱由340nm到450nm之间的非对称宽带构成（图3.22）[119]，归属于Ce^{3+}的4f5d^1→4f^{1}跃迁。当较高浓度的Tb^{3+}掺入到基质晶格后，发射光谱主要由峰位置分别位于489nm、544nm、583nm和620nm的谱线构成，归属为^{5}D$_4$→^{7}F$_J$（J=6，5，4，3）跃迁，最强峰位于544nm，表现为绿光发射。当Tb^{3+}掺杂浓度为0.005时，发射光谱不仅包括^{5}D$_4$能级到基态的跃迁，也包括^{5}D$_3$能级到基态的跃迁。随着Tb^{3+}掺

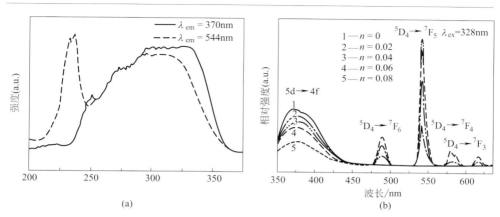

图3.22　NaCaPO$_4$:0.02Ce^{3+}、nTb^{3+}的激发（a）[$n=0$（实线），0.02（虚线）]与发射光谱（b）

杂量的增加，$^5D_3 \rightarrow {}^7F_J$跃迁发射逐渐被相邻Tb^{3+}之间的交叉弛豫所猝灭。共掺杂Ce^{3+}与Tb^{3+}时，Ce^{3+}与Tb^{3+}之间存在有效能量传递，其机理为电偶极与电四极相互作用，利用相关数据与计算，获得了Tb^{3+}电偶极与电四极振子强度的比值f_q/f_d约为10^{-3}。

3.4.2
Sr$_3$GdNa(PO$_4$)$_3$F:Eu^{2+},Mn^{2+}

Sr$_3$GdNa(PO$_4$)$_3$F（SGNPF）晶体结构为六方晶系，空间群为P-3（No.147）。当Eu^{2+}掺入后，主要激发位于250～450nm范围内，发射峰为位于470nm的宽带（图3.23），它们归属于Eu^{2+}的4f与5d之间的电子跃迁[120]。共掺杂Eu^{2+}和Mn^{2+}时，390nm激发下，发射光谱中包含Eu^{2+}的4f^{6}5d$^1 \rightarrow$4f^{7}跃迁产生的470nm蓝光发射和Mn^{2+}的$^4T_1(^4G) \rightarrow {}^6A_1(^6S)$跃迁产生的580nm的黄光发射。以Mn^{2+}的发射峰580nm为监测波长时，样品的激发光谱包括Eu^{2+}的激发带，证明Eu^{2+}和Mn^{2+}之间存在有效能量传递。研究表明，Eu^{2+}和Mn^{2+}之间能量传递机理为电偶极-电四极相互作用，利用Eu^{2+}和Mn^{2+}之间的能量传递，可以获得不同颜色的发射光，也可以获得低色温的白光。

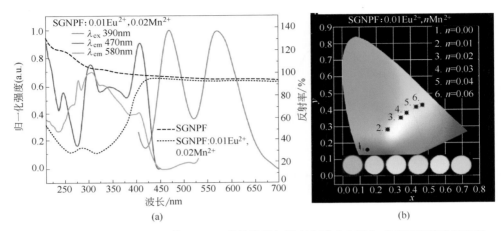

图3.23 （a）SGNPF：0.01Eu^{2+},0.02Mn^{2+}的激发与发射光谱（实线），SGNPF和SGNPF：0.01Eu^{2+},0.02Mn^{2+}的漫反射谱（虚线）；（b）SGNPF：0.01Eu^{2+},nMn^{2+}的色坐标变化及其在365nm紫外光照射下的发光图片

3.4.3
Ba$_3$LaNa(PO$_4$)$_3$F：Eu^{2+},Tb^{3+}

Ba$_3$LaNa(PO$_4$)$_3$F（BLNPF）晶体为六方晶系，空间群为P-6（174），晶胞参数为$a=b=9.898411$Å，$c=7.386219$Å，$V=626.735$Å^3。在Ba$_3$LaNa(PO$_4$)$_3$F基质中有三

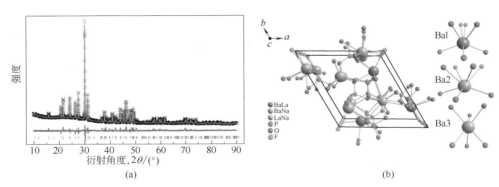

图3.24 BLNPF：0.02Eu^{2+}的实验、理论及其差异的结构精修拟合图谱（a）和BLNPF的晶胞结构及Ba^{2+}的配位情况（b）

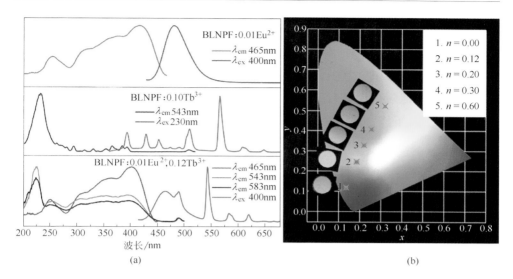

图3.25 （a）BLNPF:0.010Eu²⁺、BLNPF:0.10Tb³⁺和BLNPF:0.01Eu²⁺, 0.12Tb³⁺的激发与发射光谱；（b）BLNPF:0.01Eu²⁺, nTb³⁺的色度图及相应发光图片

种Ba²⁺格位，稀土离子进入基质晶格后取代Ba²⁺（图3.24）。当Eu²⁺掺入基质晶格后，产生位于225～430nm的宽带吸收和465nm的宽带发射（图3.25），这归因于Eu²⁺的4f⁷→4f⁶5d¹的能级跃迁[121]。Tb³⁺掺入后，产生典型的Tb³⁺的跃迁吸收与发射。共掺杂Eu²⁺与Tb³⁺后，Eu²⁺与Tb³⁺之间存在非常有效的能量传递，其传递机理为电偶极-电四极相互作用。单掺Eu²⁺时发射明亮的蓝光，共掺Eu²⁺和Tb³⁺时可以获得被近紫外光有效激发的发光颜色由蓝到绿的可调发射。

3.5
氮（氧）化物发光材料

氮（氧）化物发光材料的结构基于硅酸盐、铝酸盐和硅铝酸盐等这些传统的发光材料[122]。硅（铝）酸盐从结构上可分为岛状、环状、链状、层状和架状，基本结构单元为Si(Al)O四面体，O可连接一个Si或桥联两个Si。通过在硅（铝）

酸盐晶体结构中引入N，可得到一系列以Si(Al)-N(O)四面体结构为基本结构单元的氮（氧）化物。其中，N可以连接2个Si，也可以是3个Si，甚至4个Si。氮（氧）化物在晶体结构上具有更丰富的多样性和自由度，这为氮（氧）化物发光性质的调控奠定了坚实基础。由于氮原子的电负性比较小，相比于传统的氧化物，氮化物和氮氧化物具有更明显的电子云扩大效应，能够有效促进稀土离子的5d能级重心下移，从而使4f→5d之间的能级差变小，激发与发射波长红移，紫外或蓝光区都有较强的吸收，能够与紫外或蓝光LED芯片更好地匹配。而且氮（氧）化物具有热稳定性好和发光颜色多样性等优点，因此是非常重要的发光材料。为此，人们开展了大量的基础与应用研究[122～124]，获得了许多具有应用前景的白光LED新型稀土发光材料（见表3.4），下面就近年来取得的主要进展做简单介绍。

表3.4 部分氮（氧）化物荧光粉的发光特性

发光材料成分	激发峰/nm	发射峰/nm	文献
$Y_{10}Al_2Si_3O_{18}N_4:Ce^{3+},Tb^{3+},Eu^{3+}$	380	460	[125]
$Ba_3Si_6O_{12}N_2:Eu^{2+}$	410	527	[126]
$Sr_5Al_{5+x}Si_{21-x}N_{35-x}O_{2+x}:Eu^{2+}$	400	510	[127]
$Sr_{14}Si_{68-s}Al_{6+s}O_sN_{106-s}:Eu^{2+}$	376	508	[128]
$CaAlSiN_3:Eu^{2+}$	450	660	[129]
$SrAlSi_4N_7:Eu^{2+}$	355	639	[130]
$CaSiN_2:Ce^{3+}$	535	625	[131]
$SrSiN_2:Eu^{2+}$	395	670	[132]
$Ba_2AlSi_5N_9:Eu^{2+}$	400	584	[133]
$Ba_2LiSi_7AlN_{12}:Eu^{2+}$	400	515	[134]
$Ba[Mg_3SiN_4]:Eu^{2+}$	465	670	[135]
$BaSi_7N_{10}:Eu^{2+}$	297	475	[136]
$CaAlSiN_3:Ce^{3+}$	480	580	[137]
$SrSiAl_2O_3N_2:Ce^{3+}/Eu^{2+}$	360	453(Ce³⁺), 487(Eu²⁺)	[138]
$BaSiAl_2O_3N_2:Ce^{3+}/Eu^{2+}$	360	460(Ce³⁺), 500(Eu²⁺)	[138]
$CaAl_zSiN_{2+z}:Eu^{2+}$	360	628	[139]
$AlN:Ce^{3+}$	340	418	[140]
$SrYSi_4N_7:Eu^{2+}$	340	550	[141]

发光材料成分	激发峰/nm	发射峰/nm	文献
$LaSi_3N_5:Ce^{3+}$	354	423	[142]
$La_3Si_6N_{11}:Ce^{3+}$	354	423	[143]
$(La, Ca)_3Si_6N_{11}:Ce^{3+}$	354	423	[144]
$Li_{0.995-x}Mg_xSi_{2-x}Al_xN_3:Eu^{2+}$	347	530~565	[145]
$M_2Si_5N_8(M=Ca, Sr, Ba):Ce^{3+}$	395, 395, 405	470, 553, 565	[146]
$SrSi_6N_8:Eu^{2+}$	370	450	[147]
$Y_3Si_6N_{11}:Ce^{3+}$	425	575	[148]
$SrAlSi_4N_7:Ce^{3+}$	450	570	[149]
$Y_6Si_3O_9N_4:Ce^{3+}$	420	520	[150]
$Lu_4Si_2O_7N_2:Ce^{3+}$	420	510	[151]
$Gd_4Si_2O_7N_2:Ce^{3+}$	350	445	[152]
$La_2Si_6O_3N_8:Eu^{2+}$	370	483	[153]
$(Y_{1-x}Ce_x)_2Si_3O_3N_4$	396	445	[154]
$Y_4Si_2O_7N_2:Eu^{2+}$	360	437	[155]
$Y_4Si_2O_7N_2:Tb^{3+}$	275	544	[156]
$Y_{10}(Si_6O_{22}N_2)O_2:Ce^{3+},Mn^{2+}$	3358	468(Ce^{3+}), 615(Mn^{2+})	[157]
$MgYSi_2O_5N:Eu^{2+}$	350	550	[158]
$CaSi_2O_2N_2:Eu^{2+}$	338	538	[159]
$Ba_3Si_6O_{12}N_2:Eu^{2+}$	368	525	[160]
$Ca_{1.5}Ba_{0.5}Si_5N_6O_3:Eu^{2+}$	460	585	[161]
$Ca_3Si_2O_4N_2:Ce^{3+}$	365	470	[162]
$Ca_{15}Si_{20}O_{10}N_{30}:Eu^{2+}$	460	641	[163]
$CaSiN_{2-2\delta/3}O_\delta:Ce^{3+}/Li^+$	440	530	[164]
$CaSi_6N_8O:Eu^{2+}$	405	559	[165]
$La_3BaSi_5N_9O_2:Ce^{3+}$	420	578	[166]
$Sr_{0.5}Ba_{0.5}Si_2O_2N_2:Eu^{2+}$	400	570	[167]
$Sr_3Si_2O_4N_2:Eu^{2+}$	450	600	[168]
$(Sr,Ba)_3Si_6O_3N_8:Eu^{2+}$	395	530	[169]
$BaSi_3Al_3O_4N_5:Eu^{2+}$	305	470	[170]

发光材料成分	激发峰/nm	发射峰/nm	文献
β-SiAlON:Ce^{3+}	410	485	[171]
Gd$_3$Al$_{3+x}$Si$_{3-x}$O$_{12+x}$N$_{2-x}$:Ce^{3+}	370	445	[172]
Li-α-SiAlON:Eu^{2+}	440	570	[173]
LiSiON:Eu^{2+}	350	478	[174]
Ca-α-SiAlON:Ce^{3+}	390	485	[175]
Sr-α-SiAlON:Eu^{2+}	399	578	[176]
Y-α'-SiAlON:Eu^{2+}	450	611	[177]
GdAl$_{12}$O$_{18}$N:Eu^{2+}	300	460	[178]
M(Si,Al)$_5$(O,N)$_8$:Eu^{2+}(M=Ba, Sr)	390	475(Ba), 485(Sr)	[179]

3.5.1
SrAlSi$_4$N$_7$:Eu^{2+}发光材料

2009年Hecht等[180]利用射频加热法制备了一种新型发光材料SrAlSi$_4$N$_7$:Eu^{2+}。其结构如图3.26所示，晶体结构为正交晶系，空间群为Pna2$_1$，晶胞参数分别为a=1.17nm、b=2.13nm和c=0.49nm。SrAlSi$_4$N$_7$是少数的氮硅铝化合物中具有AlN$_4$边共享四面体结构的化合物，沿着晶体的[001]方向，晶格中通过AlN$_4$四面体共边连接成无限延伸的链结构，这种反式连接的链结构通过共点方式与氮硅网络连接。在这个结构中，Sr^{2+}具有两种格位，Eu^{2+}进入基质晶格后可占据两种不同的

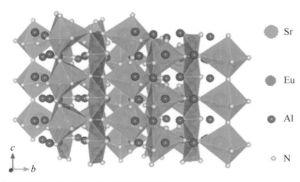

图3.26　SrAlSi$_4$N$_7$晶体结构图

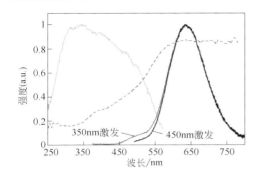

图3.27　$Sr_{0.98}AlSi_4N_7:0.02Eu^{2+}$的激发光谱（左）、在450nm和350nm的发射光谱及漫反射光谱（虚线）

Sr^{2+}格位。$SrAlSi_4N_7:Eu^{2+}$发射主峰位于639nm，半高宽为116nm，$300 \sim 500nm$的范围内具有较强的吸收（图3.27），有望应用于紫外、近紫外或蓝光芯片激发的较高显色指数的白光LED中。

3.5.2
$M[LiAl_3N_4]:Eu^{2+}(M=Sr，Ca)$发光材料

　　Wolfgang等近期研发出几种性能优良的红色发光材料，其中$Sr[LiAl_3N_4]:$ Eu^{2+}为一种可被蓝光有效激发的红光发光材料[181]。它的晶体结构为三斜晶系，空间群为$P\bar{1}$（No.2），晶胞参数为a=5.86631Å，b=7.51099Å，c=9.96545Å，α=83.6028°，β=76.7720.13°，γ=79.5650.14°，与$Cs[Na_3PbO_4]$具有相似的结构。晶胞中的Sr与8个N配位形成多面体并通过共用面的方式相连，Sr与N之间的距离为$2.69 \sim 2.91$Å。图3.28为晶胞的结构图，可以更直观地展现各原子之间的情况。当Eu^{2+}掺入到基质中，在$400 \sim 600nm$范围内产生很强的激发峰（图3.29），发射光谱为峰值位于654nm的带状发射，归属于Eu^{2+}的f→d跃迁。它的半峰宽为1180cm^{-1}，比$CaAlSiN_3:Eu^{2+}$的半峰宽明显变窄，用于制备白光LED时能够提高发光效率。它与$Lu_3Al_5O_{12}:Ce^{3+}$及$(Ba,Sr)_2Si_5N_8:Eu^{2+}$共同组成的pc-LED色温为2700K，不仅具有很高的显色指数（R_{a8}=91，R_9=57），而且比市场上高显色指数的pc-LED的流明效率高14%，因此，是一种具有很高应用潜力的红色发光材料。

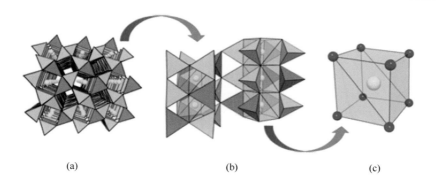

图3.28　Sr[LiAl₃N₄]的晶胞结构及配位情况

黄色多面体为SrN₈，红色多面体为LiN₄，蓝色多面体为AlN₄

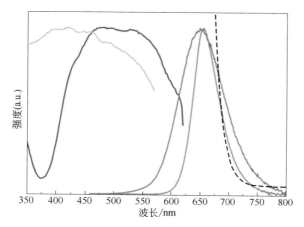

图3.29　Sr[LiAl₃N₄]:Eu²⁺的激发（蓝色线）与发射（红色线）光谱以及CaAlSiN₃:Eu²⁺的激发（浅灰色线）与发射（深灰色线）光谱，虚线表示人眼的灵敏度上限

Ca[LiAl₃N₄]:Eu²⁺同样是一种红光发光材料[182]，它与Sr[LiAl₃N₄]:Eu²⁺晶系不同，晶体结构为四方晶系，空间群为I4₁/a（No.88），晶胞参数为a=b=11.1600Å，c=12.865Å。图3.30为Ca[LiAl₃N₄]的晶胞结构图，其中Ca与8个N配位，形成CaN₈多面体，Li和Al均与4个N配位。原子之间的距离Al—N为1.82732～1.95113Å，Li—N为1.96802～2.27883Å，Ca—N为2.52023～2.90753Å。Ca[LiAl₃N₄]:Eu²⁺的激发光谱由450～570nm范围内激发带构成。在470nm激发下，其发射光谱由峰值为658nm的宽带构成，半峰宽（fwhm）仅为1333cm⁻¹（图3.31），与(Sr,Ba)₂Si₅N₈:Eu²⁺（fwhm约2050～2600cm⁻¹）、Ba₃Ga₃N₅:Eu²⁺（fwhm约2123cm⁻¹）、

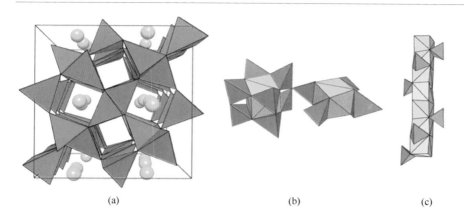

(a)　　　　　　　　　　(b)　　　　　　　　(c)

图3.30　Ca[LiAl$_3$N$_4$]的晶胞结构图

黄色多面体为CaN$_8$，红色多面体为LiN$_4$，蓝色多面体为AlN$_4$

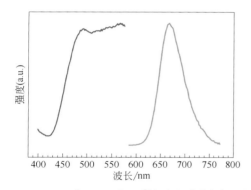

图3.31　Ca[LiAl$_3$N$_4$]:Eu^{2+}的激发（蓝色）与发射（红色）光谱

(Ca,Sr)AlSiN$_3$:Eu^{2+}（fwhm约2100～2500cm^{-1}）等氮化物相比，具有更窄的发射峰，有望在暖白光与高显色性LED中获得应用。

3.5.3
(Ca，Sr)[Mg$_3$SiN$_4$]:RE发光材料

2014年，Sebastian等[183]合成了一种与Na[Li$_3$SiO$_4$]结构类似的新型Sr[Mg$_3$SiN$_4$]:Eu^{2+}红色发光材料和Ca[Mg$_3$SiN$_4$]:Ce^{3+}黄色发光材料。该系列材料

的晶体结构为四方晶系，空间群为I4₁/a（No. 88）。Sr[Mg₃SiN₄]的晶胞参数为 $a = b =$ 11.4242Å，$c = 13.4453$Å，Ca[Mg₃SiN₄]的晶胞参数为 $a = b = 11.4952$Å，$c = 13.5123$Å。其中的Ca/Sr与8个N配位形成CaN₈/SrN₈（图3.32）。Sr[Mg₃SiN₄]:Eu²⁺的激发光谱为峰值位于450nm的宽带，归属于Eu²⁺的4f→5d跃迁，可以被紫外及蓝光芯片有效激发。在450nm激发下，发射光谱为峰值位于615nm的宽带，半峰宽仅有43nm，比已报道的基质中Eu²⁺在红光区发射的光谱窄（图3.33）。

此外，Ce³⁺掺杂的Ca[Mg₃SiN₄]是一种可被蓝光激发的黄色发光材料（图3.34）。

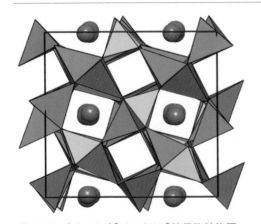

图3.32 （Ca,Sr）[Mg₃SiN₄]的晶胞结构图

绿色球体为Ca²⁺或Sr²⁺，蓝色四面体为SiN₄，橙色四面体为MgN₄

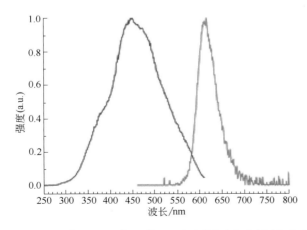

图3.33 Sr[Mg₃SiN₄]:Eu²⁺的激发（蓝色）与发射（红色）光谱

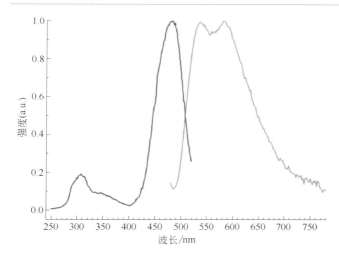

图 3.34　Ca[Mg₃SiN₄]:Ce³⁺ 的激发（蓝色）与发射（黄色）光谱

其激发峰位于480nm，发射峰值位于530nm和585nm，相比于YAG:Ce³⁺发光材料，发射光谱明显红移，这一特性有利于提高白光LED的显色性，降低色温。

3.6
白光LED稀土发光材料的应用

3.6.1
Ce³⁺激活的稀土石榴石基发光材料

目前在铝酸盐体系中，应用于白光LED的发光材料主要是稀土石榴石体系。早在1964年Geusic等[184]就已发现钇铝石榴石Y₃Al₅O₁₂:Ce³⁺（YAG:Ce³⁺）发光材料并用于飞点扫描仪。在Y₃Al₅O₁₂晶体中，价带与导带的能隙与紫外光的能量相当，无法吸收可见光，粉体颜色为白色。当掺入Ce³⁺后，Ce³⁺ 4f基态的电子可以有效地被430～480nm的蓝光激发跃迁到5d能级上，然后电子从5d激发态辐射跃迁至⁷F₇/₂和⁷F₅/₂的基态，产生Ce³⁺的特征黄绿色发光，其半高宽为80～100nm。

YAG:Ce^{3+}由于激发峰与蓝光芯片匹配好、吸收强度大、发光效率高、发光位置好、热稳定性好等优点及其本身不存在专利问题，成为最早的白光LED用黄色发光材料。人们利用蓝光芯片与YAG:Ce^{3+}简单组合就可以获得高色温的白光LED。为此，1997年日亚公司在发明蓝光芯片的基础上，通过芯片与YAG:Ce^{3+}发光材料组合实现了白光并申请了专利，形成了白光LED领域第一个白光器件的专利[185]。其后德国欧司朗照明有限公司[186]为了打破日亚对白光LED的垄断，申请了TAG:Ce^{3+}专利。TAG:Ce^{3+}的激发与发射光谱类似，采用TAG:Ce^{3+}替代YAG:Ce^{3+}可以获得类似的白光LED。因此，利用TAG:Ce^{3+}替代YAG:Ce^{3+}有效规避了日亚公司的专利限制并在与日亚公司的知识产权诉讼中胜出，成为突破日亚公司专利壁垒的一个成功案例。

尽管YAG:Ce^{3+}或TAG:Ce^{3+}与蓝光芯片组合形成白光简单，发光效率高，但由于它们发射光谱中红色成分不足，因此白光LED光源的显色性较差，难以满足低色温照明需要。利用它们与蓝光芯片组合很难获得4000K以下，特别是3000K以下的低色温的白光LED。此外，利用它们产生白光作为液晶显示背光源时，显示色域窄，色彩还原性差，影响彩色图像的显示质量。因此，需要利用三原色相加法获得白光，这样除了芯片发蓝光外，还需要绿光与红光混色来实现白光。为此，人们在YAG:Ce^{3+}的基础上通过Ga^{3+}取代Al^{3+}，随着Ga^{3+}的增加，Ce^{3+}的发射光谱蓝移，有效地增加绿色成分（图3.35）。同样，利用Lu^{3+}取代Y^{3+}，Ce^{3+}的发射光谱蓝移，形成绿色发光材料。这些绿色发光材料与氮化物红色发光材料以及蓝光芯片组合使用可以获得显色性好、色温低的白光LED，因此它们被大量应用于室内照明中。

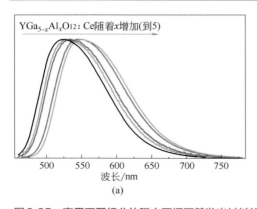
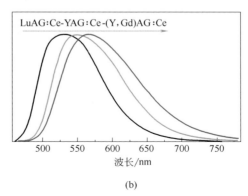

(a)　　　　　　　　　　　　　(b)

图3.35　商用不同组分的稀土石榴石基发光材料的发射光谱（450nm激发）

3.6.2
Eu^{2+}激活的碱土硅酸盐发光材料

在硅酸盐发光材料体系中，白光LED中应用较多的是Eu^{2+}掺杂的正硅酸盐M$_2$SiO$_4$（M=Ba，Sr）。其晶体结构为正交晶系，高温为α相结构，低温为β相结构，发光材料属正交晶系的α相。早在1997年Poort等[187]就报道了Eu^{2+}掺杂的正硅酸盐发光，并研究了它们的固溶体的发光特性。由于二价碱土金属子在该体系中具有两种不同的格位，Eu^{2+}取代它们时可以占据两种不同格位，它们的晶体场环境不同，导致不同格位的Eu^{2+}发射峰位置不同。当Eu^{2+}占据较弱晶体场格位时发出蓝绿光，当Eu^{2+}占据较强晶体场格位时发出黄光。该体系中，随着Ba、Sr和Ca组分含量的不同，其发射峰值波长可以在440～570nm调整，实现蓝光到黄光的不同位置发射，特别是在(Ba,Sr)$_2$SiO$_4$:Eu^{2+}中，随着Sr^{2+}含量的增加，其发光谱红移（图3.36）。这些发光材料主要应用于绿光彩灯、宽色域背光等领域的白光LED中。

在硅酸盐发光材料体系中，偏硅酸盐体系是白光LED中获得应用的另一个发光材料体系，(Sr,Ba)$_3$SiO$_5$结构为四方晶系，空间群为P4/ncc。2004年Park等[188]提出了白光LED用Sr$_3$SiO$_5$:Eu^{2+}黄色发光材料，它在蓝光区域具有很强的吸收，与蓝光LED芯片组合实现白光，但显色指数不高。为进一步提高其白光LED的显色指数，Park等[189]利用Ba^{2+}取代部分Sr^{2+}形成固溶体，其发射峰值由570nm移动

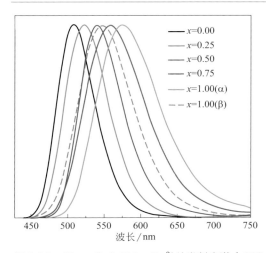

图3.36　(Ba$_{1-x}$Sr$_x$)$_2$SiO$_4$:Eu^{2+}的发射光谱（450nm激发）

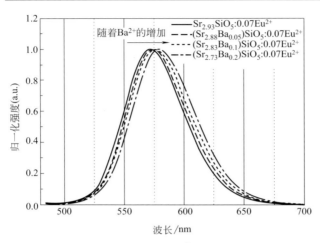

图3.37　$Sr_{2.93-x}Ba_xSiO_5:0.07Eu^{2+}$ 的发射光谱随 x 的变化

到585nm，增加了红光成分（图3.37），使其与LED芯片组合产生的暖白光显色指数进一步提高。利用 Ba^{2+} 共掺杂的 $Sr_3SiO_5:Eu^{2+}$ 与 $Sr_2SiO_4:Eu^{2+}$ 与LED芯片组合获得发光的显色指数达到85，色温范围为2500 ～ 5000K，它们在白光LED中获得了应用。

3.6.3
Eu^{2+} 激活的氮化物发光材料

在氮化物发光材料中，应用最早的发光材料体系是 $M_2Si_5N_8:Eu^{2+}$（M=Ca，Sr，Ba）。早在1995年，Schnick研究组[190,191]就详细研究了 $M_2Si_5N_8$ 的晶体结构，其中，$Ca_2Si_5N_8$ 为单斜晶系，空间群为Cc；$Sr_2Si_5N_8$ 和 $Ba_2Si_5N_8$ 均为正交晶系，空间群为Pmn2$_1$。该体系中，一半的氮原子与2个硅原子相连，另一半的氮原子与3个硅原子相连。在 $Ca_2Si_5N_8$ 中，每个钙原子和7个氮原子配位，而 $Sr_2Si_5N_8$ 和 $Ba_2Si_5N_8$ 中，Sr和Ba分别与8个或者9个氮原子配位（如图3.38所示）。其碱土金属原子和氮原子的平均键长约为2.880Å。当 Eu^{2+} 进入基质晶格后，占据碱土金属离子的格位，形成2个发光中心。

2000年，Höppe等[192]利用金属Ba、Eu和 $Si(NH)_2$ 首次合成了 $Ba_2Si_5N_8:Eu^{2+}$ 红色发光材料，其发射光谱由610nm和630nm的两个发射峰组成，并且具有余辉

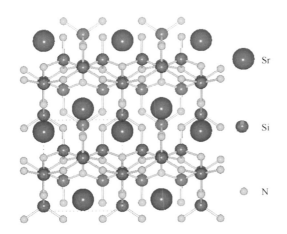

图 3.38　$Sr_2Si_5N_8$ 沿 [110] 方向的结构示意图

现象。Hintzen 等[193,194] 申请了该体系发光材料的专利，指出 $Sr_2Si_5N_8:Eu^{2+}$ 的量子效率最高。Li 等[195] 研究了 $M_2Si_5N_8:Eu^{2+}$ 系列材料的发光特性（图 3.39～图 3.41），发现它们的发射光谱与碱土金属半径、占据格位以及晶体结构有关，当结构相同

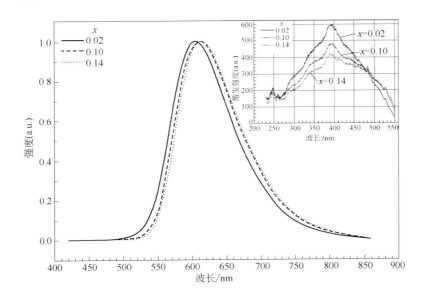

图 3.39　$Ca_{2-x}Si_5N_8:xEu^{2+}$ 的激发与发射光谱

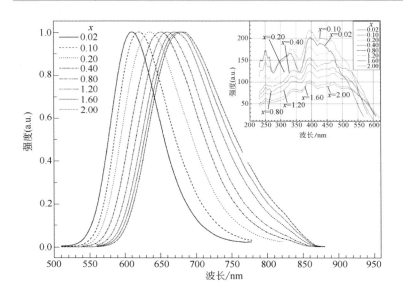

图 3.40 $Sr_{2-x}Si_5N_8:xEu^{2+}$ 的激发与发射光谱

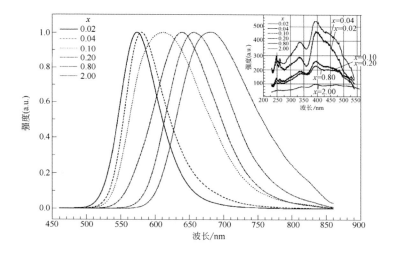

图 3.41 $Ba_{2-x}Si_5N_8:xEu^{2+}$ 的激发与发射光谱

且晶体场起决定作用时，晶体场强度与配体到中心阳离子的距离成反比，随着碱土金属离子半径的增大，晶体场强度逐渐减小，会导致发射光谱蓝移。此外，由于受晶体结构的影响，Eu^{2+}在$Ca_2Si_5N_8$中固溶度有限［约7%（摩尔分数）］，而在$Sr_2Si_5N_8$和$Ba_2Si_5N_8$中Eu^{2+}则可以实现完全互溶。因此，通过大量掺杂Eu^{2+}，可以获得一系列发射峰值在620～660nm范围内的高性能发光材料。该体系的红色发光材料与稀土石榴石基发光材料配合使用，可以获得显色指数大于90的白光LED器件。因此，$M_2Si_5N_8$:Eu^{2+}系列材料，特别是$Sr_2Si_5N_8$:Eu^{2+}作为白光LED红色发光材料，获得大量应用并引起人们的广泛关注[196～201]。

在氮化物发光材料中，MAlSiN$_3$（M=Ca，Sr）:Eu^{2+}体系是目前白光LED应用最多的红色发光材料。早在2006年，K. Uheda等[202,203]研究了CaSiAlN$_3$和SrSiAlN$_3$的晶体结构与发光特性。SrAlSiN$_3$的晶体结构属于正交晶系（图3.42），空间群为$Cmc2_1$，晶格常数为a=0.9801nm，b=0.565nm，c=0.5063nm。在晶体结构中，(Si,Al)N$_4$四面体通过顶点相连形成网络结构，其中1/3的氮原子和2个相邻的Si/Al连接，剩下2/3的氮原子和3个Si/Al连接，Al和Si随机地分布在相同的四面体格位上形成顶点相连的M$_6$N$_{18}$（M=Al，Si）环，位于通道中的Sr被6个共角面体(Si/Al)N$_4$包围并与8个N配位。

CaAlSiN$_3$:Eu^{2+}红色发光材料的激发光谱覆盖范围很宽（250～600nm，图3.43），在400～550nm范围内有强的吸收，与紫外以及蓝光LED芯片匹配好。其发射峰位于650nm，斯托克斯位移（约2200cm^{-1}）较小，量子效率高，热猝灭特性好，即使在150℃时，发射强度仍高达室温的89%，比$M_2Si_5N_8$:Eu^{2+}的热猝灭特性更好。SrAlSiN$_3$:Eu^{2+}发射峰位于610nm，相比CaAlSiN$_3$:Eu^{2+}具有更好的发光亮度。同样，SrAlSiN$_3$与CaAlSiN$_3$都属正交晶系，且它们的晶格常数相差不大（SrAlSiN$_3$晶格常数a=0.9843nm，b=0.576nm，c=0.5177nm），可以容易地形

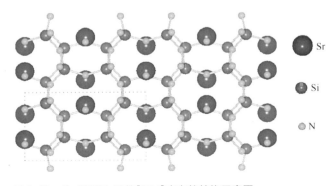

图3.42　SrAlSiN$_3$沿着[001]方向的结构示意图

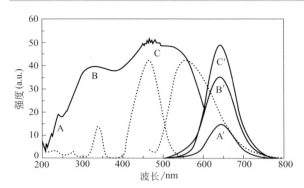

图3.43 Ca$_{0.99}$Eu$_{0.01}$AlSiN$_3$（实线）与 YAG：Ce^{3+}（虚线）激发和发射光谱

成固溶体。Watanabe 等[204]研究了 Sr^{2+}取代 Ca^{2+}对发光性能的影响，发现 Sr^{2+}取代 Ca^{2+}使得 Eu^{2+}周围的晶体场强度减弱，其发射主峰从650nm蓝移到620nm（图3.44）。Liu Ru-Shi研究组[205]发现，当 Sr^{2+}取代 Ca^{2+} 0.9时，在473K的热稳定提高10%。因此，在该体系中，可以利用改变Eu浓度或碱土金属离子 Sr^{2+}与 Ca^{2+}的比例来调控发射波长与热猝灭特性，进而满足不同应用领域白光LED的实际需要。除了光谱调控的研究外，人们还开展了大量合成技术的研究，发现除了高温高压固相反应法外，还可以利用不同的制备技术来合成[206~209]，尽管这些方法制备该体系发光材料时有其优点，但高温高压固相反应法制备它们更加有效，是目前商用发光材料主要合成技术。

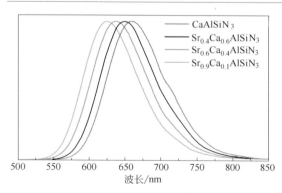

图3.44 Sr$_x$Ca$_{1-x}$AlSiN$_3$：0.08Eu^{2+}的发射光谱随着 x 的变化

3.6.4
Eu^{2+}激活的氮氧化物发光材料

3.6.4.1
MSi$_2$O$_2$N$_2$：Eu^{2+}（M为Ca，Sr，Ba）发光材料

人们对MSi$_2$O$_2$N$_2$（M=Ca，Sr，Ba）系列发光材料进行了研究[210～213]，它们的晶体结构如图3.45所示，结构参数与发光性质如表3.5所示。可见，该类化合物是由SiO$_3$N四面体通过顶点相连形成层状结构的，碱土金属离子填充在层状之间的空隙中，N桥联3个Si，而O束缚在Si的尾端；M^{2+}有四个占据位置，每个离子周围有6个O构成反三棱柱结构。碱土金属离子的半径的差异，导致MSi$_2$O$_2$N$_2$（M=Ca，Sr，Ba）的晶体结构存在差异。其中M=Ca时，化合物为单斜结构；M=Sr时，化合物是三斜晶系；当M=Ba时，化合物为正交结构，对应的空间群分别为P2$_1$、P1和Pbcn。

人们对MSi$_2$O$_2$N$_2$：Eu^{2+}（M=Ca，Sr，Ba）体系开展了大量的研究[214～218]，发现它们的激发光谱范围从紫外延伸到蓝光区（图3.46）。发射光谱随着阳离子半径的增加蓝移，其中CaSi$_2$O$_2$N$_2$：Eu^{2+}发射峰位于562nm，SrSi$_2$O$_2$N$_2$：Eu^{2+}发射峰位于543nm，BaSi$_2$O$_2$N$_2$：Eu^{2+}发射峰位于490nm，它们归属于Eu^{2+}的4f^{6}5d→4f^{7}跃迁。研究表明，它们具有优良的发光特性和热稳定性，其中BaSi$_2$O$_2$N$_2$：Eu^{2+}半高宽最窄（约36nm），色纯度好，SrSi$_2$O$_2$N$_2$：Eu^{2+}的量子效率最高，因此它们在白光LED中获得了应用。

表3.5　MSi$_2$O$_2$N$_2$：Eu^{2+}（M=Ca，Sr，Ba）体系发光材料的结构参数与发光性质

项　　目	CaSi$_2$O$_2$N$_2$：Eu^{2+}	SrSi$_2$O$_2$N$_2$：Eu^{2+}	BaSi$_2$O$_2$N$_2$：Eu^{2+}
基质晶系	单斜	三斜	正交
基质空间群	P2$_1$（No. 40）	P1（No. 1）	Pbcn（No. 60）
激发波长/nm	357，396，446	365，412，456	386，421，458
发射波长/nm	563	544	492
半峰宽/nm	98	83	36
晶体场劈裂/cm^{-1}	15700	16200	18000
斯托克斯位移/cm^{-1}	4370	3450	1500
外量子效率@450nm/%	72	79	41
发光颜色	黄绿	绿	蓝绿

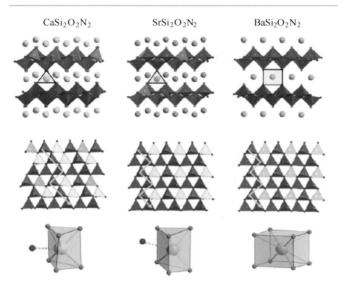

图3.45　$M_2Si_2O_2N_2$的晶体结构示意图

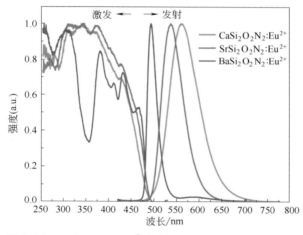

图3.46　$M_2Si_2O_2N_2$:Eu^{2+}的激发和发射光谱

3.6.4.2

SiAlON发光材料

1971年，Oyama等[219]首先报道了SiAlON，其后Jack等[220]研究了Si_3N_4-Al_2O_3体系，发现在β-Si_3N_4中加入Al_2O_3，Al与O分别取代β-Si_3N_4中的Si与N形成固

溶体。SiAlON是一种陶瓷材料，具有与Si_3N_4相类似的性能，具有优异的常温和高温力学性能、化学稳定性以及良好的热稳定性，一直作为高温结构陶瓷材料被广泛地研究和使用。随着结构材料功能化的发展，掺杂稀土离子，特别是含有Eu的SiAlON材料在紫外-可见光波段有很强的吸收、良好的热稳定性和化学稳定性，有望成为新型发光材料。近年来随着基础研究与应用研发的深入发展以及白光LED应用领域的实际需要，SiAlON系列发光材料已经在背光源等领域的白光LED中获得了应用。

SiAlON主要有α和β两种结构，α相以α-Si_3N_4为基础，α-SiAlON的形成需要两种机制同时作用，一种机制是部分Al—O键取代Si—N键，替换之后不引起任何电荷的不平衡；另一种机制是部分Al—N键取代Si—N键，这种替换引起的价态不平衡由金属阳离子固溶进入α-Si_3N_4的大间隙位置进行补偿，而且金属离子的填隙同时起到稳定α-SiAlON结构的作用。SiAlON发光材料的基本化学式为$M_xSi_{12-(m+n)}Al_{m+n}O_nN_{16-n}$，其中$x=m/v$，$v$是阳离子的化合价，M为碱土金属离子或镧系金属离子。α-SiAlON属于六方晶系，空间群是P31/c，M占据Si(N,O)$_4$四面体的空隙位置，并与7个（N，O）配位（图3.47）。解荣军等[221～229]系统研究了一系列α-SiAlON发光材料，发现Ca-α-SiAlON：Eu^{2+}黄色发光材料在$250～500nm$有较高的吸收效率，发射光谱由峰值为590nm的宽带构成（如图3.48所示），460nm蓝光激发下的吸收率和外量子效率分别为75%和56%，温度特性明显优于传统的YAG：Ce^{3+}黄色发光材料。由于其发射波长大于YAG：Ce^{3+}（$550～570nm$），与蓝光芯片组合可以获得暖白光。此外，可以通过阳离子（如Li、Mg或Y替换Ca）替换来调节基质成分，实现发射波长及色坐标调控，进而实现从冷白光到暖白光的发射。

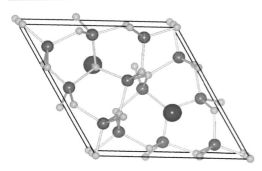

图3.47 [001]方向看Ca-α-SiAlON的晶体结构（蓝、红与绿色球分别为Ca、Si/Al与O/N）

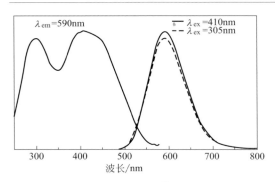

图3.48　Ca-α-SiAlON:Eu^{2+}的激发和发射光谱

β-SiAlON 与 β-Si$_3$N$_4$ 具有相同的结构，它属于六方晶系，空间点群为 P6$_3$，是由 (Si,Al)(O,N)$_4$ 四面体构成的三维网络结构（图3.49），沿 z 轴方向具有一个连续通道，通过 Al—O 对 Si—N 键的替换来实现结构连续变化，Al—O 键对 Si—N 键部分替换之后体系既保持了电荷的平衡，又不需要引入其他离子实现体系整体电荷平衡，没有外在缺陷的形成。这样形成的固溶体通用化学式为 Si$_{6-z}$Al$_z$O$_z$N$_{8-z}$，z 代表 Al—O 键对 Si—N 键取代的数量，一般 0≤z≤4.2，由于其稳定性好而成为发光材料的良好基质材料[230]。2005 年 Hirosaki 等[231] 首先报道了这种新型高效绿色发光材料（图3.50），它在 280～490nm 范围内有较强的吸收，发射峰位于538nm，半高宽为 55nm，而且可以通过调节 z 值来调控发光颜色[232,233]。此外，该材料具有优异的温度猝灭特性，即使在 150℃下，发光强度仍能够达到室温时的86%。合适的发射位置与较窄的发射半高宽，使其成为高色纯度绿色发光材料的佼佼者，在背光源的白光 LED 中获得应用。

图3.49　[001]方向看β-SiAlON的晶体结构（红色球为Si/Al，绿色球为O/N）

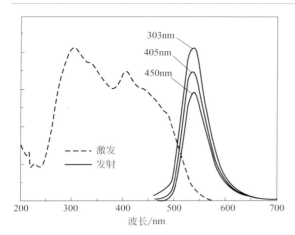

图3.50　β−SiAlON的激发与发射光谱（λ_{em}=535nm，λ_{ex}=303nm、405nm、450nm）

参考文献

[1] Nakamura S, Mukai T, Senoh M. Candela-class high-brightness InGaN/AlGaN double-heterostructure blue-light-emitting diodes. Appl Phys Lett, 1994, 64 (13): 1687-1689.

[2] Chiang CC, Tsai MS, Hon MH. Synthesis and photoluminescent properties of Ce^{3+} doped terbium aluminum garnet phosphors. J Alloys Compd. 2007, 431(1): 298-302.

[3] Setlur A A, Heward W J, Hannah M E, Happek U. Incorporation of Si^{4+}-N^{3-} into Ce^{3+}-doped garnets for warm white LED phosphors. Chem Mater, 2008, 20(19): 6277-6283.

[4] Shang M, Fan J, Lian H, Zhang Y, Geng D, Lin J. A double substitution of Mg^{2+}-Si^{4+}/Ge^{4+} for $Al(1)^{3+}$-$Al(2)^{3+}$ in Ce^{3+}-doped garnet phosphor for white LEDs. Inorg Chem, 2014, 53(14): 7748-7755.

[5] Jia YC, Huang YJ, Zheng YH, Guo N, Qiao H, Zhao Q, Lv WZ, You HP. Color point tuning of $Y_3Al_5O_{12}$:Ce^{3+} phosphor via Mn^{2+}-Si^{4+}incorporation for white light generation. J Mater Chem C, 2012, 22(30): 15146-15152.

[6] Ogiegło JM, Katelnikovas A, Zych A, et al. Luminescence and luminescence quenching in $Gd_3(Ga, Al)_5O_{12}$ scintillators doped with Ce^{3+}. J Phys Chem A, 2013, 117(12): 2479-2484.

[7] Zhang J, Wang L, Jin Y, Zhang X, Hao Z, Wang X-J. Energy transfer in $Y_3Al_5O_{12}$:Ce^{3+},Pr^{3+} and $CaMoO_4$:Sm^{3+},Eu^{3+} phosphors. J Lumin, 2011, 131(3): 429-432.

[8] Jang H S, Im W B, Lee D C, Jeon D Y, Kim S S. Enhancement of red spectral emission intensity of $Y_3Al_5O_{12}$: Ce^{3+} phosphor via Pr Co-doping and Tb substitution for the application to white LEDs. J Lumin, 2007, 126(2): 371-377.

[9] Pan Y, Wu M, Su Q. Tailored photoluminescence of YAG: Ce phosphor through various methods. J Phys Chem Solids, 2004, 65(5): 845-850.

[10] Vogt T, Woodward PM, Hunter BA, Prodjosantoso AK, Kennedy BJ. Sr_3MO_4F (M=Al, Ga)—A new family of ordered oxyfluorides. J Solid State Chem, 1999, 144(1): 228-231.

[11] Park S, Vogt T. Luminescent phosphors, based on

rare earth substituted oxyfluorides in the $A(1)_{3-x}A(2)_x$ MO_4F Family with A(1)/A(2)=Sr, Ca, Ba and M=Al, Ga. J Lumin, 2009, 129(9): 952-957.

[12] Im WB, Brinkley S, Hu J, Mikhailovsky A, DenBaars SP, Seshari R. $Sr_{2.975-x}Ba_xCe_{0.025}AlO_4F$: a highly efficient green-emitting oxyfluoride phosphor for solid state white lighting. Chem Mater, 2010, 22(9): 2842-2849.

[13] Park S, Vogt T. Defect monitoring and substitutions in $Sr_{3-x}A_xAlO_4F$ (A=Ca, Ba) oxyfluoride host lattices and phosphors. J Phys Chem C, 2010, 114(26): 11576-11583.

[14] Shang MM, Li GG, Kang XJ, et al. Tunable luminescence and energy transfer properties of Sr_3AlO_4F: RE^{3+} (RE=Tm/Tb, Eu, Ce) phosphors. ACS Appl Mater Interfaces, 2011, 3(7): 2738-2746.

[15] Sun JY, Sun GC, Sun YN. Luminescence properties and energy transfer investigations of Sr_3AlO_4F: Ce^{3+}, Tb^{3+} phosphor. Ceram Int, 2014, 40(1): 1723-1727.

[16] Im W B, Fellows NN, Denbaars SP, Seshari R, Kim Y-II. $LaSr_2AlO_5$, a versatile host compound for Ce^{3+}-based yellow phosphors: structural tuning of optical properties and use in solid-state white lighting. Chem Mater, 2009, 21(13): 2957-2966.

[17] Li X, Budai J D, Liu F, Howe J Y, Zhang J, Wang X-J, Gu Z, Sun C, Meltzer R S, Pan Z. New yellow $Ba_{0.93}Eu_{0.07}Al_2O_4$ phosphor for warm-white light-emitting diodes through single-emitting-center conversion. Light: Sci Appl, 2013, 2: e50.

[18] Park JY , Lee J H, Raju G S R, Moon B K, Jeong J H, Choi B C, Kim J H. Synthesis and luminescent characteristics of yellow emitting $GdSr_2AlO_5$: Ce^{3+} phosphor for blue light based white LED. Ceram Int, 2014, 40(4): 5693-5698.

[19] Wang X, Wang Y. Synthesis, structure, and photoluminescence properties of Ce^{3+}-doped $Ca_2YZr_2Al_3O_{12}$: a novel garnet phosphor for white LEDs. J Phys Chem C, 2015, 119(28): 16208-16214.

[20] Liang-Jun Yin, Juntao Dong, Yinping Wang, Bi Zhang, Zheng-Yang Zhou, Xian Jian, Mengqiang Wu, Xin Xu, J Ruud van Ommen, Hubertus T (Bert) Hintzen. Enhanced optical performance of $BaMgAl_{10}O_{17}$: Eu^{2+} phosphor by a novel method of carbon coating. J Phys Chem C, 2016, 120: 2355-2361.

[21] Wei-Chih Ke, Chun Che Lin, Ru-Shi Liu, Ming-Chou Kuo. Energy transfer and significant improvement moist stability of $BaMgAl_{10}O_{17}$: Eu^{2+}, Mn^{2+} as a phosphor for white light-emitting diodes. J Electrochem Soc, 2010, 157(8): J307-J309.

[22] Jiao M, Jia Y, Lu W, Lv W, Zhao Q, Shao B, You H. A single-phase white-emitting $Ca_2SrAl_2O_6$: Ce^{3+}, Li^+, Mn^{2+} phosphor with energy transfer for UV-excited WLEDs. Dalton Trans, 2014, 43(8): 3202-3209.

[23] Li Y, Shi Y, Zhu G, Wu Q, Li H, Wang X, Wang Q, Wang Y. A single-component white-emitting $CaSr_2Al_2O_6$: Ce^{3+}, Li^+, Mn^{2+} phosphor via energy transfer. Inorg Chem, 2014, 53(14): 7668-7675.

[24] Wei Lü , Ning Guo, Yongchao Jia, Qi Zhao, Wenzhen Lv, Mengmeng Jiao, Baiqi Shao, Hongpeng You. Tunable color of Ce^{3+}/Tb^{3+}/Mn^{2+}-coactivated $CaScAlSiO_6$ via energy transfer: a single-component red/white emitting phosphor. Inorg Chem, 2013, 52(6): 3007-3012.

[25] Chao Liang, Hongpeng You, Yibing Fu, Xiaoming Teng, Kai Liu, Jinhua He. A novel tunable blue-green-emitting $CaGdGaAl_2O_7$: Ce^{3+}, Tb^{3+} phosphor via energy transfer for UV-excited white LEDs. Dalton Trans, 2015, 44: 8100-8106.

[26] Wei Lü, Wenzhen Lv, Qi Zhao, Mengmeng Jiao, Baiqi Shao, Hongpeng You. Generation of orange and green emissions in $Ca_2GdZr_2(AlO_4)_3$: Ce^{3+}, Mn^{2+}, Tb^{3+} garnets via energy transfer with Mn^{2+} and Tb^{3+} as acceptors. J Mater Chem C, 2015, 3: 2334-2340.

[27] Xu X, Wang Y, Yu X, Li Y, Gong Y. Investigation of Ce-Mn energy transfer in $SrAl_2O_4$: Ce^{3+}, Mn^{2+}. J Am Ceram Soc, 2011, 94(1): 24-27.

[28] Ju G, Hu Y, Chen L, Wang X. Photoluminescence properties of color-tunable $SrMgAl_{10}O_{17}$: Eu^{2+}, Mn^{2+} phosphors for UV LEDs. J Lumin, 2012, 132(7): 1792-1797.

[29] Li P, Yang Z, Wang Z, Guo Q, Li X. Preparation

and luminescence characteristics of Sr_3SiO_5: Eu^{2+} phosphor for white LED. Chin Sci Bull, 2008, 53(7): 974-977.

[30] Jang H S, Jeon D Y. Yellow-emitting Sr_3SiO_5: Ce^{3+}, Li^+ phosphor for white-light-emitting diodes and yellow-light-emitting diodes. Appl Phys Lett, 2007, 90(4): 041906.

[31] Kim J S, Kang J Y, Jeon P E, Choi J C, Park H L, Kim T W. GaN-based white-light-emitting diodes fabricated with a mixture of $Ba_3MgSi_2O_8$: Eu^{2+} and Sr_2SiO_4: Eu^{2+} phosphors. Jpn J Appl Phys, 2004, 43(3): 989-992.

[32] Shimomura Y, Honma T, Shigeiwa M, Alai T, Okamoto K, Kijima N. Photoluminescence and crystal structure of green-emitting $Ca_3Sc_2Si_3O_{12}$: Ce^{3+} phosphor for white light emitting diodes. J Electrochem Soc, 2007, 154(1): J35-J38.

[33] Setlur A A, Heward W J, Gao Y, Srivastava A M, Chandran R G, Shankar M V. Crystal chemistry and luminescence of Ce^{3+}-doped $Lu_2CaMg_2(Si, Ge)_3O_{12}$ and its use in LED based lighting. Chem Mater, 2006, 18(14): 3314-3322.

[34] Nakano T, Kawakami Y, Uematsu K, Ishigaki T, Toda K, Sato M. Novel Ba-Sc-Si-oxide and oxynitride phosphors for white LED. J Lumin, 2009, 129(12): 1654-1657.

[35] Jia Y, Qiao H, Zheng Y, Guo N, You H. Synthesis and photoluminescence properties of Ce^{3+} and Eu^{2+}-activated $Ca_7Mg(SiO_4)_4$ phosphors for solid state lighting. Phys Chem. Chem Phys, 2012, 14(10): 3537-3542.

[36] Jang H, Kim H, Kim Y-S, Lee H, Jeon D. Yellow-emitting γ-Ca_2SiO_4:Ce^{3+},Li^+ phosphor for solid-state lighting: luminescent properties, electronic structure, and white light-emitting diode application. Opt Express, 2012, 20(3): 2761-2771.

[37] Zhang X, Lu Z, Meng F, Lu F, Hu L, Xu X, Tang C. A yellow-emitting $Ca_3Si_2O_7$: Eu^{2+} phosphor for white LEDs. Mater Lett, 2012, 66(1): 16-18.

[38] Zhang Z J, Delsing A C A, Notten P H L, Zhao JT, Hintzen H T. Photoluminescence properties of Eu^{2+}-activated $Ca_2Y_2Si_2O_9$ phosphor. Mater Res Bull, 2012, 47(8): 2040-2044.

[39] Yamaga M, Masui Y, Sakuta S. Radiative and nonradiative decay processes responsible for long-lasting phosphorescence of Eu^{2+}-doped barium silicates. Phys Rev B, 2005, 71(20): 205102.

[40] Guo C, Xu Y, Ren Z, Bai J. Blue-white-yellow tunable emission from Ce^{3+} and Eu^{2+} Co-doped $BaSiO_3$ phosphors. J Electrochem Soc, 2011, 158(12): J373-J376.

[41] Katelnikovas A, Bettentrup H, Uhlich D, Sakirzanovas S, Juestel T, Kareiva A. Synthesis and optical properties of Ce^{3+}-doped $Y_3Mg_2AlSi_2O_{12}$ phosphors. J Lumin, 2009, 129(11): 1356-1361.

[42] Zhu G, Shi Y, Mikami M, Shimomura Y, Wang Y. Electronic structure and photo/cathodoluminescence properties investigation of green emission phosphor $NaBaScSi_2O_7$: Eu^{2+} with high thermal stability. CrystengComm, 2014, 16(27): 6089-6097.

[43] Lu W, Jia Y, Lv W, Zhao Q, You H. Incorporating Tb^{3+} and Mn^{2+} into a $BaCa_2MgSi_2O_8$: Eu^{2+} phosphor and its luminescent properties. RSC Adv, 2013, 3(43): 20619-20624.

[44] Miao S, Xia Z, Zhang J, Liu Q. Increased Eu^{2+} content and codoping Mn^{2+} induced tunable full-color emitting phosphor $Ba_{1.55}Ca_{0.45}SiO_4$: Eu^{2+}, Mn^{2+}. Inorg Chem, 2014, 53(19): 10386-10393.

[45] Mueller M, Juestel T. Energy transfer and unusual decay behaviour of $BaCa_2Si_3O_9$: Eu^{2+}, Mn^{2+} phosphor. Dalton Trans, 2015, 44(22): 10368-10376.

[46] Xia Z, Miao S, Chen M, Molokeev MS, Liu Q. Structure, crystallographic sites, and tunable luminescence properties of Eu^{2+} and Ce^{3+}/Li^+-activated $Ca_{1.65}Sr_{0.35}SiO_4$ phosphors. Inorg Chem, 2015, 54(16): 7684-7691.

[47] Yu R, Xue N, Li J, Wang J, Xie N, Noh HM, Jeong JH. A novel high thermal stability Ce^{3+}-doped $Ca_5(SiO_4)_2F_2$ blue-emitting phosphor for near UV-excited white light-emitting diodes. Mater Lett, 2015, 160: 5-8.

[48] Yang WJ, Luo LY, Chen TM, Wang NS. Luminescence and energy transfer of Eu- and Mn-coactivated $CaAl_2Si_2O_8$ as a potential phosphor for white-light UVLED. Chem Mater, 2005, 17(15): 3883-3888.

[49] Jia Y, Qiao H, Guo N, Zheng Y, Yang M,

Huang Y, You H. Electronic structure and photoluminescence properties of Eu^{2+}-activated $Ca_4Si_2O_7F_2$. Opt Mater, 2011, 33(11): 1803-1807.

[50] Huang C H, Chan T S, Liu W R, Wang D Y, Chiu Y C, Yeh Y T, Chen T M. Crystal structure of blue-white-yellow color-tunable $Ca_4Si_2O_7F_2$: Eu^{2+}, Mn^{2+} phosphor and investigation of color tunability through energy transfer for single-phase white-light near-ultraviolet LEDs. J Mater Chem, 2012, 22(38): 20210-20216.

[51] Chiu Y C, Liu W R, Yeh Y T, Jang S M, Chen T M. Luminescent properties and energy transfer of green-emitting $Ca_3Y_2(Si_3O_9)_2$:Ce^{3+},Tb^{3+} phosphor. J Electrochem Soc, 2009, 156(8): J221-J225.

[52] Zhang X, Zhou L, Pang Q, Shi J, Gong M. Tunable luminescence and $Ce^{3+} \rightarrow Tb^{3+} \rightarrow Eu^{3+}$ energy transfer of broadband-excited and narrow line red emitting Y_2SiO_5: Ce^{3+},Tb^{3+},Eu^{3+} phosphor. J Phys Chem C, 2014, 118(14): 7591-7598.

[53] Lv W, Jiao M, Zhao Q, Shao B, Lu W, You H. $Ba_{1.3}Ca_{0.7}SiO_4$:Eu^{2+}, Mn^{2+}: A promising single-phase, color-tunable phosphor for near-ultraviolet white-light-emitting diodes Inorg Chem, 2014, 53(20): 11007-11014.

[54] Lv W, Jia Y, Zhao Q, Jiao M, Shao B, Lu W, You H. Crystal structure and luminescence properties of $Ca_8Mg_3Al_2Si_7O_{28}$: Eu^{2+} for WLEDs. Adv Opt Mater, 2014, 2(2): 183-188.

[55] Lv W, Lu W, Guo N, Jia Y, Zhao Q, Jiao M, Shao B, You H. Crystal structure and luminescent properties of a novel high efficiency blue-orange emitting $NaCa_2LuSi_2O_7F_2$: Ce^{3+},Mn^{2+} phosphor for ultraviolet light-emitting diodes. Dalton Trans, 2013, 42(36): 13071-13077.

[56] Jiao M, Lv W, Lu W, Zhao Q, Shao B, You H. Luminescence properties of $Ca_2Ga_2SiO_7$: RE phosphors for UV white-light-emitting diodes. Chemphyschem, 2015, 16(4): 817-824.

[57] Chun-Kuei Chang, Teng-Ming Chen. White light generation under violet-blue excitation from $Ca_2MgSi_2O_7$: Eu, Mn through energy transfer. Appl Phys Lett, 90(16), 161901.

[58] Xin Min Zhang, Wen Lan Li, Hyo Jin Seo. Luminescence and energy transfer in Eu^{2+},

Mn^{2+} co-doped $Li_4SrCa(SiO_4)_2$ for white light-emitting-diodes. Phys Lett A, 2009, 373(38): 3486-3489.

[59] Lu W, Jia Y, Lv W, Zhao Q, You H. An orange-emitting phosphor via the efficient Ce^{3+}-Mn^{2+} and Eu^{2+}-Mn^{2+} energy transfers in $La_{0.33}(SiO_4)_6O_2$ for UV or near-UV LEDs. New J Chem, 2013, 37(11): 3701-3705.

[60] Jong Su Kim, Kwon Taek Lim, Yong Seok Jeong, Pyung Eun Jeon, Jin Chul Choi, Hong Lee Park. Full-color $Ba_3MgSi_2O_8$: Eu^{2+},Mn^{2+} phosphors for white-light-emitting diodes. Solid State Commun, 2005, 135: 21-24.

[61] Kim JS, Jeon PE, Park YH, et al. White-light generation through ultraviolet-emitting diode and white-emitting phosphor. Appl Phys Lett, 2004, 85(17): 3696-3698.

[62] Liang Ma, Dajian Wang, Zhiyong Mao, Qifei Lu, Zhihao Yuan. Investigation of Eu-Mn energy transfer in $A_3MgSi_2O_8$: Eu^{2+},Mn^{2+}(A =Ca, Sr, Ba) for light-emitting diodes for plant cultivation. Appl Phys Lett, 2008, 93: 144101.

[63] Haferkorn B, Meyer G. Li_2EuSiO_4, an europium(II) litho-silicate: $EuLi_2SiO_4$. Z Anorg Allg Chem, 1998. 624(7): 1079-1081.

[64] Saradhi MP, Varadaraju UV. Photoluminescence studies on Eu^{2+}-activated Li_2SrSiO_4—a potential orange-yellow phosphor for solid-state lighting. Chem Mater, 2006, 18(22): 5267-5272.

[65] Taegon Kim, Hyosug Lee, Chunche Lin, Taehyung Kim, Rushi Liu, Tingshan Chan, Seoungjae Im. Effects of additional Ce^{3+} doping on the luminescence of Li_2SrSiO_4: Eu^{2+} yellow phosphor. Appl Phys Lett, 2010, 96(6): 061904.

[66] Shimomura Y, Honma T, Shigeiwa M, Akai T, Okamato K, Kijima N. Photoluminescence and crystal structure of green-emitting $Ca_3Sc_2Si_3O_{12}$: Ce^{3+} phosphor for white light emitting diodes. J Electrochem Soc, 2007, 154(1): J35-J38.

[67] Toshio Akai, Motoyuki Shigeiwa, Kaoru Okamoto, Yasuo Shimomura, Naoto Kijima, Tetsuo Honma. XAFS analysis of local structure around Ce in $Ca_3Sc_2Si_3O_{12}$: Ce phosphor for white LEDs. AIP Conf Proc, 2007, 882(1), 389-391.

[68] Liu YF, Zhang X, Hao ZD, Wang XJ, Zhang JH. Tunable full color emitting $Ca_3Sc_2Si_3O_{12}$: Ce^{3+}, Mn^{2+} phosphor via charge compensation and energy transfer. Chem Commun, 2011, 47(38): 10677-10679.

[69] Liu YF, Zhang X, Hao ZD, Luo YS, Wang XJ, Zhang JH. Generation of broadband emission by incorporating N^{3-} into $Ca_3Sc_2Si_3O_{12}$: Ce^{3+} garnet for high rendering white LEDs. J Mater Chem, 2011, 21(17): 6354-6358.

[70] Liu YF, Zhang X, Hao ZD, Luo YS, Zhang JH, Wang XJ. Generating yellow and red emissions by co-doping Mn^{2+} to substitute for Ca^{2+} and Sc^{3+} sites in $Ca_3Sc_2Si_3O_{12}$: Ce^{3+} green emitting phosphor for white LED applications. J Mater Chem, 2011, 21(41): 16379-16384.

[71] Qiao J, Zhang JH, Zhang X, Hao ZD, Liu YF, Luo YS. The energy transfer and effect of doped Mg^{2+} in $Ca_3Sc_2Si_3O_{12}$: Ce^{3+},Pr^{3+} phosphor for white LEDs. Dalton Trans, 2014, 43(10): 4146-4150.

[72] Anant A Setlur, William J Heward, Yan Gao, Alok M Srivastava. Gopi Chandran R, Madras V Shankar. , Crystal chemistry and luminescence of Ce^{3+}-doped $Lu_2CaMg_2(Si, Ge)_3O_{12}$ and its use in LED based lighting. Chem Mater, 2006, 18: 3314-3322.

[73] Daicho H, Iwasaki T, Enomoto K, Sasaki Y, Maeno Y, Shinomiya Y, Aoyagi S, Nishibori E, Sakata M, Sawa H. A novel phosphor for glareless white light-emitting diodes. Nat Commun, 2012, 3: 1132.

[74] Lv W, Jia Y, Zhao Q, Lu W, Jiao M, Shao B, You H. Synthesis, structure, and luminescence properties of $K_2Ba_7Si_{16}O_{40}$: Eu^{2+} for white light emitting diodes. J Phys Chem C, 2014, 118(9): 4649-4655.

[75] Shang M, Li G, Geng D, Yang D, Kang X, Zhang Y, Lian H, Lin J. Blue emitting $Ca_8La_2(PO_4)_6O_2$: Ce^{3+}/Eu^{2+} phosphors with high color purity and brightness for white LED: soft-chemical synthesis, luminescence, and energy transfer properties. J Phys Chem C, 2012, 116(18): 10222-10231.

[76] Shang M, Geng D, Zhang Y, Li G, Yang D, Kang X, Lin J. Luminescence and energy transfer properties of $Ca_8Gd_2(PO_4)_6O_2$: A (A=Ce^{3+}/Eu^{2+}/Tb^{3+}/Dy^{3+}/Mn^{2+}) phosphors. J Mater Chem, 2012, 22(36): 19094-19104.

[77] Chen X, Wang Q, Lv F, Chu PK, Zhang Y. Synthesis, crystal structure and photoluminescence properties of Eu^{2+}-activated $RbCaGd(PO_4)_2$ phosphors. RSC Adv, 2016, 6(14): 11211-11217.

[78] Geng D, Shang M, Zhang Y, Lian H, Lin J. Temperature dependent luminescence and energy transfer properties of $Na_2SrMg(PO_4)_2$: Eu^{2+},Mn^{2+} phosphors. Dalton Trans, 2013, 42(43): 15372-15380.

[79] Geng D, Shang M, Zhang Y, Lian H, Lin J. Color-tunable and white luminescence properties via energy transfer in single-phase $KNaCa_2(PO_4)_2$: A (A=Ce^{3+}, Eu^{2+}, Tb^{3+}, Mn^{2+}, Sm^{3+}) phosphors. Inorg Chem, 2013, 52(23): 13708-13718.

[80] Geng D, Shang M, Yang D, Zhang Y, Cheng Z, Lin J. Tunable luminescence and energy transfer properties in $KCaGd(PO_4)_2$: Ln^{3+}/Mn^{2+} (Ln=Tb, Dy, Eu, Tm; Ce, Tb/Dy) phosphors with high quantum efficiencies. J Mater Chem, 2012, 22(45): 23789-23798.

[81] Geng D, Shang M, Yang D, Zhang Y, Cheng Z, Lin J. Green/green-yellow-emitting $KSrGd(PO4)_2$: Ce^{3+},Tb^{3+}/Mn^{2+} phosphors with high quantum efficiency for LEDs and FEDs. Dalton Trans, 2012, 41(46): 14042-14045.

[82] Liu WR, Huang CH, Yeh CW, Chiu YC, Yeh YT, Liu RS. Single-phased white-light-emitting $KCaGd(PO_4)_2$: Eu^{2+},Tb^{3+},Mn^{2+} phosphors for LED applications. RSC Adv, 2013, 3(23): 9023-9028.

[83] Liu WR, Huang CH, Yeh CW, Tsai JC, Chiu YC, Yeh YT, Liu RS. A study on the luminescence and energy transfer of single-phase and color-tunable $KCaY(PO_4)_2$: Eu^{2+},Mn^{2+} phosphor for application in white-light LEDs. Inorg Chem, 2012, 51(18): 9636-9641.

[84] Ji H, Huang Z, Xia Z, Molokeev MS, Atuchin VV, Fang M, Huang S. New yellow-emitting whitlockite-type structure $Sr_{1.75}Ca_{1.25}(PO_4)_2$: Eu^{2+} phosphor for near-UV pumped white light-emitting devices. Inorg Chem, 2014, 53(10):

5129-5135.

[85] Pang R, Li H, Sun W, Fu J, Jiang L, Zhang S, Su Q, Li C, Liu RS. Single-phased white-light-emitting $Ca_4(PO_4)_2O$: Ce^{3+}, Eu^{2+} phosphors based on energy transfer. Dalton Trans, 2015, 44(25): 11399-11407.

[86] Huang CH, Wang DY, Chiu YC, Yeh YT, Chen TM. $Sr_8MgGd(PO_4)_7$: Eu^{2+}: yellow-emitting phosphor for application in near-ultraviolet-emitting diode based white-light LEDs. RSC Advs, 2012, 2(24): 9130-9134.

[87] Huang CH, Chiu YC, Yeh YT, Chan TS, Chen TM. Eu^{2+}-activated $Sr_8ZnSc(PO_4)_7$: a novel near-ultraviolet converting yellow-emitting phosphor for white light-emitting diodes. ACS Appl Mater Interfaces, 2012, 4(12): 6661-6667.

[88] Zhang Y, Geng D, Shang M, Wu Y, Li X, Lian H, Cheng Z, Lin J. Single-composition trichromatic white-emitting $Ca_9MgNa(PO_4)_7$: $Ce^{3+}/Tb^{3+}/Mn^{2+}$ phosphors-soft chemical synthesis, luminescence, and energy-transfer properties. Eur J Inorg Chem, 2013, 2013(25): 4389-4397.

[89] Huang CH, Chen TM. Novel yellow-emitting $Sr_8MgLn(PO_4)_7$: Eu^{2+} (Ln=Y, La) phosphors for applications in white LEDs with excellent color rendering index. Inorg Chem, 2011, 50(12): 5725-5730.

[90] Sun W, Jia Y, Pang R, Li H, Ma T, Li D, Fu J, Zhang S, Jiang L, Li C. $Sr_9Mg_{1.5}(PO_4)_7$: Eu^{2+}: a novel broadband orange-yellow-emitting phosphor for blue light-excited warm white LEDs. ACS Appl Mater Interfaces, 2015, 7(45): 25219-25226.

[91] Huang CH, Chen TM. $Ca_9La(PO_4)_7$: Eu^{2+}, Mn^{2+}: an emission-tunable phosphor through efficient energy transfer for white light-emitting diodes. Opt Express, 2010, 18(5): 5089-5099.

[92] Guo N, Huang Y, You H, Yang M, Song Y, Liu K, Zheng Y. $Ca_9Lu(PO_4)_7$: Eu^{2+}, Mn^{2+}: a potential single-phased white-light-emitting phosphor suitable for white-light-emitting diodes. Inorg Chem, 2010, 49(23): 10907-10913.

[93] Guo N, You H, Song Y, Yang M, Liu K, Zheng Y, Huang Y, Zhang H. White-light emission from a single-emitting-component $Ca_9Gd(PO_4)_7$:

[94] Li C, Dai J, Deng D, Xu S. Synthesis, structure and optical properties of blue-emitting phosphor $Sr_4La(PO_4)_3O$: Eu^{2+} for n-UV white-light-emitting diodes. Optik, 2016, 127(5): 2715-2719.

[95] Guo N, Lu W, Jia Y, Lv W, Zhao Q, You H. Eu^{2+} & Mn^{2+}-coactivated $Ba_3Gd(PO_4)_3$ orange-yellow-emitting phosphor with tunable color tone for UV-excited white LEDs. Chemphyschem, 2013, 14(1): 192-197.

[96] Guo N, Zheng Y, Jia Y, Qiao H, You H. Warm-white-emitting from Eu^{2+}/Mn^{2+}-codoped $Sr_3Lu(PO_4)_3$ phosphor with tunable color tone and correlated color temperature. J Physi Chem C, 2012, 116(1): 1329-1334.

[97] Guo N, Huang Y, Jia Y, Lv W, Zhao Q, Lu W, Xia Z, You H. A novel orange-yellow-emitting $Ba_3Lu(PO_4)_3$: Eu^{2+}, Mn^{2+} phosphor with energy transfer for UV-excited white LEDs. Dalton Trans, 2013, 42(4): 941-947.

[98] Guo N, Zheng Y, Jia Y, Qiao H, You H. A tunable warm-white-light $Sr_3Gd(PO_4)_3$: Eu^{2+}, Mn^{2+} phosphor system for LED-based solid-state lighting. New J Chem, 2012, 36(1): 168-172.

[99] Guo N, Huang Y, Yang M, Song Y, Zheng Y, You H. A tunable single-component warm white-light $Sr_3Y(PO_4)_3$: Eu^{2+}, Mn^{2+} phosphor for white-light emitting diodes. Phys Chem Chem Phys, 2011, 13(33): 15077-15082.

[100] Guo N, Jia Y, Lu W, Lv W, Zhao Q, Jiao M, Shao B, You H. A direct warm-white-emitting $Sr_3Sc(PO_4)_3$: Eu^{2+}, Mn^{2+} phosphor with tunable photoluminescence via efficient energy transfer. Dalton Trans, 2013, 42(16): 5649-5654.

[101] Geng D, Li G, Shang M, Yang D, Zhang Y, Cheng Z, Lin J. Color tuning via energy transfer in $Sr_3In(PO_4)_3$: $Ce^{3+}/Tb^{3+}/Mn^{2+}$ phosphors. J Mater Chem, 2012, 22(28): 14262-14271.

[102] Cuimiao Zhang, Shanshan Huang, Dongmei Yang, Xiaojiao Kang, Mengmeng Shang, Chong Peng, Jun Lin. Tunable luminescence in Ce^{3+}, Mn^{2+}-codoped calcium fluorapatite through combining emissions and modulation

of excitation: a novel strategy to white light emission. J Mater Chem, 2010, 20: 6674-6680.

[103] Geng D, Shang M, Zhang Y, Lian H, Cheng Z, Lin J. Tunable luminescence and energy transfer properties of $Ca_5(PO_4)_2SiO_4$: $Ce^{3+}/Tb^{3+}/Mn^{2+}$ phosphors. J Mater Chem C, 2013, 1(12): 2345-2353.

[104] Shang M, Geng D, Yang D, Kang X, Zhang Y, Lin J. Luminescence and energy transfer properties of $Ca_2Ba_3(PO_4)_3Cl$ and $Ca_2Ba_3(PO_4)_3Cl$: A (A= $Eu^{2+}/Ce^{3+}/Dy^{3+}/Tb^{3+}$) under UV and low-voltage electron beam excitation. Inorg Chem, 2013, 52(6): 3102-3112.

[105] Geng D, Shang M, Zhang Y, Cheng Z, Lin J. Tunable and white-light emission from single-phase $Ca_2YF_4PO_4$: Eu^{2+}, Mn^{2+} phosphors for application in W-LEDs. Eur J Inorg Chem, 2013, (16): 2947-2953.

[106] Jiao M, Lv W, Lue W, Zhao Q, Shao B, You H. Optical properties and energy transfer of a novel $KSrSc_2(PO_4)_3$: $Ce^{3+}/Eu^{2+}/Tb^{3+}$ phosphor for white light emitting diodes. Dalton Trans, 2015, 44(9): 4080-4087.

[107] Jiao M, Lu W, Shao B, Zhao L, You H. Synthesis, structure, and photoluminescence properties of novel $KBaSc_2(PO_4)_3$: $Ce^{3+}/Eu^{2+}/Tb^{3+}$ phosphors for white-light-emitting diodes. Chemphyschem, 2015, 16(12): 2663-2669.

[108] Minsung Kim, Makoto Kobayashi, Hideki Kato, Masato Kakihana. A highly luminous $LiCaPO_4$: Eu^{2+} phosphor synthesized by a solution method employing a water-soluble phosphate ester. Opt Photon J, 2013, 3: 13-18.

[109] Wu Z C, Shi J X, Wang J, Gong M L, Su Q J. A novel blue-emitting phosphor $LiSrPO_4$: Eu^{2+} for white LEDs. J Solid State Chem, 2006, 179(8): 2356-2360.

[110] Suyin Zhang, Yosuke Nakai, Taiju Tsuboi, Yanlin Huang, Hyo Jin Seo. Luminescence and microstructural features of Eu-activated $LiBaPO_4$ phosphor. Chem Mater, 2011, 23, 1216-1224.

[111] Zhiping Yang, Guangwei Yang, Shaoli Wang, Jing Tian, Xiaoning Li, Qinglin Guo, Guangsheng Fu. A novel green-emitting phosphor $NaCaPO_4$: Eu^{2+} for white LEDs. Mater Lett, 2008, 62(12): 1884-1886.

[112] Tung Y L, Jean J H. Chemical synthesis of a blue-emitting $NaSr_{1-x}PO_4$: Eu_x phosphor powder. J Am Ceram Soc, 2009, 92(8): 1860-1862.

[113] Sun Jiayue, Zhang Xiangyan, Du Haiyan. Combustion synthesis and luminescence properties of blue $NaBaPO_4$: Eu^{2+} phosphor. J Rare Earths, 2012, 30(2), 118-122.

[114] Zhang S, Huang Y, Seo H J. The spectroscopy and structural sites of Eu^{2+} ions doped $KCaPO_4$ phosphor. J Electrochem Soc, 2010, 157(7): J261-J266.

[115] Tang Y S, Hu S F, Lin C C, Bagkar N C, Liu R S. Thermally stable luminescence of $KSrPO_4$: Eu^{2+} phosphor for white light UV light-emitting diodes. Appl Phys Lett, 2007, 90(15): 151108.

[116] C C, Tang Y S, Hu S F, Liu R S. $KBaPO_4$: Ln (Ln=Eu, Tb, Sm) phosphors for UV excitable white light-emitting diodes, . J Lumin, 2009, 129(12): 1682-1684.

[117] Chun Che Lin, Zhi Ren Xiao, Guang Yu Guo, Ting Shan Chan, Liu Ru-Shi. Versatile phosphate phosphors $ABPO_4$ in white light-emitting diodes: collocated characteristic analysis and theoretical calculations. J Am Chem Soc, 2010, 132: 3020-3028.

[118] Xinguo Zhang, Jilin Zhang, Jinqing Huang, Xueping Tang, Menglian Gong. Synthesis and luminescence of Eu^{2+}-doped alkaline-earth apatites for application in white LED. J Lumin, 2010, 130: 554-559.

[119] Ning Guo, Yanhua Song, Hongpeng You, Guang Jia, Mei Yang, Kai Liu, Yuhua Zheng, Yeju Huang, Hongjie Zhang, Optical properties and energy transfer of $NaCaPO_4$: Ce^{3+}, Tb^{3+} phosphors for potential application in light-emitting diode. Eur J Inorg Chem, 2010: 4636-4642.

[120] Mengmeng Jiao, Yongchao Jia, Wei Lü, Wenzhen Lv, Qi Zhao, Baiqi Shao, Hongpeng You. $Sr_3GdNa(PO_4)_3F$: Eu^{2+}, Mn^{2+}: a potential color tunable phosphor for white LEDs. J Mater Chem C, 2014, 2: 90-97.

[121] Mengmeng Jiao, Ning Guo, Wei Lü,

Yongchao Jia, Wenzhen Lv, Qi Zhao, Baiqi Shao, Hongpeng You. Tunable blue-green-emitting Ba$_3$LaNa(PO$_4$)$_3$F: Eu^{2+}, Tb^{3+} phosphor with energy transfer for near-UV white LEDs. Inorg Chem, 2013, 52 (18), 10340-10346.

[122] Zeuner M, Pagano S, Schnick W. Nitridosilicates and oxonitridosilicates: from ceramic materials to structural and functional diversity. Angew Chem Int Ed, 2011, 50(34): 7754-7775.

[123] Chun Che Lin, RuShi Liu. Advances in phosphors for light-emitting diodes. J Phys Chem Lett, 2011, 2: 1268-1277.

[124] RongJun Xie , Naoto Hirosaki, Yuanqiang Li, Takashi Takeda. Rare-earth activated nitride phosphors: synthesis, luminescence and applications. Materials, 2010, 3(6): 3777-3793.

[125] Jia Y, Lu W, Guo N, Lu W, Zhao Q, You H. Spectral tuning of the n-UV convertible oxynitride phosphor: orange color emitting realization via an energy transfer mechanism. Phys Chem Chem Phys, 2013, 15(33): 13810-13813.

[126] Cordula B, Markus S, Saskia L B, et al. Material properties and structural characterization of M$_3$Si$_6$O$_{12}$N$_2$: Eu^{2+}(M=Ba, Sr)—a comprehensive study on a promising green phosphor for Pc-LEDs. Chem Eur J, 2010, 16(31): 9646-9657.

[127] Oeckler O, Kechele J A, Koss H, Schmidt P J, Schnick W. Sr$_5$Al$_{5+x}$Si$_{21-x}$N$_{35-x}$O$_{2+x}$: Eu^{2+}($x\approx0$)—a novel green phosphor for white-light pcLEDs with disordered intergrowth structure. Chem Eur J, 2009, 15(21): 5311-5319.

[128] Shioi K, Michiue Y, Hirosaki N, Xie R J, Takeda T, Matsushita Y, Tanaka M, Li Y Q. Synthesis and photoluminescence of a novel Sr-SiAlON: Eu^{2+} blue-green phosphor [Sr$_{14}$Si$_{68-s}$Al$_{6+s}$O$_s$N$_{106-s}$: Eu^{2+}($s\approx7$)]. J Alloys Compd, 2011, 509(2): 332-337.

[129] Uheda K, Hirosaki N, Yamamoto Y, Naoto A, Nakajima T, Yamamoto H. Luminescence properties of a red phosphor, CaAlSiN$_3$: Eu^{2+}, for white light-emitting diodes. Electrochem Solid-State Lett, 2006, 9(4): H22-25.

[130] Ruan J, Xie R J, Hirosaki N, Takeda T. Nitrogen gas-pressure synthesis and photoluminescent properties of orange-red SrAlSi$_4$N$_7$: Eu^{2+} phosphors for white-LEDs. J Am Ceram Soc, 2011, 94(2): 536-542.

[131] Toquin R L, Cheetham A K. Red-emitting cerium-based phosphor materials for solid-state lighting applications. Chem Phys Lett, 2006, 423: 352-356.

[132] Duan C J, Wang X J, Otten W M, Delsing A C A, Zhao J T, Hintzen H T. Preparation, electronic structure, and photoluminescence properties of Eu^{2+}-and Ce^{3+}/Li$^+$-activated alkaline earth silicon nitride MSiN$_2$ (M= Sr, Ba). Chem Mater, 2008, 39(20): 1597-1605.

[133] Kechele J A, Hecht C, Oeckler O, Gunne J S A D, Schmidt P J, Schnick W. Ba$_2$AlSi$_5$N$_9$——a new host lattice for Eu^{2+}-doped luminescent materials comprising a nitridoalumosilicate framework with corner- and edge-sharing tetrahedra. Chem Mater, 2009, 21(29): 1288-1295.

[134] Takeda T, Hirosaki N, Funahshi S, Xie R J. Narrow-band green-emitting phosphor Ba$_2$LiSi$_7$AlN$_{12}$: Eu^{2+} with high thermal stability discovered by a single particle diagnosis approach. Chem Mater, 2015, 27(17): 5892-5898.

[135] Schmiechen S, Strobel P, Hecht C, Reith T, Siegert M, Schmidt P J, Huppertz P, Wiechert D, Schnick W. The nitridomagnesosilicate Ba[Mg$_3$SiN$_4$]: Eu^{2+} and structure-property relations of similar narrow-band red nitride phosphors. Chem Mater, 2015, 27: 1780-1785.

[136] Li Y Q, Delsinga A C A, Metslaara R, With G D, Hintzen H T. Photoluminescence properties of rare-earth activated BaSi$_7$N$_{10}$. J Alloys Compd, 2009, 487(8): 28-33.

[137] Li Y Q, Hirosaki N, Xie R J, Takeda T, Mitomo M. Yellow-orange-emitting CaAlSiN$_3$: Ce^{3+} phosphor: structaaure, photoluminescence, and application in white LEDs. Chem Mater, 2008, 20(21): 6704-6714.

[138] Huang W Y, Yoshimura F, Ueda K, Shimomura Y, Sheu H S, Chan T S, Chiang C Y, Zhou W, Liu R S. Chemical pressure control for photoluminescence of MSiAl$_2$O$_3$N$_2$: Ce^{3+}/Eu^{2+}

(M=Sr, Ba) oxynitride phosphors. Chem Mater, 2014, 45(22): 2075-2085.

[139] Li Y Q, Hirosaki N, Xie R J, Takada T, Yamamoto Y, Mitomo M. Synthesis, crystal and local electronic structures, and photoluminescence properties of red-emitting $CaAl_2SiN_{2-z}$: Eu^{2+} with orthorhombic structure. Int J Appl Ceram Technol, 2010, 7(6): 787-802.

[140] Liu T C, Kominami H, Greer H F, Zhou W, Nakanishi Y, Liu R S. Blue emission by interstitial site occupation of Ce^{3+} in AlN. Chem Mater, 2012, 24(17): 3486-3492.

[141] Li Y Q, Fang C M, With G D, Hintzen H T. Preparation, structure and photoluminescence properties of Eu^{2+} and Ce^{3+}-doped $SrYSi_4N_7$. J Solid State Chem, 2004, 177: 4687-4694.

[142] Cai L Y, Wei X D, Li H, Liu Q L. Synthesis, structure and luminescence of $LaSi_3N_5$: Ce^{3+} phosphor. J Lumin, 2009, 129(3): 165-168.

[143] Seto T, Kijima N, Hirosaki N. A new yellow phosphor $La_3Si_6N_{11}$: Ce^{3+} for white LEDs. ECS Trans, 2009, 25 (9): 247-252.

[144] Takayuki Suehiro, Naoto Hirosaki, Rong-Jun Xie. Synthesis and photoluminescent properties of (La, Ca)$_3Si_6N_{11}$: Ce^{3+} fine powder phosphors for solid-state lighting. ACS Appl Mater Interfaces, 2011, 3: 811-816.

[145] Ding J, Wu Q, Li Y, Long Q, Wang C, Wang Y. Synthesis and luminescent properties of the $Li_{0.995-x}Mg_xSi_{2-x}Al_xN_3$: $Eu^{2+}_{0.005}$ phosphors. J Am Ceram Soc, 2015, 98(8): 2523-2527.

[146] Li Y Q, With G D, Hintzen H T. Luminescence properties of Ce^{3+}-activated alkaline earth silicon nitride $M_2Si_5N_8$ (M=Ca, Sr, Ba) materials. J Lumin, 2006, 116: 107-116.

[147] Shioi K, Hirosaki N, Xie R J, Takeda T, Li Y Q. Luminescence properties of $SrSi_6N_8$: Eu^{2+}. J Mater Sci, 2008, 43(16): 5659-5661.

[148] Liu L, Xie RJ, Li W, Hirosaki N, Yamamoto Y, Sun X. Yellow-emitting $Y_3Si_6N_{11}$: Ce^{3+} phosphors for white light-emitting diodes (LEDs). J Am Ceram Soc, 2013, 96(6), 1688-1690.

[149] Ruan J, Xie R J, Funahashi S, Tanaka Y, Takeda T, Suehiro T, Hirosaki N, Li Y Q. A novel yellow-emitting $SrAlSi_4N_7$: Ce^{3+} phosphor

for solid state lighting: synthesis, electronic structure and photoluminescence properties. J Solid State Chem, 2013, 208(208): 50-57.

[150] Deng D, Xu S, Su X, Wang Q, Li Y, Li G, Hua Y, Huang L, Zhao S, Wang H, Li C. Long wavelength Ce^{3+} emission in $Y_6Si_3O_9N_4$ phosphors for white-emitting diodes. Mater Lett, 2011, 65(8): 1176-1178.

[151] Xu X, Cai C, Hao L, Wang Y, Li Q. The photoluminescence of Ce-doped $Lu_4Si_2O_7N_2$ green phosphors. Mater Chem Phys, 2009, 118(s2-3): 270-272.

[152] Song Y, Guo N, You H. Synthesis and luminescent properties of cerium-, terbium-, or dysprosium-doped $Gd_4Si_2O_7N_2$ materials. Eur J Inorg Chem, 2011, (14): 2327-2332.

[153] Kim B H, Kang E H, Choi S W, Hong S H. Luminescence properties of $La_2Si_6O_3N_8$: Eu^{2+} phosphors prepared by spark plasma sintering. Opt Mater, 2013, 36(2): 182-185.

[154] Lu F C, Chen X Y , Wang M W, Liu Q L. Crystal structure and photoluminescence of ($Y_{1-x}Ce_x)_2Si_3O_3N_4$. J Lumin, 2011, 131(2): 336-341.

[155] Chen G, Yin L, Dong J, Feng Y, Gao Y, He W, Jia Y, Xu X, Hubertus T. Synthesis, crystal structure, and luminescence properties of $Y_4Si_2O_7N_2$: Eu^{2+} oxynitride phosphors. J Am Ceram Soc, 2016, 99(1): 183-190.

[156] Lu F, Bai L, Lu Y, Dang W, Yang Z, Lin P. Photoluminescence mechanism and thermal stability of Tb^{3+}-doped $Y_4Si_2O_7N_2$ green-emitting phosphors. J Am Ceram Soc, 2014, 98(3): 867-872.

[157] Geng D, Lian H, Shang M, Zhang Y, Lin J. Oxonitridosilicate $Y_{10}(Si_6O_{22}N_2)O_2$: Ce^{3+}, Mn^{2+} phosphors: a facile synthesis via the soft-chemical ammonolysis process, luminescence, and energy-transfer properties. Inorg Chem, 2014, 53(4): 2230-2239.

[158] Sato S, Kamei S, Uematsu K, Ishigaki T, Todaa K, Sato M, Sasaoka H, Ooka M, Nishimura K. Luminescent properties of Eu-activated Mg-Y-Si-O-N glass and crystalline phosphors. J Ceram Proc Res, 2013, 14(Special 1): s77-s79.

[159] Song X, Fu R, Agathopoulos S, He H, Zhao X,

Zhang S. Photoluminescence properties of Eu^{2+}-activated $CaSi_2O_2N_2$: redshift and concentration quenching. J Appl Phys, 2009, 106(3): 033103.

[160] Wang C, Zhao Z, Wu Q, Zhu G, Wang Y. Enhancing the emission intensity and decreasing the full widths at half maximum of $Ba_3Si_6O_{12}N_2$: Eu^{2+} by Mg^{2+} doping. Dalton Trans, 2015, 44(22): 10321-10329.

[161] Park W B, Singh S P, Yoonb C, Sohn K S. Combinatorial chemistry of oxynitride phosphors and discovery of a novel phosphor for use in light emitting diodes, $Ca_{1.5}Ba_{0.5}$ $Si_5N_6O_3$: Eu^{2+}. J Mater Chem C, 2013, 1(9): 1832-1839.

[162] Wang X M, Wang C H, Wu M M, WangY X, Jing X P. O/N ordering in the structure of $Ca_3Si_2O_4N_2$ and the luminescence properties of the Ce^{3+} doped material. J Mater Chem, 2012, 22(22): 3388-3394.

[163] Park W B, Singh S P, Yoon C, Sohn K S. Eu^{2+} luminescence from 5 different crystallographic sites in a novel red phosphor, $Ca_{15}Si_{20}O_{10}N_{30}$: Eu^{2+}. J Mater Chem, 2012, 22(28): 14068-14075.

[164] Wang X M, Zhang X, Ye S, Jing X P. A promising yellow phosphor of Ce^{3+}/Li^+ doped $CaSiN_{2-2\delta/3}O_\delta$ for pc-LEDs. Dalton Trans, 2013, 42(14), 5167-5173.

[165] Song Y H, Choi T Y, Luo Y Y, Senthil K, Yoon D H. Photoluminescence properties of novel Eu^{2+}-activated $CaSi_6N_8O$ oxynitride phosphor for white LED applications. Opt Mater, 2011, 33(7): 989-991.

[166] Durach D, Neudert L, Schmidt P J, Oeckler O, Schnick W. $La_3BaSi_5N_9O_2$: Ce^{3+}-a yellow phosphor with an unprecedented tetrahedra network structure investigated by combination of electron microscopy and synchrotron X-ray diffraction. Chem Mater, 2015, 27: 4832-4838.

[167] Wang L, Zhang H, Wang X J, Dierre B, Suehiro T, Takeda T, Hirosaki N, Xie R J. Europium(II)-activated oxonitridosilicate yellow phosphor with excellent quantum efficiency and thermal stability-a robust spectral conversion material for highly efficient and reliable white LEDs. Phys. Chem Chem Phys, 2015, 17(24): 15797-15804.

[168] Wang X M, Wang C H, Kuang X J, Zou R Q, Wang Y X, Jing X P. Promising oxonitridosilicate phosphor host $Sr_3Si_2O_4N_2$: synthesis, structure, and luminescence properties activated by Eu^{2+} and Ce^{3+}/Li^+ for pc-LEDs. Inorg Chem, 2012, 51(6): 3540-3547.

[169] Lee H J, Kim K P, Dong W S, Yoo J S. Tuning the optical properties of $(Sr, Ba)_3Si_6O_3N_8$: Eu phosphor for LED application. J Electrochem Soc, 2011, 158(3): J66-J70.

[170] Tang J Y, Xie W J, Huang K, Hao L Y, Xu X, Xie R J. A high stable blue $BaSi_3Al_3O_4N_5$: Eu^{2+} phosphor for white LEDs and display applications. Electrochem Solid-State Lett, 2011, 14(8): J45-J47.

[171] Ryu J H, Won H S, Park Y G, Kim S H, Song W Y, Suzuki H, Yoon C B, Kim D H, Park W J, Yoon C. Photoluminescence of Ce^{3+}-activated -SiAlON blue phosphor for UV-LED. electrochem. Solid-State Lett, 2010, 13(2): H30-H32.

[172] Park W B, Singh S P, Kim M, Sohn K S. Combinatorial screening of luminescent and structural properties in a Ce^{3+}-doped Ln-Al-Si-O−N (Ln=Y, La, Gd, Lu) system: the discovery of a novel $Gd_3Al_{3+x}Si_{3-x}O_{12+x}N_{2-x}$: Ce^{3+} phosphor. Inorg Chem, 2015, 54(4): 1829-1840.

[173] Xie R J, Hirosaki N, Mitomo M, Sakuma K. Wavelength-tunable and thermally stable Li-α-sialon: Eu^{2+} oxynitride phosphors for white light-emitting diodes. Appl Phys Lett, 2006, 89(24): 241103.

[174] Ma Y Y, Xiao F, Ye S, Zhang Q Y, Jiang Z H, Qian Y. Electronic and luminescence properties of LiSiON: Eu^{2+}, Eu^{2+}/Mn^{2+} as a potential phosphor for UV-based white LEDs. ECS J Solid State Sci Technol, 2012, 1(1): R1-R6.

[175] Xie R J, Hirosaki N, Mitomo M, Suehiro T, Xu X, Tanaka H. Photoluminescence of rare-earth-doped Ca-α-SiAlON phosphors: composition and concentration dependence. J Am Ceram Soc, 2005, 88(10): 2883-2888.

[176] Shioi K, Hirosaki N, Xie R J, Takeda T, Li Y Q. Photoluminescence and thermal stability of yellow-emitting Sr-α-SiAlON: Eu^{2+} phosphor. J Mater Sci, 2010, 45(12): 3198-3203.

[177] Suehiro T, Onuma H, Hirosaki N, Xie R J, Sato

T, Miyamoto A. Powder synthesis of Y-α'-SiAlON and its potential as a phosphor host. J Mater Chem C, 2010, 114(2): 1337-1342.

[178] Wei Lu, Mengmeng Jiao, Jiansheng Huo, Baiqi Shao, Lingfei Zhao, Yang Feng, Hongpeng You. Crystal structures, tunable emission and energy transfer of a novel $GdAl_{12}O_{18}N$: Eu^{2+}, Tb^{3+} oxynitride phosphor. New J Chem, 2016, 40: 2637-2643.

[179] Woon Bae Park, Satendra Pal Singh, Kee-Sun Sohn. Discovery of a phosphor for light emitting diode applications and its structural determination, $Ba(Si, Al)_5(O, N)_8$: Eu^{2+}. J Am Chem Soc, 2014, 136: 2363-2373.

[180] Hecht C, Stadler F, Schmidt PJ, et al. $SrAlSi_4N_7$: Eu^{2+}-a nitridoalumosilicate phosphor for warm white light (pc) LEDs with edge-sharing tetrahedra. Chem Mater, 2009, 21: 1595-1601.

[181] Pust P, Weiler V, Hecht C, Tuecks A, Wochnik AS, Henss A-K, Wiechert D, Scheu C, Schmidt PJ, Schnick W. Narrow-band red-emitting $SrLiAl_3N_4$: Eu^{2+} as a next-generation LED-phosphor material. Nat Mater, 2014, 13(9): 891-896.

[182] Pust P, Wochnik A S, Baumann E, Schmidt P J, Wiechert D, Scheu C, Schnick W. $Ca[LiAl_3N_4]$: Eu^{2+}-a narrow-band red-emitting nitridolithoa luminate. Chem Mater, 2014, 26(11): 3544-3549.

[183] Sebastian Schmiechen, Hajnalka Schneider, Peter Wagatha, Cora Hecht, Peter J Schmidt, Wolfgang Schnick. Toward new phosphors for application in illumination-grade white pc-LEDs: the nitridomagnesosilicates $CaMg_3SiN_4$: Ce^{3+}, $SrMg_3SiN_4$: Eu^{2+}, and $EuMg_3SiN_4$. Chem Mater, 2014, 26(8): 2712-2719.

[184] Geusic JE, Marcos HM, Van Uitert LG. Laser oscillation in Nd-doped yttrium aluminium, yttrium gallium and gadolinium garnets. Appl Phys Lett, 1964, 4: 182-184.

[185] Shimizu Y, Sakano K, Noguchi Y, et al. Light emitting device having a nitride compound semiconductor and a phosphor containing a garnet fluorescent material: US5998925. 1997-07-29.

[186] Franz K, Franz Z, Andries E, et al. Luminous substance for a light source associates therewith: US6669866. 2000-07-08.

[187] Poort S H M, Janssen W, Blasse G. Optical properties of Eu^{2+}-activated orthosilicates and orthophosphates. J Alloys Compd, 1997(260): 93-97.

[188] Park JK, Kim CH, Park SH, et al. Application of strontium silicate yellow phosphor for white light-emitting diodes. Appl Phys Lett, 2004, 84(10): 1647-1649.

[189] Park JK, Choi KJ, Yeon JH, et al. Embodiment of the warm white-light-emitting diodes by using a Ba^{2+} co-doped Sr_3SiO_5: Eu phosphor. Appl Phys Lett, 2006, 88(4): 043511.

[190] Schlieper T, Schnick W. Nitride silicate I: high temperature synthesis and crystal structure of $Ca_2Si_5N_8$. Z Anorg Allg. Chem, 1995, 621: 1037-1041.

[191] Schlieper T, Milius W, Schnick W. Nitrido silicate. II: high temperature syntheses and crystal structures of $Sr_2Si_5N_8$ and $Ba_2Si_5N_8$. Z Anorg Allg Chem, 1995, 621: 1380-1384.

[192] Höppe HA, Lutz H, Morys P, et al. Luminescence in Eu^{2+} doped $Ba_2Si_5N_8$: fluorescence, thermo-luminescence, and Up-conversion. J Phys Chem Solids, 2000, 61(12): 2001-2006.

[193] Hintzen HT, van Krevel JWH, Botty IG. Red emitting luminescent materials: EP1104799A1. 2001-06-06.

[194] Braune B, Waltl G, Bogner G, et al. Light source using a yellow-to red-emitting phosphor: WO0140403A1. 2001-07-06.

[195] Li YQ, van Steen JEJ, van Krevel JWH, et al. Luminescence properties of red-emitting $M_2Si_5N_8$: Eu^{2+} (M=Ca, Sr, Ba) LED conversion phosphors. J Alloy Comp, 2006, 417: 273-279.

[196] Xie RJ, Hirosaki N, Suehiro T, et al. A simple, efficient synthetic route to $Sr_2Si_5N_8$: Eu^{2+}-based for white light-emitting diodes. Chem Mater, 2006, 18: 5578-5583.

[197] Li Y Q, With G de, Hintzen H T. The effect of replacement of Sr by Ca on the structural and luminescence properties of the red-emitting $Sr_2Si_5N_8$: Eu^{2+} LED conversion phosphor. J

Solid State Chem, 2008, 181: 515-524.

[198] Piao X , Horikawa T, Hanzawa H, K-i Machida. Characterization and luminescence properties of $Sr_2Si_5N_8$: Eu^{2+} phosphorfor white light-emitting-diode illumination. Appl Phys Lett, 2006, 88: 161908-161910.

[199] Xie R J, Hirosaki N, Suehiro T, Xu F F, Mitomo M. A simple, efficient synthetic route to $Sr_2Si_5N_8$: Eu^{2+}-based red phosphors for white light-emitting diodes. Chem Mater, 2006, 18: 5578-5583.

[200] Zeuner M, Schmidt P J, Schnick W. One-pot synthesis of single-source precursors for nanocrystalline LED phosphors $M_2Si_5N_8$: Eu^{2+} (M=Sr, Ba). Chem Mater, 2009, 21 (12): 2467-2473.

[201] Zeuner M, Hintze F, Schnick W. Low temperature precursor route for highly efficient spherically shaped LED-phosphors $M_2Si_5N_8$: Eu^{2+} (M=Eu, Sr, Ba). Chem Mater, 2009, 21: 336-342.

[202] Uheda K, Hirosaki N, Yamamoto Y, et al. Luminescence properties of a red phosphor, $CaAlSiN_3$: Eu^{2+}, for white light-emitting diodes. Solid State Lett, 2006, 9: H22.

[203] Watanabe H, Yamane H, Kijima N. Crystal structure and luminescence of $Sr_{0.99}Eu_{0.01}$ $AlSiN_3$. J Solid State Chem, 2008, 181: 1848.

[204] Watanabe H, Wada H, Seki K, et al. Synthetic method and luminescence properties of Sr_xCa_{1-x} $AlSiN_3$: Eu^{2+} mixed nitride phosphors. J Electrochem Soc, 2008, 155: F31-F36.

[205] Yi-Ting Tsai, Chang-Yang Chiang, Wuzong Zhou, Jyh-Fu Lee, Hwo-Shuenn Sheu, Ru-Shi Liu. Structural ordering and charge variation induced by cation substitution in (Sr, Ca) $AlSiN_3$: Eu phosphor. J Am Chem Soc, 2015, 137, 8936-8939.

[206] Piao XQ, Machida K, Horikawa T, et al. Preparation of $CaAlSiN_3$: Eu^{2+} by self-propagating high-temperature synthesis and their luminescent properties. Chem Mater, 2007, 19: 4592-4599.

[207] Li JW, Watanabe T, Wada H, et al. Low-temperature crystallization of Eu-doped

red-emitting $CaAlSiN_3$ from alloy derived ammonometallates. Chem Mater, 2007, 19: 3592-3594.

[208] Li JW, Watanabe T, Sakamoto N, et al. Synthesis of a multinary nitride, Eu-doped $CaAlSiN_3$, from alloy at low temperatures. Chem Mater, 2008, 20: 2095-2105.

[209] Shen Y, Zhuang WD, Liu YH, et al. Preparation and luminescence properties of Eu^{2+}-doped CASN-sinoite multiphase system for LED. J Rare Earths, 2010, 28(2): 289-291.

[210] Hoppe H A, Stadler F, Oeckler O, Schnick W. $Ca[Si_2O_2N_2]$—a novel layer silicate. Angew Chem Int Ed, 2004, 43(41): 5540-5542.

[211] Oeckler O, Stadler F, Rosenthal T, Schnick W. Real structure of $SrSi_2O_2N_2$. Solid State Sci, 2007, 9: 205-212.

[212] Kechele J A, Oeckler O, Stadler F, Schnick W. Structure elucidation of $BaSi_2O_2N_2$—a host lattice for rare earth doped luminescent materials in phosphor-converted (pc)-LEDs. Solid State Sci, 2009, 11: 537-543.

[213] Martin Zeuner, Sandro Pagano, Wolfgang Schnick. Nitridosilicates and oxonitridosilicates: from ceramic materials to structural and functional diversity. Angew Chem Int Ed, 2011, 50: 7754-7775.

[214] Bachmann V, Ronda C, Oeckler O, Schnick W, Meijerink A. Color point tuning for (Sr, Ca, Ba)$Si_2O_2N_2$: Eu^{2+} for white light LEDs. Chem Mater, 2009, 21(2): 316-325.

[215] Li Y Q, Delsing A C A, With G de, Hintzen H T. Luminescence properties of Eu^{2+}-activated alkaline-earth silicon-oxynitride $MSi_2O_{2-\delta}N_{2+2/3\delta}$ (M=Ca, Sr, Ba): a promising class of novel LED conversion phosphors. Chem Mater, 2005, 17(12): 3242-3248.

[216] Zhang M, Wang J, Zhang Z, et al. A tunable green alkaline-earth silicon-oxynitride solid solution $(Ca_{1-x}Sr_x)Si_2O_2N_2$: Eu^{2+} and its application in LED. Appl Phys B, 2008, 93: 829-835.

[217] Song YH, Park WJ, Yoon DH. Photoluminescence properties of $Sr_{1-x}Si_2O_2N_2$: Eu^{2+}_x as green to yellow-emitting phosphor for blue pumped

white LEDs. J Phys Chem Solids, 2010, 71: 473-475.

[218] Song XF, He H, Fu RL, et al. Photoluminescent properties of $SrSi_2O_2N_2$: Eu^{2+} phosphor: concentration related quenching and red shift behavior. J Phys D: Appl Phys, 2009, 42: 1-6.

[219] Oyama Y, Kamigaito O. Solid solubility of some oxides in Si_3N_4. Jpn J Appl Phys, 1971, 10: 1637-1637.

[220] Jack KH, Wilson WI. Ceramics based on the Si-Al-O-N and related systems. Nat Phys Sci, 1972, 238: 28-29.

[221] Suehiro T, Hirosaki N, Xie RJ, Mitomo M. Powder synthesis of Ca-α-SiAlON as a host material for phosphors. Chem Mater, 2005, 17: 308-314.

[222] Xie RJ, Hirosaki N, Sakuma K, Yamamoto Y, Mitomo M. Eu^{2+}-doped Ca-α-SiAlON: a yellow phosphor for white light-emitting diodes. Appl Phys Lett, 2004, 84: 5404-5406.

[223] Xie RJ, Mitomo M, Uheda K, Xu FF, Akimune Y. Preparation and luminescence spectra of calcium- and rare-earth (R=Eu, Tb, Pr)-codoped α-SiAlON ceramics. J Am Ceram Soc, 2002, 85: 1229-1234.

[224] Xie RJ, Hirosaki N, Mitomo M, Yamamoto Y, Suehiro T. Optical properties of Eu^{2+} in α-SiAlON. J Phys Chem B, 2004, 108: 12027-12031.

[225] van Krevel JWH, Rutten JWT, Mandal H, et al. Luminescence properties of terbium-, cerium-, or europium-doped [alpha]-SiAlON materials. J Solid State Chem, 2002, 165: 19-24.

[226] Fukuda Y, Ishida K, Mitsuishi I, Nunoue S. Luminescence properties of Eu^{2+}-doped green-emitting Sr-SiAlON phosphor and its application to white light-emitting diodes. Appl

Phys Express, 2009, 2: 012401.

[227] Sakuma K, Hirosaki N, Xie RJ, Yamamoto Y, Suehiro T. Luminescence properties of (Ca, Y)-alpha-SiAlON: Eu phosphors. Mater Lett, 2007, 61: 547-550.

[228] Rong-Jun Xie, Naoto Hirosaki, Mamoru Mitomo, Kosei Takahashi, Ken Sakuma. Highly efficient white-light-emitting diodes fabricated with short-wavelength yellow oxynitride phosphors. Appl Phys Lett, 2006, 88, 101104.

[229] Xie RJ, Hirosaki N, Mitomo M, Uheda K, Suehiro T, Xu X, Yamamoto Y, Sekiguchi, T. Strong green emission from α-SiAlON activated by divalent ytterbium under blue light irradiation. J Phys Chem B, 2005, 109: 9490-9494.

[230] Rong-Jun Xie, Naoto Hirosaki. Silicon-based oxynitride and nitride phosphors for white LEDs—a review. Sci Technol Adv Mater, 2007, 8: 588-600.

[231] Naoto Hirosaki, Rong-Jun Xie, Koji Kimoto, Takashi Sekiguchi, Yoshinobu Yamamoto, Takayuki Suehiro, Mamoru Mitomo. Characterization and properties of green-emitting β-SiAlON: Eu^{2+} powder phosphors for white light-emitting diodes. Appl Phys Lett, 2005, 86: 2119051.

[232] Zhu XW, Masubuchi Y, Motohash T, Kikkawa S. The z value dependence of photoluminescence in Eu^{2+}-doped-SiAlON ($Si_{6-z}Al_zO_zN_{8-z}$) with $1<z<4$. J Alloys Compd, 2010, 489: 157-161.

[233] Xie RJ, Hirosaki N, Li HL, Li YQ, Mitomo M. Synthesis and photoluminescence properties of β-SiAlON: Eu^{2+} ($Si_{6-z}Al_zO_zN_{8-z}$: Eu^{2+}). J Electrochem Soc, 2007, 154: J314-J319.

NANOMATERIALS
稀土纳米材料

Chapter 4

第4章
稀土上转换发光纳米材料

李富友
复旦大学化学系

上转换发光（UCL）是低能光激发（通常是近红外光）通过连续的多光子吸收和能量转移过程发射高能量的光的过程。基于这样特殊的发光原理，稀土上转换发光纳米材料（UCNPs）呈现特殊的性能，如发射谱带窄、寿命长、反斯托克斯位移大（几百纳米），较好的光稳定性、无闪烁。

在生物医学领域应用中，UCNPs采用的近红外工作光源具有较深的光穿透深度和较高的空间分辨率，对生物组织无背景荧光，能够实现活体水平的小动物成像；此外，稀土上转换发光只需要低功率密度（$1 \sim 10^3 \mathrm{W/cm^2}$）的近红外连续激光器（典型的是980nm），相对于通过价格昂贵的高功率密度（$10^6 \sim 10^9 \mathrm{W/cm^2}$）脉冲激光器激发产生的双光子上转换发光，更具有普适性。所有这些优点都证实UCNPs拥有广阔的生物应用前景。

本章将首先介绍UCNPs的几种上转换发光机制、组成、制备及表面功能化的方法。最后结合生物成像应用实例，介绍UCNPs在生物医学领域中的应用。

4.1
概述

4.1.1
稀土上转换发光纳米材料的几种上转换发光机制

稀土元素包括元素周期表中原子序数为21的钪（Sc）、原子序数为39的钇（Y）和原子序数为 $57 \sim 71$ 的镧系15种元素，共17种；其中镧系元素为镧（La）、铈（Ce）、镨（Pr）、钕（Nd）、钷（Pm）、钐（Sm）、铕（Eu）、钆（Gd）、铽（Tb）、镝（Dy）、钬（Ho）、铒（Er）、铥（Tm）、镱（Yb）、镥（Lu）。镧系元素的电子组态为：

$$1s^2 2s^2 2p^6 3s^2 3p^6 3d^{10} 4s^2 4p^6 4d^{10} 4f^n 5s^2 5p^6 5d^m 6s^2$$

其中 $n=0 \sim 14$，$m=0$ 或1，它们的共同特点是都有未填满的4f壳层，且4f壳层位于已填满的5s和5p轨道以内。由于 $5s^2$ 和 $5p^6$ 电子层的屏蔽作用，4f壳层受晶体场或配位场影响较小，能级结构基本保留自由离子的特征，仍为分立的能级。

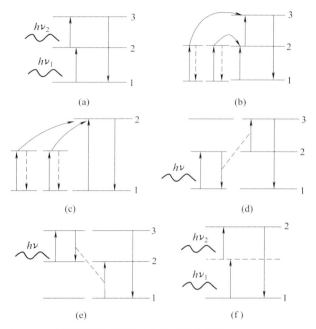

图4.1 几种具体形式的稀土上转换发光机制

（a）激发态吸收；（b）连续能量转移；（c）协同上转换；（d）交叉弛豫；（e）光子雪崩上转换；（f）直接双光子吸收

稀土离子的4f轨道之间的跃迁产生特殊的上转换发光。上转换发光机制的研究一直受到人们的重视，经过几十年的研究，人们对上转换发光机理已有了深入的了解。目前，可以把上转换发光的机制归结为四种，即激发态吸收、能量传递上转换、光子雪崩上转换和直接双光子吸收。

（1）激发态吸收（excited state absorption，ESA）

激发态吸收过程（ESA）是在1959年由美国Bloembergen教授等人提出的，其原理是同一个离子从基态能级通过连续的多光子吸收到达能量较高的激发态能级，这是上转换发光的最基本过程。首先，离子吸收一个能量为 $h\nu_1$ 的光子，从基态1跃迁到激发态2；然后离子再吸收一个能量为 $h\nu_2$ 的光子，从激发态2跃迁到激发态3；随后从激发态3发射出比激发光波长更短的光子[图4.1（a）]。在连续光激发下，来自激发态能级3的上转换发光强度通常正比于 $I_1 \times I_2$（I 为激发光光强）。在一些情况下，如果 $h\nu_1 = h\nu_2$，此时只需要一种激发光就可以了，这也是目前上转换发光研究中最常见的激发方式，其发光强度通常正比于 I^2；如果发生 n 次吸收，上转换发光强度将正比于 I^n。

ESA发生的条件通常为：①离子存在适合发生上转换的能级结构；②发生激发态吸收的能级2的寿命比较长；③从能级2到能级3的跃迁概率比较大；④激发光的功率足够高。另外，ESA过程为单个离子的吸收，具有不依赖于发光离子浓度的特点。

（2）能量传递上转换（energy transfer up-conversion，ETU）

根据能量传递方式的不同分为如下几种形式：

① 连续能量转移（successive energy transfer，SET）：SET一般发生在不同类型的离子之间。处于激发态的一种离子（施主离子）与处于基态的另外一种离子（受主离子）满足能量匹配的要求而发生相互作用，施主离子将能量传递给受主离子而使其跃迁至激发态能级，本身则以无辐射弛豫的方式返回基态。位于激发态能级上的受主离子还可能再一次接受施主离子转移的能量而跃迁至更高的激发态能级。这种能量转移方式称为连续能量转移［图4.1（b）］。

② 协同上转换（cooperative upconversion，CU）：CU过程发生在同时位于激发态的同一类型的离子之间，可以理解为三个离子之间的相互作用。处于激发态的两个离子将能量同时传递给一个位于基态能级的离子使其跃迁至更高的激发态能级，而另外两个离子则无辐射弛豫返回基态［图4.1（c）］。

③ 交叉弛豫（cross relaxation，CR）：CR过程可以发生在相同或不相同类型的离子之间。同时位于激发态上的两种离子，其中一个离子将能量传递给另外一个离子使其跃迁至更高能级，而本身则无辐射弛豫至能量更低的能级［图4.1（d）］。

ETU过程为离子之间的相互作用，因此强烈依赖于离子浓度，离子的浓度必须足够高，才能保证能量传递的发生。ETU过程在掺杂浓度大于1.0%（摩尔分数）时比较有效。在很多上转换发光材料中，ETU和ESA机制是并存的，甚至上转换过程是能量传递和激发态吸收共同协作实现的。而且，为了补偿能量传递过程中的能量失配，该过程是允许声子参与的过程。与激发态吸收一样，能量传递上转换的发光强度也通常正比于I^2或者I^n。

（3）光子雪崩上转换（photon avalanche，PA）

PA引起的上转换发光是1979年Chivian教授课题组研究Pr^{3+}在$LaCl_3$晶体中的上转换发光时首次提出的。泵浦光能量对应离子的能级2和能级3间的能量差，能级2上的一个离子吸收泵浦光能量后被激发到能级3，能级3与能级1发生交叉弛豫过程，离子都被积累到能级2上，使得能级2上的粒子数像雪崩一样增加，因此称为"光子雪崩"过程［图4.1（e）］。"光子雪崩"是ESA和ETU相结合的过程，其主要特征有：①泵浦波长对应于离子的某一激发态能级与其上能级的能量差，而不是基态能级与其激发态能级的能量差。②PA引起的上转换发光对泵浦功率有明显的依赖性，低于泵浦功率m值时，只存在很弱的上转换发光；而高于泵浦功率阈值时，上转换发光强度明显增加，泵浦光被强烈吸收。由于PA过程取决于激发态上的粒子数积累，因此在离子掺杂浓度足够高时，才会发生明显的PA过程。

（4）直接双光子吸收（two photon absorption excitation，TPA）

当激发光的功率相当高时，离子可以同时吸收能量分别为$h\nu_1$和$h\nu_2$的两个光子（$h\nu_1$与$h\nu_2$可以相等，也可以不相等），借助于一个虚拟的中间量子态从基态跃迁到终态，然后从终态辐射跃迁产生上转换发光［图4.1（f）］。直接双光子吸收辐射的上转换光子能量等于两个光子的能量之和，即$E_3=E_1+E_2$。由于这种过程发生的难度较大，故在上转换发光机制中并不多见。

4.1.2
稀土上转换发光纳米材料的组成

UCNPs的组成通常分为三个部分：无机基质、敏化剂和激活剂。在很多无机基质中都观察到了上转换发光过程，如氟氧化物、氧化物、卤化物（氟化物、氯化物、溴化物、碘化物和氟氯化物）、硫化物、硫氧化物、磷酸盐和矾酸盐、钛酸盐、铝酸盐、钼酸盐、镓酸盐等。目前，报道过的可以作为上转换发光的基质有$NaYF_4$、$NaYbF_4$、$NaGdF_4$、$NaLuF_4$、LaF_3、GdF_3、$GdOF$、La_2O_3、Lu_2O_3、Y_2O_3、Y_2O_2S、$BaTiO_3$、$KMnF_3$、CaF_2、ZnO、ZrO_2、MnF_2、$YAlO_3$、$La_2(MoO_4)_3$、$Gd_3Ga_5O_{12}$等。为了减少非辐射跃迁并增加辐射跃迁，理想的基质应该有较低的晶格声能。由于氟化物通常具有较低的声能（约$350cm^{-1}$）和较好的化学稳定性，因此氟化物是目前应用最广泛的基质材料之一。

相比其他稀土离子，Yb^{3+}在980nm附近有更大的吸收截面，因此Yb^{3+}通常作为敏化剂与激活剂共掺，以增强上转换发光效率（图4.2）。由于掺杂Er^{3+}、Tm^{3+}或Ho^{3+}均具有很多梯状能级，因此在近红外激发下，可以作为激活剂产生上转换发光的现象。为了尽量减少激活剂间交叉弛豫而造成的能量损失，激活剂的含量通常很低［<2%（摩尔分数）］。

敏化剂和激活剂的不同组合可以产生不同波长的光。在980nm近红外光源激发下，Yb^{3+}和Er^{3+}共掺杂的UCNPs可以在510～570nm区域内发射绿色上转换光，525nm和550nm处的最大发射峰对应于$^2H_{11/2}$和$^4S_{3/2}$激发态到$^4I_{15/2}$基态的跃迁，在

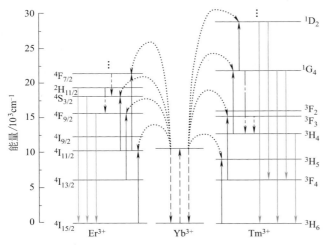

图4.2　共掺杂Yb,Er/Tm的UCNPs的发光机理[3]

630～680nm区域内发射的红色上转换光，最大峰值在660nm处，对应于$^4F_{9/2}$激发态到$^4I_{15/2}$基态的跃迁。同理，Yb^{3+}和Ho^{3+}共掺杂的UCNPs在541nm（绿色）、647nm（红色）和751nm（近红外）处有三个特征发射峰，分别对应于$^5S_2$、$^5F_5/$ $^5F_4$、$^5S_2$激发态到$^5I_8$基态的跃迁。对于Yb^{3+}和Tm^{3+}共掺杂的UCNPs，上转换发光发射峰出现在451nm（蓝色）、481nm（蓝色）、646nm（红色）和800nm（近红外）处，分别对应于$^1D_2 \rightarrow ^3F_4$、$^1G_4 \rightarrow ^3H_6$、$^1G_4 \rightarrow ^3F_4$和$^3H_4 \rightarrow ^3H_6$的跃迁。在较高的激发功率下，可以观察到365nm（紫外）处的发射峰，对应于$^1D_2 \rightarrow ^3H_6$的跃迁（图4.2）。在以上三种情况下，Yb^{3+}和Er^{3+}与Yb^{3+}和Tm^{3+}共掺杂的UCNPs在活体成像中的应用最为广泛。

　　然而，水及生物体液在950～1050nm范围内有强吸收，因此将980nm近红外激光作为上转换发光活体成像的激发光源会导致成像区域的温度升高，具有潜在过热风险。针对这一问题，瑞典He教授课题组提出利用915nm近红外激光激发$NaYbF_4$:Er,Tm,Ho，实现了比980nm近红外激光激发下升温更低的上转换发光成像[1]。为了进一步减小成像过程中的热效应，北京大学严纯华教授课题组合成了$NaGdF_4$:Yb,Er@$NaGdF_4$:Nd,Yb。由于Nd^{3+}能够被808nm近红外激光激发并进一步将能量传递给Yb^{3+}，这一材料能够在808nm激光的激发下发射出明亮的上转换发光，并且大大减少了成像过程中的产热，更有利于上转换发光纳米材料在生物成像中的应用[2]。

4.1.3
影响上转换发光效率的因素

上转换发光效率（QY）为发射上转换光子（photons emitted）与吸收光子（photons absorbed）的比值。由于上转换发光过程至少吸收两个光子，发射出一个上转换光子，因此QY通常小于50%。UCNPs结晶不好和比表面积大都会导致UCNPs存在大量的猝灭中心，从而导致UCNPs的QY通常很小。加拿大van Veggel课题组利用积分球和式（4.1）报道了30nm NaYF$_4$:20%Yb,2%Er的QY只有0.3%[4]。

$$QY = \frac{L_{sample}}{E_{reference} - E_{sample}} \qquad (4.1)$$

由于上转换发光过程受到很多因素的影响，如敏化剂和激活剂的选择、基质的选择、室温、激光功率、氧气和其他化合物的存在，因此准确测量上转换发光效率十分困难。目前，上转换发光强度往往用于比较不同UCNPs的发光效率。目前有几种提高上转换发光效率的方法：

（1）晶相和机制的选择

UCNPs的晶相影响上转换发光，其中NaYF$_4$是报道最多的上转换发光基质。NaYF$_4$通常有两种晶相：立方相和六方相。六方相通常比立方相NaYF$_4$具有更强的发光效率。因此，将立方相的NaYF$_4$转变为六方相是提高UCNPs发光效率的方法之一。北京大学的严纯华教授课题组就报道了通过高温热解法实现NaYF$_4$立方相到六方相的转变[5]。新加坡国立大学的刘晓刚教授课题组通过水热法将NaYF$_4$掺杂30% ～ 60%Gd元素，从而实现了立方相到六方相的转变[6]。复旦大学赵东元教授课题组[7]、香港理工大学郝建华教授课题组[8]和首都师范大学周晶教授课题组[9]等也进一步探索了通过实验条件控制和离子掺杂调控晶相的方法。

另外，科学家们也在探索寻找发光效率更好的基质。复旦大学的李富友教授课题组报道了约7.8nm的NaLuF$_4$:Gd,Yb,Tm，该纳米材料比20nm的NaYF$_4$具有更好的发光强度。研究表明，NaLuF$_4$:Gd,Yb,Tm的QY可达0.47%[10]。美国Prasad教授课题组报道了LiYF$_4$:Er在1490nm的激发下具有很强的上转换发光[11]。他们还报道了约10nm的NaYbF$_4$:Tm的发光强度比25 ～ 30nm的NaYF$_4$高3.6倍[12]。

（2）核壳结构的构建

通过核壳结构的构建，可以很好地分离发光中心和猝灭中心，因此可以大大提高上转换发光强度。核壳结构有多种形式，按壳层的种类可分为无敏化剂壳层和有敏化剂壳层，按基质的性质可以分为均相核壳结构和异相核壳结构。

大量工作证明了核壳结构的构建可以有效地提高上转换发光强度，如无敏化剂壳层均相核壳结构：$NaYF_4$：Yb,Er/Tm@$NaYF_4$、$NaYF_4$：Yb,Er/Tm@$NaGdF_4$、$KGdF_4$：Yb,Er@$KGdF_4$、YOF：Yb,Er@YOF、LaF_3：Yb,Er/Ho@LaF_3、Y_2O_3：Yb,Er/Tm@Y_2O_3、YF_3：Yb,Er@YF_3、$NaGdF_4$：Er@$NaGdF_4$：Ho@$NaGdF_4$；无敏化剂壳层异相核壳结构：$NaYF_4$：Yb,Er@$NaGdF_4$、$NaYF_4$：Yb,Tm@$NaLuF_4$、$NaYbF_4$：Tm@$NaGdF_4$、$NaYF_4$：Yb,Er@CaF_2、$LaPO_4$：Er@Y_2O_3；有敏化剂壳层β-$NaYF_4$：Yb,Tm@β-$NaYF_4$：Yb,Er、β-$NaYF_4$：Yb,Tm@β-$NaYF_4$：Yb,Er@β-$NaYF_4$：Yb,Tm、$BaGdF_5$：Yb,Er@$BaGdF_5$：Yb等。

此外，为了减小稀土离子间交叉弛豫导致的上转换发光猝灭，科学家们还构筑了一系列多层核壳结构的UCNPs。加拿大van Veggel教授课题组报道了一种基于Ostwald熟化的精确可控的构筑多层核壳结构的UCNPs的方法[13]。中科院化学研究所的姚建年教授课题组设计合成了$NaYF_4$：Yb,Er@$NaYF_4$：Yb@$NaNdF_4$：Yb，讨论了$NaYF_4$：Yb层厚度对上转换发光强度的影响，并优化出了最佳厚度[14]。在此基础上，北京大学严纯华教授[15]和复旦大学赵东元教授、张凡教授[16]等也相继报道了不同层数的核壳结构的UCNPs。

（3）表面等离子体共振（SPCE）效应

金和银具有表面等离子体共振（SPCE）效应，可以提高上转换发光效率。因此科学家们尝试将金和银与UCNPs结合。目前报道了多种方式来将UCNPs负载在金属膜表面构建UCNP@Au核壳结构。北京大学的严纯华教授课题组证明了30nm的$NaYF_4$：Yb,Er在Ag纳米线附近发光（红光和绿光）会增强，且红光的增强倍数更大[17]。加州大学段镶峰教授课题组报道了在180nm的$NaYF_4$：Yb,Er表面包覆Au壳层，在最优的壳层厚度时，发光强度可以增强150%[18]。

4.1.4
影响上转换发射颜色的因素

Er^{3+}、Tm^{3+}和Ho^{3+}是UCNPs中应用最为广泛的激活剂。由于它们的能级不同，这些激活剂表现出多重上转换发射带（紫外、蓝色、绿色、红色或者近红外上转换发射）。为了可控实现各种颜色的上转换发光，可以通过以下方法进行调控。

（1）调节掺杂元素及掺杂浓度

通过调节掺杂的活化离子种类和掺杂浓度，上转换发射的颜色可以从紫外光区调节至近红外光区。例如，英国 Nann 教授课题组开发了近红外发射的 $NaYbF_4$: Tm、绿光和弱红光发射的 $NaYbF_4$: Ho 及绿光和红光发射的 $NaYbF_4$: Er 的彩色复合纳米颗粒系统，通过调节掺杂元素的种类得到多色上转换发光[19]。新加坡刘晓刚教授课题组在相同基质中精确地控制掺杂的活化离子种类和它们的浓度，可以人为地从可见光区调节至近红外区[20]。此外，该课题组还与南京工业大学黄维教授合作，利用稀土离子的非稳态能级实现了 980nm 脉冲激光和 808nm 连续激光共同控制的多色上转换发光[21]。新加坡张勇教授课题组将 Tm 和 Er 分别掺杂在核壳结构的 $NaYF_4$: Yb,Tm@$NaYF_4$: Yb,Er 纳米材料中，观测到不同颜色的上转换发射[22]。到目前为止，学者们利用该方法报道了很多具有不同颜色的上转换发光基质，包括 $NaYF_4$、$NaYbF_4$、Na_xScF_{3+x}、LaF_3、$NaGdF_4$、BYF_4 和 Y_2BaZnO_5 等。

（2）调控尺寸、晶相和表面配体

很多其他因素，如 UCNPs 的尺寸、晶相和表面配体都会影响上转换发射峰的比例。通常，单分散性、尺寸和表面配体通过表面效应和小尺寸效应影响上转换发射。举例而言，英国 Schietinger 教授课题组通过原子力显微镜和共聚焦显微镜证明了单颗粒的 $NaYF_4$: Yb,Er 纳米材料（大小分别为 5.6nm、47nm 和 66nm）的上转换发射峰的比例是浓度依赖的[23]。其中绿光与红光的比例随尺寸增大而下降。新加坡 Chow 教授课题组在 $NaYF_4$: Yb,Er 纳米材料光学性质的尺寸效应方面做了很全面的工作，他们提出 UCNPs 表面的—OH 导致的猝灭是决定其发射性能的重点[24]。此外，南京工业大学黄维教授课题组可控合成了单斜晶相、单斜-六方混合晶相和六方晶相三种 Na_xScF_{3+x} : Yb,Er 纳米材料[25]。从这些不同的纳米颗粒中可以观测到可调控的上转换发射。

（3）利用内部滤光效应

内部滤光效应，也称发射-再吸收效应，当荧光系统中的物质在发光体的发射带有吸收时发生。由于遵循郎伯-比尔定律，影响内部滤光效应的主要因素有：谱图叠加和光程长短情况。罗丹明 B、S-0378 和 NIR-797 等染料的吸收光谱与 UCNPs 的一个上转换发射带重叠。通过选择合适的吸光物质，可以利用内部滤光效应调节上转换发射的颜色。例如，德国 Wolfbeis 教授课题组通过具有高摩尔消光系数的有机染料调控了 $50 \sim 90nm$ 的 $NaYF_4$: Yb,Er 和 $NaYF_4$: Yb,Tm 纳米材料的上转换发射颜色[26]。

（4）利用荧光共振能量转移的基本原理

荧光共振能量转移（FRET）是 1～10nm 范围之内两个或多个荧光分子之间的距离分离或连接产生独特的荧光信号的过程。FRET 由能量给体和受体组成。给体和受体的选择取决于物质自身的光谱性质。给体与受体发射的波长必须完全分开，没有任何交叉干扰。此外，给体的发射光谱与受体的吸收光谱之间的重叠要好才可以使能量转移更有效率。当 FRET 的供体基于镧系元素时，通常被归于发光共振能量转移（LRET），因为镧系元素离子的发光不是普通的荧光，而具有较长的发光寿命。

UCNPs 通常作为能量的给体，有机染料、重金属配合物、半导体量子点和金纳米颗粒通常作为能量的受体。基于 LRET 原理，可以构建 UCNPs 体系从而实现多色发射。例如，苏州大学刘庄教授课题组发现，当罗丹明 B 负载到聚合物包覆的 $NaYF_4$:Yb,Er/Tm 时，上转换发射的颜色可以通过纳米颗粒传递给染料的 LRET 效应进行调节。在 980nm 激发下，545nm 处的绿色上转换光减弱，而罗丹明 B 的发射在 585nm 处被观测到[27]。新加坡张勇教授课题组在 $NaYF_4$:Yb,Er/Tm@SiO_2 的二氧化硅层中负载荧光染料 FITC、TRITC 或发射带在 605nm 处的量子点，可以观测到由纳米颗粒传递给有机染料或量子点的 LRET 效应导致的在 536nm、651nm 和 605nm 处的多色上转换发光[28]。

（5）利用能量迁移

能量迁移过程提供了一种新的获得多色上转换发射的方法，可以实现 Eu^{3+}、Tb^{3+}、Dy^{3+} 和 Sm^{3+} 等稀土离子的上转换发光。为了确认能量的迁移过程，中国科学院福建结构所陈学元教授课题组建立了不同稀土元素掺杂的核壳纳米结构 $NaGdF_4$:Yb,Tm@$NaGdF_4$:Eu。该结构利用核中的 Yb^{3+} 和 Tm^{3+} 作为双敏化剂，并且利用了核壳纳米结构的能量迁移性能，通过精确调节壳层中一系列稀土元素的掺杂浓度，在 976nm 激发下，实现了 Eu^{3+} 上转换发射[29]。新加坡刘晓刚教授设计了另一种核壳结构 $NaGdF_4$:Yb,Tm@$NaGdF_4$:X（X=Eu、Tb、Dy 和 Sm），并观测到可调节的覆盖了可见光区域的上转换发射[30]。为了实现有效的能量转移，必须采用高浓度的稀土离子掺杂。最近，该课题组制备出了双壳结构纳米颗粒 $NaGdF_4$:Yb,Tm@$NaGdF_4$:X@$NaYF_4$:Yb（X=Eu、Tb、Dy 和 Sm）。$NaYF_4$ 包覆的方法使得这些激活剂在低浓度掺杂下 [小于 1%（摩尔分数）] 就能产生可调节的上转换发射[31]。最近，香港城市大学王峰教授课题组合成了另一种核壳纳米结构 $NaYbF_4$:Nd@Na(Yb,Gd)F_4:Er@$NaGdF_4$，并在 808nm 的激发下，通过能量迁移获得了从紫外到可见光谱区的可调节的上转换发射[32]。

4.2
稀土上转换发光纳米材料的制备方法

目前，合成UCNPs的很多种方法可以实现对其晶相、尺寸、形貌和表面性能的调控。通过使用不同的方法以及调节反应条件，可以制备出不同形貌（纳米球、纳米棒、纳米立方体和纳米盘等）、不同粒径大小（从纳米级到微米级）、不同晶相（立方晶相、六方晶相等）和不同表面配体的UCNPs（图4.3）。其中，水热（高沸点溶剂热）法和热解法是两种应用最多的制备形貌可控、粒径均匀的UCNPs的方法。

4.2.1
水热/高沸点溶剂热法

水热法通常采用低廉的原料制备尺寸和形貌可控的UCNPs。一个基本的水热法过程如下，将稀土源和氟源溶解在溶液中，并置于高压反应釜中，封口，高温高压处理。稀土源通常是稀土离子的硝酸盐、氯化物或氧化物。制备LnF_3型纳米

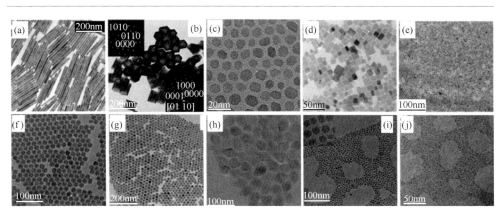

图4.3 水热法合成的$NaYF_4$(a)、(b), LaF_3(c), $KMnF_3$(d)纳米材料的电镜图片；高温热解法合成的$NaYF_4$(e)、$NaGdF_4$(f)、$NaLuF_4$(g)、$LiYF_4$(h)、$BaGdF_5$(i)和GdOF(j)纳米材料的电镜图片[40]

颗粒时，氟源通常采用 HF、NH_4F 或 NH_4HF_2；制备 $MLnF_4$ 型纳米颗粒时，氟源通常采用 NaF 或 KF。清华大学的李亚栋教授课题组报道了一种简单的制备 UCNPs 的方法，该方法基于液相、固相和水相（LSS）的界面作用[33]。利用 LSS 方法可以制备出一系列不同基质、晶相、尺寸和形貌的氟基上转换发光纳米材料，如 $NaYF_4$、$NaLaF_4$、LaF_3、$BaYF_5$、BaY_2F_8、Ba_2YF_7、Ba_2YbF_7、YF_3、GdF_3、CaF_2、SrF_2、KY_3F_{10} 和 KMF_3（M=Mn，Zn，Cd 或 Mg）。在水热反应过程中，许多实验参数影响纳米材料的生长，如反应原料的浓度，掺杂离子的种类和浓度，水热温度和时间，pH 值等。新加坡张勇教授课题组报道了环境友好的溶剂热法制备六方相的 $NaYF_4$:Yb,Er/Tm 纳米材料，该纳米材料形貌可控，具有较强的上转换发光[34]。中科院长春应用化学研究所曲晓刚研究员[35]和首都师范大学周晶教授[36]课题组分别报道了利用生物小分子为模板，通过水热法合成中空结构和多孔结构 UCNPs 的方法。溶剂热法还可以用于制备 $NaLuF_4$ 和 $NaYb_{1-x}Gd_xF_4$ 等多种纳米材料。

4.2.2
高温热分解法

一个典型的热解反应是将相应的金属三氟乙酸盐加热分解为相应的金属氟化物的过程。北京大学的严纯华教授课题组通过在油酸/油胺/十八烯的混合溶剂中热解三氟乙酸盐制备稀土氟化物[37]。在热解反应过程中，很多因素影响纳米材料的晶相、形貌、尺寸大小和 UCL 效率的控制合成，如反应前体的比例、反应温度和时间、溶解的配位能力等。新加坡 Chow 课题组通过使用油胺作为溶剂，实现了 $NaYF_4$:Yb,Er/Tm 纳米材料从立方相到六方相的转变[38]。加拿大 Capobianco 课题组也报道了热解法合成单分散的 Yb,Er 和 Yb,Tm 共掺杂的 $NaYF_4$ 纳米材料[39]。利用高温热解法，可以制备出一系列单分散、均一的 UCNPs，如 $NaYF_4$、$NaGdF_4$、$NaYbF_4$、$LiYF_4$、KY_3F_{10}、$BaGdF_5$ 和 GdOF。

4.2.3
其他方法

除了以上方法，还有很多合成 UCNPs 的方法，如共沉淀法、溶胶-凝胶法、固相法、离子液法、反相微乳法等。每种方法都有各自的优缺点。例如，共沉淀法反应步骤简单、成本低、产量大。溶胶-凝胶法较容易控制材料的组成。固相法比较简单，但是不易调控纳米材料的大小和表面配体。离子液法使用环境友好的离子液作为溶剂合成纳米材料。反相微乳法合成的纳米材料具有很好的可重复性。

4.3
稀土上转换发光纳米材料的表面修饰

4.3.1
两步法合成亲水的稀土上转换发光纳米材料

油溶性纳米材料作为荧光探针应用于生物成像，需通过表面功能化的方法使其转变成水溶性的纳米材料。目前，报道的表面功能化的方法有配体交换、有机配体移除、阳离子辅助的配体组装、配体氧化、层层组装、疏水-疏水作用、主客体相互作用和硅包覆等（图4.4）。

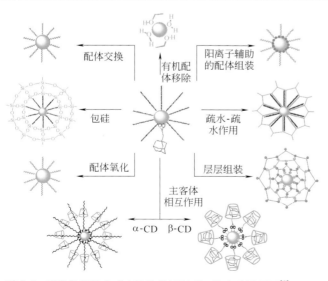

图4.4 两步转换法合成水溶性的UCNPs的合成机理图[3]

（1）配体交换

通常水热、高沸点溶剂法和高温热解法合成的纳米材料是油溶性的，且表面配体为油酸或油胺。对于油酸包覆的UCNPs，油酸中的—COOH官能团与稀土元素有很强的结合作用，因此交换掉纳米材料表面的—COOH，需要使用多齿配体或者大大过量的单齿配体，如聚乙二醇（PEG）-磷酸盐、聚丙烯酸（PAA）、己二酸（HDA）、3-巯基丙酸（3MA）、二巯基丁二酸（DMSA）、巯基琥珀酸（MSA）、柠檬酸（CA）、1,10-十二碳二元酸（DDA）、11-巯基十一烷酸（MUA）和聚酰胺（PAMAM）。例如，加拿大van Veggel教授课题组通过PEG-磷酸盐取代了油酸，成功地制备了水溶性的$NaYF_4$:Yb,Er/Tm纳米材料[41]。加拿大Capobianco教授课题组利用PAA取代油酸，将油酸包覆的$NaGdF_4$:Yb,Ho纳米材料成功转化为水溶性的纳米材料[42]。美国Prasad教授课题组通过加入过量的3MA或PAA，成功地取代了UCNPs表面的油酸[43]。复旦大学的李富友教授课题组也成功用CA置换了$NaYF_4$:Yb,Er纳米材料表面的油酸配体[44]。对于油胺包覆的UCNPs，由于油胺与稀土离子的作用力相对较弱，所以配体交换很容易进行。目前，一些有机酸已经成功地将UCNPs表面的油胺交换下来，如PEG双羧酸（分子量600）、聚乙烯亚胺（PEI）和硫乙醇酸（TGA）。通常配体交换对UCNPs的形貌和晶相并没有产生明显的影响。

（2）有机配体移除法

由于水和乙醇中的氧原子可以和稀土元素产生配位作用，所以，当UCNPs表面的配体被除去后，水和乙醇可以作为配体包覆在UCNPs的表面，使得UCNPs能够分散在水中，并且稳定存在。加拿大Capobianco教授课题组通过调节溶液的pH值到4，去除$NaYF_4$:Yb,Er纳米材料表面的油酸配体，制备出表面无配体的水溶性纳米材料[45]。这些表面无配体的纳米材料可以进一步通过静电作用与含有羧基（—COOH）、氨基（—NH_2）、巯基（—SH）、羟基（—OH）的水溶性生物相容分子连接，使其更有利于在生物中的应用。美国Murray教授课题组报道了亚硝基四氟硼酸（$NOBF_4$）可以在极性或水溶性的溶剂中置换$NaYF_4$:Yb,Er纳米材料表面的油酸或油胺配体[46]。BF_4^-包覆的UCNPs可以进一步包覆油溶性聚合物，如聚乙烯吡咯烷酮（PVP）。这种置换方法制得的UCNPs可以在水中稳定存在数个月，不发生团聚现象。

最近，复旦大学李富友教授课题组发明了一种将油胺包覆的$NaYF_4$:Yb,Er/Tm纳米材料转化为水溶性多功能的纳米材料的方法[47]。该方法先将油胺从纳米材料表面脱落下来，然后再在阳离子的辅助下，连接含有—COOH的配体，如6-

氨基己酸（6AA）或叶酸（FA）。这种阳离子辅助的配体组装方法在UCNPs表面成功地引入了稀土阳离子（如Gd^{3+}），使其可以应用于磁共振成像（MRI）。

（3）配体氧化法

配体氧化法是一种基于配体的化学反应，在不消除配体的情况下对纳米材料的表面进行修饰的一种方法。这种方法通常对UCNPs的形貌、晶相、组分和发光性质没有影响。复旦大学的李富友教授课题组发明了一种将油溶性的$NaYF_4$:Yb,Er/Ho/Tm纳米材料转化为水溶性材料的简单可行的方法[48]。该方法通过Lemieux-von Rudloff氧化剂将纳米材料表面的油酸配体氧化成壬二酸，使—COOH包覆在纳米材料的表面。该课题组进一步发明了一种环氧化的方法，将LaF_3:Yb,Er/Ho纳米材料表面油酸配体环氧化，同时连接聚乙二醇单甲醚（mPEG-OH），形成两亲性的纳米材料[49]。北京大学的严纯华教授课题组报道了臭氧氧化$NaYF_4$:Yb,Er纳米材料表面的油酸配体[50]。在CH_3SCH_3存在下，油酸被氧化为壬二醛；在CH_3CO_2H和H_2O_2存在下，油酸被氧化为壬二酸。

（4）层层组装

通过带有相反电荷配体间的静电引力的作用，清华大学的李亚栋教授课题组报道了层层组装法制备PAH/PSS/PAH包覆的$Na(Y_{1.5}Na_{0.5})F_6$:Yb,Er/Tm纳米材料（PAH=聚烯丙基胺盐酸盐，PSS=聚磺化苯乙烯）[51]。这种层层组装方法的优点在于它可以包覆不同形貌和尺寸的纳米材料，可以选用不同的配体，也可以控制包覆的层数。

（5）疏水-疏水作用

利用疏水-疏水相互作用，在油溶性的纳米材料表面再包覆一层两亲分子可以实现纳米材料的改性。例如，印度Speghini教授课题组在油酸包覆的CaF_2:Yb,Er/Ho/Tm纳米材料表面又包覆一层油酸分子[52]。利用油酸双分子层的疏水端相互作用，使得亲水端包覆在纳米材料的外面，制备了亲水的纳米材料。美国Prud'homme教授[53]和苏州大学的刘庄教授课题组[54]等分别报道了用嵌段共聚物组装在油酸包覆的$NaYF_4$:Yb,Er纳米材料表面，利用聚合物长烷基链和油酸间的疏水-疏水相互作用，使亲水端裸露在外侧，使得纳米材料可以分散在水中。

（6）主客体相互作用

利用主客体相互作用将水溶性的配体组装在油溶性纳米材料的表面也是一种纳米材料表面改性的重要方法。复旦大学的李富友教授课题组通过β-环糊精与$NaYF_4$:Yb,Er纳米材料表面的金刚烷分子相互作用，将金刚烷包覆的纳米材料转入到水相[55]。这种主客体相互作用的方法后处理简单，仅仅需要搅拌或振荡，反应快速（< 20s），转换效率高，可以有效地应用于生物成像材料的制备中。该课题组进一步通过 α- 环糊精与油酸的特异性作用，发明了另一种基于主客体相互作用的表面改性的方法[56]。基于疏水 - 疏水相互作用和主客体相互作用的方法比较简单，而且可以保持纳米材料的大小，同时疏水层内可以负载油溶性药物或染料。

（7）二氧化硅包覆

由于二氧化硅是一种生物亲和性很强的材料，所以，二氧化硅包覆是一种很受欢迎的表面修饰方法。二氧化硅包覆的方法均适用于包覆油溶性和水溶性纳米材料。利用反相微乳法可以在油溶性的 UCNPs 表面包覆一层二氧化硅；利用 Stöber 方法可以在水溶性的 UCNPs 表面包覆二氧化硅层。例如，加拿大 van Veggel 教授课题组报道了单分散的、柠檬酸包覆的 LaF_3 : Yb,Er/Tm 纳米材料的合成，并通过 Stöber 方法在其表面包覆一层硅层，该硅层的厚度约为 15nm[57]。新加坡的张勇教授课题组利用 Stöber 方法在 PVP 包覆的 $NaYF_4$: Yb,Er 纳米材料表面包覆厚度约为 10nm 的硅层[58]。复旦大学的李富友教授课题组通过反相微乳法在油溶性纳米材料表面包覆厚度约为 5nm 的硅层[59]。然而，在经过二氧化硅包覆后，UCNPs 的尺寸往往会增加。

4.3.2
一步法合成亲水的稀土上转换发光纳米材料

由于水溶性 UCNPs 更有利于生物应用，目前，越来越多的课题组关注一步法合成水溶性的 UCNPs 的方法。这种方法具有反应步骤少、后处理简单等优点。一步合成法通常包括多元醇法、水溶性配体辅助法、二元配体辅助的水热法、反相微乳法和离子热法等。

（1）多元醇法

多元醇法是一种简单易行的一步制备水溶性 UCNPs 的方法。多元醇不仅能够起到反应介质的作用，同时还作为表面配体控制纳米材料的生长并提高其稳定性。例如，清华大学的陈德朴教授报道了利用多元醇法合成 $NaYF_4$: Yb,Er/Tm 和 LaF_3 : Yb,Er 纳米材料[60,61]。多元醇通常选用乙二醇、一缩二乙二醇（DEG）和丙三醇。

（2）水溶性配体辅助法

在水溶性配体的存在下，可以通过一步水热法或一步共沉淀法制备水溶性的UCNPs。目前，这些水溶性的配体通常是指CA、乙二胺四乙酸（EDTA）、PVP、PEG、PAA、PEI、3MA和6AA。例如，清华大学的李亚栋教授课题组报道了在EDTA和十六烷基三甲基溴化铵（CTAB）存在下水热合成NaYF$_4$:Yb,Er纳米材料[62]。新加坡张勇教授课题组报道了一步合成水溶性的和PEI包覆的NaYF$_4$:Yb,Er/Tm纳米材料[63]。香港理工大学郝建华教授课题组报道了水热法合成水溶性的和3MA、6AA或PEG表面功能化的NaYF$_4$:Yb,Er纳米材料[64]。

（3）二元配体辅助的水热法

实现一步水热（高沸点溶剂热）法合成尺寸均一的水溶性UCNPs是非常困难的。复旦大学李富友教授课题组报道了在二元配体存在下水热法合成水溶性的LaF$_3$:Yb,Ho/Tm纳米材料[65]。6AA和油酸在体系中控制成核的产生和晶体的生长，生成尺寸非常均一的纳米材料。

（4）反相微乳法

由于使用的表面活性剂亲水亲油平衡值（HLB）较低，传统的反相微乳法合成的UCNPs是油溶性的。复旦大学李富友教授课题组发展了一种改性的反相微乳法合成水溶性的UCNPs。在磺基丁二酸钠二辛酯（AOT）反相微乳体系中引入6AA，可以实现一步法制备水溶性的NaYF$_4$:Yb,Er纳米材料[66]。

（5）离子热法

因为离子液体具有化学稳定性好、蒸发压力低和耐燃等特点，因此被认为是"绿色溶剂"，广泛应用于各种合成中。利用离子液体和1-丁基-3-甲基咪唑四氟硼酸盐作为共溶剂、模板和反应物，可以成功制备NaYF$_4$:Yb,Er/Tm和LaF$_3$:Er纳米材料。这种离子热的方法是一种环境友好的方法。

4.3.3
稀土上转换发光纳米材料的表面功能化

为了进一步将UCNPs应用于成像中，对UCNPs进行表面功能化是必要的步骤。目前，UCNPs表面往往含有羧基、氨基或马来酰亚胺，可以进一步地连接含有氨基、羧基或巯基的生物分子。含有羧基的配体和生物分子有：AA、HAD、柠檬酸、TGA、3MA、DMSA、MSA、PEG双羧酸、PAA、DDA、MUA、叶

酸、蝎氯毒素（CTX）、生物素、抗体、DNA等。含有氨基的配体和生物分子有：ADA、6AA、PEI、PEG双氨基、PAH、PAMAM、抗体、亲和素、FA-壳聚糖、DNA、伴刀豆球蛋白（ConA）等。含有马来酰亚胺的配体有：6-(马来酰亚氨基)己酸琥珀酰亚胺酯、4-(N-马来酰亚胺甲基)环己烷-1-羧酸磺酸基琥珀酰亚胺酯钠盐（sulfo-SMCC）等。含有巯基的生物分子有五环肽RGD等。

（1）羧基功能化的纳米材料

UCNPs表面含有羧基，可以与含有氨基的生物分子进行连接。在缓冲溶液中，在1-乙基-3-(3-二甲基氨基丙基)碳酰二亚胺盐酸盐（EDC）和N-羟基琥珀酰亚胺-3-磺酸钠盐（sulfo-NHS）的作用下，羧酸功能化的纳米材料可以与含有氨基的生物分子作用。例如，美国Prasad教授课题组报道了3MA包覆的$NaYF_4$:Gd,Yb,Er纳米材料可以与含有氨基的抗体（紧密连接蛋白4抗体和间皮素抗体）作用，实现肿瘤细胞的靶向成像[67]。

（2）氨基功能化的纳米材料

氨基功能化的UCNPs可以进一步连接含有羧基的分子，例如，武汉大学王取泉等报道了氨基功能化的UCNPs进一步连接CTX，应用于胶质瘤细胞的靶向成像[68]。另外，通过UCNPs@SiO_2与3-氨基丙基三甲氧基硅烷（APS）作用，可以使UCNPs表面修饰氨基。APS功能化的UCNPs也可以连接许多生物分子，如生物素、亲和素、FA、抗体和染料。例如，复旦大学的李富友教授课题组报道了氨基功能化的$NaYF_4$:Yb,Er@SiO_2纳米材料的合成，通过硅层表面连接FA，可以实现口腔上皮肿瘤细胞（KB细胞）的靶向成像[59]。

氨基修饰的UCNPs还可以与含有—CHO或S＝C＝N的分子作用，例如聚核苷酸、亲和素和甘露糖。例如，中国科学院生态研究中心郭良宏教授课题组制备了硅包覆的$NaYF_4$:Yb,Er纳米材料，通过与戊二醛作用，成功连接亲和素[69]。

（3）马来酰亚胺功能化的纳米材料

通常，含有氨基的UCNPs与双官能团偶联剂反应，生成马来酰亚胺功能化的UCNPs，再与含有—SH基团的生物分子连接。复旦大学的李富友教授课题组报道了6-(马来酰亚氨基)己酸琥珀酰亚胺酯作为双官能团偶联剂，将氨基功能化的$NaYF_4$:Yb,Er,Tm纳米材料转化为马来酰亚胺功能化的纳米材料，进一步连接五环肽RGD [Arg-Gly-Asp-Phe-Lys(mpa)]，从而实现靶向成像[70]。

4.4
稀土上转换发光纳米材料在生物医学领域的应用

UCNPs在合成、表面改性和表面功能化方面得到了长足的发展。因此，将UCNPs应用于生物医学领域得到了越来越多的关注。

4.4.1
在分子检测中的应用

FRET是一个给体受到光激发后不产生辐射跃迁而将能量传递给受体，从而影响给体的发光信号的过程。UCNPs可以作为良好的能量给体，受体的种类可分为小分子染料、贵金属纳米颗粒、半导体纳米颗粒和碳纳米材料。

芬兰Kuningas教授课题组在La_2O_2S:Yb,Er表面包覆抗体（anti-E2-Fab）作为给体，抗原E2连接Oyster-556荧光染料作为受体[71]。没有E2存在时，由于抗原、抗体的相互作用，实现了有效的能量相互作用，从而在980nm激发下观测到了Oyster-556荧光染料的发光信号。当体系存在E2时，Oyster-556荧光染料的发光信号减弱，通过评估减弱情况，可以得到在缓冲溶液和血液中检测限分别达到0.4nmol/L和0.9nmol/L。东北大学徐淑坤教授课题组利用类似的免疫反应，采用金纳米颗粒作为能量的受体，发明了一种三明治结构的发光共振能量转移检测体系[72]。$NaYF_4$:Yb,Er与人免疫球蛋白（human IgG，一抗）相连，金纳米颗粒与兔抗羊免疫球蛋白（rabbit antigoat IgG，二抗）相连。当体系中存在羊抗人免疫球蛋白（goat antihuman，IgG，抗体）时，连接一抗的$NaYF_4$:Yb,Er和连接二抗的金纳米颗粒之间的距离被拉近，发生共振能量转移过程，猝灭了542nm处的上转换发光信号。该体系的检测限达到0.88μg/mL。美国Tan教授课题组利用$NaYF_4$:Yb,Er@$NaYF_4$:Yb@$NaNdF_4$:Yb@$NaYF_4$:Yb和$NaYF_4$:Yb,Tm@$NaYF_4$:Yb作为给体，氧化石墨烯（GO）作为受体，实现了肉眼可见的高灵敏mRNA检测[73]。北京化工大学汪乐余教授课题组利用$NaYF_4$:Yb,Er和3,3′,5,5′-四甲基联苯

胺（TMB）之间的FRET作用，实现了血清中葡萄糖与过氧化氢的同时检测[74]。此外，UCNPs还被广泛应用于氧自由基（ROS）、氮自由基（RNS）、谷胱甘肽（GSH）和金属离子的检测中。

4.4.2
在细胞和活体荧光成像上的应用

由于UCNPs特殊的发光机制，UCNPs在生物成像领域表现出独特的优势：无生物背景荧光干扰、无漂白和闪烁现象、较深的穿透深度可以实现活体成像、多色发光等。在这一小节我们重点介绍UCNPs在细胞及活体成像上的应用。

4.4.2.1
细胞荧光成像

有很多报道表明，不同配体（小分子、聚合物及二氧化硅壳层）包覆的UCNPs会通过细胞内吞作用实现细胞层次的荧光成像。当UCNPs表面通过化学键连的方式连接靶向基团（抗体、叶酸、肽等）后，UCNPs可以通过靶向基团介导的内吞作用进入细胞。

韩国Suh教授课题组通过约30nm聚合物包覆的$NaYF_4:Yb,Er$长时间观察了UCNPs进入细胞的途径[75]。香港理工大学Wing Tak Wong教授课题组通过$NaYF_4:Yb,Er$包覆不同电荷的聚合物（PVP中性，PEI正电性，PAA负电性）研究了不同电荷的UCNPs与细胞的作用情况，结果表明，正电荷的PEI包覆的UCNPs较负电性和中性材料更容易进入细胞[76]。美国Cohen教授课题组通过约27nm的$NaYF_4:Yb,Er$实现了细胞水平的单粒子成像[77]。

4.4.2.2
活体荧光成像

（1）生物分布

与ICP-AES检测方法相比，UCL活体成像能够可视观察到纳米材料在生物体中的分布。复旦大学李富友教授课题组通过UCL活体成像的方法长期跟踪了UCNPs在小动物体内的分布状况[78]。PAA包覆的$NaYF_4:Yb,Tm$纳米材料（PAA-

UCNPs）发射近红外（NIR）到NIR上转换发光，通过检测UCL发光，可以实现长期的活体分布成像（＞7d）和离体（＞21d）的成像（图4.5）。PAA-UCNPs的生物分布成像表明，该纳米材料通过肝脏和脾脏排出体外。研究还表明，UCNPs的粒径、团聚度、注射量、表面配体和生物模型种类的不同都会导致UCNPs在小动物体内的驻留时间和途径有所不同。该课题组在近期的工作中还探究了KGdF₄基质的超小（尺寸＜5nm）UCNPs的代谢途径和生物毒性[79]。

（2）靶向成像

肿瘤的靶向成像对肿瘤的诊断和治疗起着重要的作用。第一个实现UCL小动物肿瘤成像的探针是FA修饰的UCNPs。FA是一种靶向剂，具有高的稳定性，无免疫性，可以和很多分子相连。叶酸受体（FR）在很多人类的肿瘤细胞都高表达，而在正常细胞中则表达的很少。根据FA和FR具有特异性结合的能力，复

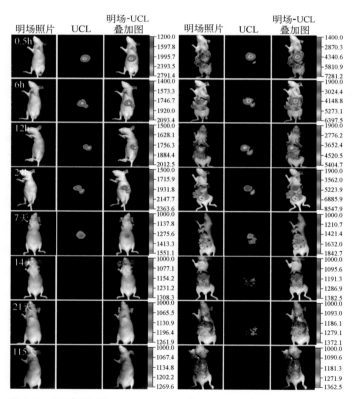

图4.5　尾静脉注射PAA-UCNPs（15mg/kg）在不同的时间点裸鼠的UCL成像图（纵列3为UCL和明场的叠加图，纵列6为UCL和解剖鼠明场的叠加图[78]）

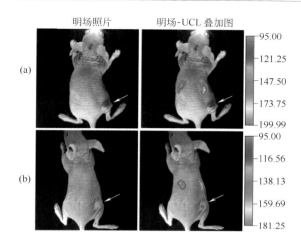

明场照片　　　明场-UCL 叠加图

(a)

(b)

图4.6　裸鼠皮下接种HeLa肿瘤（右腿，白色箭头标注）[66]

尾静脉注射（a）UCNPs-FA，（b）UCNPs-NH₂纳米材料（所有的图片是在相同的实验条件下采集，小鼠表面的功率密度约为120 mW/cm²）

且大学的李富友教授课题组报道了 FA 修饰的 UCNPs 应用于小动物的活体肿瘤靶向成像[65]。6AA 包覆的 NaYF₄∶Yb,Er 通过 sulfo-NHS 和 EDC 的作用，将 FA 与 UCNPs 相连接（UCNPs-FA）。向肿瘤模型裸鼠尾静脉注射 UCNPs-FA，24h 后，在肿瘤处检测到 UCL 信号（600～700nm 区域内），而注射氨基功能化的 UCNPs（对照组，UCNPs-NH₂）后，没有检测到 UCL 信号（图4.6）。该课题组又报道了一种五环肽 c（RGDFK）修饰的 PEG-NaYF₄∶Yb,Er,Tm 纳米材料（UCNP-RGD），该纳米材料可以靶向小鼠体内 α$_v$β$_3$ 高表达的 U87MG 细胞（人类胶质瘤细胞）组成的肿瘤[70]。UCL 活体成像表明，肿瘤处有很强的 UCL 信号。抗体和抗原的特异性作用是肿瘤识别的重要手段。东北大学徐淑坤教授课题组将癌坏抗原（CEA）抗体通过化学键联的方式修饰在 NaYF₄∶Yb,Er 表面，成功实现了对 HeLa 细胞的选择性成像[80]。近期，华东师范大学步文博教授课题组也报道了一种 CEA 抗体修饰的 UCNPs。这一纳米材料能够有效地在体外及体内识别结肠癌细胞，并实现特异性的 UCL 成像[81]。

（3）淋巴成像

淋巴组织是肿瘤转移的重要通道，因此识别淋巴组织是研究肿瘤转移的重要方法。然而，由于淋巴组织较小，识别淋巴组织是一项非常困难的工作。日本 Kobayashi 教授课题组首次报道了使用 NaYF₄∶Yb,Er 和 NaYF₄∶Yb,Tm 纳米材料

作为探针，实现淋巴组织的双色定位成像，该成像没有背景荧光的干扰[82]。最近，复旦大学李富友教授课题组通过 NIR UCL 作为检测信号，报道了氨基功能化的 LaF_3:Yb,Tm 纳米材料（UCNPs-OAAA）识别淋巴组织的工作[65]。980nm 激光激发（功率密度约 80mW/cm^2）UCNPs-OAAA，UCL 成像可以达到很高的信噪比（> 30）[图 4.7（f）~（h）]。苏州大学刘庄教授课题组报道了三种 UCNPs（$NaY_{0.78}Yb_{0.2}Er_{0.02}F_4$、$NaY_{0.69}Yb_{0.3}Er_{0.01}F_4$、$NaY_{0.78}Yb_{0.2}Tm_{0.02}F_4$）在三组淋巴组织多色成像中的应用[图 4.7（a）~（e）][54]。

图 4.7 中所有的图片都是在相同的实验条件下采集。小鼠表面的功率密度约 120mW/cm^2，小鼠体表的温度约 25℃。分析蓝色区域的信号，计算信噪比，区域 1（内吞）、区域 2（非内吞）和区域 3（背景），ALNs 指腋淋巴结（axillary lymphnodes）。

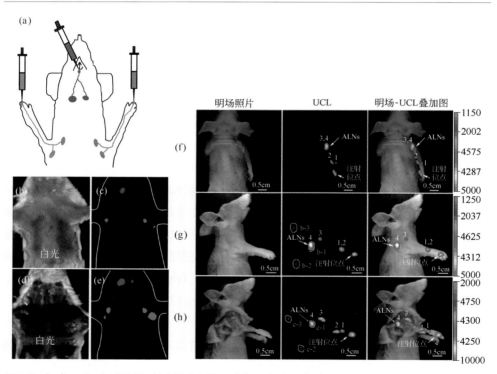

图 4.7 （a）~（e）UCNPs 的小鼠多色淋巴成像及（f）~（h）通过手掌注射 20μL（1mg/mL）UCNPs-OAAA，20min 后，以 800nm 处的 UCL 作为检测信号，沿着小鼠前臂 1、2、3、4 处淋巴的 UCL 成像图[54,65]

（a）UCNPs 的小鼠多色淋巴成像示意图；（b）小鼠注射 UCNPs 的明场图；（c）注射多色 UCNPs 后，小鼠淋巴的 UCL 成像图；（d）解剖后，小鼠的明场图；（e）解剖后，小鼠的 UCL 成像图，可以看到六个淋巴组织；（f）小鼠俯卧成像图；（g）小鼠侧卧成像图；（h）将小鼠的皮肤和脂肪移去，小鼠的淋巴成像图

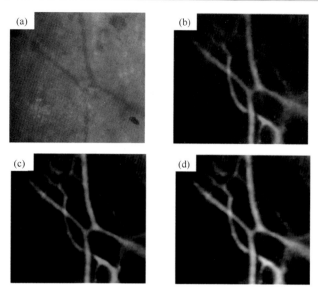

图4.8　尾静脉注射纳米材料（10mg）后小鼠耳朵部位的血管成像[83]

（a）使用蓝色滤光片后血管成像图像；（b）980nm激发（功率密度550mW/cm²）下UCL成像图片；（c）737nm
激发下NIR染料羰花青的荧光成像图片；（d）UCL成像和荧光成像叠加图

（4）血管成像

　　血管系统的变化和血管的紊乱可以反映出很多疾病的发生，例如心血管疾病、肾病和一些肿瘤疾病。血管成像可以提供血管数量和空间、血管的穿透能力和功能紊乱等信息。活体血管成像通常通过显微镜来观察。美国Hiderbrand教授课题组合成了PEG包覆NIR染料羰花青和Y_2O_3 : Yb,Er纳米材料[83]。尾静脉注射该纳米材料，通过检测660nm处的UCL，使用全场UCL显微镜，可以实现血管成像（图4.8）。加拿大van Veggel教授课题组将$NaYF_4$: Yb,Tm纳米材料尾静脉注射到小鼠体内，通过双光子显微镜的成像，可以进行小鼠颅内血管的成像[84]。

（5）细胞示踪成像

　　将细胞移植到受损肌肉处，通过细胞示踪可以观察成肌细胞的移植治疗效果。新加坡张勇教授课题组通过共聚焦显微镜观察了硅包覆的$NaYF_4$: Yb,Er纳米材料标记的肝肌细胞在体外和小鼠后腿处的流动情况[85]。通过检测UCL信号，4h内均可以检测到$NaYF_4$: Yb,Er纳米材料标记的肝肌细胞的流动情况。苏州大学刘庄教授课题组报道了将三种（$NaY_{0.78}Yb_{0.2}Er_{0.02}F_4$、$NaY_{0.69}Yb_{0.3}Er_{0.01}F_4$、$NaY_{0.78}Yb_{0.2}Tm_{0.02}F_4$）多色UCNPs标记了的肿瘤细胞注射到

小鼠皮下，通过 UCL 成像，7d 后在小鼠皮下原位观察到肿瘤的生成[54]。

4.4.2.3
在光动力学治疗中的应用

光动力学治疗技术是一种重要的微创治疗技术，通过光敏剂经一种特殊波长的激光照射后，可与氧发生反应，产生一种具有毒性作用的活性态氧离子，从而破坏癌细胞。光动力学治疗具有以下优点：①主要破坏癌细胞，不损伤正常细胞；②光敏剂本身无毒性，不会抑制人的免疫功能；③治疗时间短，一般 48 ~ 72h 后即可出现疗效。因此，开发一种安全、高效的具有发光性能的光动力学治疗纳米材料，将会有效结合荧光成像诊断与光动力学治疗手段。通过成像可以检测材料在生物体内的分布情况，实现对疾病的可视化跟踪，从而更好地指导光动力学治疗，达到良好的治疗效果。

常见的有机光敏剂有酞菁类、卟啉类、染料类（花菁、美蓝、玫瑰红）等。典型的无机光敏剂有二氧化钛（TiO_2）等。基于上述研究领域，研究者们将光敏剂与 UCNPs 结合，构建复合纳米材料。按构建方式可以分为四种情况：构筑核壳结构，二氧化硅作为光敏剂载体，聚合物作为光敏剂载体和共价连接光敏剂。下面列举四个典型的例子。中科院长春应用化学研究所林君研究员报道了一种 $NaGdF_4$:Yb/Er@$NaGdF_4$:Yb@$NaNdF_4$:Yb@MS-Au$_{25}$-PEG。在 808nm 近红外激光照射下，Nd^{3+} 能够作为敏化剂激发 Er^{3+} 产生上转换发光，并进一步传递给表面包覆的 Au$_{25}$ 纳米簇，产生氧自由基，杀伤周围的肿瘤细胞[86]。新加坡张勇教授课题组在 $NaYF_4$:Yb,Er@SiO_2 中负载 ZnPc 光敏剂。在 980nm 光照射后，细胞在光动力治疗下被杀死[87]。苏州大学的刘庄教授课题组将油酸包覆的 $NaYF_4$:Yb,Er 表面通过两亲性 PEG 聚合物进行包覆，中间疏水腔可以装载光敏剂 Ce6[88]。通过瘤内注射 40 ~ 50μL 该复合材料（20mg/mL UCNPs，约 1.5mg/mL Ce6），在 980nm 的激光（0.5W/cm^2）照射下，肿瘤被杀死，实现了很好的治疗。厦门大学郑南峰教授课题组合成了 $NaGdF_4$:Yb,Er@$NaGdF_4$@$mSiO_2$，再通过共价键连接含有羧基的光敏剂 AlC$_4$Pc[89]。细胞孵育该纳米材料（100mg/mL）12h 后，在 980nm 激光（0.5W/cm^2）下照射 5min，40% 的细胞可以被杀死。

4.4.2.4
在光热治疗中的应用

光热治疗技术也是一种重要的微创治疗技术，通过激发光热转换材料，将激光的光能转换成热能，从而实现治疗的目的，近年来得到了极大的发展。这种方法避免了传统治疗技术（化学疗法、放射疗法和手术疗法）的弊端，不需要切割伤口，仅对癌细胞具有杀伤力，对周围的正常组织创伤很小。同样，开发一种新型纳米材料，同时兼具光热和上转换发光性能，可以实现上转换发光成像指导的光热治疗。

常见的光热转换材料包括贵金属（金、银、钯、铂等）、半导体（硫化铜、硒化铜等）、传统染料（吲哚菁绿、酞菁、普鲁士蓝等）、共轭聚合物（聚吡咯、聚苯胺等）和碳基（碳纳米管、石墨烯等）纳米材料。因此将UCNPs与上述光热转换材料进行复合，可以实现上转换发光成像和光热治疗的效果。目前已有相关研究工作的报道。例如，苏州大学的刘庄教授课题组制备了四氧化三铁和纳米金包覆的UCNPs，外层修饰PEG和FA，从而改善其生物相容性和提高靶向性[90]。该材料在功率密度$1W/cm^2$、波长808nm激光照射下，在5min内升温近50℃，明显地降低了癌细胞的存活率，实现了较好的光热治疗效果。复旦大学李富友教授设计合成了具有核壳结构的csUCNP@C，利用Er^{3+}的温敏能级（$^2S_{3/2} \rightarrow {}^4I_{15/2}$），实现了对光热转换过程中温度变化的实时监测，并成功地在活体上进行了高精度的光热治疗[91]。

4.4.2.5
在多模式成像中的应用

分子成像技术通常除了光学成像技术外，还包括超声造影成像（US）、磁共振成像（MRI）、X射线计算机断层成像（CT）、单光子放射计算机断层成像（SPECT）和正电子发射计算机断层成像（PET）。每种生物成像技术都有各自的成像对象、空间分辨率、成像深度、灵敏度及应用领域（图4.9）。如光学成像具有很高的灵敏度，是生物医学基础研究中普遍使用的一种显微观察技术，成像对象通常是细胞和组织。随着最近几年活体动物光学成像技术的发展和近红外荧光探针的构建，光学成像的研究对象已经拓展到活体动物层次。另外，US、MRI、CT、SPECT和PET成像技术已经成为医院临床的常规检查技术，而它们具有更高的空间分辨率和灵敏度。如MRI具有无限制的穿透深度和较高的空间分辨率；PET成像具有较高的活体灵敏度和无限制的穿透深度。然而，每一种成像模式也具有各自的缺点。如光学成像的穿透深度不够，空间分辨率较低；MRI灵敏度较低，成像成本高和成像需要的时间较长；PET成像成本高，且患者必须接受辐射的威胁。UCNPs具有特征的UCL发光，通过引入其他离子（如Gd^{3+}）和放射性元

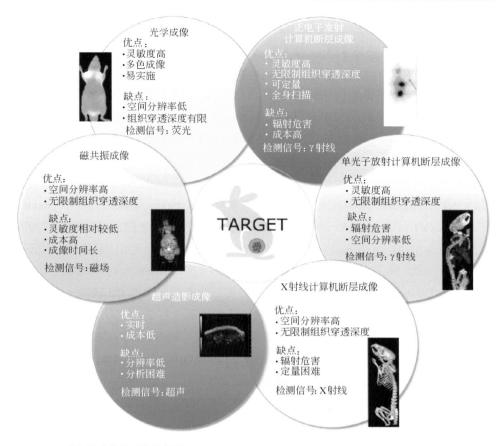

图4.9 几种生物成像模式的优缺点

素等，构建基于UCNPs的多模式探针。这种新型的成像探针可以结合光学成像和
分子影像各成像模式的优势，从而得到从细胞到活体的高灵敏度和高分辨率的图
像，成为目前研究的热点。

（1）UCNPs在磁共振成像中的应用

UCL具有很高的细胞和组织层次的灵敏度，但是由于光在组织中穿透深度有
限，光学成像的使用仅限于对局部浅表信号的成像，如乳腺癌的诊断等。MRI具
有非侵入性活体成像和三维成像的优点，具有较好的空间分辨率，可以用来给出
活体组织的功能和生理学的信息。但是MRI的灵敏度不够好，很难进行细胞和组
织层次的成像。为了进一步弥补UCL成像的穿透深度浅和MRI灵敏度低的缺点，

有必要在纳米材料中引入磁性和UCL发光性质，构建MRI和UCL双模式成像造影剂。MRI造影剂又分为T_1增强和T_2增强MRI造影剂。

①T_1增强MRI造影剂：由于Gd^{3+}具有7个未成对电子，因此Gd^{3+}可以被用作构建T_1增强MRI造影剂。目前，许多课题组报道了T_1增强磁共振成像和UCL双模式成像造影剂的构建。一种直接构建T_1增强磁共振成像和UCL双模式成像造影剂的方法是将Yb、Er和/或Tm掺杂到含有Gd的基质中。复旦大学李富友教授课题组合成了$25 \sim 55nm$的AA包覆的$NaGdF_4$:Yb,Er/Tm纳米材料[92]。该纳米材料具有UCL和顺磁性，r_1为5.60L/(s·mmol)。另一种构建T_1增强磁共振成像和UCL双模式成像造影剂的方法是将钆离子掺杂到UCNPs的基质中或将钆离子包覆在纳米材料的表面。例如，美国Prasad等报道了$NaYF_4$:Gd,Yb,Er纳米材料的合成，该纳米材料具有UCL和顺磁性，r_1可达0.14L/(s·mmol)[67]。复旦大学李富友教授课题组报道了一种阳离子辅助的自组装方法，将钆离子包覆在$NaYF_4$:Yb,Er纳米材料的表面，r_1可达28.39mL/(s·mg)[47]。另外，构建核壳结构（具有核和含有Gd基的壳层）也是构建T_1增强磁共振成像和UCL双模式成像造影剂的一种方法。例如，以$NaGdF_4$作为壳层，构建了一系列的双模式造影剂，如$NaGdF_4$:Yb,Er@$NaGdF_4$[r_1=1.05 ~ 1.40L/(s·mmol)]、$NaYF_4$:Yb,Er@$NaGdF_4$[r_1=0.48L/(s·mmol)]和$NaYbF_4$:Yb,Tm@$NaGdF_4$[r_1=0.48L/(s·mmol)]。

②T_2增强MRI造影剂：超顺磁性氧化铁（SPION）具有良好的磁性和生物相容性，并广泛作为MRI造影剂。目前，有很多例子将SPION和UCNPs组合起来构筑T_2增强磁共振成像和UCL双模式成像造影剂。最简单的方法就是将SPION和UCNPs同时包覆在硅层中，这种方法的缺点是硅层的厚度和粒径分布无法精确控制。长春应用化学所林君研究员课题组报道了核壳结构Fe_3O_4@$nSiO_2$@$mSiO_2$@$NaYF_4$:Yb,Er/Tm纳米材料的合成，该纳米材料同时具有UCL和磁性（38.0emu/g）[93]。北京大学的严纯华教授课题组利用连接剂DDA或MUA将SPION和UCNPs连接起来[94]，得到的纳米材料具有良好的磁性和UCL性质，饱和磁矩分别为9.25emu/g和7.05emu/g。上海硅酸盐研究所的施剑林研究员课题组利用硅层分别包覆SPION和UCNPs，再通过"neck formation"的方法将两种材料连接起来[95]。这样构建的纳米材料粒径<250nm，饱和磁矩为89.8emu/g；r_2可达211.76L/(s·mmol)（3T）。复旦大学李富友课题组报道了$NaYF_4$:Yb,Tm@Fe_xO_y纳米材料，内部的$NaYF_4$:Yb,Tm核为20nm，Fe_xO_y壳层厚度为5nm（图4.10）[96]。

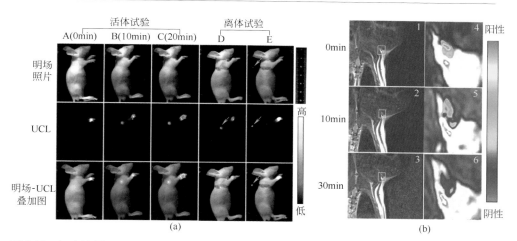

图4.10 （a）注射NaYF$_4$:Yb,Tm@Fe$_x$O$_y$纳米材料A 0min、B 10min和C 20min后的UCL活体成像图，所有的图片是在相同的实验条件下采集，小鼠表面的功率密度约为150mW/cm^2；D、E是注射NaYF$_4$:Yb,Tm@Fe$_x$O$_y$纳米材料40min后小鼠淋巴的离体UCL成像，绿色箭头表示淋巴，所有的图片是在相同的实验条件下采集，小鼠表面的功率密度约为100mW/cm^2；（b）注射NaYF$_4$:Yb,Tm@Fe$_x$O$_y$纳米材料后不同时间点大鼠腋窝处的MR成像图，注射量为1.5mg/kg[96]

（2）UCNPs在核素成像中的应用

核医学成像包括正电子发射计算机断层显像（positron emission tomography，PET）和单光子放射计算机断层成像（single photon emission computered tomography，SPECT），具有很好的活体成像灵敏度（可以达到皮摩尔量级）。

① PET成像：^{18}F是在PET成像中应用最广的造影剂。由于^{18}F的半衰期（118min）短，因此如何将^{18}F标记到造影剂上，缩短反应时间，提高标记率，降低成本，是一个研究热点。不同于传统的有机分子标记^{18}F的方法，复旦大学李富友教授课题组基于^{18}F和稀土元素较强的结合作用，发展了一种快速地将^{18}F标记在纳米材料表面的方法[97]。这种标记方法在室温即可以完成，反应时间短（5min内），反应步骤简单（在水溶液中离心分离，不使用有机溶剂），标记率可达90%以上。^{18}F标记NaYF$_4$:Yb,Tm纳米材料进一步应用于PET的小鼠生物分布和淋巴成像中。小鼠手掌注射该材料60min后，PET成像可以观察到材料在淋巴处聚集（图4.11）。

图4.11中，小鼠左手掌注射740×10^{3}Bq/0.05mL^{18}F-UCNPs 30min后，淋巴处的信号可以保持60min。对照组：右手掌注射^{18}F，在淋巴处没有观察到信号。

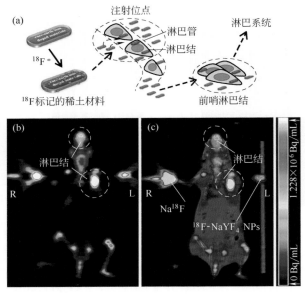

图4.11 （a）^{18}F标记稀土纳米颗粒用于淋巴成像的示意图[97]；小鼠（b）PET、（c）PET/CT淋巴成像

② SPECT成像：^{153}Sm的半衰期（46.3h）短，因此^{153}Sm是在SPECT成像中应用最广的造影剂。直接构筑SPECT/UCL双模式造影剂的方式基于^{153}Sm与稀土元素的相互作用。复旦大学李富友教授课题组通过在常温下简单地混合1min，使^{153}Sm成功地标记到UCNPs表面，产率高达99%以上，72h内的稳定性高达99%以上[98]。同时，他们还发现了另一种标记^{153}Sm的方法，即在水热和热解反应过程中，将^{153}Sm掺杂入UCNPs中[99,100]。以上两种标记方法得到的复合纳米材料已经成功地应用于SPECT活体动物成像。

（3）UCNPs在计算机断层扫描中的应用

构造UCL/CT双模式成像造影剂的一种方法是将CT造影剂负载在UCNPs的表面。中科院长春应用化学研究所逯乐慧研究员课题组合成了$NaYF_4$:Yb,Er@SiO_2纳米材料，然后通过共价键将5-氨基-2,4,6三碘间苯二酸（AIPA）和PEG连接起来[101]。该纳米材料具有UCL发光和CT造影效果，应用于UCL和CT的双模式活体成像。另一种方式是将UCNPs与具有X射线阻挡性能的纳米颗粒（金、硫化铋、氧化钽等）相结合。中科院上海硅酸盐研究所施剑林研究员课题组合成了$NaYF_4$:Gd,Yb,Er/Tm@SiO_2@Au@PEG纳米材料[102]。由于Au具

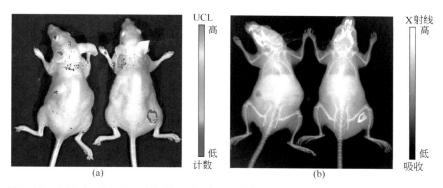

图4.12 小鼠（a）UCL成像图和（b）CT成像图

右侧皮下注射$NaGdF_4$:Yb,Er纳米材料，左侧没有注射材料[103]

有X射线吸收作用，所以该纳米材料可以作为一种新型的UCL和CT的双模式成像造影剂。除了I和Au元素，稀土元素也具有很好的CT造影效果。上海交通大学的崔大祥教授课题组[103]和复旦大学的李富友教授课题组[104]分别合成了$NaGdF_4$:Yb,Er和$NaLuF_4$:Yb,Tm纳米材料。注射该纳米材料，可以实现活体的UCL和CT的双模式成像（图4.12）。

（4）UCNPs在多模式成像中的应用

基于以上各成像模式的成像原理，通过合理地设计可以将上转换发光性能、磁共振性能、放射性和阻挡X射线的性能集于一体，构建多功能造影剂，从而实现三模式/四模式的多模式成像。中科院上海硅酸盐研究所施剑林研究员课题组报道了PEG包覆的$NaYF_4$:Gd,Yb,Er/Tm@SiO_2-Au纳米材料的合成。约2nm Au纳米颗粒通过静电引力包覆在纳米颗粒表面。由于Gd^{3+}、Yb^{3+}、Er^{3+}、Tm^{3+}的掺杂和Au壳的包覆，该纳米材料呈现良好的UCL发射、顺磁性［r_1=1.25L/(s·mmol)］和CT增强效果[102]。这种新型的造影剂已成功地应用于肿瘤小鼠的UCL/MRI/CT三模式成像。复旦大学的李富友教授构建了$NaLuF_4$:Yb,Tm@$NaGdF_4$:^{153}Sm，该材料可以实现UCL/MRI/CT/SPECT四模式成像[104]。

尽管目前UCNPs的发光机制、制备方法、表面修饰方法和生物医学领域的应用已经得到了长足的发展，但是UCNPs仍处于发展阶段，仍存在不少挑战。例如，如何进一步提高UCNPs的发光效率、探究UCNPs的长期毒性、发挥UCNPs在成像指导手术治疗中的作用等。相信有更多研究者致力于研究和开发UCNPs的性能和功能，UCNPs将为人类发挥它更大的作用。

参考文献

[1] Zhan QQ, Qian J, Liang HJ, et al. Using 915nm laser excited Tm³⁺/Er³⁺/Ho³⁺-doped NaYbF₄ upconversion nanoparticles for *in vitro* and deeper *in vivo* bioimaging without overheating irradiation. ACS Nano, 2011, 5: 3744-3757.

[2] Wang YF, Liu GY, Sun LD, et al. Nd³⁺-sensitized upconversion nanophosphors: efficient in vivo bioimaging probes with minimized heating effect. ACS Nano, 2013, 7: 7200-7206.

[3] Zhou J, Liu Z, Li FY. Upconversion nanophosphors for small-animal imaging. Chem Soc Rev, 2012, 41: 1323-1349.

[4] Boyer JC, van Veggel FCJM. Absolute quantum yield measurements of colloidal NaYF₄: Er³⁺,Yb³⁺ upconverting nanoparticles. Nanoscale, 2010, 2: 1417-1419.

[5] Mai HX, Zhang YW, Si R, et al. High-quality sodium rare-earth fluoride nanocrystals: controlled synthesis and optical properties. J Am Chem Soc, 2006, 128: 6426-6436.

[6] Wang F, Han Y, Lim CS, et al. Simultaneous phase and size control of upconversion nanocrystals through lanthanide doping. Nature, 2010, 463: 1061-1065.

[7] Zhang F, Li J, Shan J, et al. Shape, size, and phase-controlled rare-earth fluoride nanocrystals with optical up-conversion properties. Chem Eur J, 2009, 15: 11010-11019.

[8] Wang ZL, Hao JH, Chan HLW, et al. A strategy for simultaneously realizing the cubic-to-hexagonal phase transition and controlling the small size of NaYF₄: Yb³⁺, Er³⁺ nanocrystals for in vitro cell imaging. Small, 2012, 8: 1863-1868.

[9] Liu Y, Guo Q, Zhu X, et al. Optimization of prussian blue coated NaDyF₄: *x*%Lu nanocomposites for multifunctional imaging-guided photothermal therapy. Adv Funct Mater, 2016, 26: 5120-5130.

[10] Liu Q, Sun Y, Yang TS, et al. Sub-10 nm hexagonal lanthanide-doped NaLuF₄ upconversion nanocyrstals for sensitive bioimaging *in vivo*. J Am Chem Soc, 2011, 133: 17122-17125.

[11] Chen GY, Ohulchanskyy TY, Kachynski AV, et al. Intense visible and near-infrared upconversion photoluminescence in colloidal LiYF₄: Er³⁺ nanocrystals under excitation at 1490nm. ACS Nano, 2011, 5: 4981-4986.

[12] Chen GY, Ohulchanskyy TY, Law WC, et al. Monodisperse NaYbF₄: Tm³⁺/NaGdF₄ core/shell nanocrystals with near-infrared to near-infrared upconversion photoluminescence and magnetic resonance properties. Nanoscale, 2011, 3: 2003-2008.

[13] Johnson NJJ, Korinek A, Dong C, et al. Self-focusing by ostwald ripening: a strategy for layer-by-layer epitaxial growth on upconverting nanocrystals. J Am Chem Soc, 2012, 134: 11068-11071.

[14] Zhong Y, Tian G, Gu Z, et al. Elimination of photon quenching by a transition layer to fabricate a quenching-shield sandwich structure for 800 nm excited upconversion luminescence of Nd³⁺-sensitized nanoparticles. Adv Mater, 2014, 26(18): 2831-2837 .

[15] Dong H, Sun LD, Feng W, et al. Versatile spectral and lifetime multiplexing nanoplatform with excitation orthogonalized upconversion luminescence. ACS Nano, 2017, 11(3): 3289-3297.

[16] Li X, Guo Z, Zhao T, et al. Filtration shell mediated power density independent orthogonal excitations-emissions upconversion luminescence. Angew Chem, 2016, 128: 2510-2515.

[17] Feng W, Sun LD, Yan CH. Ag nanowires enhanced upconversion emission of NaYF₄: Yb, Er nanocrystals via a direct assembly method. Chem Commun, 2009, 29: 4393-4395.

[18] Zhang H, Li YJ, Ivanov IA, et al. Plasmonic modulation of the upconversion fluorescence in NaYF₄: Yb/Tm hexaplate nanocrystals using gold nanoparticles or nanoshells. Angew Chem Int Ed,

2010, 49: 2865-2868.

[19] Ehlert O, Thomann R, Darbandi M, et al. A four-color colloidal multiplexing nanoparticle system. ACS Nano, 2008, 2: 120-124.

[20] Wang F, Liu XG. Upconversion multicolor fine-tuning: visible to near-infrared emission from lanthanide-doped $NaYF_4$ nanoparticles. J Am Chem Soc, 2008, 130: 5642-5643.

[21] Deng R, Qin F, Chen R, et al. Temporal full-colour tuning through non-steady-state upconversion. Nat Nano, 2015, 10: 237-242.

[22] Qian HS, Zhang Y. Synthesis of hexagonal-phase core-shell $NaYF_4$ nanocrystals with tunable upconversion fluorescence. Langmuir, 2008, 24: 12123-12125.

[23] Schietinger S, Menezes LD, Lauritzen B, et al. Observation of size dependence in multicolor upconversion in single Yb^{3+}, Er^{3+} codoped $NaYF_4$ nanocrystals. Nano Lett, 2009, 9: 2477-2481.

[24] Yi GS, Chow GM. Water-soluble $NaYF_4$: Yb, Er(Tm)/$NaYF_4$/polymer core/shell/shell nanoparticles with significant enhancement of upconversion fluorescence. Chem Mater, 2007, 19: 341-343.

[25] Pei W, Chen B, Wang L, et al. NaF-mediated controlled-synthesis of multicolor Na_xScF_{3+x}: Yb/Er upconversion nanocrystals. Nanoscale, 2015, 7(9): 4048-4054.

[26] Gorris HH, Ali R, Saleh SM, et al. Tuning the dual emission of photon-upconverting nanoparticles for ratiometric multiplexed encoding. Adv Mater, 2011, 23: 1652-1655.

[27] Cheng L, Yang K, Shao MW, et al. Multicolor in vivo imaging of upconversion nanoparticles with emissions tuned by luminescence resonance energy transfer. J Phys Chem C, 2011, 115: 2686-2692.

[28] Li ZQ, Zhang Y, Jiang S. Multicolor core/shell-structured upconversion fluorescent nanoparticles. Adv Mater, 2008, 20: 4765-4769.

[29] Liu YS, Tu DT, Zhu HM, et al. A strategy to achieve efficient dual-mode luminescence of Eu^{3+} in lanthanides doped multifunctional $NaGdF_4$

nanocrystals. Adv Mater, 2010, 22: 3266-3271.

[30] Wang F, Deng RR, Wang J, et al. Tuning upconversion through energy migration in core-shell nanoparticles. Nat Mater, 2011, 10: 968-973.

[31] Su Q, Han S, Xie X, et al. The effect of surface coating on energy migration-mediated upconversion. J Am Chem Soc, 2012, 134: 20849-20857.

[32] Wen H, Zhu H, Chen X, et al. Upconverting near-infrared light through energy management in core-shell-shell nanoparticles. Angew Chem Int Ed, 2013, 52(50): 13419-13423.

[33] Wang X, Zhuang J, Peng Q, et al. A general strategy for nanocrystal synthesis. Nature, 2005, 437: 121-124.

[34] Li ZQ, Zhang Y. An efficient and user-friendly method for the synthesis of hexagonal-phase $NaYF_4$: Yb, Er/Tm nanocrystals with controllable shape and upconversion fluorescence. Nanotechnology, 2008, 19: 345606.

[35] Zhou L, Chen Z, Dong K, et al. DNA-mediated construction of hollow upconversion nanoparticles for protein harvesting and near-infrared light triggered release. Adv Mater, 2014, 26(15): 2424-2430 .

[36] Wang L, Gao C, Liu K, et al. Cypate-conjugated porous upconversion nanocomposites for programmed delivery of heat shock protein 70 small interfering RNA for gene silencing and photothermal ablation. Adv Funct Mater, 2016, 26(20): 3480-3489.

[37] Zhang YW, Sun X, Si R, et al. Single-crystalline and monodisperse LaF_3 triangular nanoplates from a single-source precursor. J Am Chem Soc, 2005, 127: 3260-3261.

[38] Yi GS, Chow GM. Synthesis of hexagonal-phase $NaYF_4$: Yb, Er and $NaYF_4$: Yb, Tm nanocrystals with efficient up-conversion fluorescence. Adv Funct Mater, 2006, 16: 2324-2329.

[39] Boyer JC, Vetrone F, Cuccia LA, et al. Synthesis of colloidal upconverting $NaYF_4$ nanocrystals doped with Er^{3+}, Yb^{3+} and Tm^{3+}, Yb^{3+} via thermal

decomposition of lanthanide trifluoroacetate precursors. J Am Chem Soc, 2006, 128: 7444-7445.

[40] Zhou J, Liu Q, Feng W, et al. Upconversion luminescent materials: advances and applications. Chem Rev, 2015, 115: 395-465.

[41] Boyer JC, Manseau MP, Murray JI, et al. Surface modification of upconverting $NaYF_4$ nanoparticles with PEG-phosphate ligands for NIR (800nm) biolabeling within the biological window. Langmuir, 2010, 26: 1157-1164.

[42] Naccache R, Vetrone F, Mahalingam V, et al. Controlled synthesis and water dispersibility of hexagonal phase $NaGdF_4$: Ho^{3+}/Yb^{3+} nanoparticles. Chem Mater, 2009, 21: 717-723.

[43] Nyk M, Kumar R, Ohulchanskyy TY, et al. High contrast *in vitro* and *in vivo* photoluminescence bioimaging using near infrared to near infrared up-conversion in Tm^{3+} and Yb^{3+} doped fluoride nanophosphors. Nano Lett, 2008, 8: 3834-3838.

[44] Cao TY, Yang TS, Gao Y, et al. Water-soluble $NaYF_4$: Yb/Er upconversion nanophosphors: synthesis, characteristics and application in bioimaging. Inorg Chem Commun, 2010, 13: 392-394.

[45] Bogdan N, Vetrone F, Ozin GA, et al. Synthesis of ligand-free colloidally stable water dispersible brightly luminescent lanthanide-doped upconverting nanoparticles. Nano Lett, 2011, 11: 835-840.

[46] Dong AG, Ye XC, Chen J, et al. A generalized ligand-exchange strategy enabling sequential surface functionalization of colloidal nanocrystals. J Am Chem Soc, 2010, 133: 998-1006.

[47] Liu Q, Sun Y, Li CG, et al. ^{18}F-labeled magnetic-upconversion nanophosphors via rare-earth cation-assisted ligand assembly. ACS Nano, 2011, 5: 3146-3157.

[48] Chen ZG, Chen HL, Hu H, et al. Versatile synthesis strategy for carboxylic acid-functionalized upconverting nanophosphors as biological labels. J Am Chem Soc, 2008, 130:

3023-3029.

[49] Hu H, Yu MX, Li FY, et al. Facile epoxidation strategy for producing amphiphilic up-converting rare-earth nanophosphors as biological labels. Chem Mater, 2008, 20: 7003-7009.

[50] Zhou HP, Xu CH, Sun W, et al. Clean and flexible modification strategy for carboxyl/aldehyde-functionalized upconversion nanoparticles and their optical applications. Adv Funct Mater, 2009, 19: 3892-3900.

[51] Wang LY, Yan RX, Hao ZY, et al. Fluorescence resonant energy transfer biosensor based on upconversion-luminescent nanoparticles. Angew Chem Int Ed, 2005, 44: 6054-6057.

[52] Pedroni M, Piccinelli F, Passuello T, et al. Lanthanide doped upconverting colloidal CaF_2 nanoparticles prepared by a single-step hydrothermal method: toward efficient materials with near infrared-to-near infrared upconversion emission. Nanoscale, 2011, 3: 1456-1460.

[53] Budijono SJ, Shan JN, Yao N, et al. Synthesis of stable block-copolymer-protected $NaYF_4$: Yb^{3+}, Er^{3+} up-converting phosphor nanoparticles. Chem Mater, 2010, 22: 311-318.

[54] Cheng L, Yang K, Zhang S, et al. Highly-sensitive multiplexed in vivo imaging using PEGylated upconversion nanoparticles. Nano Res, 2010, 3: 722-732.

[55] Liu Q, Li CY, Yang TS, et al. "Drawing" upconversion nanophosphors into water through host-guest interaction. Chem Commun, 2010, 46: 5551-5553.

[56] Liu Q, Chen M, Sun Y, et al. Multifunctional rare-earth self-assembled nanosystem for tri-modal upconversion luminescence /fluorescence/positron emission tomography imaging. Biomaterials, 2011, 32: 8243-8253.

[57] Sivakumar S, Diamente PR, van Veggel FC. Silica-coated Ln(3+)-doped LaF_3 nanoparticles as robust down- and upconverting biolabels. Chem Eur J, 2006, 12: 5878-5884.

[58] Li ZQ, Zhang Y. Monodisperse silica-coated polyvinylpyrrolidone/$NaYF_4$ nanocrystals with

multicolor upconversion fluorescence emission. Angew Chem Int Ed, 2006, 45: 7732-7735.

[59] Hu H, Xiong LQ, Zhou J, et al. Multimodal-luminescence core-shell nanocomposites for targeted imaging of tumor cells. Chem Eur J, 2009, 15: 3577-3584.

[60] Wei Y, Lu FQ, Zhang XR, et al. Polyol-mediated synthesis of water-soluble LaF_3: Yb, Er upconversion fluorescent nanocrystals. Mater Lett, 2007, 61: 1337-1340.

[61] Wei Y, Lu FQ, Zhang XR, et al. Polyol-mediated synthesis and luminescence of lanthanide-doped $NaYF_4$ nanocrystal upconversion phosphors. J Alloy Compd, 2008, 455: 376-384.

[62] Zeng JH, Su J, Li ZH, et al. Synthesis and upconversion luminescence of hexagonal-phase $NaYF_4$: Yb, Er^{3+} phosphors of controlled size and morphology. Adv Mater, 2005, 17: 2119-2123.

[63] Wang F, Chatterjee DK, Li ZQ, et al. Synthesis of polyethylenimine/$NaYF_4$ nanoparticles with upconversion fluorescence. Nanotechnology, 2006, 17: 5786-5791.

[64] Wang ZL, Hao JH, Chan HLW, et al. Simultaneous synthesis and functionalization of water-soluble up-conversion nanoparticles for in-vitro cell and nude mouse imaging. Nanoscale, 2011, 3: 2175-2181.

[65] Cao TY, Yang Y, Gao Y, et al. High-quality water-soluble and surface-functionalized upconversion nanocrystals as luminescent probes for bioimaging. Biomaterials, 2011, 32: 2959-2968.

[66] Xiong LQ, Chen ZG, Yu MX, et al. Synthesis, characterization, and in vivo targeted imaging of amine-functionalized rare-earth up-converting nanophosphors. Biomaterials, 2009, 30: 5592-5600.

[67] Kumar R, Nyk M, Ohulchanskyy TY, et al. Combinedoiptical and MR bioimaging using rare earth ion doped $NaYF_4$ nanocrystals. Adv Funct Mater, 2009, 19: 853-859.

[68] Yu XF, Sun ZB, Li M, et al. Neurotoxin-conjugated upconversion nanoprobes for direct visualization of tumors under near-infrared irradiation. Biomaterials, 2010, 31: 8724-8731.

[69] Lu HC, Yi GS, Zhao SY, et al. Synthesis and characterization of multi-functional nanoparticles possessing magnetic, up-conversion fluorescence and bio-affinity properties. J Mater Chem, 2004, 14: 1336-1341.

[70] Xiong LQ, Chen ZG, Tian QW, et al. High contrast upconversion luminescence targeted imaging in vivo using peptide-labeled nanophosphors. Anal Chem, 2009, 81: 8687-8694.

[71] Kuningas K, Ukonaho T, Pakkila H, et al. Upconversion fluorescence resonance energy transfer in a homogeneous immunoassay for estradiol. Anal Chem, 2006, 78: 4690-4696.

[72] Wang M, Hou W, Mi CC, et al. Immunoassay of goat antihuman immunoglobulin G antibody based on luminescence resonance energy transfer between near-infrared responsive $NaYF_4$: Yb, Er upconversion fluorescent nanoparticles and gold nanoparticles. Anal Chem, 2009, 81: 8783-8789.

[73] Hu X, Wang Y, Liu H, et al. Naked eye detection of multiple tumor-related mRNAs from patients with photonic-crystal micropattern supported dual-modal upconversion bioprobes. Chemical Science, 2017, 8: 466-472.

[74] Liu J, Lu L, Li A, et al. Simultaneous detection of hydrogen peroxide and glucose in human serum with upconversion luminescence. Biosensors and Bioelectronics, 2015, 68: 204-209.

[75] Nam SH, Bae YM, Park YL, et al. Long-term real-time tracking of lanthanide ion doped upconverting nanoparticles in living cells. Angew Chem Int Ed, 2011, 50: 6093-6097.

[76] Jin JF, Gu YJ, Man CWY, et al. Polymer-coated $NaYF_4$: Yb^{3+}, Er^{3+} upconversion nanoparticles for charge-dependent cellular imaging. ACS Nano, 2011, 5: 7838-7847.

[77] Wu SW, Han G, Milliron DJ, et al. Non-blinking and photostable upconverted luminescence from single lanthanide-doped nanocrystals. Proc Natl

Acad Sci USA, 2009, 106: 10917-10921.

[78] Xiong LQ, Yang TS, Yang Y, et al. Long-term in vivo biodistribution imaging and toxicity of polyacrylic acid-coated upconversion nanophosphors. Biomaterials, 2010, 31: 7078-7085.

[79] Cao X, Cao F, Xiong L, et al. Cytotoxicity, tumor targeting and PET imaging of sub-5nm KGdF$_4$ multifunctional rare earth nanoparticles. Nanoscale, 2015, 7(32): 13404-13409.

[80] Wang M, Mi CC, Wang WX, et al. Immunolabeling and NIR-excited fluorescent imaging of hela cells by using NaYF$_4$: Yb, Er upconversion nanoparticles. ACS Nano, 2009, 3: 1580-1586.

[81] Jin YY, Ni DL, Zhang JW, et al. Targeting upconversion nanoprobes for magnetic resonance imaging of early colon cancer. Part Part Syst Charact, 2017, 34(3), DOI: 10. 1002/ppsc. 201600393.

[82] Kobayashi H, Kosaka N, Ogawa M, et al. In vivo multiple color lymphatic imaging using upconverting nanocrystals. J Mater Chem, 2009, 19: 6481-6484.

[83] Hilderbrand SA, Shao FW, Salthouse C, et al. Upconverting luminescent nanomaterials: application to in vivo bioimaging. Chem Commun, 2009, 28: 4188-4190.

[84] Pichaandi J, Boyer JC, Delaney KR, et al. Two-photon upconversion laser (scanning and wide-field) microscopy using Ln^{3+}-doped NaYF$_4$ upconverting nanocrystals: a critical evaluation of their performance and potential in bioimaging. J Phys Chem C, 2011, 115: 19054-19064.

[85] Idris NM, Li ZQ, Ye L, et al. Tracking transplanted cells in live animal using upconversion fluorescent nanoparticles. Biomaterials, 2009, 30: 5104-5113.

[86] He F, Yang G, Yang P, et al. A new single 808 nm NIR light-induced imaging-guided multifunctional cancer therapy platform. Adv Funct Mater, 2015, 25(25): 3966-3976.

[87] Qian HS, Guo HC, Ho PCL, et al. Mesoporous-silica-coated up-conversion fluorescent nanoparticles for photodynamic therapy. Small, 2009, 5: 2285-2290.

[88] Wang C, Cheng L, Liu Z. Drug delivery with upconversion nanoparticles for multi-functional targeted cancer cell imaging and therapy. Biomaterials, 2011, 32: 1110-1120.

[89] Zhao ZX, Han YN, Lin CH, et al. Multifunctional core-shell upconverting nanoparticles for imaging and photodynamic therapy of liver cancer cells. Chem Asian J, 2012, 7: 830-837.

[90] Shen J, Li K, Cheng L, et al. Specific detection and simultaneously localized photothermal treatment of cancer cells using layer-by-layer assembled multifunctional nanoparticles. ACS Applied Materials & Interfaces, 2014, 6(9): 6443-6452.

[91] Zhu X, Feng W, Chang J, et al. Temperature-feedback upconversion nanocomposite for accurate photothermal therapy at facile temperature. Nat Commun, 2016, 7, DOI: 10. 1038/ncomms10437.

[92] Zhou J, Sun Y, Du XX, et al. Dual-modality in vivo imaging using rare-earth nanocrystals with near-infrared to near-infrared (NIR-to-NIR) upconversion luminescence and magnetic resonance properties. Biomaterials, 2010, 31: 3287-3295.

[93] Gai SL, Yang PP, Li CX, et al. Synthesis of magnetic, up-conversion luminescent, and mesoporous core-shell-structured nanocomposites as drug carriers. Adv Funct Mater, 2010, 20: 1166-1172.

[94] Shen J, Sun LD, Zhang YW, et al. Superparamagnetic and upconversion emitting Fe$_3$O$_4$/NaYF$_4$: Yb, Er hetero-nanoparticles via a crosslinker anchoring strategy. Chem Commun, 2010, 46: 5731-5733.

[95] Chen F, Zhang SJ, Bu WB, et al. A "Neck-formation" strategy for an antiquenching magnetic/upconversion fluorescent bimodal cancer probe. Chem Eur J, 2010, 16: 11254-11260.

[96] Xia A, Gao Y, Zhou J, et al. Core-shell NaYF$_4$: Yb^{3+}, Tm^{3+}@Fe$_x$O$_y$ nanocrystals for dual-modality T$_2$-enhanced magnetic resonance and NIR-to-NIR upconversion luminescent imaging of small-animal lymphatic node. Biomaterials, 2011, 32: 7200-7208.

[97] Sun Y, Yu MX, Liang S, et al. Fluorine-18 labeled rare-earth nanoparticles for positron emission tomography (PET) imaging of sentinel lymph node. Biomaterials, 2011, 32: 2999-3007.

[98] Sun Y, Liu Q, Peng J, et al. Radioisotope post-labeling upconversion nanophosphors for in vivo quantitative tracking. Biomaterials, 2013, 34: 2289-2295.

[99] Yang Y, Sun Y, Cao T, et al. Hydrothermal synthesis of NaLuF$_4$: ^{153}Sm, Yb, Tm nanoparticles and their application in dual-modality upconversion luminescence and SPECT bioimaging. Biomaterials, 2013, 34: 774-783.

[100] Sun Y, Zhu XJ, Peng JJ, et al. Core-shell lanthanide upconversion nanophosphors as four-modal probes for tumor angiogenesis imaging. ACS Nano, 2013, 7(12): 11290-11300.

[101] Zhang G, Liu YL, Yuan QH, et al. Dual modal in vivo imaging using upconversion luminescence and enhanced computed tomography properties. Nanoscale, 2011, 3: 4365-4371.

[102] Xing HY, Bu WB, Zhang SJ, et al. Multifunctional nanoprobes for upconversion fluorescence, MR and CT trimodal imaging. Biomaterials, 2012, 33: 1079-1089.

[103] He M, Huang P, Zhang CL, et al. Dual phase-controlled synthesis of uniform lanthanide-doped NaGdF$_4$ upconversion nanocrystals via an OA/ionic liquid two-phase system for in vivo dual-modality imaging. Adv Funct Mater, 2011, 21: 4470-4477.

[104] Yun S, Peng Jj, Feng W, et al. Upconversion nanophosphors NaLuF$_4$: Yb, Tm for lymphatic imaging *in vivo* by real-time upconversion luminescence imaging under ambient light and high-resolution X-ray CT. Theranostics, 2013, 3: 346-353.

NANOMATERIALS

稀土纳米材料

Chapter 5

第5章
场发射显示器用稀土发光材料

林君，程子泳
中国科学院长春应用化学研究所

5.1
概述

进入21世纪以来，信息技术获得了迅猛发展。研究表明，在人类经各种感觉器官从外界获知的信息中，近60%的信息是通过视觉获得的[1~3]。因此，电子显示器件作为人机界面的主要窗口已被广泛应用于军事、交通、教育、医疗等诸多领域，信息显示技术正是在这种大环境下发展起来的[4~7]。

阴极射线管（cathode ray tube，CRT）作为历史悠久的显示技术，自被发明以来，就以显示质量好（如全彩色、亮度高、对比度好、响应速度快等）和工艺成熟、廉价等诸多优点，被广泛用于电视、示波器、雷达监视器和计算机监视器等。然而，随着大规模集成电路和半导体技术的发展，微电子技术得到了飞速进步，随之而来的是新型电子显示技术也需要向轻量化、低能耗、平板型的方向发展。CRT由于其驱动电压高、能耗大、体积大且笨重等缺点而越来越不能满足新型显示技术的要求。因而，以等离子体显示（plasma display panel，PDP）、电致发光显示（electroluminescence display，ELD）、液晶显示（liquid crystal display，LCD）、场发射显示（field emission display，FED）和发光二极管（light emitting display，LED）等为代表的平板显示（flat panel display，FPD）得到了长足发展[3,8~11]。

液晶显示（liquid crystal display，LCD）具有工作电压低、功耗低，并能很好地与大规模集成电路相配合的优点，在实用性方面极为有利，逐渐成为平板显示的主流。各种便携式、手提式电子设备的显示部分几乎无一例外地采用液晶显示，并且液晶显示已进入电视接收机、计算机显示器等CRT的传统领地，有力地冲击着CRT的市场。作为非主动发光型显示器件，液晶显示能够方便地实现投影放大显示，这是其他发光型器件所不具备的。但是液晶显示又有其固有的弱点：第一，只有依靠外光源或背照明光源，人们才能看到被显示的字符或图像，背照明光源占去显示装置的大部分功耗；第二，它是利用滤光片实现彩色的，因此液晶显示图像的色彩很难达到阴极射线管所达到的水平；第三，液晶显示的视角小；第四，响应速度慢，工作温度范围小，在低温下（< -20℃）不能工作[1,2,12,13]。

在现在的显示市场中，阴极射线管（cathode ray tube，CRT）在可预见的时间内还不会被完全取代。另外，从显示的质量来看，不仅它的亮度、色度、响应时间和工作温度范围等方面为人们普遍接受，而且是各种显示中最好的；从性能/价格比来看，在诸多显示手段中它又是最高的。而FED的工作原理与CRT几乎完全相同，因此它有可能达到CRT的显示质量。同时FED具有低功耗、低电压和薄型化等平板显示的优点。因此，场发射显示是继承阴极射线管的优点而又顺应平板显示发展趋势的方案。FED兼具阴极射线管（亮度高、视角宽、色彩丰富、工作温度范围大等）和平板显示（质量轻、体积小）的优点，并摒弃了液晶显示的缺点（可视角度小，响应慢），是一种极具竞争力的显示技术（表5.1），有望占领未来显示器市场的主流地位[2,3,5]。

表5.1 主要显示技术的性能比较

性能	CRT	LCD	FED（预期）
亮度/（cd/m²）	750～1000	300	700
对比度	800∶1	800∶1	1000∶1
分辨率	400～1000	480～1280	1320
彩色色数	1670万	1670万	1670万
视角/（°）	180	120	180
尺寸/in	21～34	≤34	55

注：1in=0.0254m。

5.1.1
场发射显示器的工作原理及研究进展

20世纪60年代，K. R. Shoulder首先提出了基于场发射阴极阵列（field emissive arrays，FEAs）的电子束微型装置的设想[14]。随后，C. A. Spindt以半导体技术研发出门电极尖锥阴极阵列，使尖端场发射在平面显示中的应用成为可能[15]。目前主要有两种FED样机：低压FED样机（<1kV，LVFED）和高压FED样机（>1kV，HVFED）。LVFED是单色显示器件，所使用的发光材料主要是ZnO绿色荧光粉。但由于缺少与ZnO荧光粉配合使用的荧光粉，LVFED的发展受到很大的制约[16]。HVFED是在第一代单色样机的基础上发展起来的全彩色显示器。图5.1给出的是场发射显示器的工作原理图及PixTech公司研制开发的全彩色HVFED样机。图5.1中阴极为微尖（microtips），其作用是在外电场的作用下发射电子。阴极上有发光单元，它在电子流的激发下发出荧光。FED使用的是X-Y交叉电极，X电极

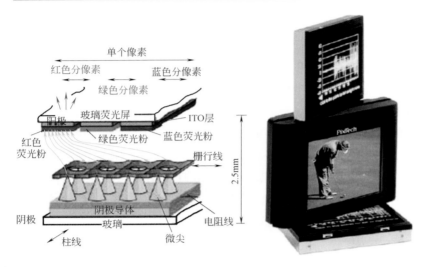

图5.1　场发射显示器工作原理图及PixTech公司研制开发的全彩色HVFED样机

在阳极的ITO透明电极上，而Y电极在阴极。当选定某一组（ x ， y ）坐标时，它们的交叉处的微尖就会发射电子形成电子束，打在阳极的单元上，激发荧光粉得到发光。当输入不同的图像信号时，阴极上不同的部位发射电子，阳极上相应的部位在电子束的激发下发出荧光，从而我们就可以看到不同的图像。在阴极与阳极间引入栅极，它的作用有两个：一是增大阳极电流，由于栅极离阴极很近，只要在栅极上加一个较小的偏压，对电子从阴极的逸出就会有很大的影响，因此，引入栅极后，可以不用大幅度地提高阳极电压，却能大幅度地提高阳极电流，从而大幅度地提高显示的亮度；二是可以使阴极发射的电子方向更为集中，即电子束的发散角变小。这是因为栅极离阴极很近，它对电子束产生约束作用，从而电子束发散角变小，使显示的分辨率提高。总的来说，FED就是用能够实现场发射的冷阴极微阵列替代CRT的热电子束作电子源，用X-Y驱动代替CRT的电子束扫描，从而将CRT平板化的一种显示手段[2,3,17]。

　　进入21世纪，功能材料的合成及纳米技术得到了巨大进步，有力地促进了FED的发展。近几年随着日本公司和韩国公司的研发支持，FED加快了产业化的发展步伐。2001年，日本伊势公司就展出了一款亮度达到10000 lm的15in FED产品。韩国三星公司也在2002年研制成功了32in的FED面板，随即伊势公司在同年又研发出了40in FED面板。友达光电也在抓紧研发不同尺寸的FED面板，以期应用于医疗、教育等领域。总的来说，世界各国大的电子显示器件公司都在投入巨资研发大尺寸的FED，包括韩国三星、LG，日本的佳能、东芝、索尼、松下、先锋、日立、富士通，以及我国的TCL、海信、创维、长虹等电视厂商[12,18,19]。场发射显示器阳极上的荧光粉通常用传统CRT荧光粉代替，但是这两种荧光粉的工作环境有明显不同，在低电压激发下，传统CRT荧光粉并不能在FED上得到很好的应用，这大大制约了FED器件的进一步开发和商品化。因而研究在低电压下发光效率高、亮度高、稳定性好且适合FED用的三基色荧光粉将有助于FED器件的设计和开发，进一步发挥出FED器件的优点，加快FED器件商品化和产业化进程[1,5]。

5.1.2
场发射显示对发光材料的要求

（1）发光颜色

场发射显示（FED）所用红、绿、蓝三种发光材料都应具有高的色纯度，这样荧光粉发光颜色的色坐标组成的色彩区域越大，FED显示的色彩就越丰富。同时，也应该尽可能扩大色坐标的色域范围，这样会进一步提高显示质量[20,21]。

（2）发光亮度

在室内使用时，红、绿、蓝三色发光材料合成的白光亮度应大于室内照明白光亮度，即大于$300cd/m^2$。室外使用时，所要求的白光亮度应更高。要与液晶显示器相竞争，场发射显示（FED）要求红、绿、蓝三色发光材料的效率分别大于$11\ lm/W$、$22\ lm/W$、$3\ lm/W$，合成的白光发光效率应达到$6\ lm/W$[3]。

（3）束流饱和性

一般情况下，FED所用荧光材料的亮度随着束流密度的增加而提高，但当束流密度增加到一定值时，荧光材料的亮度达到饱和，不再提高，这就是荧光材料的束流饱和特性。因此，要求FED用荧光材料具有较大的束流饱和密度[1]。

（4）荧光粉的稳定性

FED器件是在大电流下工作，荧光材料在高能电子束轰击下，热效应对荧光材料的组成和结构的破坏严重。若荧光材料因此发生分解，那么这就会降低整个显示器的显示质量，同时分解释放出来的沉积物也会毒化阴极针尖，缩短显示器使用寿命。因此FED用发光材料必须有良好的热稳定性。在商业上荧光材料的寿命大于10000h是可以接受的[5]。

（5）荧光粉的导电性

FED荧光材料一般为无机化合物，它们的导电性一般较差。在高能电子束轰击下，电子容易在荧光粉表面富集。这会造成FED阴极与荧光粉之间的电压降低，电子束能量也会随之下降，导致荧光粉的发光性能下降，使整个显示器的显示质量降低。所以，FED所需发光材料应该具有合适的导电性[1,22]。

（6）粒度分布和颗粒形貌

荧光粉颗粒的形貌、尺寸、分散性等对发光性能和涂屏的质量均有很大的影响。通常认为发光材料的理想形貌为球形，直径为 $1 \sim 3\mu m$，分散性好。因为球形粒子的堆积密度高，对光的散射较低，这可以增大荧光材料的亮度，提高显示器的分辨率，易于均匀涂屏[23~25]。

5.1.3
FED常用的发光材料

ZnO在低压电子束激发下可发射出蓝绿色荧光，这归因于其本征缺陷发光，其光效可达20 lm/W，因而被用于第一台单色FED样机的研制。但是由于ZnO的光谱为主峰位于505nm的宽带发射，色纯度不高，并且缺乏性能相似的其他颜色荧光材料与其匹配，这就限制了其在全彩色FED显示器上的应用[1]。

目前FED常用的发光材料如表5.2所示，主要可归为两类。第一类是以硫化物和硫氧化物为基质的材料，如$Y_2O_2S:Eu$、$ZnS:Cu,Cl$、$ZnS:Ag,Cl$等。这类荧光材料是传统的CRT或投影电视PTV用荧光粉，在高压（>1kV）电子束激发下发光效率高，但稳定性差，高能电子束激发下易分解，这会降低材料发光效率，且硫化物会使阴极中毒，缩短仪器使用寿命。同时，这类化合物会对环境造成污染[13,26~28]。第二类以氧化物为基质，主要有$Y_2O_3:Eu$、$Y_2SiO_5:Ce$、$Y_3Al_5O_{12}:Tb$等。此类荧光粉较稳定，但缺点是发光效率不高，特别是蓝光的光输出很低[1,3]。而且此类材料导电性均较差，当电子束的束流密度很高时，一方面容易在荧光粉表面发生电子富集，电子的富集使得FED阴极-荧光粉之间电压降低，这会引起电子束能量下降，导致穿透深度下降。电子束穿透深度可用公式$L[\text{Å}]=250(A/\rho)(E/Z^{1/2})^n$近似估算得到，式中，$n=1.2/(1-0.29\lg Z)$；$A$代表荧光粉材料的分子或原子质量；$\rho$为块体密度；$E$代表加速电压；$Z$指发光物质的原子数或分子的电子数[29]。另一方面会使荧光粉表面发生化学反应，生成一层惰性层（dead layer）覆盖在荧光粉表面，导致材料发光亮度和发光效率的下降[30,31]。

表5.2　FED常用发光材料

项目	蓝色	绿色	红色
单色荧光粉		$ZnO:Zn$	
较成熟的彩色荧光粉	$ZnS:Ag,Cl$	$ZnS:Cu,Au,Al$	$Y_2O_2S:Eu$
	$Zn_2SiO_4:Ti$	$Zn_2SiO_4:Mn$	$Y_2O_3:Eu$
	$Y_2SiO_5:Ce$	$Y_2SiO_5:Tb$	
处于研发阶段的彩色荧光粉	$SrGa_2S_4:Ce$	$SrGa_2S_4:Eu$	$CaTiO_3:Pr$
	$YNbO_4:Bi$	$ZnGa_2O_4:Mn$	
		$Zn_3Ta_2O_8:Mn$	

目前FED用发光材料面临的主要问题有：发光材料的形貌、尺寸与分散性的控制合成，高亮度和高效率的新材料的开发，薄膜以及图案化的发光材料在FED上的应用，稳定性和导电性的改善，高电流低电压下的饱和效应等。基于以上情况，下文将对此进行详细介绍。

5.2
FED用发光材料的合成

高温固相反应（solid state reaction method）由于具有产率高、制备过程简单、成本低和能批量生产等特点，已成为制备粉体发光材料的常规手段[32,33]。该方法是将起始原料按照化学计量比称重，充分研磨后，在特定气氛下高温煅烧一定时间（>1000℃，>10h），最后粉碎研磨即可得到所需发光材料。但此方法的缺点也比较明显，首先固相反应产物多是些细小微晶的烧结团块，分散性较差，不利于涂屏。其次研磨过程会在摩擦作用下使得晶粒中产生缺陷，成为无辐射发光中心，也可能在晶体表面上产生无定形不发光的薄膜，降低材料发光效率[3,5]。此外，分辨率是显示器的一个关键指标，它与发光材料的粒径密切相关，较小的粒径有助于实现较高的分辨率[23,34]。湿化学方法最初是从冶金学上提出来的，从广义上来说，凡是在液相中通过化学反应来制备材料的方法都可称为湿化学法，又称软化学法。近年来软化学合成方法以其操作简单，产物形貌、尺寸可控性强，分散性高等优点而备受人们青睐[35~39]。下面介绍几种具有代表性的软化学合成法。

5.2.1
Pechini溶胶–凝胶法

Pechini溶胶-凝胶法（Pechini-type sol-gel method）是通过低温下金属有机物或者无机盐通过溶液中的水解、配位、交联等一系列化学反应，先形成溶胶，然后生成凝胶，最后在较低温度下进行煅烧来制备无机材料的一种方法，如图5.2所示[40,41]。用溶胶-凝胶法制备发光材料的一般特点是：降低发光粉的烧结温度，无论是开始结晶温度还是结晶完全温度，溶胶-凝胶法都比固相法要低，这样一方面可以节省能源，另一方面可以避免由于高温烧结而从反应器等外部引入有害杂质，从而提高发光粉的发光性能；可以使前驱体溶液在分子级上混合均匀，保证激活离子能够比较均匀地分布在基质晶格中，有利于找到发光体发光最强时激活离子的最低浓度；使带状发射峰窄化，同时有利于提高发光体的相对发射强度及相对量子效率；所得产物颗粒尺寸分布相对集中[12,42]。林君课题组在这方面做了大量的工作，用此方法制备了多种环境友好的粉末发光材料，如(Ca/Sr)In_2O_4:RE^{3+}（RE=Pr，Sm，Eu，Tb，Dy，Ho，Er，Tm）、$CaYAlO_4$:Tb^{3+}/Eu^{3+}、$KNaCa_2(PO_4)_2$:A（A=Ce^{3+}，Eu^{2+}，Tb^{3+}，Mn^{2+}，Sm^{3+}）、$K(Sr,Ca)Gd(PO_4)_2$:RE^{3+}/Mn^{2+}（RE=Ce，Tb，Dy，Eu，Tm）、$Ca_2Ba_3(PO_4)_3Cl$/$Ca_8(La,Gd)_2(PO_4)_6O_2$:A（A=Eu^{2+}，Ce^{3+}，Dy^{3+}，Tb^{3+}，Mn^{2+}）等[5,43~46]。

研究发现，与微米级的发光材料相比，纳米级的颗粒能够降低涂屏厚度，这会影响发光层的电导率和不同颗粒之间的残余气体量。此外，这也会影响材料的发光效率、稳定性和整个器件的使用寿命[5]。Psuja等详细研究了在Y_2O_3:Eu^{3+}/Tb^{3+}和$Y_3Al_5O_{12}$:Tb^{3+}/Ce^{3+}/Eu^{3+}体系中产物的颗粒尺寸与发光效率的关系。通过对比不同样品的阴极射线（cathodoluminescence，CL）发光强度可知，在纳米尺度范围内，不论是发光薄膜还是粉末，所有样品的发光效率均随着晶粒尺寸的变大而增加，纳米级的Y_2O_3:Eu^{3+}（900℃，46nm）的发光效率要优于商用的颗粒尺寸在微米级（3.5μm）的样品。同时，所有样品的色坐标（CIE chromatic

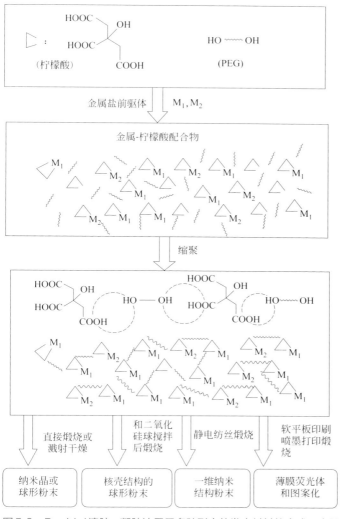

图5.2　Pechini溶胶－凝胶法用于多种形态的发光材料的合成示意图

coordinates）并没有随着晶粒尺寸的变化而改变，这就表明了稀土离子掺杂的纳米尺度的发光材料在FED的应用上更具优势[47]。此外，通过将Pechini溶胶-凝胶法与其他方法相结合，如喷雾热解法、静电纺丝法、软石印法等（图5.2），我们可以制备一系列形貌各异的发光材料，这将在下面的内容中进行详细介绍[12,48]。总之，溶胶-凝胶法以其温和的反应条件和灵活多样的制备工艺，在制备功能光学材料和器件方面显示出了巨大优势和发展潜力。

5.2.2
沉淀法

沉淀法（precipitation method）是在金属盐类的水溶液中控制适当的条件使沉淀剂与金属离子反应，产生水合氧化物或难溶化合物，使溶质转变为前驱体沉淀物，然后经分离、干燥、热处理而得到产物的方法。最常用的沉淀剂为尿素和NaOH[49,50]。在实验过程中，通过严格控制反应温度、沉淀剂用量、反应时间等，可以得到具有指定组成和结构、并具有特定形貌的前驱体的沉淀，再经过焙烧、分解和高温晶化，便可制得性能良好的发光材料，产物粒度可以是亚微米级，也可以是纳米尺寸级别。

Li 等通过此方法制备了不同形貌的、高度分散的β-Ga_2O_3:Dy^{3+}和La_2O_3/$La_2O_2CO_3$:RE^{3+}（RE=Eu，Tb）等发光材料（其前驱体的SEM照片见图5.3），结果表明，我们可以通过调整产物的形貌和尺寸来改善样品的阴极射线发光性质[51,52]。如图5.3所示，β-Ga_2O_3:Dy^{3+}样品的阴极射线发光强度随着形貌和尺寸的不同发生了明显的变化，这是由表面缺陷数量的不同造成的。随着缺陷的增多，非辐射跃迁概率增大，导致样品的发光强度明显下降，这同样适用于La_2O_3/$La_2O_2CO_3$:RE^{3+}（RE=Eu，Tb）体系。Zhang 等采用改进的尿素共沉淀法成功合成了形貌可控的纳微米结构的LnOF，包括纳米棒、纳米纺锤体、纳米棒束和纳米球，如图5.4所示。与以往的报道相比，这个方法有两个明显的优势：首先，此方法是环保无污染的，整个过程不需添加螯合剂和有机溶剂。其次，这种方法非常简便高效，并且节能。研究表明，所制备的LnOF的形貌和尺寸可以非常简单地通过调整氟源和pH值来调节。与商用绿色荧光粉ZnO:Zn相比，YOF:0.03Tb^{3+}样品在阴极射线激发下具有更强的发光效率和更好的色纯度，这对于提高显示质量来说非常有利[53,54]。此外，Silver 等通过均相沉淀法合成出了亚微米尺寸的球形Y_2O_3:Eu^{3+}和立方相(Y，Gd)$_2O_3$:Eu^{3+}发光材料。球形形貌使这些样品在显示屏上能够保持较高的堆积密度，因而在低压电子束激发下，这些样品能够得到较高的流明效率，在电压约5000V范围内，这些材料与商用荧光粉相比更有用，更有利于在FED器件上的应用[55]。因此，这些结果表明，无机纳微米材料的发光效率与其形貌、尺寸等密切相关。通过对材料形貌、尺寸、分散性以及表面的改善，我们能够降低表面缺陷的数目，提高所得产物的发光效率[5]。

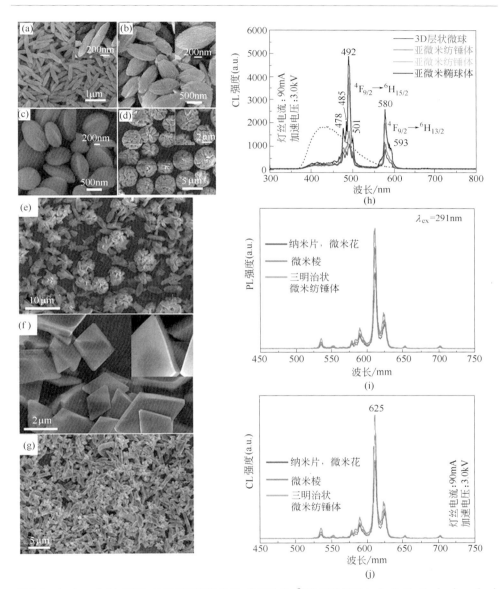

图5.3 （a）~（d）不同pH条件下制备的GaOOH:Dy³⁺的SEM照片：4，6，7，9；（e）~（g）不同pH条件下制备的LaCO₃OH:Eu³⁺的SEM照片：2，7，10；（h）~（j）不同形貌的β-Ga₂O₃:Dy³⁺（h）和La₂O₂CO₃:0.05Eu³⁺[（i），（j）]的光致发光（PL）和阴极射线发光（CL）光谱

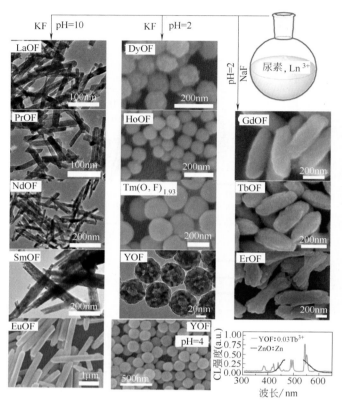

图5.4　通过尿素共沉淀法合成的不同形貌的氟氧化物LnOF，以及YOF:0.03Tb^{3+}和ZnO:Zn在相同激发条件下的CL光谱和发光照片的对比图

5.2.3

水热/溶剂热法

　　水热/溶剂热法是在聚四氟乙烯内衬的反应釜中进行的，以溶剂作为传递压力的介质，利用在高压下绝大多数反应物均能部分溶解的特点而使反应在液相或气相中进行。溶剂的物理化学性质影响反应物的反应活性、溶解性和扩散行为，常用溶剂主要是水、乙醇和乙二醇。目前，水热/溶剂热法已成为合成许多功能无机纳米材料、特种组成与结构的无机化合物以及特种凝聚态材料的重要途径，被广泛应用于制备具有不同形貌的无机发光材料[37,39,56]。Zhang等采用柠檬酸钠（Cit^{3-}）辅助的水热反应制备了均匀的ZnGa$_2$O$_4$和ZnGa$_2$O$_4$:Mn^{2+}/Eu^{3+}纳米结构材料，并详细研究了相应的形貌变化和生长机理，如图5.5所示[23]。

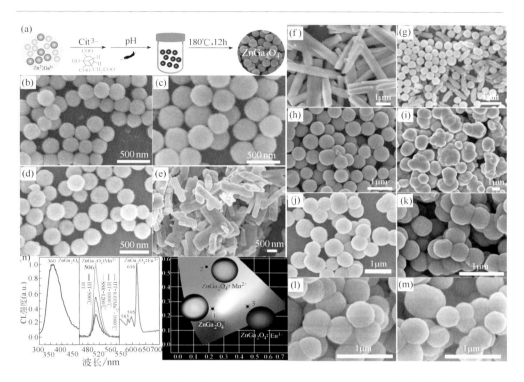

图5.5 （a）合成ZnGa₂O₄的示意图；（b）~（d）水热制备的ZnGa₂O₄在不同温度（500℃，700℃，1000℃）下煅烧后的SEM图；（e）高温固相反应制备的ZnGa₂O₄样品；（f）~（m）在不同Cit³⁻和pH值条件下水热反应所得ZnGa₂O₄样品的SEM图：（f）不添加Cit³⁻，（g）M∶Cit³⁻=1∶1，（h）M∶Cit³⁻=1∶4，（i）M∶Cit³⁻=1∶6，pH=5，（j）pH=6，（k）pH=7，（l）pH=8，（m）pH=9，M∶Cit³⁻=1∶2；（n）ZnGa₂O₄∶Mn²⁺/Eu³⁺的CL、发光照片和色坐标

　　将水热反应所制备的产物在不同温度下煅烧可以消除表面吸附的水分子以及表面活性剂，这有利于提高样品的发光效率，结果表明，即使经过了1000℃的高温反应，这些纳米球依然能保持均匀高分散性的特点，仅仅是尺寸发生了一些收缩，如图5.5（b）~（d）所示。但是，图5.5（e）表明，直接高温固相法所得ZnGa₂O₄是由一些不均匀的微米棒组成的。一般而言，想要通过液相反应成功制备形貌均匀的纳微米材料，不仅取决于目标产物的自身属性，更需要精确控制温度、表面活性剂和pH值等一系列反应条件。对比试验结果表明，柠檬酸钠（Cit³⁻）和pH值对ZnGa₂O₄形貌具有决定性的影响。不添加Cit³⁻时，产物是由长度5μm、直径0.5~1μm的微米棒组成的［图5.5（f）］，其对应的XRD为正交晶

系的GaOOH（JCPDS No. 54-0910），这与添加Cit^{3-}条件下制备的样品明显不同。添加Cit^{3-}量不同时，所得产物的形貌有很大不同，但是晶相却一样。从图5.5（g）的SEM结果可以看出，当M：Cit^{3-}=1：1时，所得样品由直径300nm左右的纳米球和长度1μm、直径200nm的纳米棒束组成。增加Cit^{3-}量时（M：Cit^{3-}=1：4，金属离子与柠檬酸钠的摩尔比），纳米棒束消失了，产物完全变成了直径400nm左右的纳米球。更进一步加大Cit^{3-}量时（M：Cit^{3-}=1：6），产物形貌发生了很严重的团聚。图5.5（j）～（m）是固定M：Cit^{3-}=1：2，改变溶液的pH值时，所得ZnGa$_2$O$_4$的SEM图。结果表明，虽然所制备的产物形貌均由纳米球组成，但是随着pH值的增加（从6到9），产物的分散性越来越差，这可能是Zn^{2+}和Ga^{3+}水解速率加快所致。此外，在不同pH值条件下，Cit^{3-}在不同晶面的吸附能力是不同的。因此，选择合适的反应条件（M：Cit^{3-}=1：2，pH=5）对制备均匀分散的ZnGa$_2$O$_4$至关重要。在低压阴极射线激发下，ZnGa$_2$O$_4$、ZnGa$_2$O$_4$:Mn^{2+}和ZnGa$_2$O$_4$:Eu^{3+}分别发出明亮的蓝光、绿光和红光，见图5.5（n）。一方面，水热制备的ZnGa$_2$O$_4$:0.01Mn^{2+}-HT样品的CL强度随煅烧温度的提高逐渐增强，这是结晶度的提高所致；另一方面，样品电阻（方阻R）的相对强度随煅烧温度的提高逐渐变小，这可能是由结晶度的提高和有机物的减少造成的。高的电导率有助于降低荧光粉表面的电荷积累，提高发射强度。此外，ZnGa$_2$O$_4$:0.01Mn^{2+}-HT-1000℃样品（水热制备，1000℃煅烧）的CL强度要高于ZnGa$_2$O$_4$:0.01Mn^{2+}-SSR-1200℃（1200℃高温固相反应制备），这表明水热反应不仅有利于降低反应的温度，并且可以在一定程度上提高样品的发光强度。

Shang等通过油酸辅助的水热反应成功制备了高度分散的纳米尺寸的LaOF:RE^{3+}（RE=Eu，Ho，Tm，Dy，Sm，Tb）。在低压阴极射线激发下，LaOF:0.10Eu^{3+}、LaOF:0.01Ho^{3+}、LaOF:0.007Tm^{3+}、LaOF:0.01Dy^{3+}和LaOF:0.01Sm^{3+}样品分别发出明亮的红、绿、蓝、黄和橙光。在相同的激发条件下，LaOF:0.07Tb^{3+}、LaOF:0.07Ho^{3+}和LaOF:0.005Tm^{3+}样品的发射峰面积比商业粉ZnO:Zn和Y$_2$SiO$_5$:Ce^{3+}的面积小；然而，LaOF:0.07Tb^{3+}的CL强度比ZnO:Zn的发光强度强，LaOF:0.005Tm^{3+}样品与蓝粉Y$_2$SiO$_5$:Ce^{3+}的CL强度相当。此外，LaOF:0.07Tb^{3+}的色坐标（0.2521，0.5647）和LaOF:0.005Tm^{3+}的色坐标（0.1510，0.0761）比商业粉ZnO:Zn和Y$_2$SiO$_5$:Ce^{3+}的色饱和度高。这些结果表明，此种材料在全彩色显示方面具有应用前景[57]。

在水热过程中通过调控水与有机溶剂的比例可以方便地控制所得产物的形貌和尺寸。在此过程中，有机添加剂作为形貌控制剂可以吸附在初始生成晶核的不同表面，影响不同晶面的生长速率，从而获得不同形貌的产物。通过以上方法，可以制备一系列阴极射线发光材料，如Y$_2$O$_3$/Gd$_2$O$_3$/Lu$_2$O$_3$:RE^{3+}（RE=

Eu，Tb，Dy，Pr，Sm，Er，Ho，Tm）、YVO_4、$(Y/Gd)BO_3$和$NaY(MoO_4)_2$等[5,58]。

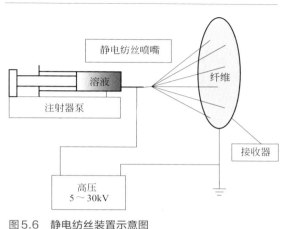

图5.6　静电纺丝装置示意图

5.2.4
静电纺丝法

　　静电纺丝法（electrospinning method），简称电纺，是一种简单而又有效的制备一维材料的方法，而且有希望能大规模生产。该方法的原理是：在高压静电作用下，当电场力足够大时，聚合物液滴可克服表面张力喷出。溶剂在细流的喷射过程中逐渐挥发，拉伸细化，丝条固化，并最终落在收集装置上，该装置的示意如图5.6所示[34,59]。该方法一般包括以下三个步骤：①配制具有合适黏度的纺丝溶液。一般是在含有金属盐或者无机醇盐的水醇溶液中加入一定量的高分子聚合物（如PVP），搅拌若干小时至溶胶均匀。②将配制好的纺丝溶液装入带有不锈钢针头的医用注射器中，并固定在注射泵上，将不锈钢注射针头与高压静电发生器正极相连，铝质接收装置（接地）与负极相连，调节纺丝溶液的流速、电压以及针尖到接收板的距离，在接收装置上得到前驱体纤维。③将前驱体纤维在所需的温度下煅烧，除去有机物得到所需的无机纳米纤维。

　　试验参数对静电纺丝法所制备产物最终的形貌影响甚大，如纺丝液的性质、纺丝液黏度、纺丝液浓度、纺丝液的表面张力；纺丝工艺参数如纺丝液的流量、施加电压、针头到收集板的距离等；环境参数如温度、湿度和纺丝室的气流速度等。因此，实验条件的优化对静电纺丝法非常关键[12]。将溶胶-凝胶法前驱体溶液与静电纺丝法相结合，是非常成功的制备一维纳微米结构发光材料的方法，如$LaOCl:Ln$（$Ln=Eu^{3+}$，Tb^{3+}，Tm^{3+}，Dy^{3+}）、$Y(V,P)O_4:Ln$（$Ln=Eu^{3+}$，Sm^{3+}，Dy^{3+}）纳米线和微米带、Ce^{3+}和Tb^{3+}共掺的Y_2SiO_5纳米线和微米带、YVO_4、$GdVO_4$、$LaPO_4$、$CaTiO_3$、Y_2SiO_5、$Ca_4Y_6(SiO_4)_6O$、$Ca_2Gd_8(SiO_4)_6O_2$、$La_{9.33}(SiO_4)_6O_2$、$CaWO_4$、$Tb_2(WO_4)_3$、Gd_2MoO_6、$CaMoO_4$等[5,34,59]。以$LaOCl$体系为例，Li等通过调整实验参数，如外加电压、纺丝速率、金属离子与水的摩尔比、水醇比等得到高质量的纤维状、管状及带状形貌的一维$LaOCl:Ln^{3+}$样品，如

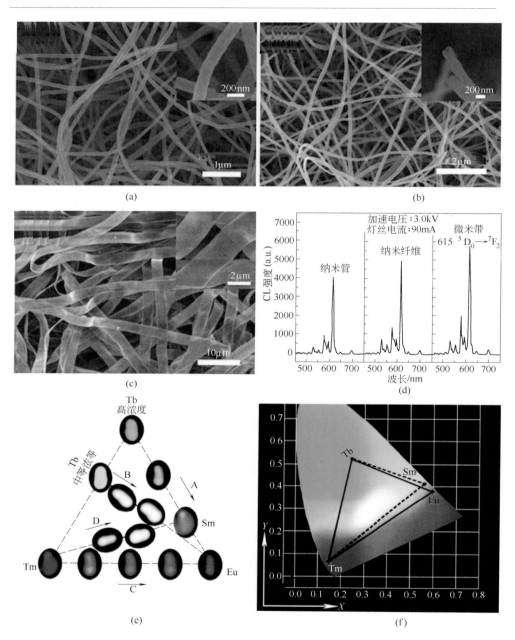

图5.7 （a）~（c）静电纺丝法制备的不同形貌的LaOCl:Ln³⁺的SEM和TEM图：纳米纤维、纳米管和纳米带；（d）不同形貌的LaOCl:Eu³⁺的CL光谱；（e），（f）LaOCl:RE³⁺(RE=Sm, Eu, Tb, Dy, Tm)体系的发光照片和可调色域范围

图 5.7（a）～（c）所示。在相同实验条件下，带状样品 LaOCl∶0.05Eu^{3+} 的阴极射线发光强度比纤维状和管状样品的强［图 5.7（d）］。众所周知，材料的表面积随着粒径的减小而增大，大的比表面积会在发光晶体中引入大量缺陷，缺陷会导致电子和空穴的无辐射复合，降低发光效率。此外，在低压电子束激发下，对于单掺和多掺 LaOCl∶Ln^{3+}（Eu^{3+}，Tb^{3+}，Tm^{3+}，Sm^{3+}）发光材料，多种发光颜色可以在由三个色坐标固定的很宽的三角区域进行调节［色坐标为 LaOCl∶Eu^{3+}（0.6039，0.3796）；LaOCl∶Tb^{3+}（0.2456，0.5232）；LaOCl∶Tm^{3+}（0.1456，0.0702）］。而且，通过改变 Eu^{3+} 和 Tb^{3+} 的掺杂浓度可以将白光发射从冷色系调节到暖色系。同时，LaOCl∶Tm^{3+} 和 LaOCl∶Tb^{3+} 的色坐标（发光颜色）比商用 Y$_2$SiO$_5$∶Ce^{3+} 和 ZnO∶Zn 荧光粉更纯，这有利于提高 FED 的显示质量[34]。

5.2.5
喷雾热解法

喷雾热解法（spray-pyrolysis method）是近年来发展起来的一种制备超细发光粉末颗粒和薄膜的技术。该方法是将预产物组成相应的原料化合物，然后配成溶液或胶体溶液，在超声振荡作用下形成气溶胶的雾滴，用惰性气体或还原性气体（如 N$_2$ 或 N$_2$-H$_2$）将气溶胶状雾滴载带到高温热解炉中，在短暂（几秒）的时间内，雾滴发生溶剂蒸发、溶质沉淀、干燥和热解反应，首先生成疏松的颗粒，并立即烧结成致密的微米级粉粒，如图 5.8（a）所示[60]。试验参数，包括前驱体溶液的性质、气体流速、溶剂蒸发速度、烧结温度等，都会对最终产物的形貌和尺寸分布产生影响［图 5.8（b）］，因此，条件的优化对本方法非常关键。总的说来，此方法兼具液相法和气相法的诸多优点，如设备相对简单，反应温度低，可实现大面积、大尺寸的沉积，可以实现一步合成，可控制颗粒的尺寸和形态（由于反应是在微小的液滴内进行，产物多为 1～5μm 均匀的球形颗粒，无须球磨即可使用），可以直接得到结晶态样品，得到的材料具有非聚集、粉末粒径分布均匀、比表面积大、颗粒之间化学成分相同等优点，因而用该法制备发光材料有其特殊的优势[13,61]。喷雾热解法目前在制备各种复合材料，特别是组分精确的粉体材料上有较为重要的应用，已成功制备各种发光材料。如 Wang 等用喷雾热解法成功地制备了球形荧光粉 Y$_2$O$_3$∶Eu^{3+}，且均匀球形的产物在发光亮度上表现出明显的优势[62]［图 5.8（c）、（d）］。此外，Zhou 等采用此方法合成出了 BaMgAl$_{10}$O$_{17}$∶Eu^{3+}、Y$_3$Al$_5$O$_{12}$∶Eu^{3+}、YVO$_4$∶Eu^{3+}，Kang 等用喷雾热解制备了 LaPO$_4$∶Ce^{3+}，Tb^{3+}、Y$_2$SiO$_5$∶Ce^{3+} 等[5,63]。

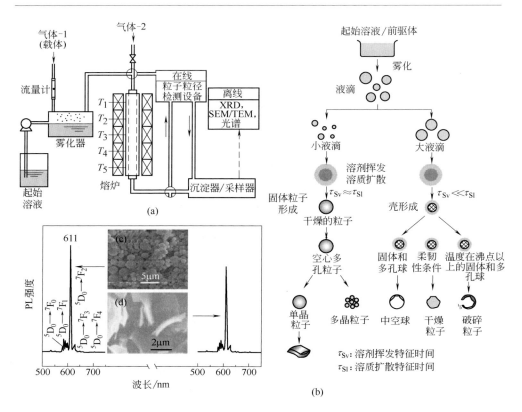

图5.8 （a）喷雾热解法的示意图；（b）喷雾热解法制备的不同形貌的样品；（c），（d）不同形貌的Y_2O_3：Eu^{3+}样品及光谱强度对比图

5.2.6
构建核壳结构

　　研究结果表明，均匀球形的发光材料在照明与显示领域比一般无规则颗粒具有更大的优势，这是因为球形能够在保持较高堆积密度的同时最大限度地降低光散射[25]。因此，以模板法为基础的核壳结构的球形发光材料的合成引起了人们的广泛关注。这是因为它具有方法简单、重复率高、预见性好、产品形态均一、性能稳定等诸多特点。模板法主要分为硬模板法、软模板法、牺牲模板法以及软模板和硬模板相结合的方法，这其中又以硬模板法最为方便常用[48]。硬模板法制备核壳材料的关键是针对不同模板进行表面改性或表面修饰，以增强核壳两种材料之间的结合

力，使壳材料能较稳定地包覆在核的表面；或在含有模板材料的溶液中加入合适的稳定剂使壳材料能够沉积在核表面，而不是自身在溶液里凝聚成粒子，其中最为典型的例子是将溶胶-凝胶与Stöber法相结合的方法[24,41]。众所周知，从纳米到亚微米级的单分散球形二氧化硅微球可以通过TEOS水解来获得。如果

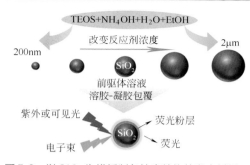

图5.9 以SiO_2为模板制备核壳结构的发光材料

在SiO_2微球表面包覆上发光粉，则可获得一种核壳结构的球形发光粉材料，而且发光粉颗粒大小和发光强度也可通过控制SiO_2球的大小和包覆次数来控制，如图5.9所示。另外，由于SiO_2相对于发光粉材料（通常用昂贵的稀土元素作为激发剂和/或基质）要廉价得多，从某种程度来讲，核壳结构的发光粉将会比纯发光粉价格便宜[48,64]。

Lin等以此方法为基础，制备了核壳结构的$SiO_2@Y_2SiO_5:Eu^{3+}$、$SiO_2@Y_2SiO_5:Ce^{3+}/Tb^{3+}$发光材料，具体过程如图5.10（a）所示。由于在透射电子显微镜中电子对不同物质具有不同的穿透能力，因此利用透射电子显微镜可以清楚直观地观察到$SiO_2@Y_{1.9}Tb_{0.1}SiO_5$的核壳结构。图5.10（b）给出了涂覆四层$SiO_2@Y_{1.9}Tb_{0.1}SiO_5$的透射电子显微镜照片。从透射电子显微镜照片中可以看出，由于电子的穿透能力不同，每一个颗粒均由两部分组成，一部分是位于颗粒中央的黑色圆核，其直径约为350nm；另一部分是位于黑色圆核外的灰色圆壳，其厚度约为50nm。由于核壳材料和核层与壳层的电子穿透率不同，导致在透射电子显微镜下，样品的核壳结构清晰可见。另外，图中还给出了核壳结构的$SiO_2@Y_{1.9}Tb_{0.1}SiO_5$在$SiO_2$和$Y_{1.9}Tb_{0.1}SiO_5$界面处的电子衍射，电子衍射环的出现证实了$SiO_2$微球表面结晶相$Y_{1.9}Tb_{0.1}SiO_5$的存在。在低压阴极射线激发下，$SiO_2@Y_{1.94}Ce_{0.06}SiO_5$、$SiO_2@Y_{1.9}Tb_{0.1}SiO_5$和$SiO_2@Y_{1.84}Ce_{0.06}Tb_{0.1}SiO_5$核壳结构发光材料分别表现为所掺杂稀土离子的特征发射[64]。Yu等合成出了均匀单分散的$SiO_2@YVO_4:Eu^{3+}$核壳发光材料，并且此样品的尺寸可以通过SiO_2核的大小进行调节，同时发光强度能够方便地通过调整壳层的包覆次数、核的大小和烧结温度来调控[24]。利用这种方法合成核壳结构的球形发光材料，过程简单易控制，因而极具重要的实用价值，已被广泛用于一系列稀土发光材料的制备。

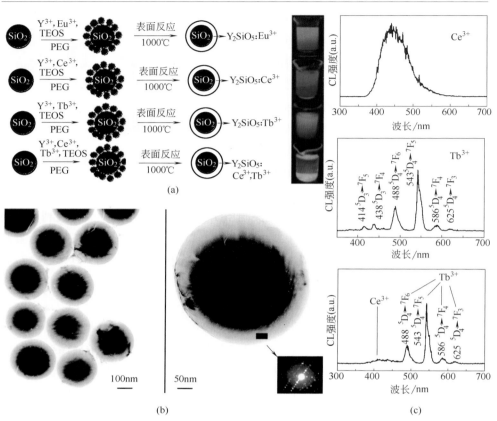

图5.10 （a）核壳结构的SiO_2@Y_2SiO_5:Eu^{3+}、SiO_2@Y_2SiO_5:Ce^{3+}/Tb^{3+}发光材料的制备过程以及在紫外灯照射下的发光照片；（b）SiO_2@$Y_{1.9}Tb_{0.1}SiO_5$的TEM照片；（c）SiO_2@$Y_{1.94}Ce_{0.06}SiO_5$、SiO_2@$Y_{1.9}Tb_{0.1}SiO_5$和SiO_2@$Y_{1.84}Ce_{0.06}Tb_{0.1}SiO_5$核壳结构发光材料的CL光谱

5.3
FED用发光材料的性能调控与优化

5.3.1
材料组分的优化

在基质材料中，引入适当的激活剂是调控材料发光性质的重要方法，但是，

由于激活剂与被取代基质组分在离子半径和价态之间的差异，这一过程也不可避免地会引起晶格点阵和电荷出现失配情况。在一定程度上，这会引起缺陷的产生，包括空位、间隙、晶格应力以及变形等，导致材料发光效率降低。因此，为了尽量避免上述情况的出现，对材料的组分进行优化就显得非常重要[5,65]。目前，结构优化主要有两种方法，一种是引入电荷补偿剂以降低价态失配引起的非辐射跃迁；另一种是引入其他半径互补的离子，避免晶格应力的出现。以 $KNaCa_2(PO_4)_2$（KNCP）为例，Geng 等详细研究了组分优化对激活剂 Ce^{3+}/Tb^{3+} 的发光性质的影响。在 KNCP 基质中，掺入的三价 Ce^{3+} 占据二价 Ca^{2+} 的位置，这就导致价态失配情况的出现。因此，为了保持电荷平衡，在样品中掺入一价阳离子（Li^+、Na^+ 或 K^+）作为电荷补偿剂。$KNCP:xCe^{3+}$ 样品中掺入的电荷补偿剂 Li^+、Na^+、K^+ 也取代 Ca^{2+} 的位置，而且掺杂浓度等于 Ce^{3+} 的掺杂浓度。由于掺杂浓度较低，所以尽管电荷补偿剂是 Li^+、Na^+、K^+，但仍然不会转变 KNCP 基质的组成。

图 5.11（a）展示了不同电荷补偿剂对 $KNCP:0.02Ce^{3+}$ 荧光粉的发光强度的电荷补偿效果。从实验结果中可以看出，三种电荷补偿剂都可以增强 $KNCP:0.02Ce^{3+}$ 的发光强度。显然，在 Li^+、Na^+ 和 K^+ 中，Na^+ 具有最佳电荷补偿结果。电荷补偿能力的顺序是 $Na^+>K^+>Li^+$。这可能是由 Li^+、Na^+、K^+ 和 Ca^{2+} 的不同离子半径大小引起的。与 Li^+ 和 K^+ 的半径相比，Na^+ 的半径与 Ca^{2+} 的更相近。如果 Na^+ 电荷补偿剂与 Ce^{3+} 一起占据 KNCP 晶格中的两个 Ca^{2+} 的位置，则与 Li^+ 和 K^+ 相比，这样引起的晶格畸变会更小一些。所以 $KNCP:0.02Ce^{3+},0.02Na^+$ 荧光粉给出了最强的发光强度。同样地，与 Li^+ 相比，K^+ 的半径与 Ca^{2+} 的更相近一些，所以 $KNCP:0.02Ce^{3+},0.02K^+$ 比 $KNCP:0.02Ce^{3+},0.02Li^+$ 显示出更强的发光强度。同样的情况也适用于 $KNCP:xTb^{3+}$ 体系，如图 5.11（b）所示[43,66]。Shang 等研究了 Mg^{2+}、Ba^{2+} 掺杂对 $Ca_{1.99}GeO_4:0.01Eu^{3+}$ 体系发光性质的影响，如图 5.11（c）所示。Mg 1.99 和 Mg 0.2 取代样品的 CL 发光强度与未取代的 $Ca_{1.99}GeO_4:0.01Eu^{3+}$ 样品的发光强度相比有明显提高，但是 Ba 1.99 取代样品的发光强度急剧减弱。这一方面是因为 Mg^{2+} 半径比 Ca^{2+} 小，更容易进入基质晶格，从而引起较小的晶格畸变；另一方面是因为阴极射线发光与荧光粉的导电性有关，荧光粉的带宽越窄，导电性越好，对提高阴极射线发光强度越有利。此外，Shang 等也研究了电荷补偿对 $Ca_2GeO_4:Eu^{3+}$ 发光性质的影响。由于 Eu^{3+} 半径（94.7pm）与 Ca^{2+} 半径（99pm）相近，Eu^{3+} 可以容易地取代 Ca^{2+} 进入 Ca_2GeO_4 晶格。然而，Eu^{3+} 的电荷价态比 Ca^{2+} 高，为了保持基质的电中性，两个 Eu^{3+} 将会取代三个 Ca^{2+}，因此，将会产生两个 $[Eu_{Ca}]''$ 阳离子缺陷和一个 $[V_{Ca}]''$ 阴离子缺陷，这些缺陷就会给材料带来非辐射跃

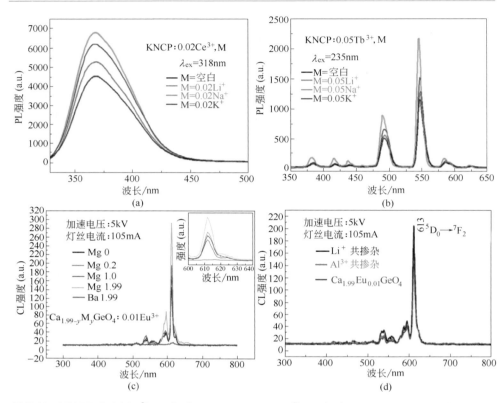

图 5.11　KNCP：0.02Ce^{3+}，M（a）和 KNCP：0.05Tb^{3+}，M（b）样品的发射光谱（M=Li$^+$、Na$^+$或 K$^+$）；（c）Ca$_{1.99-y}$M$_y$GeO$_4$：0.01Eu^{3+}(M=Mg，Ba；y=0，0.2，1.0，1.99）样品的 CL 光谱，插图为 600～640nm 波段的放大效果；（d）Ca$_{1.99}$Eu$_{0.01}$GeO$_4$、Li$^+$共掺杂的 Ca$_{1.98}$Li$_{0.01}$Eu$_{0.01}$GeO$_4$ 及 Al^{3+}共掺杂的 Ca$_{1.99}$Eu$_{0.01}$Al$_{0.01}$Ge$_{0.99}$O$_4$样品的 CL 光谱

迁过程，降低材料的发光效率。

　　Shang 等在 Ca$_2$GeO$_4$：Eu^{3+}体系中引入 Li$^+$或 Al^{3+}来取代 Ge^{4+}或 Ca^{2+}作为电荷补偿。共掺杂 Li$^+$可以补偿 Eu^{3+}和 Ca^{2+}之间的电荷差异，进而可以帮助 Eu^{3+}更加有效地进入 Ca^{2+}格位。实验结果也表明，Ca$_{1.98}$Li$_{0.01}$Eu$_{0.01}$GeO$_4$样品的 CL 发光强度要优于 Ca$_{1.99}$Eu$_{0.01}$GeO$_4$，如图 5.11（d）所示。在 Al^{3+}共掺杂的 Ca$_{1.99}$Eu$_{0.01}$Al$_{0.01}$Ge$_{0.99}$O$_4$样品中，Al^{3+}可以取代 Ge^{4+}，这样一来既维持了电荷平衡，又减少了荧光粉中的缺陷，但是最终样品的 CL 强度却下降了。这可能是因为 Ge 与 O 之间的电负性之差（ΔX=1.43）比 Al 和 O 间的电负性之差（ΔX=1.83）小，具有较小电负性差的化合物的带宽窄，从而导电性较高。因此，Al^{3+}掺杂的样品的发射强度比未掺杂样品弱[67]。

Zhang 等通过水热反应成功制备了均匀单分散的球形 $ZnGa_2O_4$ 发光材料，在 $ZnGa_2O_4:0.01Mn^{2+}$ 体系中掺入 Mg^{2+} 时，会在 Mn^{2+} 最低未被占据分子轨道附近产生新的激发能级（由3s和3p能级组成）。与 Mn^{2+} $3d^5$ 能级跃迁相比，从 Mg^{2+} 能级到 Mn^{2+} 基态的跃迁会变得容易。因此，从 Mg^{2+} 到 Mn^{2+} 跃迁的放大作用增强了 $ZnGa_2O_4:0.01Mn^{2+}$ 样品的发射强度[23]。此外，Shimomura 等采用X射线衍射研究证明，在

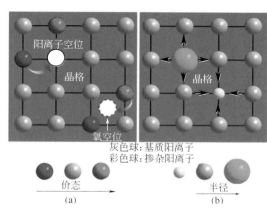

图5.12　组分优化增加发光效率机制的简单模型

$Y_2O_3:Eu^{3+}$ 体系中加入锂盐使其发光强度得到增强的原因是晶格张力的缓解和结晶度的提高[68]。Seo 等采用组合化学的方法研究了 Al、Ca、Mg 元素对 $(Gd_{2-x-y}M_x)O_3:Eu_y^{3+}$ 体系发光强度的影响。通过组分优化，$Gd_2O_3:Eu^{3+}$ 体系的阴极射线的发光强度得到了明显的增强。尤其是Al共掺杂的 $(Gd_{1.83}Al_{0.05})O_3:Eu_{0.12}^{3+}$ 体系的发光效率要优于商用 $Y_2O_3:Eu^{3+}$[69]。图 5.12 是组分优化增加发光效率机制的一个简单的模型。如果掺入的激活剂的价态高于基质阳离子，这会导致阳离子空位的形成，反之会生成氧空位 [图5.12（a）]。这些空位会引起非辐射跃迁，不利于获得高效的发光材料。一方面，当在基质中同时引入电荷补偿剂时，会减缓电荷缺陷的影响，提高材料发光强度；另一方面，在基质中掺入离子半径不同的激活剂时，会引起基质晶格的膨胀或收缩，晶格点阵的变形会在基质中产生应力或者缺陷，导致非辐射跃迁速率增大，降低材料发光效率。其他半径互补的离子的引入会减缓晶格张力，降低缺陷数目，最终使体系的发光效率得到提高，见图5.12（b）[5]。

5.3.2
导电性的提高

FED用发光材料一般为无机粉末，它们的导电性一般较差。当电子束的束流密度很高时容易在荧光粉表面发生电子富集。电子的富集使得FED阴极-荧光粉之间的电压降低，电子束能量下降，导致荧光粉的发光性能下降。因而提高荧光

粉的导电性对于提高荧光粉的发光性能来说非常重要。荧光粉的导电性与荧光粉的禁带宽度有关，在设计不同激活剂掺杂的荧光粉时，应兼顾发光性能与导电性能，选择禁带宽度较窄的半导体材料作为基质。在选择基质时，应优先考虑由电负性差异比较小的元素组成的物质。之前的研究表明，基质的禁带宽度与其酸根元素的氧化物禁带宽度以及晶体结构相关，酸根中M—O电负性差较小且酸根配位多面体能连成网状时，基体具有较小的禁带宽度。同时酸根的禁带宽度对荧光粉的电导率和发光效率影响很大，禁带宽度越小，荧光粉的导电性越好；但如果发光中心离子的激发态位于基质的导带内，由于光离子效应，荧光将会猝灭，当激发态位于基质的导带下方时，荧光粉的发光性能较好[3,5]。选择用半导体材料作为基质一方面可以提高其导电性，另一方面从半导体基质到激活剂的能量传递会提高材料整体的发光效率。

图5.13（a）是$Ga_2O_3:Dy^{3+}$体系的电子跃迁过程以及阴极射线光谱。在紫外光激发下（宽带激发），O^{2-}配体与金属离子Ga^{3+}之间发生电荷转移，而后β-Ga_2O_3基质中的电子（•）从价带（VB）被激发到导带（CB）。Ga^{3+}的激发态为$^4T_2$（包括$^4T_{2A}$和$^4T_{2B}$）、$^4T_1$和^2E，基态为$^4A_2$。受到激发后，电子在导带周围自由移动并最终弛豫到电子受体（氧空位），即从激发态$^4T_2$跃迁至基态$^4A_2$，产生位于438nm的蓝光发射。当β-Ga_2O_3基质晶格中存在Dy^{3+}时，激发能无辐射传递到Dy^{3+}并产生其特征发射。在阴极射线激发下，无Dy^{3+}掺杂的Ga_2O_3基质的发射谱中只能检测到一个宽带发射。随着Dy^{3+}的掺入（x=0.5），我们还可以检测到Dy^{3+}的特征发射。随着Dy^{3+}掺杂浓度的增加（x=1，3），Ga_2O_3到Dy^{3+}之间的能量传递效率增大，使得Ga_2O_3的发光强度减弱而Dy^{3+}的发光强度增强，最终完全转变成Dy^{3+}的特征发射[51]。Liu等研究了$CaIn_2O_4:RE^{3+}$（RE=Dy，Pr，Tb）体系的稳定性与其导电性之间的关系。由图5.13（b）~（e）可知，$CaIn_2O_4:0.015Dy^{3+}$、$CaIn_2O_4:0.0016Pr^{3+}$、$CaIn_2O_4:0.0032Tb^{3+}$样品在高能电子束连续轰击半小时后，仍然保留最初强度的88%、92%、90%；而$Y_2O_2S:0.05Eu^{3+}$在相同测试条件下电子束连续轰击半小时后发光强度只有最初的80%。四点电极法测试表明：$CaIn_2O_4:0.015Dy^{3+}$、$CaIn_2O_4:0.0016Pr^{3+}$、$CaIn_2O_4:0.0032Tb^{3+}$样品的电导率分别为$3.8×10^{-5}$S/cm、$3.5×10^{-5}$S/cm、$3.6×10^{-5}$S/cm，比绝缘体基质材料的荧光粉（如Y_2O_3，$<10^{-12}$S/cm）的电导率大得多，这就证明了半导体发光材料有利于减少荧光粉表面电子的富集，提高材料稳定性及发光效率，在FED器件中具有优势[13,70]。

另一种提高材料导电性的方法是将导电性较高的半导体材料混合到FED发光材料中或包覆在FED发光材料表面。Zhang等详细研究了In_2O_3半导体层包覆对

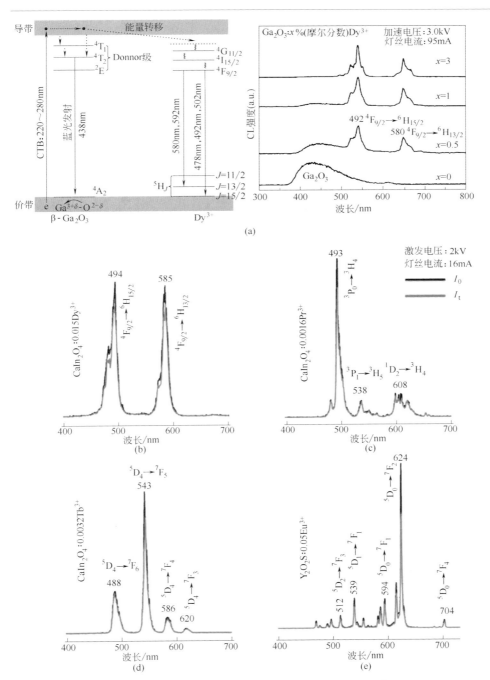

图5.13 （a）β-Ga₂O₃的发光机理和向Dy³⁺的能量传递机理，及不同浓度Dy³⁺掺杂的 β-Ga₂O₃：x%（摩尔分数）Dy³⁺样品的CL光谱图；（b）~（e）CaIn₂O₄：RE³⁺体系的CL光谱和衰减情况：（b）CaIn₂O₄：0.015Dy³⁺，I_t/I_0=0.88；（c）CaIn₂O₄：0.0016Pr³⁺，I_t/I_0=0.92；（d）CaIn₂O₄：0.0032Tb³⁺，I_t/I_0=0.90；（e）Y₂O₂S：0.05Eu³⁺，I_t/I_0=0.80

I_0为t=0时的CL强度，I_t为电子束连续轰击半小时以后的CL强度

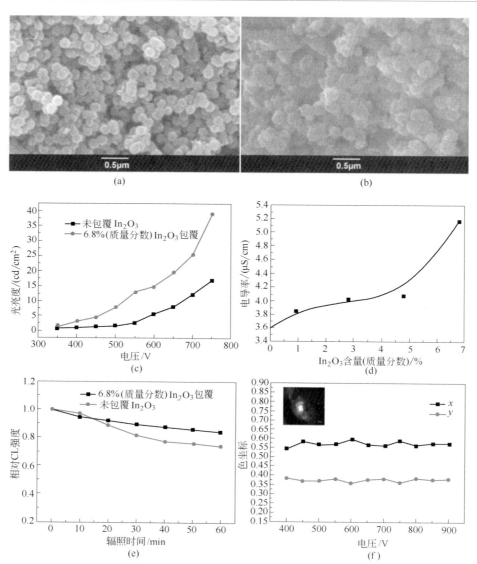

图5.14　未包覆（a）和6.8%（质量分数）In₂O₃包覆（b）的Y₂O₃:Eu³⁺的SEM；（c）In₂O₃
包覆前后Y₂O₃:Eu³⁺的CL强度与加速电压之间的关系；（d）In₂O₃包覆用量与体系电导率之间的关系；
（e）In₂O₃包覆前后Y₂O₃:Eu³⁺体系的衰减情况；（f）在不同的加速电压的激发下Y₂O₃:Eu³⁺@In₂O₃
样品的色坐标变化

$Y_2O_3:Eu^{3+}$ 荧光粉阴极射线发光性能的影响[22]。由5.14（a）可知，通过尿素共沉淀反应得到了大量均匀单分散、直径为150～200nm的球形 $Y_2O_3:Eu^{3+}$ 材料。经过 In_2O_3 半导体包覆之后，所得到的 $Y_2O_3:Eu^{3+}@In_2O_3$ 依然保持原来均匀单分散的特点，仅仅是尺寸增大到了200～250nm［图5.14（b）］。测试结果表明：Y_2O_3：Eu^{3+}@ In_2O_3 体系的发光强度与 Y_2O_3：Eu^{3+} 相比发生了明显增强，并且前者的发光效率随激发电压增大而增大的幅度比后者要大得多［图5.14（c）］，这是因为 Y_2O_3：Eu^{3+}@In_2O_3 体系的电导率随 In_2O_3 含量的增加而增大［图5.14（d）］。此外，在相同实验条件下，Y_2O_3：Eu^{3+}@In_2O_3 体系的稳定性要高于 Y_2O_3：Eu^{3+}，这是因为 Y_2O_3：Eu^{3+} 表面导电性 In_2O_3 的包覆不仅能够减少荧光粉表面的电荷积累，并且能够作为保护层阻止在高能电子束激发下荧光粉表面发生反应。图5.14（f）给出了在不同的加速电压的激发下 Y_2O_3：Eu^{3+}@In_2O_3 样品的色坐标变化，以此来研究其发光颜色的稳定性。由图可知，样品的色坐标值基本上保持不变，x 和 y 值总是分别保持在0.58和0.38左右，它对应CIE色坐标中的红光区。总而言之，通过连续的电子束轰击荧光粉实验，证实了 Y_2O_3：Eu^{3+}@In_2O_3 的阴极射线发光强度和色坐标的稳定性是很好的，因此它在FED器件中具有潜在的应用优势。同样的原理可以用于 In_2O_3 包覆的 $ZnGa_2O_4$ 和 $ZnGa_2O_4$：Mn^{2+}，ZnO 包覆的 ZnS：Mn 等其他体系[5,71,72]。

由于FED显示器工作环境的特殊性，如低电压、高电流等，这就要求其所用发光材料在低压激发下具有高的发光效率、高的色纯度、大的色域范围以及优异的稳定性。虽然大部分新研制的阴极射线发光材料在色纯度和稳定性方面比传统所用材料要高，如 $LaOCl$：Tm^{3+} 和 $LaGaO_3$：Tb^{3+} 要优于 Y_2SiO_5：Ce（蓝色），$LaOCl$：Tb^{3+} 要优于 ZnO：Zn（绿色），$(Zn,Mg)_2GeO_4$：Mn^{2+} 和 Mg_2SnO_4：Mn^{2+} 要优于 Y_2SiO_5：Tb^{3+}（绿色），$NaCaPO_4$：Mn^{2+} 要优于（Zn,CdS）：Ag^+（黄色），但是前者的发光效率与后者相比还是有一定的差距[5,73,74]。因此，我们应当对这些材料进行深入研究，以进一步提高其发光性能。同时，能够扩大显示色域和单一基质白光发射的FED用发光材料的研究也取得了一定的进展，下面将对此部分内容进行详细介绍。

5.3.2.1
扩大显示色域

分辨率是决定显示质量的重要参数之一，而且分辨率的高低与荧光粉色域大小密切相关。色域范围大则分辨率高，从而显示质量就高；反之，显示质量就差。对FED用发光材料来说，色域由其色坐标来决定，即红粉 Y_2O_2S：Eu^{3+}（0.647，0.343）、绿粉 ZnS：Cu（0.298，0.619）和蓝粉 ZnS：Ag,Al（0.146，0.056）的色坐标（RGB）构成的三角形组成色域。因此，研制出能够扩大显示色域的发光材料对提高全彩色FED显示器质量是十分必要的。目前主要有两种方法来达到这一目的，其一是提高FED用发光材料的色纯度，其二是研制一些发光材料使其色坐标在上述红、绿、蓝（RGB）三基色组成的色域之外[12,21,73]。根据第一种策略，人们已经研制出了一系列具有较高色纯度的RGB发光材料（图5.15），如Tm³⁺掺杂的LaGaO₃、La₂O₃、LaOCl、LaOF等（包括低浓度Tb³⁺掺杂的LaOCl）的色纯度要优于商用蓝色FED荧光粉Y₂SiO₅:Ce，Tb³⁺掺杂的LaOCl、YOF、CaYAlO₄、LaGaO₃等的色纯度要优于商用绿色FED荧光粉ZnO:Zn。这是因为对于稀土离子4f→4f跃迁来说，其发射光谱呈线状，并且位置基本不受基质影响。固态物质中的Mn²⁺通常给出3d $^4T_1$→$^6A_1$的宽带发射，而3d能级上的电子跃迁与晶体场强弱和点对称性密切相关，不同的晶体场强光可以使Mn²⁺发射不同的光，从绿光（弱晶体场）到橙/红光（强晶体场）。因此，由于弱的晶体场作用，Mn²⁺掺杂的Li₂ZnGeO₄、Mg₂SnO₄、(Zn,Mg)₂GeO₄和ZnGa₂O₄等发出明亮的绿光（光谱范围500～530nm），且色纯度优于ZnO:Zn。而在Mg₂Y₈(SiO₄)₆O₂:Ce³⁺/Mn²⁺、Ca₄Y₆(SiO₄)₆O:Ce³⁺/Mn²⁺和Ca₃Gd₇(PO₄)(SiO₄)₅O₂:Ce³⁺/Mn²⁺等体系中Mn²⁺表现为

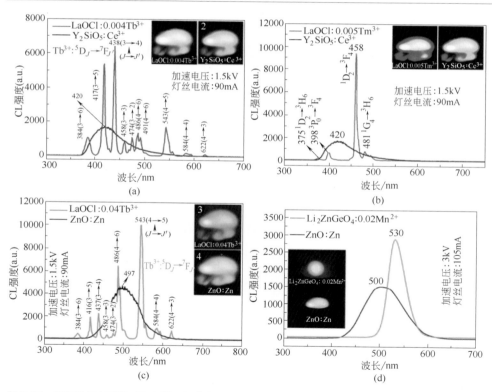

图5.15 不同体系材料的CL光谱及相应的发光照片

（a）LaOCl:0.004Tb³⁺和Y₂SiO₅:Ce³⁺；（b）LaOCl:0.005Tm³⁺和Y₂SiO₅:Ce³⁺；（c）LaOCl:0.04Tb³⁺和ZnO:Zn；（d）Li₂ZnGeO₄:0.02Mn²⁺和ZnO:Zn

黄橙光，这是由强的晶体场作用所致[28,75]。总的说来，研发比商用RGB色纯度高的发光材料是提高FED显示质量的一个可行策略[5]。

色度学告诉我们，在CIE 1931示意图上所描绘出的颜色是人眼所能观察到的颜色。与三基色显示体系相比，四基色显示体系（红/绿/青/蓝，RGCB或红/绿/蓝/黄，RGBY）可以提供一个更大的显示空间。因此四基色体系表现出的颜色比三基色体系更自然，更能让人有身临其境的感觉。同时，四基色体系信息存储密度更高，也就是单位面积所容纳的像素更多。因此第二种提高FED显示质量的方法就是发展一些高色纯度的青光和黄光发射的荧光粉，扩大传统荧光粉的色域范围[12]。Xie和Hou等分别合成了青光发射的Li_2CaSiO_4:Eu^{2+}和$Sr_6BP_5O_{20}$:Eu^{2+}体系，如图5.16（a）、（b）所示[76,77]。随着激发电压和加速电流的增大，Li_2CaSiO_4:

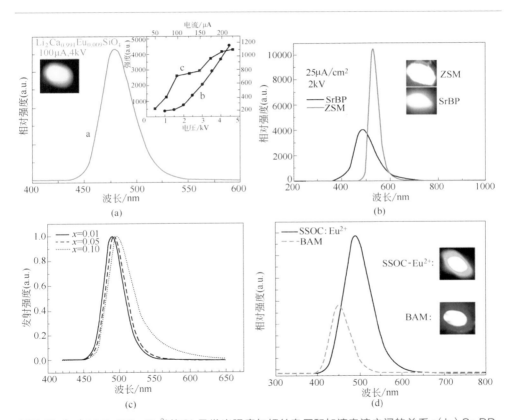

图5.16 （a）Li_2CaSiO_4:Eu^{2+}的CL及发光强度与灯丝电压和加速电流之间的关系；（b）Sr_6BP_5 O_{20}:Eu^{2+}（SrBP）和Zn_2SiO_4:Mn^{2+}（ZSM）的CL及发光照片；（c）$BaSi_2O_2N_2$:Eu^{2+}的光谱随着Eu^{2+}掺杂浓度的改变（λ_{ex}= 440nm）；（d）$Sr_8(Si_4O_{12})Cl_8$:Eu^{2+}和$BaMgAl_{10}O_{17}$:Eu^{2+}（BAM）的CL光谱及相应的发光照片

图（a）的插入图中，曲线b、c分别代表材料CL发射强度随电压、电流的变化曲线

Eu^{2+}体系的阴极射线发光强度在逐渐增大，并没有表现出明显的束流饱和效应。在相同激发条件下，Sr$_6$BP$_5$O$_{20}$:Eu^{2+}体系的阴极射线发光强度能够达到常用绿色荧光粉Zn$_2$SiO$_4$:Mn^{2+}的85%。BaSi$_2$O$_2$N$_2$:Eu^{2+}体系作为青光发射的FED荧光粉具有较高的稳定性和色纯度［图5.16（c）］[78]。尤其对于Sr$_8$(Si$_4$O$_{12}$)Cl$_8$:Eu^{2+}体系，不仅表现为青光发射，能够扩大显示色域，其发光强度更是达到商用蓝色荧光粉BaMgAl$_{10}$O$_{17}$:Eu^{2+}（BAM）的280%，这些结果充分表明了Sr$_8$(Si$_4$O$_{12}$)Cl$_8$:Eu^{2+}体系的潜在应用［图5.16（d）］[79]。此外，Li等在Mg$_2$SnO$_4$基质中通过调整Ti^{4+}和Mn^{2+}的相对浓度，可以控制发光颜色从蓝光到绿光进行变化，即可以在很大范围内调节出青色光发射[21]。

在低压阴极射线激发下，商用黄色荧光粉(Zn,Cd)S:Ag为500～700nm的宽带发射，最大峰值在588nm处，其CL光谱对应CIE坐标为x=0.4954，y=0.4670。而在相同的激发条件下，LaAlO$_3$:0.25%（原子分数）Sm^{3+}的低压阴极射线发光强度（谱线高度）约为(Zn,Cd)S:Ag的低压阴极射线发光强度（谱线高度）的3倍，并且前者的色纯度更高（色坐标，x=0.5133，y=0.4625），如图5.17（a）、（b）所示。LaAlO$_3$:0.25%（原子分数）Sm^{3+}样品在测试条件下电子束连续轰击半小时后仍然保留最初强度的94%；(Zn,Cd)S:Ag在相同测试条件下电子束连续轰击半小时后发光强度只由最初的85%。以上测试结果表明，LaAlO$_3$:0.25%（原子分数）Sm^{3+}比(Zn,Cd)S:Ag具有更好的稳定性和色纯度[80]。在低压电子束（V_a=5kV，J_a=50μA/cm^2）的激发下，涂有NaCaPO$_4$:Mn^{2+}荧光粉的发光屏发射出明亮的黄光，如图5.17（c）中的插图所示，这可能是因为Mn^{2+}取代具有高配位（八配位）环境的Ca^{2+}，其晶场比较强，导致Mn^{2+}在NaCaPO$_4$基质中发射黄光。图5.17（c）给出了NaCaPO$_4$:0.03Mn^{2+}在不同能量电子束（V_a=1kV，3kV，5kV，7kV；J_a=50μA/cm^2）激发下的阴极射线发光光谱，所有光谱都包含最强发射峰位于560nm的宽带（500～650nm）发射，它源于Mn^{2+}的^{4}T$_1$（4G）→^{6}A$_1$跃迁。从中我们可以看出，随着激发电压（V_a）的增加，荧光粉的发射峰位置并没有发生变化，这说明在不同能量电子束的轰击下，荧光粉具有很好的稳定性，其相应的CIE色坐标为：V_a=1kV，（0.421，0.545）；V_a=3kV，（0.431，0.548）；V_a=5kV，（0.424，0.551）；V_a=7kV，（0.428，0.552）。在经过电子束连续1h的轰击后，NaCaPO$_4$:0.03Mn^{2+}样品的色坐标值基本上保持不变，x和y值总是分别保持在0.43和0.55左右，对应图5.17（d）中黄光区的2点，它比商业黄粉(Zn,Cd)S:Ag$^+$（x=0.49，y=0.48）的色纯度更高。更重要的是，荧光粉的色坐标超出了由Y$_2$O$_2$S:Eu^{3+}红粉（0.66，0.33）、ZnS:Cu,Au,Al绿粉（0.29，0.61）

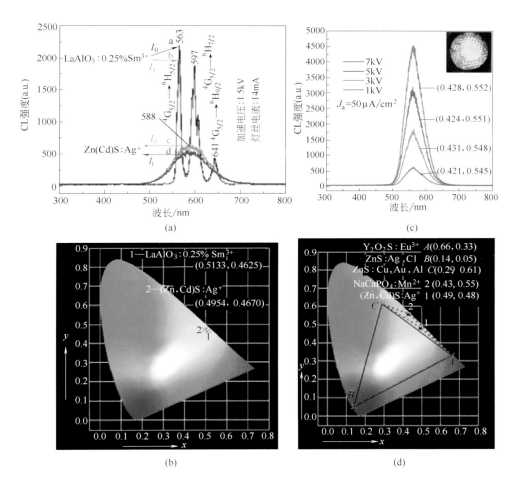

图5.17 （a），（b）相同测试条件下LaAlO₃:0.25%（原子分数）Sm³⁺和(Zn,Cd)S:Ag的CL光谱、衰减情况和相应的色坐标；（c），（d）NaCaPO₄:0.03 Mn²⁺荧光粉屏在不同电压电子束激发下的CL光谱图和FED荧光粉色坐标示意图

和ZnS:Ag,Cl蓝粉（0.14，0.05）三种经典FED用荧光粉构成的色域。很明显，ABC2四边形区域比ABC三角形和ABC1四边形的要大。所以，如果NaCaPO₄:0.03Mn²⁺黄粉作为经典三基色FED荧光粉的一种附加荧光粉，那么其色域和发光颜色的饱和性必将有很大的提高，进而可以改善全色FED器件的显示质量。高度纯RGB荧光粉的研制和适当的四色体系（青色和黄色发光荧光粉）可以有效地提高色饱和度，扩大色域范围，并进一步实现高质量的FED显示[12,81]。

5.3.2.2
单一基质白光发射

通过稀土离子的共发射（单掺杂或共掺杂）和能量传递（从基质到激活剂或从敏化剂到激活剂）机理（图5.18），人们已经合成出了一系列单一基质的白光发射材料[4,5]。

（1）单掺或共掺稀土离子来获得白光

稀土离子（RE^{3+}）有未充满的4f壳层，f-f组态内或者f-d组态间的跃迁可以发射出约30000条范围在紫外光、可见光到红外光区的可观测谱线，这几乎覆盖了整个固体发光的范畴，通过选择合适的激活剂（单掺Eu^{3+}/Dy^{3+}或者共掺杂

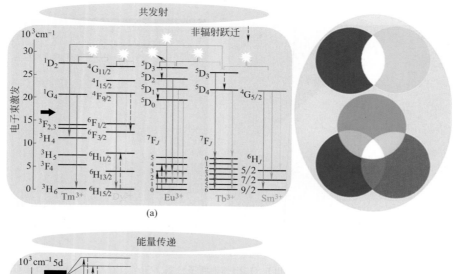

(a)

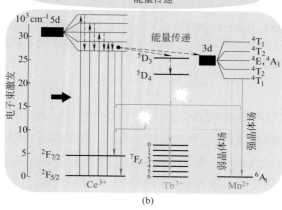

(b)

图5.18 获得白光发射的机理图

Tm^{3+}/Dy^{3+}、Tb^{3+}/Sm^{3+}、Tb^{3+}/Eu^{3+}、Tm^{3+}/Tb^{3+}/Eu^{3+}）就可以在单一基质中获得白光发射[5,34]。Eu^{3+}具有4f^{6}电子构型，是红光发射荧光粉的主要激活离子。Eu^{3+}的红光发射源于$^5D_0 \rightarrow {}^7F_J$（$J$=0，1，2，3，4）的跃迁，除了红光发射外，有时也能发现Eu^{3+}的高能级如$^5D_1$（绿）、$^5D_2$（蓝，绿）、$^5D_3$（蓝）等的跃迁。能否出现$^5D_{1,2,3} \rightarrow {}^7F_J$的跃迁，主要取决于基质材料的晶格振动频率（晶体结构）和Eu^{3+}的掺杂浓度。当基质材料的晶格振动频率和Eu^{3+}的掺杂浓度足够低时，猝灭高能发射的多声子发射和交叉弛豫就会被抑制，因而会出现Eu^{3+}的高能级如$^5D_1$、$^5D_2$、$^5D_3$等的跃迁。因此，通过选择合适的基质材料、调节Eu^{3+}的掺杂浓度，有可能同时实现Eu^{3+}的$^5D_0$（红）、$^5D_1$（绿）、$^5D_2$（蓝，绿）、$^5D_3$（蓝）的跃迁；再者，如果这些高能发射具有适当比例的发射强度，就有可能实现Eu^{3+}的白光发射[13]。

Shang等详细研究了LaOF:Eu^{3+}体系的发光颜色随Eu^{3+}掺杂浓度的变化关系。由图5.19（a）可以看出，LaOF:xEu^{3+}的发光颜色可以从近白光调节至橙光或红光。在合适的掺杂浓度（LaOF:0.002Eu^{3+}），较高能级（$^5D_3$，$^5D_2$，$^5D_1$，$^5D_0$）的发射强度适当，从而得到白光发射；当Eu^{3+}掺杂浓度足够高时，如LaOF:0.05Eu^{3+}和LaOF:0.10Eu^{3+}样品，较高能级（$^5D_3$，$^5D_2$，$^5D_1$）的发射被交叉弛豫效应所猝灭，从而呈现$^5D_0$的红光发射[82]。Liu等也在CaIn$_2$O$_4$:0.01Eu^{3+}体系中实现了白光发射，如图5.19（b）的阴极射线光谱和发光照片所示[83]。Dy^{3+}的发射主要来源于蓝光区（470～500nm）的$^4F_{9/2} \rightarrow {}^6H_{15/2}$跃迁和黄光区（570～600nm）的$^4F_{9/2} \rightarrow {}^6H_{13/2}$跃迁，当黄光和蓝光的强度比合适时，单掺Dy^{3+}的材料会发出白光。Liu等在GdNbO$_4$:0.02Dy^{3+}体系中实现了白光发射，其对应的色坐标（x=0.3217，y=0.3468）如图5.19（d）中的D$_6$所示[84]。

在CIE 1931色度图上，两种颜色相加产生的第三种颜色总是位于连线两种颜色的直线上，这一颜色在直线上的位置取决于两种混合颜色的混合比例。因此，通过共掺杂稀土离子得到的共发射也能方便地获得白光。众所周知，Tm^{3+}发蓝光，主要发射有：$^1D_2 \rightarrow {}^3H_4$（385nm）、$^1D_2 \rightarrow {}^3F_4$（458nm）、$^1G_4 \rightarrow {}^3H_6$（475nm）、$^1G_4 \rightarrow {}^3F_4$（520nm）。Dy^{3+}在可见光区呈现两种主要发射，它们均是从$^4F_{9/2}$能级开始的，即$^4F_{9/2} \rightarrow {}^6H_{15/2}$（蓝光，470～500nm）和$^4F_{9/2} \rightarrow {}^6H_{13/2}$（黄光，570～600nm）。后者的$\Delta J$=2，属于超灵敏跃迁，相当于Eu^{3+}的$^5D_0 \rightarrow {}^7F_2$红光发射，受周围环境影响较大。在低压阴极射线激发下，LaOCl:Tm^{3+}样品发光颜色为蓝光，LaOCl:Dy^{3+}样品发黄光，在CIE 1931色度图上，黄光和蓝光的连线经过白光区，因此，在LaOCl基质中，Li等通过Tm^{3+}、Dy^{3+}两种离子共掺获得了明亮的白光发射[74]［图5.20（a）］。Tb^{3+}的发射由$^5D_J \rightarrow {}^7F_J$跃迁的多条谱线组成，当Tb^{3+}浓度低［1%（摩尔分数）］时，Tb^{3+}发射主要以$^5D_3 \rightarrow {}^7F_J$蓝区为主：$^5D_3 \rightarrow {}^7F_6$（376nm）、$^5D_3 \rightarrow {}^7F_5$（418nm）、

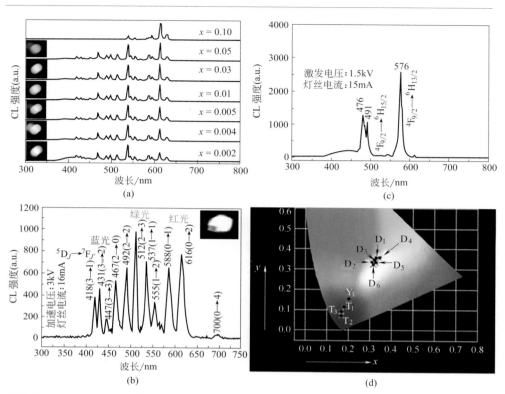

图5.19 （a）LaOF:xEu^{3+}的CL光谱及发光照片；（b）CaIn$_2$O$_4$:0.01Eu^{3+}的CL光谱及发光照片；（c），（d）GdNbO$_4$:0.02Dy^{3+}的CL光谱及色坐标

^{5}D$_3$→^{7}F$_4$（440nm）、^{5}D$_3$→^{7}F$_3$（460nm）、^{5}D$_3$→^{7}F$_2$（476nm）。 当Tb^{3+}的浓度高[>1%（摩尔分数）]时，由于发生了交叉弛豫Tb（^{5}D$_3$）+Tb（^{7}F$_6$）→Tb（^{5}D$_4$）+Tb（^{7}F$_{0,1}$），^{5}D$_3$→^{7}F$_J$的发光被猝灭，结果以^{5}D$_4$→^{7}F$_J$绿光发射为主：^{5}D$_4$→^{7}F$_6$（490nm）、^{5}D$_4$→^{7}F$_5$（543nm）、^{5}D$_4$→^{7}F$_4$（587nm）、^{5}D$_4$→^{7}F$_3$（623nm）。Sm^{3+}的发射处于橙红色光区，包括从^{4}G$_{5/2}$能级到基态^{6}H$_{5/2}$和到较高^{6}H$_J$（J>5/2）能级的跃迁，如^{4}G$_{5/2}$→^{6}H$_{5/2}$（黄光，550～570nm）、^{4}G$_{5/2}$→^{6}H$_{7/2}$（橙光，580～610nm）、^{4}G$_{5/2}$→^{6}H$_{9/2}$（红光，630～650nm），三基色以适当的比例混合能够获得白光。LaOCl:Tb^{3+}样品的低压阴极射线发光颜色可以通过调节不同的Tb^{3+}掺杂浓度从蓝光→蓝绿光→绿光进行调控，适当浓度Tb^{3+}掺杂发蓝绿光。LaOCl:Sm^{3+}样品低压阴极射线发橙红光，在CIE 1931色度图上，蓝绿光和橙红光的连线经过白光区，因此，在LaOCl基质中，Li等通过调节Tb^{3+}和Sm^{3+}的掺杂浓度，在LaOCl:0.01Tb^{3+}，0.005Sm^{3+}体系中得到了白光。图5.20（b）是LaOCl:0.01Tb^{3+}，0.005Sm^{3+}

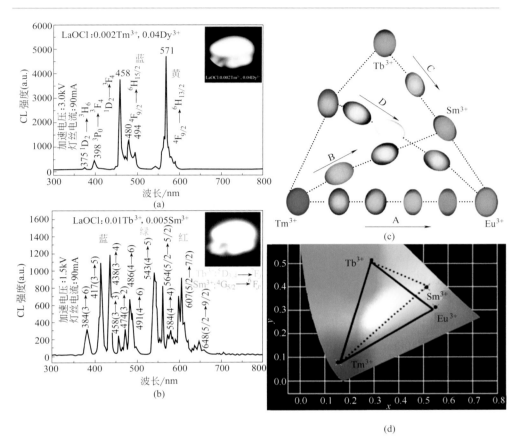

图5.20　LaOCl:0.002Tm³⁺,0.04Dy³⁺（a）和LaOCl:0.01Tb³⁺,0.005Sm³⁺（b）体系的CL光谱及发光照片；（c），（d）YOF:xEu³⁺(Sm³⁺),yTb³⁺,zTm³⁺的发光照片和可调色域范围

的CL光谱，同时有Tb³⁺和Sm³⁺的特征发射。发射谱线覆盖了整个可见光区域，而且红绿蓝三种颜色强度相当，因此得到了白光。从发光照片中可以看出，发光颜色是明亮的白色，其色坐标为（0.3405，0.3207），非常接近标准白光的色坐标（0.33，0.33），因此其在显示器的背光源方面有潜在应用[73]。此外，YOF:xEu³⁺(Sm³⁺),yTb³⁺,zTm³⁺体系的发光颜色可以在很大范围内通过调整稀土离子的相对浓度来改变，如图5.20（c）、（d）的发光照片和色坐标所示，这对于提高FED显示器质量也非常有用[53]。

（2）通过能量传递来获得白光

Ce³⁺具有4f¹电子构型，其激发和发射来自于电偶极允许的4f和5d能级间的跃迁，发射光谱呈带状。而且，Ce^{3+}可以用作有效的敏化剂，它将其激发能量的较好的一部分传递给其他激活剂。Tb^{3+}通常用作绿光发射的激活离子，它的发射主要包括蓝光区的$^5D_3 \rightarrow {}^7F_J$跃迁和绿光区的$^5D_4 \rightarrow {}^7F_J$跃迁，最终的发光颜色取决于它的掺杂浓度。过渡金属$Mn^{2+}$通常在可见光范围内呈现宽带发射，其发光颜色依赖于晶体场的强弱，可以发射从绿光（弱晶体场）到橙/红光（强晶体场）的不同发光颜色。由于Mn^{2+}的$d \rightarrow d$跃迁是自旋禁阻的，它们很难被激发，所以Mn^{2+}的有效发射通常是通过基质或敏化剂的能量传递实现的。Ce^{3+}作为Mn^{2+}和Tb^{3+}有效的敏化剂，通过共振能量传递将其^5D能级的能量传递给Mn^{2+}的^4G能级，或是传递给Tb^{3+}的$^5D_{3,4}$能级，不仅可以帮助Mn^{2+}和Tb^{3+}有效地发射，还可以调节它们的发光颜色。而且，它能够提高白光光源的发光效率和色泽复现性，降低制造成本。

如图5.21（a）所示，在$Ca_2Gd_8(SiO_4)_6O_2$（CGS）$:0.05Ce^{3+}$, yMn^{2+}体系内，从Ce^{3+}向Mn^{2+}的能量传递效率随着Mn^{2+}的浓度增加而增大，在352nm的紫外光检测波长下，最大能量传递效率为94%。以上结果证明，Ce^{3+}和Mn^{2+}之间的能量传递是非常有效的。在低压阴极射线激发下，CGS$:0.05Ce^{3+}$样品发射出最强发射峰位于408nm的宽带发射（350～500nm），这要归因于Ce^{3+}的$^5D_1 \rightarrow {}^4F_J$跃迁，表现为蓝光；CGS$:0.15Mn^{2+}$发射出最强发射峰位于564nm的宽带发射（520～650nm），这要归结于Mn^{2+}的$^4T_1 \rightarrow {}^6A_1$跃迁，表现为黄光，其相应的阴极射线光谱和发光照片如图5.21（b）所示。对于$Ca_2Gd_8(SiO_4)_6O_2$（CGS）$:xCe^{3+}$, yMn^{2+}体系，随着Mn^{2+}的浓度增加，Ce^{3+}的阴极射线发光强度逐渐减弱，Mn^{2+}的阴极射线发光强度逐渐增强，阴极射线的发光颜色从蓝光调节到黄光。特别是当$y=0.03$时，蓝光和黄光具有相当的强度，最终得到明亮的白光发射，对应的色坐标（$x=0.352$，$y=0.318$）与标准白光色坐标（$x=0.333$，$y=0.333$）很相近[33]。Geng等也在$Sr_3In(PO_4)_3$（SIP）$:Ce^{3+}$, yTb^{3+}体系中通过Ce^{3+}到Tb^{3+}的能量传递实现了蓝光到绿光的调控［图5.21（c）］。尤其对$Sr_3In(PO_4)_3:Ce^{3+}$, zMn^{2+}体系来说，通过调整Ce^{3+}（蓝光）和Mn^{2+}（黄光）的相对浓度，方便地获得了高质量的白光发射（$x=0.331$，$y=0.319$），如图5.21（d）所示[85]。

此外，在低压电子束激发下，$Mg_2Y_8(SiO_4)_6O_2$（MYS）$:Ce^{3+}$样品显示出明亮的蓝光发射，MYS$:Mn^{2+}$的阴极射线发光光谱由一个最大值处于579nm的宽带构成（520～650nm），色坐标为（0.489，0.351），位于橙红光区。在MYS$:Ce^{3+}$, Mn^{2+}体系中将Ce^{3+}的浓度固定在1%（摩尔分数），随着Mn^{2+}浓度的增加，发光颜色逐渐从蓝光转移到橙红光。对于MYS$:Ce^{3+}$, Tb^{3+}样品，它们的CL光谱同时包

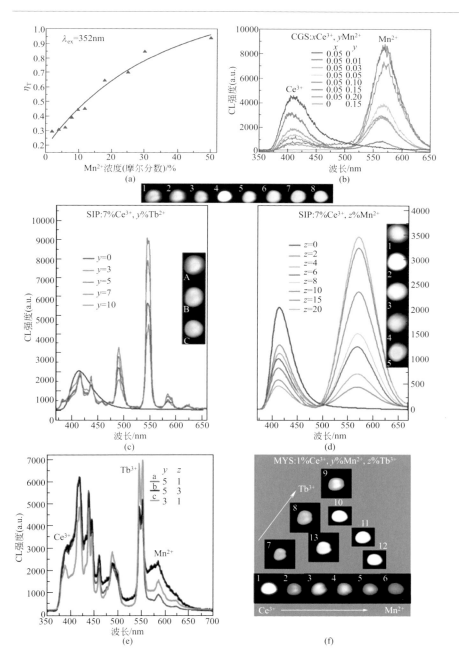

图5.21 （a），（b）CGS：0.05Ce^{3+}，yMn^{2+}（y=0～0.50）（λ_{ex}=352nm）样品中Ce^{3+}-Mn^{2+}能量传递的效率随Mn^{2+}的浓度变化曲线及不同浓度Ce^{3+}和 Mn^{2+}掺杂下CGS：xCe^{3+}，yMn^{2+}样品的CL光谱和相应的发光照片；（c），（d）SIP：7%Ce^{3+}，y%Tb^{3+}和SIP：7% Ce^{3+}，z%Mn^{2+}体系的CL光谱和相应的发光照片；（e），（f）MYS：1%Ce^{3+}，y%Mn^{2+}，z%Tb^{3+}体系的CL光谱和相应的发光照片

含 Ce^{3+} 和 Tb^{3+} 的特征发射，而且它们的 CL 发光颜色可以从蓝光调节到绿光。因此在低压电子束激发下利用 Ce^{3+}-Tb^{3+} 和 Ce^{3+}-Mn^{2+} 的双重能量传递，通过共掺杂 Ce^{3+}、Tb^{3+} 和 Mn^{2+} 并调节它们的浓度，可以在 MYS 基质中得到白光发射[86]，见图 5.21（e）、（f）。总的来说，在单一基质中，通过激活剂之间的能量传递机理，如 Ce^{3+}-Mn^{2+}、Ce^{3+}-Mn^{2+}/Tb^{3+}、Eu^{2+}-Mn^{2+}/Tb^{3+} 等，在 $Ca_4Y_6(SiO_4)_6O$、$Ca_5(PO_4)_2SiO_4$、$Ca_3Sc_2Si_3O_{12}$、$Ca_9MgNa(PO_4)_7$ 等体系中都可以方便地获得白光[4,5]。

5.3.3
稳定性的提高

一般而言，FED 用发光材料的阴极射线发光强度随着在低压电子束下轰击时间的延长而下降，这与材料自身的稳定性密切相关。在高能电子束轰击下，荧光粉的表面一般会发生化学反应，生成一层惰性层（dead layer）覆盖在荧光粉表面，降低荧光粉的发光效率。对于硫化物荧光粉来说，荧光衰减情况更为严重，如 $ZnS:Cu$、$ZnS:Zn$、$Y_2O_2S:Eu$ 等在电子束长时轰击后很容易在荧光粉表面沉淀出 S、ZnO 等惰性层，并放出 SO_2 气体，这在降低材料发光效率的同时，也会影响整个 FED 显示器件的使用寿命[1,3]。目前主要有两种方案来提高 FED 用发光材料的稳定性，一种是选择晶体结构稳定性高的材料作为基质，比如氮化物、氮氧化物等；另一种是对传统荧光粉进行表面修饰，如在其表面包覆或混合光学透明性材料 Al_2O_3、In_2O_3、SiO_2、MgO 等。

Hirosaki 等成功合成了 $AlN:Eu^{2+}$ 氮化物荧光粉，在 3kV 电压激发下，此氮化物发射峰为中心位于 461nm 的宽带发射，表现为明亮的蓝光，色坐标为 x=0.139 和 y=0.106。随着灯丝电流和加速电压的增大，$AlN:Eu^{2+}$ 体系的发光强度一直在增大，并没有出现束流饱和效应，且 $AlN:Eu^{2+}$ 体系的亮度要大于商用蓝色荧光粉 $Y_2SiO_5:Ce^{3+}$。需要特别指出的是，$AlN:Eu^{2+}$ 体系的稳定性要明显优于 $Y_2SiO_5:Ce^{3+}$，如图 5.22（a）所示，在 $1000C/cm^2$ 电子束能量轰击下，$AlN:Eu^{2+}$ 的发光强度只衰减了 17%，但是在相同条件下 $Y_2SiO_5:Ce^{3+}$ 却衰减了 50%。由此可见，氮化物荧光粉 $AlN:Eu^{2+}$ 在 FED 应用中具有亮度和稳定性方面的优势[94]。

Xu 等详细研究了将 In_2O_3 与 $Lu_3Ga_5O_{12}:Tb^{3+}$ 混合后对材料稳定性的影响。如图 5.22（b）所示，随着 In_2O_3 含量的增大，$Lu_3Ga_5O_{12}:Tb^{3+}$ 体系的衰减情况明显得到了减缓，这是因为导电性 In_2O_3 的加入在一定程度上缓解了 $Lu_3Ga_5O_{12}:Tb^{3+}$ 表面的电子富集。但是在停止轰击一会之后，$Lu_3Ga_5O_{12}:Tb^{3+}$ 的发光强度并没有恢复到初始值，这表示荧光粉的结构已经遭到破坏，X射线光电子能谱结果表明，样品在高能电子束轰击后，表面的C信号强度明显增大，这可能是导致$Lu_3Ga_5O_{12}:Tb^{3+}$体系稳定性降低的原因[95]。此外，Do等证明在表面包覆SiO_2也能提高$ZnS:Cu$体系的稳定性，如图5.22(c)所示。X射线光电子能谱结果表明，$ZnS:Cu$表面的SiO_2可以作为保护层，避免S元素受到高能电子束激发时的损失[图5.22(d)]，同时减缓$ZnS:Cu$表层生成氧化物惰性层[96]。

　　虽然，人们已经在提高FED用发光材料的稳定性方面取得了一定的进展，但是在高能电子束激发下，材料发生荧光衰减的确切机理还并不是十分清楚，这就要求我们进一步开展相关研究，为未来发光材料的合成提供理论上的指导[1]。

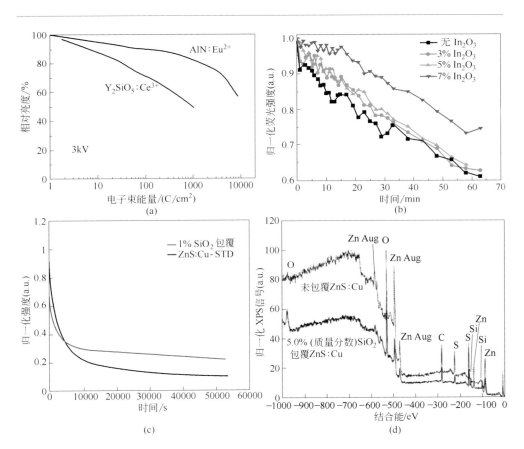

图5.22 （a）$AlN:Eu^{2+}$与$Y_2SiO_5:Ce^{3+}$体系的衰减对比图；（b）不同含量的In_2O_3与$Lu_3Ga_5O_{12}:$
Tb^{3+}混合后对材料稳定性的影响；（c）SiO_2包覆对$ZnS:Cu$体系稳定性的影响；（d）SiO_2包覆前
后$ZnS:Cu$体系的XPS对比图

5.4
薄膜和图案化FED发光材料

作为功能材料，发光薄膜在诸如阴极射线管（CRT）、电致发光显示（ELD）及场发射显示（FED）等发光显示器件中起着十分重要的作用。同传统的粉末发光材料制成的显示屏相比，发光薄膜在对比度、分辨率、热传导、均匀性、与基底的附着性、释气速率等方面都表现出明显的优势。因此，制备出性能良好的发光薄膜对进一步提高FED显示性能就非常重要了。迄今为止，用于发光薄膜的制备方法有许多，如：溅射法（sputtering）、脉冲激光沉积法（pulsed laser deposition）、金属有机物化学气相沉积法（metallorganic chemical vapor deposition）、喷雾热解法（spray pyrolysis）、蒸镀法（evaporation）、电子束蒸发法（electron beam evaporation）、原子层取向生长法（atomic layer epitaxy）等，但这些方法存在的设备昂贵、成本高、不适于制备大面积的薄膜等缺点是其无法克服的[48]。

近年来，随着溶胶-凝胶法在功能材料制备中的不断发展，人们逐渐认识到此方法的巨大潜能和优越性，随着溶胶-凝胶法工艺的进一步改良，它必将成为制备发光薄膜的最重要的方法。Lin等已经在此领域做了一系列系统性的工作，制备了各种发光薄膜，并详细研究了它们的组成、结构、形貌与发光性质之间的关系，如图5.23所示[41]。溶胶-凝胶法制备薄膜的优点主要包括：工艺设备简单，不需要昂贵的真空设备；后处理温度低，有利于在热稳定性较差的基底上制膜或把热稳定性差的薄膜沉积在基底；对衬底的形状及大小要求较低，可以在大面积不同形状、不同材料的衬底上制膜；易制得均匀多组分氧化物膜，易于定量掺杂，可以有效地控制薄膜成分及微观结构。发光材料在实际应用时往往需要图案化处理，而图案化技术对发光显示屏，尤其是FED显示屏的分辨率有着很大的影响。显示的分辨率取决于发光线的宽度：线宽越窄，分辨率越高。传统的光刻技术（photolithography），包括电泳沉积法、屏幕印刷法及聚乙烯醇泥浆法等，已经在发光显示屏图案化的制备中发挥了重大作用，但是光刻技术的缺点，如所需设备的价格昂贵、其图案化的线宽受到光源波长的限制（100nm基本已成为其极限）等，限制了其进一步发展。因此，应用非光刻图案化技术，例如软石印技术（soft lithography）和喷墨打印技术（inkjet printing）来实现光电材料图案化，在

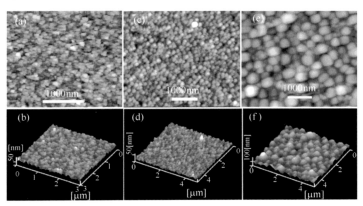

图5.23 YVO$_4$:Eu^{3+}[(a),(b)]、GdVO$_4$:Eu^{3+}[(c),(d)] 和LaVO$_4$:Eu^{3+}[(e),(f)]
的AFM照片

微电子学和光电子学领域引起了十分广泛的关注[87,88]。

5.4.1
软石印技术

软石印（soft lithography）作为一种非光刻技术，主要是利用自组装和复制模板来制备微/纳米图案，它以聚二甲基硅氧烷（PDMS）等弱性软印章为模板来制备高精度的、表面凹凸的微图案。弹性软模板作为软石印技术的关键，要求其具有较低的表面能和较好的弹性，这样在制作过程中就不会和图案化的物质发生黏结并且能得到精确的转移图案。而且这种方法因为模板自身具有的柔性以及化学惰性等优点不仅可以应用在柔性的基底上，还能够在非平面的基底上进行加工，并且不会受到光衍射等因素的影响，可以实现低成本、大面积、高效的图案化。

5.4.1.1
毛细微模板技术

毛细微模板技术（micromolding in capillaries，MIMIC）代表了一种在平面和曲面上制造具有复杂的微结构的软石印技术，见图5.24（a）。在毛细微模板技术中，将PDMS模板放置于基底表面，使其与基底等角接触，这样模板的结构在基底上就形成了一个空的通道网络。将前驱体溶液置于毛细沟道的开口处，由于毛细力的作用，低黏度前驱体溶液自发地充满沟道，将液体用蒸发溶剂、光化学或加热等方法固化后，移去模板，就在基底上形成了微图案。依赖于毛细管微模板技术的微制造在将模板中的图案转移到它所形成的聚合体结构的过程中具有简单性，且精确度较高。毛细微模板技术与光刻技术相比，有一个更宽的材料使用范围。它能通过一步即合成图案化结构，还可以制造出多层厚度的图案化结构。基于以上方法，Yu 等选用 $LaPO_4$ 基质成功制备了 Eu^{3+}、Ce^{3+}、Tb^{3+} 以及 Ce^{3+}、Tb^{3+} 共掺杂的发光薄膜，研究了薄膜的形态结构以及稀土离子在 $LaPO_4$ 中的发光性质与 Ce^{3+}、Tb^{3+} 之间的能量传递性质[89]。图 5.24（b）~（e）给出了图案化 $La_{0.44}Ce_{0.40}Tb_{0.16}PO_4$ 薄膜的光学显微镜照片，照片中黑色为发光薄膜条纹，白色为空白区域。从图中可以看出，条纹图案化薄膜基本没有缺陷，条纹的宽度分别为 50μm、20μm、10μm 和 5μm。在图案化的薄膜中经 100℃ 干燥过的凝胶形成的条纹图案，在大部分的区域，溶胶形成了均匀、光滑、没有缺陷的条纹图案。烧结后，条纹图案开始结晶，图案有一些缺陷，条纹也有一些收缩，这是由烧结过程中凝胶中溶剂以及有机组分的蒸发造成的。在紫外光激发下，$La_{0.44}Ce_{0.40}Tb_{0.16}PO_4$ 薄膜条纹发出明亮的绿光[90]。除此之外，人们也成功制备了 $Y_2O_3:Eu^{3+}$、$Gd_2O_3:Eu^{3+}$、$(Y/La/Gd)VO_4:Eu^{3+}$ 等图案化的发光材料，在此就不一一介绍了。

5.4.1.2
微转移模板法

在微转移模板法（microtransfer molding，μTM）中，液体前聚物铺展到一个图案化的 PDMS 模板表面，然后将多余的液体用一个平的 PDMS 薄片刮去，或者用氮气吹掉。在辐射或者加热条件下，将含有前聚物的 PDMS 模板中带有图案的一面同基底相接触，使其发生交联，当液体前驱体固化以后，轻轻地将 PDMS 模

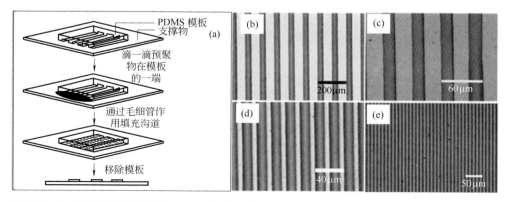

图 5.24 （a）毛细微模板技术的示意图；（b）~（e）不同条纹宽度的图案化 $La_{0.44}Ce_{0.40}Tb_{0.16}PO_4$ 薄膜的光学显微镜照片

板从基底上剥离，这样就将图案化的微结构留在了基底的表面。图5.25（a）所示为μTM法制备YVO$_4$:Eu^{3+}规则发光点阵的实验过程。将通过溶胶-凝胶法制备好的YVO$_4$:Eu^{3+}前驱体溶液浇注在PDMS模板具有微观图案结构的一面，再用另外的PDMS刮去表面多余的前驱体溶液，随后在匀胶机上进行旋涂甩胶，固化后进行热处理即可得到产物。图5.25（b）为利用μTM，结合溶胶-凝胶法制备的YVO$_4$:Eu^{3+}发光点阵的前驱体凝胶点阵的光学显微图像[87,91]。方形的凝胶点阵复制了原始模板的微观形貌，并且没有明显的变形及尺寸的缩胀。图5.25（c）为点阵煅烧后所拍摄的同一基底的光学显微镜图像，从中可以看出，图案化基底烧结的过程会使方形点阵的尺寸收缩，并且方形点阵的边缘也没有其煅烧前的方形凝胶那样清晰，这大部分是在热处理过程中前驱体凝胶中所含有机物质的分解、蒸发等原因造成的。然而，尽管热处理会改变点阵的尺寸，但点阵个体的纵横比不会改变，同时点阵间距不会改变。图5.25（c）中的插图为煅烧后组成发光点阵的纳米粒子的场发射扫描电子显微照片，可发现煅烧后的方形点阵的个体由平均尺寸为200nm左右的纳米粒子组成，且纳米粒子粒径均匀、形貌规整。在254nm紫外光激发下，可清楚观察到所制得的正方形的红光像素点阵，且点阵发射鲜艳而纯正的红光，没有明显的偏色及发光纯度不均匀。在低压电子束激发下，YVO$_4$:Eu^{3+}发光点阵的光谱中均出现了来自Eu^{3+}的$^5D_0 \rightarrow {}^7F_1$（596nm）跃迁和$^5D_0 \rightarrow {}^7F_2$（619nm）跃迁，表现为明亮的红光。

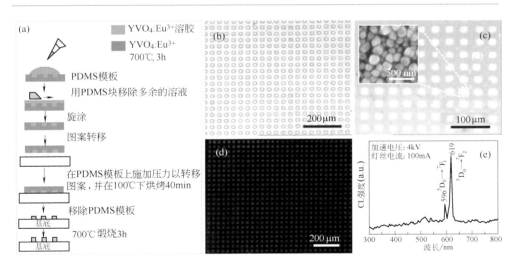

图5.25 （a）通过微转移模板法制备YVO$_4$:Eu^{3+}发光点阵示意图；（b），（c）煅烧前、后YVO$_4$:Eu^{3+}点阵的光学显微图像；（d）254nm紫外光激发下YVO$_4$:Eu^{3+}薄膜的发光照片；（e）图案化的YVO$_4$:Eu^{3+}薄膜的CL光谱

5.4.1.3
微接触打印法

微接触打印法（microcontact print，μCP）是 Whitesides 研究小组 1993 年提出来的，它是一种灵活的、非光刻的微观图案化方法，通过不同区域的化学官能团形成图案化的自组装的单分子层（self-assembly monolayers，SAMs），通常它所形成的图案带有亚微米级尺寸。在一个典型的 μCP 过程中，首先由 PDMS 得到一个微图案的聚合物印章，然后将分子溶液放到印章上，这样溶液就会蒸发，剩下来的就是一个单分子层，接下来，当 PDMS 印章与基底接触时，印章上的分子就会转移到基底上，则基底上就会有图案，这就是印章复制过程。Wang 等利用微接触打印法与溶胶-凝胶过程相结合的方法成功地制备出了具有圆点点阵图案的 $GdVO_4:Ln^{3+}$（$Ln^{3+}=Eu^{3+}$，Dy^{3+}，Sm^{3+}）发光薄膜（图 5.26），并且对它的形貌、结构、形成机理以及发光性质等做了进一步研究[92,93]。

具体实验过程如图 5.26（a）所示，先将 PDMS 模板上带有图案的一面用含有氟代硅烷的正辛烷溶液来冲洗。然后用氮气吹干模板，使模板表面的正辛烷快速挥发，这样氟代硅烷（PFOTS）就能覆在弹性模板的表面。接着将模板上带有微观特征图案的一面与处理后的石英片基底接触 5 ~ 10s，这个过程是 PDMS 模板上的 PFOTS 分子转移到石英片上，形成自组装单分子层的过程。打印后的带有图案的石英片作为旋涂过程中 $GdVO_4$ 前驱体溶液选择性沉积的基底，前驱体溶液在旋涂过程中选择性地沉积在基底上的亲水区域，而在疏水区发生去润湿现象。最后，将带有凝胶的图案经过热处理就可以获得 $GdVO_4:Ln^{3+}$（$Ln^{3+}=Eu^{3+}$，Dy^{3+}，Sm^{3+}）发光点阵薄膜。图 5.26（c）、（f）、（i）是图案化薄膜在 254nm 紫外灯下获得的荧光显微照片。在低压电子束激发下，$GdVO_4:Ln^{3+}$（$Ln^{3+}=Eu^{3+}$，Dy^{3+}，Sm^{3+}）发光点阵薄膜的 CL 光谱均分别表现为所掺杂稀土离子的特征发射，发出红光、黄光和橙红光。由以上结果可知，此方法简便直接，可以应用到其他的发光图案中，为制备 FED 显示器件开辟了新的道路。

5.4.2
喷墨打印法

喷墨打印法（inkjet printing）是采用微米级别的打印头将可打印的溶液喷涂到衬底上。目前，喷墨打印在半导体领域已经有很广泛的应用，如喷墨打印显示器件、太阳电池、薄膜晶体管、传感器及探测器、量子点及石墨烯等。喷墨打印本质上是一种叠加技术，如同丝网印刷，不需要牺牲光刻胶和剥离层，只需要将

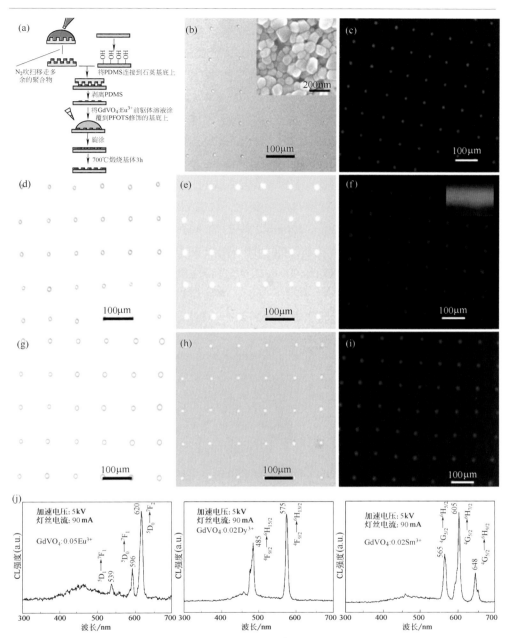

图5.26 （a）通过微接触打印技术制备GdVO₄:Eu³⁺发光点阵示意图；（d），（g）图案化的GdVO₄:Ln³⁺（Ln³⁺=Eu³⁺，Dy³⁺，Sm³⁺）前驱体凝胶薄膜的光学显微图像；（b），（e），（h）700℃煅烧后的光学显微图像，（c），（f），（i）254nm紫外光激发下相应的荧光图像，其中（b）中插图为组成发光点阵的GdVO₄:Eu³⁺纳米粒子的SEM图像；（j）图案化的GdVO₄:Ln³⁺（Ln³⁺=Eu³⁺，Dy³⁺，Sm³⁺）薄膜的CL光谱

材料沉积在指定的地方。因而此技术对基底不敏感，能够快速形成大面积图案。但喷墨打印技术的瓶颈是墨滴会在基板上飞溅，而且不能很好地控制墨滴从喷口到基板运行的抛物线轨迹、沉积位置的精度及墨滴在基地上的润湿性等因素[7,92]。

　　Cheng等通过喷墨打印技术成功制备了图案化的YVO$_4$:Ln^{3+}发光薄膜。喷墨打印技术装置如图5.27（a）所示。图5.27（b）、（d）为通过喷墨打印技术，结合溶胶-凝胶法制备的YVO$_4$:Eu^{3+}发光点阵的前驱体凝胶点阵的光学显微图像。图5.27（c）、（e）为点阵煅烧后所拍摄同一基底的光学显微镜图像，从中可以看出，图案化基底烧结的过程会使点阵的尺寸收缩，这大部分是由在热处理过程中前驱体凝胶中所含有机物质的分解、蒸发等原因造成的。然而，尽管热处理会改变点阵的尺寸，但最终产物的形貌并没有发生变化。从图5.27（f）的扫描电镜照片可知，YVO$_4$:0.05Eu^{3+}是由尺寸在20～120nm之间的纳米颗粒组成的。在254nm手提紫外灯激发下，YVO$_4$:0.05Eu^{3+}薄膜表现为明亮的红光［图5.27（g）］。此外，在阴极射线激发下，图案化的YVO$_4$:0.05Eu^{3+}的CL光谱主要为Eu^{3+}的$^5D_0 \rightarrow {}^7F_2$（614nm，619nm）跃迁，也表现为明亮的红光。同时，在固定灯丝电流为105mA时，YVO$_4$:0.05Eu^{3+}薄膜的CL强度随着加速电压的增大在一直增强［图5.27（h）］。总的来说，

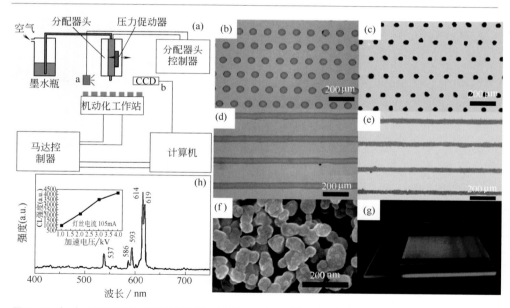

图5.27　（a）喷墨打印技术装置示意图；YVO$_4$:0.05Eu^{3+}凝胶［（b），（d）］及600℃热处理之后［（c），（e）］的光学显微图像；（f）YVO$_4$:0.05Eu^{3+}纳米颗粒的SEM图；（g）254nm紫外光激发下YVO$_4$:0.05Eu^{3+}薄膜的发光照片；（h）YVO$_4$:0.05Eu^{3+}薄膜的CL光谱（105mA，3kV）及其发光强度随加速电压的变化

喷墨打印技术有望用于大面积平板显示，并进一步提高FED显示器的分辨率[88]。

5.5
总结与展望

作为场发射显示（FED）器件的重要组成部分，发光材料的选择被认为是决定将来FED技术成功与否的关键因素之一。同CRT相比，FED是低电压激发，电流密度大，要求发光材料具有较好的导热和导电性能。目前国内外使用的FED荧光粉大部分是传统CRT所用的荧光粉，但由于两者工作条件和环境的差异，这些CRT荧光粉并不能很好地适用于FED。因此，对现有的一些荧光粉进行形态结构、颗粒尺寸和化学组成等方面的修饰改性，比如采用软化学法（溶胶-凝胶、共沉淀、静电纺丝等）合成，从调整和改变荧光粉成分及改善荧光粉表面性质等方面入手，可使其满足FED要求。

同时，应加紧对新型FED用发光材料的研制，此问题的关键是综合考虑基质材料的导电性和稳定性，寻找合适的发光材料基质，使各种激活剂（稀土离子及过渡金属离子）的发光效率得到提高。此外，我们应该对发光材料在高能电子束激发下的荧光衰减机理展开详细研究，以期为未来新材料的研制提供借鉴。

参考文献

[1] 余泉茂. 无机发光材料研究及应用新进展. 合肥: 中国科学技术大学出版社, 2010.

[2] 冯涛. 碳纳米管场发射平板显示器件关键技术的研究[D]. 上海: 中国科学院上海微系统与信息技术研究所, 2006.

[3] 余泉茂, 刘中仕, 荆西平. 场发射显示器(FED)荧光粉的研究进展. 液晶与显示, 2005, 20(1): 7-17.

[4] Shang M, Li C, Lin J. How to produce white light in a single-phase host? Chemical Society Reviews, 2014, 43(5): 1372-1386.

[5] Li G, Lin J. Recent progress in low-voltage cathodoluminescent materials: synthesis, improvement and emission properties. Chemical Society Reviews, 2014, 43(20): 7099-7131.

[6] 洪广言. 稀土发光材料: 基础与应用. 北京: 科学出版社, 2011.

[7] 蒙艳红. 溶液加工有机半导体光电器件的研究[D]. 广州: 华南理工大学, 2014.

[8] Shur M. 固体照明导论. 北京: 化学工业出版社, 2006.

[9] Ronda CR. Luminescence: from theory to applications. John Wiley & Sons, 2007.

[10] Höppe HA. Recent developments in the field of inorganic phosphors. Angewandte Chemie-

International Edition, 2009, 48(20): 3572-3582.

[11] Jüstel T, Nikol H. Optimization of luminescent materials for plasma display panels. Advanced Materials, 2000, 12(7): 527-530.

[12] 李国岗. 纳/微米结构场发射显示发光材料的制备与性质研究[D]. 北京: 中国科学院研究生院, 2012.

[13] 刘小明. 场发射(FED)用荧光粉的研制与改性[D]. 长春. 中国科学院长春应用化学研究所, 2008.

[14] Shoulders KR. Microelectronics using electron-beom-activalecl machining techniques. Advances in Computers, 1961, 2: 135.

[15] Spindt C. A thin-film field-emission cathode. Journal of Applied Physics, 1968, 39(7): 3504-3505.

[16] Jacobsen SM. Phosphors for full-color low-voltage field-emission displays. Journal of the Society for Information Display, 1996, 4(4): 331-335.

[17] Talin A, Dean K, Jaskie J. Field emission displays: a critical review. Solid-State Electronics, 2001, 45(6): 963-976.

[18] Choi W, Chung D, Kang J, et al. Fully sealed, high-brightness carbon-nanotube field-emission display. Applied Physics Letters, 1999, 75(20): 3129-3131.

[19] 王金婵, 杨杨, 张晓兵. 新型场致发射显示器件的研究现状与展望. 真空, 2005, 42(3): 1-5.

[20] Vecht A, Gibbons C, Davies D, et al. Engineering phosphors for field emission displays. Journal of Vacuum Science & Technology B, 1999, 17(2): 750-757.

[21] Li G, Zhang X, Peng C, et al. Cyan-emitting Ti^{4+}- and Mn^{2+}-coactivated Mg_2SnO_4 as a potential phosphor to enlarge the color gamut for field emission display. Journal of Materials Chemistry, 2011, 21(18): 6477-6479.

[22] Zhang M, Wang X, Ding H, et al. The enhanced low-voltage cathodoluminescent properties of spherical Y_2O_3: Eu^{3+} phosphors coated with In_2O_3 and its application to field-emission displays. International Journal of Applied Ceramic Technology, 2011, 8(4): 752-758.

[23] Zhang Y, Wu Z, Geng D, et al. Full color emission in $ZnGa_2O_4$: simultaneous control of the spherical morphology, luminescent, and electric properties via hydrothermal approach. Advanced Functional Materials, 2014, 24(42): 6581-6593.

[24] Yu M, Lin J, Fang J. Silica spheres coated with YVO_4: Eu^{3+} layers via sol-gel process: a simple method to obtain spherical core-shell phosphors. Chemistry of Materials, 2005, 17(7): 1783-1791.

[25] Li J-G, Li X, Sun X, et al. Uniform colloidal spheres for$(Y_{1-x}Gd_x)_2O_3(x=0 \sim 1)$: formation mechanism, compositional impacts, and physicochemical properties of the oxides. Chemistry of Materials, 2008, 20(6): 2274-2281.

[26] Duan CY, Chen J, Deng SZ, et al. Cathodoluminescent properties of $SrGa_2S_4$: Eu^{2+} phosphor for field-emission display applications. Journal of Vacuum Science & Technology B, 2007, 25(2): 618-622.

[27] Souriau JC, Jiang YD, Penczek J, et al. Cathodoluminescent properties of coated $SrGa_2S_4$: Eu^{2+} and ZnS: Ag,Cl phosphors for field emission display applications. Materials Science and Engineering B—Solid State Materials for Advanced Technology, 2000, 76(2): 165-168.

[28] Lee RY, Kim SW. Low voltage cathodoluminescence properties of ZnS: Ag and Y_2SiO_5: Ce phosphors with surface coatings. Journal of luminescence, 2001, 93(2): 93-100.

[29] Feldman C. Range of $1 \sim 10$ keV electrons in solids. Physical Review, 1960, 117(2): 455-459.

[30] Holloway PH, Trottier T, Sebastian J, et al. Degradation of field emission display phosphors. Journal of Applied Physics, 2000, 88: 483-488.

[31] Fitz-Gerald J, Trottier T, Singh R, et al. Significant reduction of cathodoluminescent degradation in sulfide-based phosphors. Applied Physics Letters, 1998, 72(15): 1838-1839.

[32] Ikesue A, Furusato I, Kamata K. Fabrication of polycrystal line, transparent YAG ceramics by a solid-state reaction method. Journal of the American Ceramic Society, 1995, 78(1): 225-228.

[33] Li G, Geng D, Shang M, et al. Tunable luminescence of Ce^{3+}/Mn^{2+}-coactivated $Ca_2Gd_8(SiO_4)_6O_2$ through energy transfer and modulation of excitation: potential single-phase white/yellow-emitting phosphors. Journal

of Materials Chemistry, 2011, 21(35): 13334-13344.

[34] Li G, Hou Z, Peng C, et al. Electrospinning derived one-dimensional LaOCl: Ln^{3+}(Ln=Eu/Sm, Tb, Tm) nanofibers, nanotubes and microbelts with multicolor‐tunable emission properties. Advanced Functional Materials, 2010, 20(20): 3446-3456.

[35] Li CC, Zeng HC. Coordination chemistry and antisolvent strategy to rare-earth solid-solution colloidal spheres. Journal of the American Chemical Society, 2012, 134(46): 19084-19091.

[36] Li C, Lin J. Rare earth fluoride nano-/microcrystals: synthesis, surface modification and application. Journal of Materials Chemistry, 2010, 20(33): 6831-6847.

[37] Wang X, Zhuang J, Peng Q, et al. A general strategy for nanocrystal synthesis. Nature, 2005, 437(7055): 121-124.

[38] Yin Y, Alivisatos AP. Colloidal nanocrystal synthesis and the organic–inorganic interface. Nature, 2004, 437(7059): 664-670.

[39] Wang X, Sun XM, Yu D, et al. Rare earth compound nanotubes. Advanced Materials, 2003, 15(17): 1442-1445.

[40] Hench LL, West JK. The sol-gel process. Chemical Reviews, 1990, 90(1): 33-72.

[41] Lin J, Yu M, Lin C, et al. Multiform oxide optical materials via the versatile pechini-type sol-gel process: synthesis and characteristics. Journal of Physical Chemistry C, 2007, 111(16): 5835-5845.

[42] Geng D, Li G, Shang M, et al. Nanocrystalline CaYAlO$_4$: Tb^{3+}/Eu^{3+} as promising phosphors for full-color field emission displays. Dalton Transactions, 2012, 41(10): 3078-3086.

[43] Geng D, Shang M, Zhang Y, et al. Color-tunable and white luminescence properties via energy transfer in single-phase KNaCa$_2$(PO$_4$)$_2$: A(A= Ce^{3+}, Eu^{2+}, Tb^{3+}, Mn^{2+}, Sm^{3+}) phosphors. Inorganic Chemistry, 2013, 52(23): 13708-13718.

[44] Liu X, Yan L, Lin J. Synthesis and luminescent properties of LaAlO$_3$: RE^{3+}(RE= Tm, Tb) nanocrystalline phosphors via a sol-gel process. The Journal of Physical Chemistry C, 2009, 113(19): 8478-8483.

[45] Liu X, Li C, Quan Z, et al. Tunable luminescence properties of CaIn$_2$O$_4$: Eu^{3+} phosphors. The Journal of Physical Chemistry C, 2007, 111(44): 16601-16607.

[46] Shang M, Geng D, Yang D, et al. Luminescence and energy transfer properties of Ca$_2$Ba$_3$(PO$_4$)$_3$Cl and Ca$_2$Ba$_3$(PO$_4$)$_3$Cl: A(A=Eu^{2+}/Ce^{3+}/Dy^{3+}/Tb^{3+}) under UV and low-voltage electron beam excitation. Inorganic Chemistry, 2013, 52(6): 3102-3112.

[47] Psuja P, Hreniak D, Strek W. Rare-earth doped nanocrystalline phosphors for field emission displays. Journal of Nanomaterials, 2007, 2007: 81350.

[48] 林崔昆. 溶胶‐凝胶法制备多种形态的光学材料及其性能研究[D]. 长春: 中国科学院长春应用化学研究所, 2007.

[49] Hou X, Zhou S, Li Y, et al. Luminescent properties of nano-sized Y$_2$O$_3$: Eu fabricated by co-precipitation method. Journal of Alloys and Compounds, 2010, 494(1): 382-385.

[50] Huang S, Xu J, Zhang Z, et al. Rapid, morphologically controllable, large-scale synthesis of uniform Y(OH)$_3$ and tunable luminescent properties of Y$_2$O$_3$: Yb^{3+}/Ln^{3+}(Ln=Er, Tm and Ho). Journal of Materials Chemistry, 2012, 22(31): 16136-16144.

[51] Li G, Peng C, Li C, et al. Shape-controllable synthesis and morphology-dependent luminescence properties of GaOOH: Dy^{3+} and β-Ga$_2$O$_3$: Dy^{3+}. Inorganic Chemistry, 2010, 49(4): 1449-1457.

[52] Li G, Peng C, Zhang C, et al. Eu^{3+}/Tb^{3+}-doped La$_2$O$_2$CO$_3$/La$_2$O$_3$ nano/microcrystals with multiform morphologies: facile synthesis, growth mechanism, and luminescence properties. Inorganic Chemistry, 2010, 49(22): 10522-10535.

[53] Zhang Y, Geng D, Kang X, et al. Rapid, large-scale, morphology-controllable synthesis of YOF: Ln^{3+}(Ln=Tb, Eu, Tm, Dy, Ho, Sm)nano-/microstructures with multicolor-tunable emission properties. Inorganic Chemistry, 2013, 52(22): 12986-12994.

[54] Zhang Y, Li X, Hou Z, et al. Monodisperse lanthanide oxyfluorides LnOF(Ln=Y, La,

Pr ~ Tm): morphology controlled synthesis, up-conversion luminescence and in vitro cell imaging. Nanoscale, 2014, 6(12): 6763-6771.

[55] Silver J, Withnall R, Lipman A, et al. Low-voltage cathodoluminescent red emitting phosphors for field emission displays. Journal of Luminescence, 2007, 122: 562-566.

[56] Natarajan S. Hydro/solvothermal synthesis and structures of new zinc phosphates of varying dimensionality. Inorganic Chemistry, 2002, 41(21): 5530-5537.

[57] Shang M, Geng D, Kang X, et al. Hydrothermal derived LaOF: Ln^{3+}(Ln= Eu, Tb, Sm, Dy, Tm, and/or Ho)nanocrystals with multicolor-tunable emission properties. Inorganic Chemistry, 2012, 51(20): 11106-11116.

[58] Kaczmarek AM, Van Deun R. Rare earth tungstate and molybdate compounds - from 0D to 3D architectures. Chemical Society Reviews, 2013, 42: 8835-8848.

[59] Hou Z, Li G, Lian H, et al. One-dimensional luminescent materials derived from the electrospinning process: preparation, characteristics and application. Journal of Materials Chemistry, 2012, 22(12): 5254-5276.

[60] Okuyama K, Lenggoro IW. Preparation of nanoparticles via spray route. Chemical Engineering Science, 2003, 58(3): 537-547.

[61] Liu X, Luo Y, Lin J. Synthesis and characterization of spherical Sr_2CeO_4 phosphors by spray pyrolysis for field emission displays. Journal of Crystal Growth, 2006, 290(1): 266-271.

[62] Wang L, Zhou Y, Quan Z, et al. Formation mechanisms and morphology dependent luminescence properties of Y_2O_3: Eu phosphors prepared by spray pyrolysis process. Materials Letters, 2005, 59(10): 1130-1133.

[63] Zhou Y, Lin J. Morphology control and luminescence properties of YVO_4: Eu^{3+} phosphors prepared by spray pyrolysis. Optical Materials, 2005, 27(8): 1426-1432.

[64] Lin C, Wang H, Kong D, et al. Silica supported submicron $SiO_2@Y_2SiO_5$: Eu^{3+} and $SiO_2@Y_2SiO_5$: Ce^{3+}/Tb^{3+} spherical particles with a core-shell structure: sol-gel synthesis and characterization.

European Journal of Inorganic Chemistry, 2006, 2006(18): 3667-3675.

[65] Chen W T, Sheu H S, Liu R S, et al. Cation-size-mismatch tuning of photoluminescence in oxynitride phosphors. Journal of the American Chemical Society, 2012, 134(19): 8022-8025.

[66] 耿冬苓. 几类稀土离子掺杂无机发光材料的制备及光致发光与低压阴极射线发光性质研究 [D]. 北京: 中国科学院大学, 2014.

[67] Shang M, Li G, Yang D, et al. Red emitting Ca_2GeO_4: Eu^{3+} phosphors for field emission displays. Journal of the Electrochemical Society, 2011, 158(4): J125-J131.

[68] Shimomura Y, Kijima N. High-luminance Y_2O_3: Eu^{3+} phosphor synthesis by high temperature and alkali metal ion-added spray pyrolysis. Journal of the Electrochemical Society, 2004, 151(4): H86-H92.

[69] Seo SY, Sohn K-S, Park HD, et al. Optimization of Gd_2O_3-based red phosphors using combinatorial chemistry method. Journal of the Electrochemical Society, 2002, 149(1): H12-H18.

[70] Liu X, Pang R, Li Q, et al. Host-sensitized luminescence of Dy^{3+}, Pr^{3+}, Tb^{3+} in polycrystalline $CaIn_2O_4$ for field emission displays. Journal of Solid State Chemistry, 2007, 180(4): 1421-1430.

[71] Kominami H, Nakamura T, Sowa K, et al. Low voltage cathodoluminescent properties of phosphors coated with In_2O_3 by sol-gel method. Applied Surface Science, 1997, 113: 519-522.

[72] Kim JY, Jeon DY, Yu I, et al. A study on correlation of low voltage cathodoluminescent properties with electrical conductivity of In_2O_3-Coated $ZnGa_2O_4$: Mn^{2+} phosphors. Journal of the Electrochemical Society, 2000, 147(9): 3559-3563.

[73] Li G, Li C, Hou Z, et al. Nanocrystalline LaOCl: Tb^{3+}/Sm^{3+} as promising phosphors for full-color field-emission displays. Optics Letters, 2009, 34(24): 3833-3835.

[74] Li G, Li C, Zhang C, et al. Tm^{3+} and/or Dy^{3+} doped LaOCl nanocrystalline phosphors for field emission displays. Journal of Materials Chemistry, 2009, 19(47): 8936-8943.

[75] Shang M, Li G, Yang D, et al. Luminescence properties of Mn^{2+}-doped Li_2ZnGeO_4 as an efficient green phosphor for field-emission displays with high color purity. Dalton Transactions, 2012, 41(29): 8861-8868.

[76] Xie M, Liang H, Su Q, et al. Intense cyan-emitting of Li_2CaSiO_4: Eu^{2+} under low-voltage cathode ray excitation. Electrochemical and Solid-State Letters, 2011, 14(10): J69-J72.

[77] Hou D, Xu X, Xie M, et al. Cyan emission of phosphor $Sr_6BP_5O_{20}$: Eu^{2+} under low-voltage cathode ray excitation. Journal of Luminescence, 2014, 146: 18-21.

[78] Li YQ, Delsing A, De With G, et al. Luminescence properties of Eu^{2+}-activated alkaline-earth silicon-oxynitride $MSi_2O_{2-\delta}N_{2+2/3\delta}$(M= Ca, Sr, Ba): a promising class of novel LED conversion phosphors. Chemistry of Materials, 2005, 17(12): 3242-3248.

[79] Liu C, Zhang S, Liu Z, et al. A potential cyan-emitting phosphor $Sr_8(Si_4O_{12})Cl_8$: Eu^{2+} for wide color gamut 3D-PDP and 3D-FED. J Mater Chem C, 2013, 1(7): 1305-1308.

[80] Liu X, Zou J, Lin J. Nanocrystalline $LaAlO_3$: Sm^{3+} as a promising yellow phosphor for field emission displays. Journal of the Electrochemical Society, 2009, 156(2): 43-47.

[81] Li G, Xu X, Peng C, et al. Yellow-emitting $NaCaPO_4$: Mn^{2+} phosphor for field emission displays. Optics Express, 2011, 19(17): 16423-16431.

[82] Shang M, Li G, Kang X, et al. LaOF: Eu^{3+} nanocrystals: hydrothermal synthesis, white and color-tuning emission properties. Dalton Transactions, 2012, 41(18): 5571-5580.

[83] Liu X, Lin C, Lin J. White light emission from Eu^{3+} in $CaIn_2O_4$ host lattices. Applied Physics Letters, 2007, 90(8): 081904.

[84] Lü Y, Tang X, Yan L, et al. Synthesis and luminescent properties of $GdNbO_4$: RE^{3+}(RE=Tm, Dy)nanocrystalline phosphors via the sol–gel process. The Journal of Physical Chemistry C, 2013, 117(42): 21972-21980.

[85] Geng D, Li G, Shang M, et al. Color tuning via energy transfer in $Sr_3In(PO_4)_3$: Ce^{3+}/Tb^{3+}/Mn^{2+} phosphors. Journal of Materials Chemistry, 2012, 22(28): 14262-14271.

[86] Li G, Geng D, Shang M, et al. Color tuning luminescence of Ce^{3+}/Mn^{2+}/Tb^{3+}-triactivated $Mg_2Y_8(SiO_4)_6O_2$ via energy transfer: potential single-phase white-light-emitting phosphors. The Journal of Physical Chemistry C, 2011, 115(44): 21882-21892.

[87] 王文鑫. 软石印法在稀土发光材料中的应用 [D]. 哈尔滨: 哈尔滨工程大学, 2011.

[88] Cheng Z, Xing R, Hou Z, et al. Patterning of light-emitting YVO_4: Eu^{3+} thin films via inkjet printing. The Journal of Physical Chemistry C, 2010, 114(21): 9883-9888.

[89] Yu M, Lin J, Fu J, et al. Sol-gel synthesis and photoluminescent properties of $LaPO_4$: A(A= Eu^{3+}, Ce^{3+}, Tb^{3+})nanocrystalline thin films. Journal of Materials Chemistry, 2003, 13(6): 1413-1419.

[90] 于敏. 溶胶 - 凝胶软石印法制备稀土发光薄膜及其图案化[D]. 长春: 中国科学院长春应用化学研究所, 2003.

[91] Wang W, Cheng Z, Yang P, et al. Patterning of YVO_4: Eu^{3+} luminescent films by soft lithography. Advanced Functional Materials, 2011, 21(3): 456-463.

[92] 王东. 稀土薄膜发光材料的制备及其图案化[D]. 哈尔滨: 哈尔滨工程大学, 2012.

[93] Wang D, Yang P, Cheng Z, et al. Facile patterning of luminescent $GdVO_4$: Ln (Ln= Eu^{3+}, Dy^{3+}, Sm^{3+}) thin films by microcontact printing process. Journal of Nanoparticle Research, 2012, 14(1): 1-10.

[94] Hirosaki N, Xie R, Inoue K, et al. Blue-emitting AlN: Eu^{2+} nitride phosphor for field emission displays. Applied Physics Letters, 2007, 91(6): 061101.

[95] Xu X, Chen J, Deng S, et al. Cathodoluminescent properties of nanocrystalline $Lu_3Ga_5O_{12}$: Tb^{3+} phosphor for field emission display applicationa). Journal of Vacuum Science & Technology B, 2010, 28(3): 490-494.

[96] Do Y, Park D, Yang H, et al. Uniform nanoscale SiO_2 encapsulation of ZnS phosphors for improved aging properties under low voltage electron beam excitation. Journal of The Electrochemical Society, 2001, 148(10): G548-G551.

NANOMATERIALS

稀土纳米材料

Chapter 6

第6章
稀土单分子磁性材料

唐金魁，张鹏，王炳武，高松
中国科学院长春应用化学研究所，北京大学化学与分子工程学院

20世纪90年代初，意大利科学家R.Sessoli及其合作者首次发现高自旋的 Mn_{12} 分子 $[Mn_{12}O_{12}(OAc)_{16}(H_2O)_4]$ 在低温下显示出磁化强度慢弛豫现象，并且在阻塞温度（T_B）以下时具有明显的磁体特征[1~3]。研究表明，它的磁体行为是源于单个分子内部而不是三维长程磁有序或自旋玻璃行为，因此该类分子被命名为单分子磁体（single-molecule magnet，SMM），并由此开启了一个新的磁学研究领域。目前，社会信息量爆炸式增长对磁存储技术提出了更高要求，器件正向大容量、高速度、小型化的方向快速发展[4]。然而，由于纳米材料的量子尺寸限制，传统磁存储材料的存储密度已接近极限，必须开发新型高密度磁存储材料。而分子尺度的单分子磁性材料为解决此类关键问题提供了有效途径[5]。另外，在基础研究领域，这种纳米尺寸的分子磁体在自旋电子器件的设计及开发方面具有重要的应用，使得人们可以在宏观尺度上观测和研究量子行为，进而验证微观物理学的理论，成为了联系微观自旋与宏观磁性材料的桥梁。

众所周知，这种分子源的磁体行为主要是因为分子本身的各向异性能垒（ΔE）阻滞了分子磁矩的翻转，而各向异性能垒则是由分子的各向异性（D）及自旋基态（S）所决定的，$\Delta E = DS^2$ 或 $D(S^2-1/4)$（此关系式适用于多核过渡金属体系）。如图6.1所示，初期的研究主要集中在具有强分子内相互作用的多核过渡金属体系，科学家们希望能够通过提高分子的自旋基态来增强它们的磁各向异性能垒，进而提高阻塞温度（T_B）[6,7]。遗憾的是，尽管人们已经成功合成了具有最高核数的 Mn_{84}[8] 以及具有最高自旋的 Mn_{19} 金属簇[9]，但是各向异性能垒及阻塞温度始终无法超越 Mn_{12} 单分子磁体（最高 $\Delta E=76K$，$T_B=3.6K$）[10]。直到2007年，E.K. Brechin等报道了一例具有铁磁相互作用的 Mn_6 化合物才实现了有效能垒方面的微

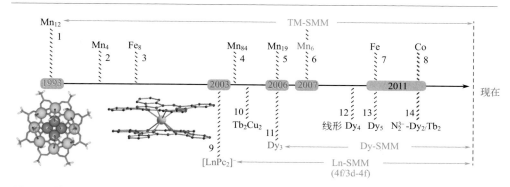

图6.1 单分子磁体发展的时间轴

轴的上部表示过渡金属单分子磁体，轴的下部则表示稀土单分子磁体。序号1~14表示发现的标志性的单分子磁体。插图为第一个单分子磁体 Mn_{12} 以及第一个稀土单分子磁体 $[LnPc_2]^-$（Ln=Dy,Tb）的结构

小突破（86.4K）[11]，但是像这样的提高远未达到单分子磁体走向实际应用的可操作温度。2008年，E. Ruiz等对两个结构相似但具有不同磁学性质的Mn_6化合物进行了细致的理论研究，结果表明，在强相互作用的过渡金属体系中，强晶体场相互作用猝灭了3d电子的轨道角动量，导致高的自旋基态与大的磁各向异性不可兼得[12]。为了提高各向异性能垒，选择具有更高旋轨耦合相互作用的稀土离子可能是设计单分子磁体的一种更加有效的途径。

事实上，2003年由Ishikawa报道的第一例稀土单分子磁体酞菁双夹心铽化合物$[TbPc_2]$的有效能垒已经高达$230cm^{-1}$（331K）[13]，这一有效能垒远远超出了多核过渡金属单分子磁体的能垒纪录，开启了单分子磁体发展的新时代。特别是，2006年由唐金魁、Powell等报道的三角形Dy_3化合物展现了抗磁基态与单分子磁体行为共存的奇特现象[14]，抗磁基态主要是由于镝离子强各向异性轴的非线性连接导致了环形磁矩的产生，且此环形磁矩具有明显的手性特征[15~17]。这一罕见磁学现象的发现进一步激发了科学家们对稀土单分子磁体的研究热情。更重要的是，最近科学家们已经在利用稀土单分子磁体设计分子自旋器件[18]方面取得了重要的突破。人们不仅利用碳基材料包括碳纳米管及石墨烯与稀土单分子磁体的超相互作用设计出了分子自旋阀门器件[19~21]，而且在利用电信号探测核自旋信息方面取得了突破性进展[22~24]（图6.2）。这无疑为稀土单分子磁体研究注入了新的活力。

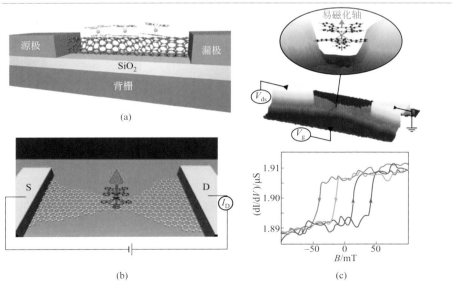

图6.2　分子自旋器件示意图

（a），（b）利用碳基材料包括碳纳米管[19]及石墨烯[20]与稀土单分子磁体的超相互作用设计出的分子自旋阀门器件；（c）利用电信号探测核自旋信息的分子自旋器件[24]

6.1
单分子磁体的理论基础

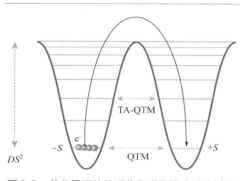

图6.3　单分子磁体的磁化和磁化强度弛豫过程

传统的磁体材料之所以表现出磁滞回线的现象主要是因为宏观上它们含有大量的自发磁化的磁畴，改变外磁场时它们的磁化强度会重新取向，结果造成磁畴壁的破坏，这是一个耗能的过程，当撤去磁场时磁化强度会继续保持[25]。相比之下，单分子磁体中像这样的磁畴并不存在，它是一个单独分子的磁学行为。如图6.3所示，当分子被磁化时分子的自旋会沿磁场方向进行排列，低温时一旦撤去磁场，由于各向异性能垒的存在，自旋会在此方向上继续保持很长一段时间，结果就造成慢磁弛豫或者磁阻滞现象的出现[26,27]。通常来讲，各向异性能垒越高，弛豫时间就越长，阻塞温度也越高[28]。

6.1.1
弛豫动态学

目前为止，交流磁化率测量是表征单分子磁体弛豫动态学最重要且最有效的手段。它主要是以一个振幅很小的振荡磁场来研究物质的磁学性质，并会得到一种以dM/dH表示的磁化率物理量，其中振荡磁场的振幅（h）一般不超过10Oe。这种测试也可以在平行于振荡磁场方向加一直流场（H_{dc}），因此交流磁化率的磁场可表示为：

$$H(t) = H_{dc} + H_{ac} = H_{dc} + h\cos\omega t \qquad (6.1)$$

交流磁化率测试的优点可以通过图6.4表示。我们知道，物质的磁化强度曲线与磁场并不是线性关系，但是对于微小的振荡磁场，磁化强度的变化ΔM却可以看成与

ΔH呈线性关系，即$\chi_{ac}=\Delta M/\Delta H$。在$H_{dc}=0$时，交流磁化率的数值与直流磁化率的数值相近。但是当测试温度很低时，物质的直流磁化率往往会受到Zeeman效应的影响，而交流磁化率则不会。因此交流磁化率可以用来判断物质的自旋基态。

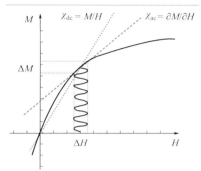

图6.4 M–H曲线中，M/H与dM/dH的对比示意图（ΔH表示交流场振幅）

可以想象，当交流磁场的频率足够高的时候，材料的磁化强度将跟不上磁场的变化速度，从而在相位（φ）上产生滞后，这就是磁化强度慢弛豫现象（图6.5）。

$$M(t) = M_{dc} + M_A\cos\left(\omega t - \varphi\right) \tag{6.2}$$

式中，M_{dc}为直流场H_{dc}下的磁化强度；M_A为振荡磁化强度的振幅。

另外，交流信号可以用复数表示法［图6.5（b）］，为方便起见，令$H_{dc}=0$，则$H_{ac}(t)$、$M(t)$分别为：

$$H_{ac}(t) = h\cos\omega t \Rightarrow he^{i\omega t} \tag{6.3}$$

$$M(t) = M_A\cos(\omega t - \varphi) \Rightarrow M_A e^{i(\omega t - \varphi)} \tag{6.4}$$

所以有：

$$\chi_{ac} = \frac{M(t)}{H(t)} = \frac{M_A}{h}e^{-i\varphi} = |\chi|e^{-i\varphi} \tag{6.5}$$

通过Euler定理（$e^{-i\varphi} = \cos\varphi - i\sin\varphi$）将上述交流磁化率的复数形式写成代数

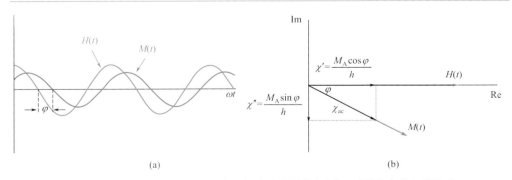

图6.5 （a）交流振荡场与磁化强度的相位差；（b）交流磁化率实部及虚部与相位角的关系

式，即我们常见的：

$$\chi_{ac} = \chi' - i\chi''$$ （6.6）

式中，$\chi' = \dfrac{M_A\cos\varphi}{h}$ 是外加交流场下实部响应信号，也叫磁色散（magnetic dispersion）；$\chi'' = \dfrac{M_A\sin\varphi}{h}$ 是虚部响应信号，表示的是体系吸收外场的能量，因此一般也称其为磁吸收（magnetic absorption）[28,29]。

由于 $M(t)$ 和 $H_{ac}(t)$ 为同频率的简谐量，因此交流磁化率 χ_{ac} 是一个不含时间的物理量，它不像 $M(t)$ 和 $H_{ac}(t)$ 依赖于时间周期变化。但值得注意的是，不同频率的驱动场 H_{ac} 会使磁化强度产生不同程度的相位差，因此交流磁化率 χ_{ac} 是角频率（ω）的函数。

图6.6给出了交流磁化率测量的实部及虚部信号的示意图，我们能够看到，一定温度下，随着频率的变化，实部交流磁化率的降低伴随虚部交流峰的出现，表明了此化合物慢磁弛豫现象的出现。一个给定的自旋系统存在着一个特征的弛豫时间（τ），该材料在不同频率的交流场下存在两种极限情况：当驱动场角频率无限接近于0时，$\omega\tau \ll 1$，测量的磁化率为等温磁化率（χ_T）；当频率无限大时，$\omega\tau \gg 1$，系统没有时间与外场进行能量交换，所测量的磁化率为绝热磁化率（χ_S）。对于中间区域，在峰值位置 $\omega\tau=1$，系统的磁弛豫时间 $\tau=\omega^{-1}=1/(2\pi\nu)$。另外，交流磁化率的另一种表示形式是Argand图，这类似于介电弛豫中的Cole-Cole图，如图6.6所示，χ'' 对 χ' 数据呈现了明显对称的圆弧形状[30,31]。

为了解释自旋晶格弛豫的弛豫动态学现象，Casimir和Du Pré两人在1938年

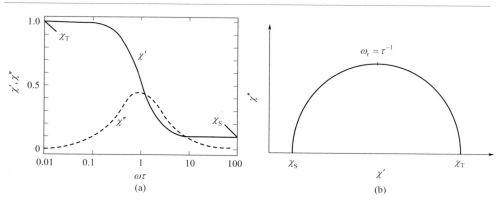

图6.6　交流磁化率信号的示意图

（a）实部及虚部对交流场的频率作图；（b）虚部（χ''）对实部（χ'）作图即所谓的 Argand 图

通过热力学方法提出了自旋-晶格系统中单一弛豫过程的交流磁化率为[32]：

$$\chi_{ac}(\omega) = \left(\frac{\partial M}{\partial H}\right)_T \times \frac{C_M + \kappa/(i\omega)}{C_H + \kappa/(i\omega)} \qquad (6.7)$$

式中，κ 为一描述自旋系统与晶格之间的热传导关系的常数；C_M 和 C_H 分别为恒磁化强度热容和恒场热容，它们满足以下比例关系：

$$\frac{C_H}{C_M} = \frac{\chi_T}{\chi_S} \qquad (6.8)$$

根据热力学定义：

$$\chi_T = \left(\frac{\partial M}{\partial H}\right)_T \; ; \; \chi_S = \left(\frac{\partial M}{\partial H}\right)_S \qquad (6.9)$$

因此，对于简单的自旋-晶格弛豫，对于具有单一弛豫过程的磁学系统，其交流磁化率能够表示为：

$$\chi_{ac}(\omega) = \chi_S + \frac{\chi_T - \chi_S}{1 + i\omega\tau} \qquad (6.10)$$

其中，自旋-晶格弛豫时间定义为 $\tau = \dfrac{C_H}{\kappa}$。以上公式能够分解为实部及虚部的形式：

$$\chi'(\omega) = \chi_S + \frac{\chi_T - \chi_S}{1 + (\omega\tau)^2} \qquad (6.11)$$

$$\chi''(\omega) = (\chi_T - \chi_S)\frac{\omega\tau}{1 + (\omega\tau)^2} \qquad (6.12)$$

此数学关系很好地符合了介电弛豫中的 Debye 弛豫方程，我们称之为标准 Debye 模型。此模型的 Argand 图呈现了标准的半圆形状，$\chi''_{max} = 1/2\,(\chi_T - \chi_S)$[28]。

在实际的磁学系统中，许多因素，如团聚的颗粒大小不同，会导致磁学系统中弛豫时间有一定的分布，并不是一个单一的弛豫过程。对于这样的弛豫过程，需要对以上的 Debye 公式进行修正，通过引入 α 因子表述为介电弛豫中 Cole-Cole 公式的形式[33,34]：

$$\chi_{ac}(\omega) = \chi_S + \frac{\chi_T - \chi_S}{1 + (i\omega\tau)^{1-\alpha}} \qquad (6.13)$$

公式中 α 的取值范围为 $0 \leq \alpha < 1$，表示系统中弛豫分布的情况，α 值越大，表明弛豫时间分布越宽。以上公式同样可以分解为实部及虚部的形式：

$$\chi'(\omega) = \chi_S + (\chi_T - \chi_S) \times \frac{1 + (\omega\tau)^{1-\alpha}\sin\left(\frac{\pi}{2}\alpha\right)}{1 + 2(\omega\tau)^{1-\alpha}\sin\left(\frac{\pi}{2}\alpha\right) + (\omega\tau)^{2-2\alpha}} \quad (6.14)$$

$$\chi''(\omega) = (\chi_T - \chi_S) \times \frac{(\omega\tau)^{1-\alpha}\cos\left(\frac{\pi}{2}\alpha\right)}{1 + 2(\omega\tau)^{1-\alpha}\sin\left(\frac{\pi}{2}\alpha\right) + (\omega\tau)^{2-2\alpha}} \quad (6.15)$$

数学上通过式（6.14）、式（6.15）消除 ω 可以得到：

$$\chi'' = \frac{1}{2}(\chi_S - \chi_T)\tan\left(\frac{\pi}{2}\alpha\right) +$$

$$\frac{1}{2}\sqrt{\left[(\chi_S - \chi_T)\tan\left(\frac{\pi}{2}\alpha\right)\right]^2 - 4\left\{\chi'^2 - \chi'(\chi_T + \chi_S) + \frac{1}{4}(\chi_T + \chi_S)^2 - \frac{(\chi_T - \chi_S)^2}{4\left[\sin(\pi/2)(1-\alpha)\right]^2} + \frac{1}{4}(\chi_T - \chi_S)^2\left[\tan\left(\frac{\pi}{2}\alpha\right)\right]^2\right\}}$$

$$(6.16)$$

此公式可以用来直接拟合实验测得的 Argand 图，得到表征系统中弛豫时间分布的 α 因子，此 Argand 图显示一个扁平的左右对称的圆弧（图6.7），最大高度为：

$$\chi''_{max} = \frac{1}{2}(\chi_T - \chi_S)\tan\left[\frac{\pi}{4}(1-\alpha)\right] \quad (6.17)$$

以上公式主要是针对单一弛豫过程进行解释的，这适用于大多数多核过渡金属单分子磁体。但是，在许多稀土单分子磁体中，由于单离子效应，我们通常能够观察到两个弛豫过程，在 Argand 图中呈现两个半圆（图6.8），像这样的双弛豫过程我们需要用两个相叠加的 Debye 方程来描述[35,31]：

$$\chi_{ac}(\omega) = \chi_{S_1} + \chi_{S_2} + \frac{\chi_{T_1} - \chi_{S_1}}{1 + (i\omega\tau_1)^{1-\alpha_1}} + \frac{\chi_{T_2} - \chi_{S_2}}{1 + (i\omega\tau_2)^{1-\alpha_2}} \quad (6.18)$$

进一步转化为：

$$\chi_{ac}(\omega) = \chi_{S,tot} + \frac{\Delta\chi_1}{1 + (i\omega\tau_1)^{1-\alpha_1}} + \frac{\Delta\chi_2}{1 + (i\omega\tau_2)^{1-\alpha_2}}$$

$$(6.19)$$

式中，$\chi_{S,tot} = \chi_{S_1} + \chi_{S_2}$ 为总绝热磁化率，

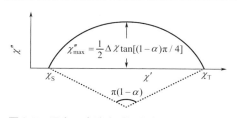

图6.7　具有一定弛豫时间分布的 Argand 图

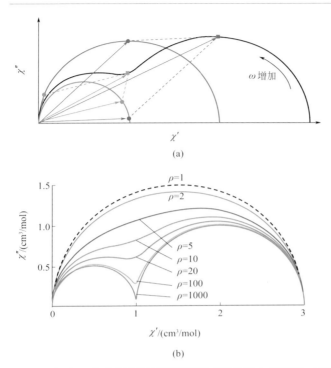

图6.8 （a）两个弛豫过程基于平行四边形法则的矢量加和，可清楚地阐释双弛豫过程随频率的变化；（b）随两个弛豫过程的弛豫时间比增加，两个过程逐渐分离[31]

在拟合过程中无法将其分解到两个弛豫过程中；$\Delta\chi_1$和$\Delta\chi_2$分别为每个弛豫过程的$\chi_T-\chi_S$值。同样，以上公式分解为：

$$\chi'(\omega) = \chi_{S,tot} + \Delta\chi_1 \times \frac{1+(\omega\tau_1)^{1-\alpha_1}\sin(\pi\alpha_1/2)}{1+2(\omega\tau_1)^{1-\alpha_1}\sin(\pi\alpha_1/2)+(\omega\tau_1)^{2-2\alpha_1}} +$$
$$\Delta\chi_2 \times \frac{1+(\omega\tau_2)^{1-\alpha_2}\sin(\pi\alpha_2/2)}{1+2(\omega\tau_2)^{1-\alpha_2}\sin(\pi\alpha_2/2)+(\omega\tau_2)^{2-2\alpha_2}} \qquad （6.20）$$

$$\chi''(\omega) = \Delta\chi_1 \times \frac{(\omega\tau_1)^{1-\alpha_1}\cos(\pi\alpha_1/2)}{1+2(\omega\tau_1)^{1-\alpha_1}\sin(\pi\alpha_1/2)+(\omega\tau_1)^{2-2\alpha_1}} +$$
$$\Delta\chi_2 \times \frac{(\omega\tau_2)^{1-\alpha_2}\cos(\pi\alpha_2/2)}{1+2(\omega\tau_2)^{1-\alpha_2}\sin(\pi\alpha_2/2)+(\omega\tau_2)^{2-2\alpha_2}} \qquad （6.21）$$

因此，我们能够得到每个弛豫过程的弛豫时间及α值，从而清楚地描述两个弛豫过程的弛豫性质。

同时，可用复数的概念进一步阐明双弛豫的叠加过程。两个弛豫相的交流磁化率分别写为：

$$\chi_1(\omega) = \chi_1'(\omega) - i\chi_1''(\omega) \quad ; \quad \chi_2(\omega) = \chi_2'(\omega) - i\chi_2''(\omega) \tag{6.22}$$

式中，χ_1和χ_2在Cole-Cole图上代表各自弛豫相的半圆。两个弛豫相的叠加即为这两个交流磁化率复数的加和：

$$\chi_{ac}(\omega) = \chi_1(\omega) + \chi_2(\omega) \tag{6.23}$$

它们在几何关系上满足矢量加和的平行四边形法则［图6.8（a）］。与之对应，χ_{ac}自然可以分解为χ_1和χ_2两个弛豫相的分量。分析发现，多弛豫Cole-Cole图的形状由不同弛豫相的弛豫时间的比值决定。我们定义两个弛豫相弛豫时间的比值$\rho = \tau_2/\tau_1$，$\rho = 1$对应的是单弛豫过程。$\rho = 2$、5、10、20、100和1000时的Argand图如图6.8所示。为了简单起见，我们令α_i和χ_{S_i}等于零。当ρ很小时，Argand图表现出近似的半圆或者不对称的半圆，这类似于材料中存在弛豫时间分布的情况。当ρ变大时，Argand图变成逐渐分离的两个半圆，即为两个叠加双弛豫过程。最后，当一个弛豫相与另一个弛豫相的弛豫时间相差较大时，例如，$\rho > 100$，在Argand图中将出现两个独立的半圆。

6.1.2
各向异性能垒

理论上讲，单分子磁体的各向异性能垒（ΔE）可以用双势阱模型（图6.3，图6.9）来描述。其中需要满足两个重要的条件，即负零场分裂参数（D）或者

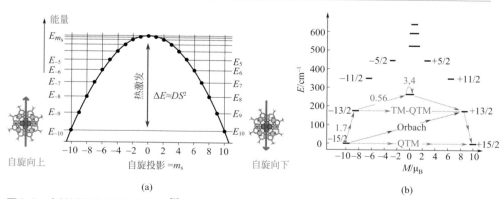

(a)   (b)

图6.9　多核过渡金属单分子磁体[7]（a）和稀土单分子磁体（b）中各向异性能垒的理论预测

强单轴各向异性（g_z）以及大自旋基态（S）。在多核过渡金属单分子磁体中，强相互作用有效地限制了双重态之间的量子隧穿，自旋翻转需要翻越最高能级（图6.9），而量子隧穿只有在极低温度下才会显现[36]。因此，如图6.9所示，强相互作用的多核过渡金属单分子磁体的各向异性能垒可以表示为$\Delta E = DS^2$（整数自旋）或$D(S^2-1/4)$（半整数自旋）。与此相反，该表达式在稀土单分子磁体中并不适用。在稀土体系中，由于不同磁能态具有不同的各向异性，激发态的量子隧穿以及其他热弛豫过程（直接、拉曼等）为自旋翻转提供了有效的弛豫路径，因此各向异性能垒一般由基态与第一激发态之间的能级差所决定[37]。

事实上，通常我们在文献中主要参考的有效能垒（U_{eff}）可以通过拟合不同温度下的交流弛豫时间［$\tau = 1/(2\pi\nu)$］的变化来获得[38]。一般来讲，弛豫时间会随温度的变化有不同的变化区间。在高温区，弛豫时间通常会随温度的倒数指数衰减，即符合自旋晶格弛豫中Orbach过程的形式，$\tau = \tau_0 \exp[\, U_{eff}/(k_B T)\,]$，因此通过$\ln\tau$对$1/T$的线性拟合可以得到有效能垒$U_{eff}$。而在低温区，$\ln\tau$对$1/T$的曲线通常会偏离之前的线性区间，这主要是因为随着温度的降低，Orbach过程急剧变慢，而其他的弛豫过程会逐渐显现，如直接过程、Raman过程和量子隧穿过程（QTM）[39,40]。

对于多核的过渡金属单分子磁体，由于慢的量子隧穿弛豫，通常$\ln\tau$对$1/T$的线性区间会遍布交流磁化率测量的整个区间，而温度无关的量子隧穿区间则只能通过磁化强度随时间的衰变实验来获得[41~43]。但是对于稀土单分子磁体[6]或者过渡金属单离子分子磁体[44]，较大的未猝灭轨道角动量及强的旋轨耦合相互作用为其他的弛豫过程提供了有效路径，加快了它们的弛豫速率，以致在交流磁化率测量区间（0.1 ~ 1500Hz）内，$\ln\tau$对$1/T$的低温区曲线通常会偏离线性关系。所以，在拟合有效能垒时，需要引入其他过程，表达式如下[45]：

$$\tau^{-1} = AH^m T + CT^n + \tau_0^{-1}\exp[-U_{eff}/(k_B T)] + \tau_{QTM}^{-1} \tag{6.24}$$

式中，右边的四项分别对应于直接过程、Raman过程、Orbach过程以及量子隧穿过程；A、C是常数；τ_0代表Orbach过程的指前因子，单分子磁体取值范围通常在$10^{-10} \sim 10^{-7}$s[28,46]。事实上，前三个过程属于热致弛豫过程，即自旋晶格弛豫。简单来说，磁学系统包含两个部分，即自旋和晶格系统，通常条件下它们保持相对的热平衡状态，一旦施加交流磁场，将会发生能量交换，发生慢磁弛豫现象[30]。自旋-晶格作用来源于晶格原子或离子的热振动。这些振动经常用Debye波或声子来描述。

早在1932年Waller等为了从理论上计算顺磁金属盐中自旋晶格弛豫的弛豫时

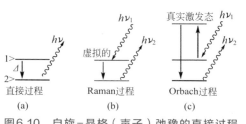

图6.10 自旋－晶格（声子）弛豫的直接过程、Raman过程、Orbach过程示意图

间 τ，第一次提出了晶格振动仅仅通过自旋-自旋相互作用来影响自旋系统，并且根据不同的温度及磁场依赖性，进一步区分了直接及Raman过程。然而他们的理论预测结果并不能很好地符合实验数据[47,48]。随后，Kronig、Van Vleck等提出自旋和晶格系统之间的相互作用主要是通过晶格振动对晶体场的影响来实现，并且对以上的直接及Raman过程重新进行了阐释[48,49]。其中，晶格振动导致晶体场产生微弱的振荡电场，导致金属离子单电子轨道的变化，从而通过旋轨耦合作用强烈地影响自旋系统[40]。另外，Orbach等人提出了不同于直接及Raman过程的第三种弛豫过程——Orbach过程[50]，其温度依赖性及声子吸收释放过程也与前两种过程不同。图6.10展示了三个不同过程的声子吸收及释放过程。

（a）直接过程：单声子弛豫过程，自旋翻转需要直接吸收并释放一个与 Δ 具有相同能量的声子 $h\nu$，此过程只涉及特定频率的声子，依赖温度（T）及磁场（H）变化，即式（6.24）中的第一项，Kramers及非Kramers双重态 m 分别为4和2[39]。

（b）Raman过程：通过虚拟激发态的双声子弛豫过程，类似于电磁辐射中的Raman散射现象，自旋翻转涉及声子的散射过程，两个声子的能量相关于 $h(\nu_2-\nu_1)=\Delta$，结果所有的声子都能够参与此过程，具有很强的温度依赖性。正如式（6.24）中第二项所示，理论上讲，非Kramers离子 $n=7$，Kramers离子 $n=9$[39]，但事实上 n 值可能随双重态的变化而变化，实验中通常 $n>4$[51,45]。

（c）Orbach过程：通过激发态的双声子弛豫过程，自旋翻转涉及单个声子的直接吸收并伴随另一个声子的释放，两个声子的能量相关于 $h(\nu_2-\nu_1)=\Delta$，此过程同样具有很强的温度依赖性，式（6.24）中第三项显示了弛豫时间与温度之间存在指数关系，符合Arrhenius定律。

量子隧穿（QTM）过程则不同于以上三个过程，此过程并不涉及声子的吸收及释放，而是源于双重态之间的隧穿。在双势阱模型中，在某一

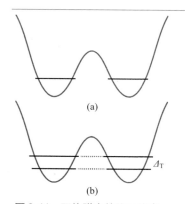

图6.11 双势阱中的量子隧穿
（a）非相互作用体系；（b）相互作用体系

时间点宏观物体只能稳定在能垒两边的其中一个状态，要改变此状态则必须翻越能垒［图6.11（a）］；而微观电子则具有重要的波动性质，如果两个状态波函数之间不存在任何相互作用，则电子同样需要克服能垒，但是在微观体系中，任何微小的环境变化都可能导致两个状态之间的相互作用，因此两个波函数之间具有显著重叠［图6.11（b）］，电子不需要克服能垒即可直接隧穿到另一个状态，此过程即为量子隧穿（QTM）[27]。其中，两个状态的相互作用导致明显的隧穿分裂（Δ_T），而隧穿可能性则与隧穿分裂大小及能垒的高度有关，它们的比例越小，则隧穿的概率越低，隧穿速率（τ_{QTM}^{-1}）就越慢。基于理论推导及实验总结的隧穿速率表达式为：

$$\tau_{QTM}^{-1} = \frac{B_1}{1 + B_2 H^2} \tag{6.25}$$

式中，B_1、B_2为常数；H为外加磁场强度[52]。如上所述，过渡金属体系中强的分子内相互作用有效抑制了量子隧穿，而在稀土单分子磁体中此过程则尤为突出，从而大大降低单分子磁体的有效能垒，这将会在之后部分中详细讨论。

6.2
稀土单分子磁体

尽管稀土离子应用于单分子磁体领域仅仅开始于2003年[13]，但是它的应用却显著推进了单分子磁体研究的进展，特别是在2006年具有自旋手性的Dy_3单分子磁体[14]报道以后，稀土单分子磁体引起了相关领域研究人员的极大关注。得益于稀土离子在合成高有效能垒的单分子磁体时的优秀表现[38,6]，最近几年有关稀土单分子磁体的研究报道已经远远超出了利用其他金属离子来合成单分子磁体的研究。到目前为止，已有大量的稀土单分子磁体被报道，其中镝化合物占据了绝大部分，它们具有不同的核数及各种各样的拓扑结构（图6.12）[6]。特别是，在这里单分子磁体的有效能垒及阻塞温度纪录不断被打破。现在最高的有效能垒已经高达932K[53]，而最高的阻塞温度也达到了14K[54]。然而，目前为止对于稀土单分子磁体合理设计并没有一个行之有效的指导原则，高能垒单分子磁体的获得仍然具有很大的偶然性。在此，我们从基础的稀土离子的磁学性质出发，对

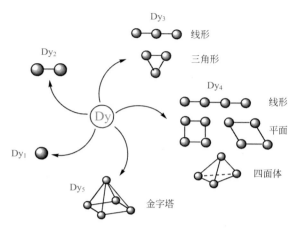

图6.12 核数低于5的稀土单分子磁体的结构特征[6]

稀土单分子磁体研究进行系统总结。我们不仅对稀土单分子磁体进行了分类，介绍了此领域的最新研究进展。特别是，有关静电排斥模型、理论计算方法及先进实验测试手段的阐述将给读者在稀土单分子磁体设计方面重要的启迪。

6.2.1
镧系离子的磁学性质

自旋角动量是各向同性的，而轨道角动量是各向异性的。在晶体场中轨道角动量的猝灭程度很大程度上决定了化合物的磁各向异性的大小。表6.1给出了3d、4d、5d及4f化合物中电子排斥、旋轨耦合及晶体场分裂的强度对比[55]。我们能够看出，在d过渡金属化合物中，晶体场分裂比旋轨耦合高出了两个数量级，结果轨道角动量几乎被完全猝灭。与此相反，4f轨道（图6.13）具有更强的角度依赖性，并且被外层的s、p轨道所屏蔽，以及相对较弱的晶体场相互作用，使得镧系离子在晶体场中具有较大的未猝灭轨道角动量[56,57]。

表6.1 在3d、4d、5d及4f元素中，电子排斥、旋轨耦合、晶体场分裂程度的数量级   单位：cm^{-1}

族	壳层	电子排斥	旋轨耦合	晶体场分裂
Fe	3d	10^5	10	10^3
Pd，Pt	4d，5d	10^4	10^2	10^4
RE	4f	10^5	10^3	10^2

另外，旋轨耦合源于快速移动电子的相对论效应，是相对论Pauli展开中重要

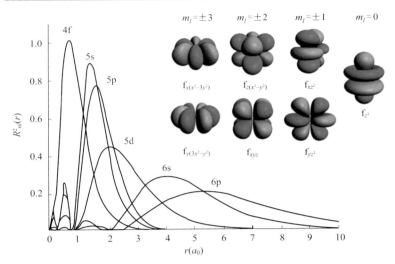

图6.13 铈原子中4f、5s、5p、5d、6s、6p轨道的径向分布函数[57]（插图为4f轨道的角度分布示意图）

的一项，它的强度能够用旋轨耦合常数λ来表示，对于类氢原子轨道[58]：

$$\lambda = \frac{m_e}{2} Z^4 \alpha^4 c^2 \frac{1}{n^3 l \left(l + \frac{1}{2} \right)(l+1)} \qquad (6.26)$$

式中，Z为有效核电荷；α为精细结构常数，近似为1/137；n为主量子数；l为角量子数。我们可以看出，有效核电荷对旋轨耦合强度的影响非常大。元素越重，轨道越靠近原子核，则λ越大，旋轨耦合作用越强。因此，为了准确描述镧系离子的电子结构，我们需要采用旋轨耦合多重态$^{2S+1}L_J$（$|L-S| \leqslant J \leqslant |L+S|$）来描述[59]，而晶体场则可以作为旋轨耦合的微扰项。

如图6.14所示[57]，以重稀土离子Dy^{III}为例，由于第一激发态与基态可以很好地分离，在磁性研究中我们仅需考虑其基谱项$^6H_{15/2}$。对于自由离子，此基谱项是16重简并的（$2J+1=16$）。在晶体场条件下，由于大的未猝灭的轨道角动量及强的旋轨耦合相互作用，J仍然可以看作是一个好的量子数，16重简并的基态分裂为8个双重态（$m_J = \pm15/2$，$\pm13/2$，$\pm11/2$，$\pm9/2$，$\pm7/2$，$\pm5/2$，$\pm3/2$，$\pm1/2$）。这里双重态的产生主要是由于Dy^{III}为Kramers离子，在静电性质的晶体场中产生了Stark能级分裂[57]，每个能级至少保持二重简并度，只有外加磁场才能进一步解除这种双重简并。这就是很多低对称的Dy化合物能够表现出典型的单分子磁体行为的原

因。对于其他的镧系离子，基谱项可以通过 Hund 规则来确定，Gd 之前的元素，$J=|L-S|$ 项为基态；Gd 之后的元素，则 $J=|L+S|$ 项为基态[55]。

6.2.2
静电排斥模型

无论在单核还是多核化合物中，镧系离子大的未猝灭轨道角动量及强的旋轨耦合相互作用决定了其具有很强的单离子各向异性，特别是在多核镧系单分子磁体中，不同镧系中心的单离子各向异性导致了多弛豫过程[31]以及自旋手性[16]等特殊现象。为了更好地调节甚

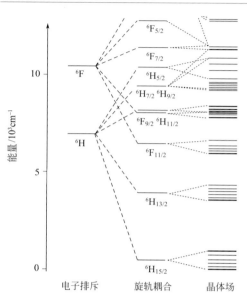

图 6.14　镝离子在电子排斥作用、旋轨耦合作用以及晶体场作用后的能级分裂情况

至控制镧系单分子磁体的磁各向异性，我们需要首先考察自由离子的磁各向异性贡献，进而通过对晶体场的调控来实现提高稀土单分子磁体性能的目的[57]。

基于 Hund 规则，在 Gd 前后两个系列的稀土离子中，基态 4f 轨道的电子填充都是开始于 $m_l=+3$ 的轨道，此轨道位于 xy 平面上，具有扁平的形状（图 6.13），因此，$Ce^{III}(4f^1)$ 及 $Tb^{III}(4f^8)$ 的基态电子云密度呈现了典型的扁平形状（图 6.15）；而随着具有拉长形状的 4f 轨道的填充，镧系离子的电子云密度形状开始由扁平转变为拉长，这主要以 $Sm^{III}(4f^5)$ 和 $Er^{III}(4f^{11})$ 为代表。另外，镧系离子的电子云密度形状可以通过 4f 轨道的四极矩（quadrupole moment）进行定量描述[60,61]：

$$Q_2 = \alpha_J r_{4f}^2 \left(2J^2 - J\right) \tag{6.27}$$

式中，α_J 为二级 Stevens 系数，是一个仅依赖于 4f 壳层结构变化的物理量，不同稀土离子具有不同的数值，它决定 Q_2 的符号变化。其中，$Q_2>0$ 的稀土离子，如 Ce^{III}、Pr^{III}、Nd^{III}、Tb^{III}、Dy^{III}、Ho^{III}，都具有扁平的电子云密度；而 $Q_2<0$ 的稀土离子，如 Sm^{III}、Er^{III}、Tm^{III}、Yb^{III}，都具有拉长形状的电子云密度。为了获得易轴型磁各向异性，需要针对具有不同电子云密度形状的稀土离子，设计不同的晶体场。

众所周知，稀土离子与配位原子之间的化学键主要是静电性质的，而共价成

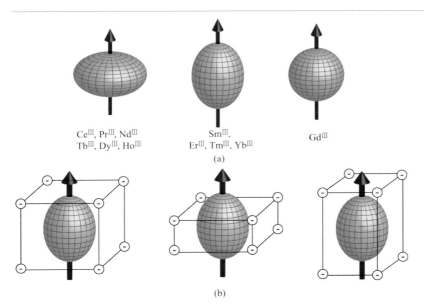

Ce^Ⅲ, Pr^Ⅲ, Nd^Ⅲ   Sm^Ⅲ,   Gd^Ⅲ
Tb^Ⅲ, Dy^Ⅲ, Ho^Ⅲ Er^Ⅲ, Tm^Ⅲ, Yb^Ⅲ

(a)

(b)

图6.15 （a）自由离子的三种电子云密度形状示意图；（b）具有拉长电子云密度的稀土离子处于不同的晶体场环境下的示意图（立方晶体场、压扁及拉长的四方晶体场导致了不同的磁各向异性）

分则几乎可以忽略，因此，我们可以用点电荷模型来描述稀土离子周围的配位环境[58]。简单来说，一个给定的晶体场对不同形状的电子云密度具有不同的取向，从而决定化合物磁各向异性的类型——易轴或者易平面。以拉长的电子云密度形状为例，如图6.15所示，相比于拉长的四方晶体场，压缩的立方晶体场能够使稀土离子与配位原子之间的静电相互作用最小，有利于增强稀土离子的易轴性质，这对于获得强磁体是极为重要的。在传统磁体的发展中，像这样的模型已经广泛应用于创造和优化永磁体。

  2011年，J. R. Long首先将上述模型应用于稀土单分子磁体领域，这里我们称为静电排斥模型[57]，它很好地预测了单分子磁体中稀土离子磁各向异性的方向。此模型同样是基于不同形状的电子云密度在晶体场中的取向不同，如图6.16所示，对于具有扁平电子云密度的稀土离子，如Tb^Ⅲ、Dy^Ⅲ，双夹心结构的晶体场有利于实现易轴磁各向异性。因为在该晶体场中配位原子分布在扁平电子云密度的上下两侧，基态的静电排斥能量最小，从而最大化了稀土离子的轴各向异性。该预测在稀土双层酞菁单分子磁体中得到了成功应用。与此相反，在具有拉长电子云密度的稀土离子如Er^Ⅲ中，考虑到排斥能量最小化原理，赤道类型晶体场最有利于实现易轴磁各向异性，得到单分子磁体。然而，由于稀土离子配位数高，

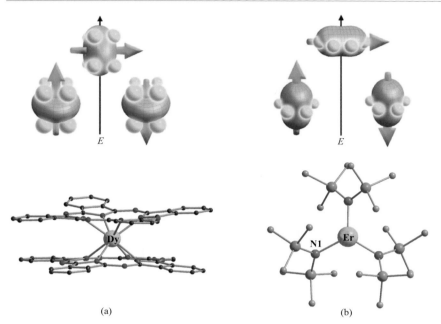

图6.16　稀土单分子磁体的静电排斥模型[57]

（a）扁平的电子云处在双层夹心的配位环境中，以双酞菁的 Dy[III] 和 Tb[III] 单分子磁体为例；（b）拉长的电子云处在赤道类型的晶体场中，以三配位的 Er[III] 单分子磁体为例

目前为止赤道类型的稀土单分子磁体仍然十分罕见。2014年，笔者课题组报道了首例具有赤道类型配体场的三配位 Er 单分子磁体[62]。另外，N. F. Chilton 及其合作者在2013年通过简单的静电能量积分对以上的模型进行了定量的描述，进一步将此模型发展到了低对称的稀土化合物当中，与从头算的结果非常吻合[63]。

6.2.3
理论计算

为了深入探索稀土单分子磁体中稀土离子周围配位环境与其磁各向异性及弛豫动态学的内在关系，许多课题组发展了不同的理论计算方法，包括晶体场分裂计算、密度泛函计算及从头算等[64～66]。其中，由 L. Chibotaru 发展的基于分子真实结构的 CASSCF/RASSI/SINGLE_ANISO 从头计算[67]给出了最全面且最准确的电子结构信息，包括稀土离子磁各向异性轴的方向、g 因子（g_x、g_y、g_z）、隧穿分裂（Δ_{tun}）、晶体场能级结构及参数等。

通常来讲，我们能够通过g因子或者Δ_{tun}来判断稀土离子的轴各向异性和量子隧穿的程度[68]。对于Kramers离子，如Dy^{III}和Er^{III}，在完全轴向的晶体场环境中g_x、g_y=0，随着晶体场对称性的降低，g_z会减小而g_x、g_y则会增加，这是从结构上来判断量子隧穿增强的一个重要依据。对于非Kramers离子，如Tb^{III}，无论处于何种晶体场环境中，根据Griffith理论，准双重态的g_x、g_y都为零，而量子隧穿的程度则由隧穿分裂（Δ_{tun}）来判定[37]。另外，计算所得的能级结构能够为稀土单分子磁体的各向异性能垒提供一个重要的理论预测，通常稀土单分子磁体的自旋翻转是通过第一激发态进行的，从而有效能垒与第一激发态的能量相当。

然而，最近有课题组相继报道了稀土单分子磁体中通过第二甚至更高激发态的弛豫路径[69,70]，但是这需要更加严格的晶体场控制，不仅仅需要满足单分子磁体的两个条件即大的基态双重态和强的轴各向异性，而且需要激发态与基态的各向异性轴保持一致，这为单分子磁体的设计提出了更高的要求。另外，在多核稀土单分子磁体中，尽管稀土金属中心之间的磁相互作用非常弱，但它仍然对稀土化合物的磁学表现产生极重要的影响，特别是对低温区量子隧穿的影响[71]。其中，由于稀土离子强的单离子各向异性，通常它们之间的磁相互作用主要来自于偶极作用（J_{dip}），而离子之间的交换作用（J_{exch}）则相对较弱。L. Chibotaru发展的计算方法能够区分这两种相互作用，为多核稀土单分子磁体的设计及提高能垒提供了有效的理论指导[72]。

6.2.4
先进实验测试方法

单分子磁体理论计算及静电模型能够为其设计合成提供重要的指导，特别是复杂的从头计算提供了稀土单分子磁体各向异性及能级结构的详细信息，这为探索稀土单分子磁体的磁构关系做出了重要贡献。然而，正如R. Sessoli等在研究Ln-DOTA体系时所发现的[73]，受计算机计算能力或者实验条件的限制，理论计算结果通常会在一定程度上偏离实验值。因此，对稀土单分子磁体各向异性及能级结构的实验测定能够有效地验证理论计算结果并弥补其不足。在过渡金属单分子磁体中，通常单晶EPR测试能够准确地获得各向异性及能级结构信息。但是对于稀土单分子磁体，稀土离子大的未猝灭轨道角动量导致的强单离子各向异性及自旋晶格弛豫会使EPR的线幅变宽甚至观察不到信号[74]。目前为止，稀土单分子磁体的磁各向异性信息在实验上主要通过角度依赖的单晶磁学测量技术（angular-resolved single-crystal magnetometry）得到，而许多光谱测试如高分辨荧光光谱、远红外光谱（FIR）等则能够得知晶体场分裂的能级结构等信息。

6.2.4.1
角度依赖的单晶磁学测量

角度依赖的单晶磁学测量技术发展于20世纪60年代[75]，但是由于其复杂的操作过程及较低的灵敏度，很少应用于分子磁性研究，然而随着水平旋转样品杆（horizontal sample rotator）及高灵敏的SQUID磁学测量系统的发展，此技术逐渐应用到分子磁体的磁性研究中。特别是，2009年R. Sessoli等首次将此技术应用于探测稀土单分子磁体各向异性信息[74]。如图6.17所示，在稀土-自由基体系[Dy(hfac)$_3$(NIT-C$_6$H$_4$OPh)$_2$]中，单晶磁化率测量揭示了很强的角度依赖性，特别是绕 **b'** 轴旋转的磁化率展示了最大的变化范围（0.74 ～ 12.9emu/mol）。为了得到分子的易轴方向，其中最关键的一步是在分子坐标系中指数化晶体的晶面方向，进一步建立实验坐标（笛卡尔坐标）与分子坐标之间的关系。在上述例子中，作者直接选取了分子坐标中的 **a** 轴作为其中一个实验坐标轴；另外，实验 **c*** 轴定义为分子坐标中 **a×b** 方向，而实验 **b'** 轴则垂直于 **a** 和 **c*** 轴。由此定义了实验坐标系 **ab'c***，通过沿各坐标轴的旋转测得了图6.17中的角度依赖的磁化率数据。更重要的是，通过公式（6.28）拟合实验数据可以得到磁化率的张量矩阵：

$$\chi^{\text{rot}\gamma}(\theta)=\chi_{\alpha\alpha}\cos^2(\theta)+\chi_{\beta\beta}\sin^2(\theta)+2\chi_{\alpha\beta}\cos(\theta)\sin(\theta) \tag{6.28}$$

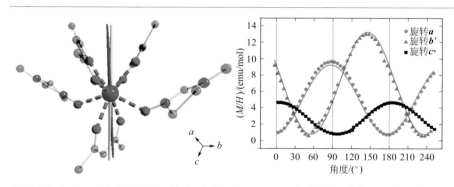

图6.17　稀土−自由基体系[Dy(hfac)$_3$(NIT-C$_6$H$_4$OPh)$_2$]的分子结构及角度依赖的单晶磁化率数据[74]（黄线为单晶磁化率数据拟合得到的各向异性方向）

式中，α、β、γ 为 $\boldsymbol{a}$、$\boldsymbol{b'}$、$\boldsymbol{c^*}$ 矢量的环形排列；θ 为磁场 H 与 α 轴的角度。将得到的张量矩阵 [式（6.29）] 进行对角化，得到化合物的各向异性的主轴及方向。如图 6.17 所示，实验测定的主轴与计算所得基本一致。

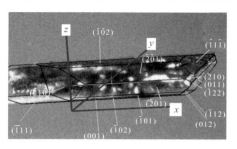

图6.18　实验坐标系及由单晶衍射得到的各个晶面方向[76]

$$\chi = \begin{pmatrix} \chi_{\alpha\alpha} & \chi_{\alpha\beta} & \chi_{\alpha\gamma} \\ \chi_{\beta\alpha} & \chi_{\beta\beta} & \chi_{\beta\gamma} \\ \chi_{\gamma\alpha} & \chi_{\gamma\beta} & \chi_{\gamma\gamma} \end{pmatrix} \rightarrow \begin{pmatrix} \chi_x & 0 & 0 \\ 0 & \chi_y & 0 \\ 0 & 0 & \chi_z \end{pmatrix} \quad （6.29）$$

然而，通常实验坐标 xyz 与分子坐标 $\boldsymbol{abc}$ 或 $\boldsymbol{ab'c^*}$ 并不一致。首先，需要通过单晶衍射仪对单晶样品的各个晶面进行指数化（图6.18）[76]；然后，建立实验坐标 xyz 与分子坐标 $\boldsymbol{abc}$ 或 $\boldsymbol{ab'c^*}$ 之间的转换关系；最后，通过式（6.28）和式（6.29）对实验数据进行处理，得到各向异性轴在实验坐标系中的方向，进一步通过以上建立的坐标关系得到其在分子坐标中的方向。以 R. Sessoli 等报道的 Dy-DOTA 化合物为例，如图6.19所示，在 1.8K 时沿 x、y、z 轴旋转得到的磁化率具有很强的角度依赖性，而实验数据拟合得到的各向异性主轴方向与理论计算的基本一致，误差在 $10°$ 以内[73]。

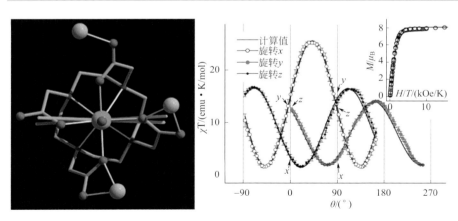

图6.19　Dy-DOTA的分子结构及角度依赖的单晶磁化率数据[73]（紫线为单晶磁化率数据拟合得到的各向异性方向）

值得注意的是，以上测量的磁化率并不是单个磁性分子的磁信息，而是加和了晶胞中所有分子的磁贡献。只有当晶胞中的分子呈现单一的各向异性轴方向时，最终获得的各向异性信息才能准确地反映个体分子的磁各向异性。因此，以上的测试方法仅适用于三斜晶系，而对于其他的晶系目前研究较少[77]。2014年，由R. Sessoli及其合作者发展的非平衡状态下的单晶磁化率研究将此技术拓展到了正交晶系中[78]。2011年，高松院士等报道了一例具有较高阻塞温度（T_B=5K）的金属有机单分子磁体Cp*ErCOT[79]，此分子结晶在正交晶系Pnma中，其中晶胞中存在两个对称性相关但磁不等价的分子，因此，单晶磁化率加和了两个分子的不同磁贡献。研究表明，在5K以上时，角度依赖的磁化率呈现了通常的两个最大值位置；而在5K以下时，由于较强的磁阻滞效应，如果两个测量点之间的时间间隔较短，分子未达到平衡状态，则两个分子的不同磁贡献导致角度依赖的磁化率数据出现第三个最大值点［图6.20（a）］。另外，在5K以下时，如果两个测量点之间的时间间隔足够长，两个分子能够达到平衡状态，则不会出现第三个最大值点。因此，通过平衡状态及非平衡状态下的角度依赖的单晶磁化率数据拟合能够区分晶胞中的两个分子均具有极强的易轴磁各向异性［图6.20（b）］。值得注意的是，此技术要求化合物分子具有较高的磁阻塞温度（T_B），仍然限制了其进一步应用。最近，R. Sessoli课题组又将扭矩磁学测量技术（torque magnetometry）应用到了以上金属有机体系，而此技术并不需要体系具有高T_c温度，所以有更加广阔的应用前景[80]。

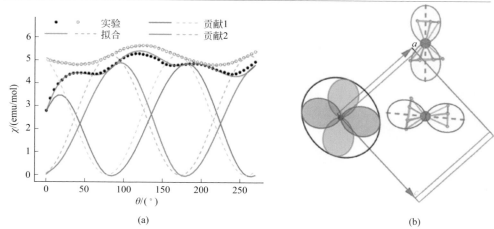

（a）　　　　　　　　　　　　　　　　　（b）

图6.20 （a）圆点及圆圈分别表示4K时非平衡及平衡状态下的单晶磁化率测试，绿线及蓝线代表数据拟合中两种分子的不同贡献；（b）同样代表两种分子的不同贡献，红色虚线为计算所得的各向异性方向[78]

总之，角度依赖的单晶磁学测量技术的发展使我们能够在实验上准确地获得稀土化合物的磁各向异性信息，有效地补充了理论计算的不足，提高了我们对稀土单分子磁体磁构关系的理解，为我们更好地控制稀土离子的磁各向异性从而实现强阻塞单分子磁体的设计合成奠定了重要的基础。

6.2.4.2
光谱测试

光谱测试作为重要的能级探测手段一直受到物理及化学家的广泛关注。其中，根据能量的变化范围，分子光谱（远红外、红外、紫外可见光吸收及荧光发射等）反映分子的转动、振动及电子的能级跃迁，主要用于有机分子官能团的判定及金属有机配合物的分析；而光电子能谱（XPS、UPS等）则显示出分子或原子价电层及内层电子的能量分布，可以用来进行元素分析[81]。在稀土单分子磁体中，我们主要是希望得到稀土离子基态晶体场分裂的能级结构，由此判定磁性分子的有效能垒及弛豫路径。另外，还可以通过该实验手段校正理论计算结果。通常来讲，稀土离子的晶体场分裂能量在 $1 \sim 1000\text{cm}^{-1}$ 范围内，如图6.21所示，大多数分子光谱测试满足此能量要求[52]。目前为止，荧光及远红外（FIR）光谱等在此领域已有所应用。

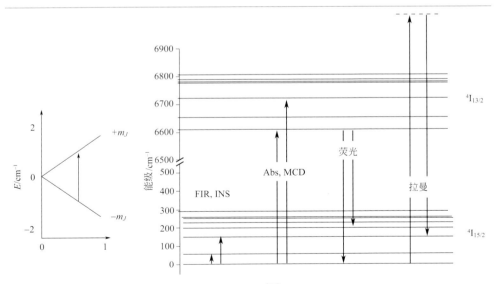

图6.21　晶体场分裂的能级结构与光谱测试的对比图[52]

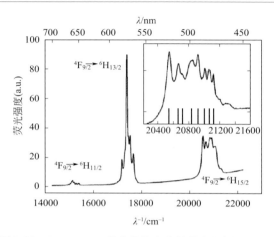

图6.22 Dy-DOTA化合物的高分辨荧光发射光谱，插图为旋轨耦合基态($^6H_{15/2}$)与第一激发态($^4H_{9/2}$)之间发射光谱的放大图[73]

图6.22为Dy-DOTA化合物（图6.19）的高分辨荧光发射光谱[73]，揭示了Dy的三个特征发射峰。插图为旋轨耦合基态（$^6H_{15/2}$）与第一激发态（$^4H_{9/2}$）之间发射光谱的精细结构，呈现了稀土离子基态的晶体场分裂情况，而峰的提取则直接给出了晶体场分裂的8个Kramers双重态，其中最高两个能级之间的能量间隔为（53 ± 8）cm^{-1}，与实验估计的有效能垒42cm^{-1}相近，揭示了自旋翻转为通过第一激发态的Orbach过程。更重要的是，在理论计算中用到的晶体结构通常是在液氮温度下测得的，无法得到更低温度下的结构信息，从而与计算所得的能级结构通常具有一定的偏差。为了排除热振动产生的干扰，此荧光光谱可以在液氦温度以下进行测量，这与交流磁化率的测试区间一致，能够更好地反映稀土离子低温下的能级结构，进而更好地评估单分子磁体的弛豫过程。

另外，相比中红外光谱，远红外探测（10～400cm^{-1}）的应用要少得多，但是其在无机及有机配合物的分析方面具有重要应用，可以用来直接观察金属与配位原子之间的振动吸收。最近，在稀土单分子磁体的远红外探测方面，斯图加特大学Joris van Slageren课题组通过不同磁场下远红外光谱的测试在稀土双酞菁[82]及不对称Dy$_2$化合物[83]中监测到了场依赖的吸收峰，根据能量范围将其归因于稀土离子晶体场分裂低能级的能级跃迁。如图6.23以不对称Dy$_2$化合物为例[83]，从头计算揭示了Dy$_2$中心的晶体场分裂分布在远红外光谱的测试范围，结果在远红外吸收光谱中观察到了两个磁场依赖的吸收带（39cm^{-1}和59cm^{-1}），可以归于晶体场分裂的基态与第一及第二激发态之间的能级跃迁，这与从头计算预测的24cm^{-1}和39cm^{-1}相一致。利用该实验数据可以对理论预测进行校正，校正因子为1.6。通过校正的晶体场参数对远红外光谱的理论模拟结果与实验数据非常吻合。像这样，理论计算及实验测试的有效结合能够提高我们对磁构关系的理解，进一步有效指导我们更好地设计稀土单分子磁体。

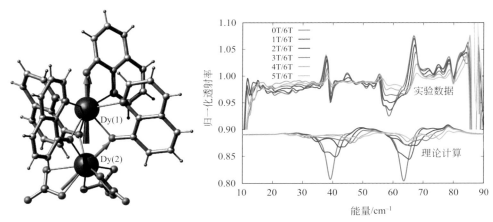

图6.23 不对称 Dy$_2$ 化合物的分子结构及远红外吸收光谱[83]

6.3
稀土单离子分子磁体

作为最小的分子类磁体，单离子分子磁体中仅存在一个单独的自旋中心，却为自旋翻转提供了足够高的各向异性能垒，特别是目前单分子磁体中最高有效能垒纪录正是出现在稀土单离子分子磁体中，这主要得益于稀土离子大的未猝灭轨道角动量以及强的旋轨耦合相互作用[57]。现在，尽管其他金属的单自旋中心化合物中也发现了类似的单离子分子磁体，如 3d[44]、5d[84,85] 及 5f[86~89] 化合物，但是这些化合物的数量及单分子磁体性质远不及稀土单离子分子磁体，稀土单离子分子磁体是目前单分子磁体领域的研究热点之一。相比于多核稀土单分子磁体，稀土单离子分子磁体具有更加简单的结构，自旋中心之间没有了磁相互作用的影响，为研究晶体场与单分子磁体行为之间的相互关系提供了更加便利的条件。

事实上，2003年由 Ishikawa 报道的第一例稀土单分子磁体，双酞菁夹心稀土单分子磁体 [LnPc$_2$]$^-$（Ln=Tb^{III}，Dy^{III}）[13]，正属于单离子分子磁体，其中Tb^{III}的化合物具有非常高的有效能垒（U_{eff}=230cm^{-1}），这远超出了过渡金属单分子磁体的能垒纪录，激发了人们对稀土单分子磁体的研究兴趣。另外，2008年 Coronado 等报道了第二类稀土单离子分子磁体，多酸类稀土单分子磁体 [LnPOM][90]，其中稀土离子具有与酞菁类化合物类似的四方反棱柱配位构型（SAP），不同的是这里 Er 的化合物呈现了明显的单分子磁体行为。此外，北京大学高松院士课题组在 2010 年及 2011 年分别报道了另外两类重要的稀土单离子分子磁体：β-二酮类[65] 和茂金属有机类稀土单离子分子磁体[79]，激发了相关人员对单离子分子磁体的研究热情。最后，得益于 Dy[III] 极强的单离子各向异性及其 Kramers 离子特性，许多低对称性的 Dy[III] 基化合物[91~93]也同样表现出了明显的单分子磁体特征。到目前为止，科学家们已经报道上百例单离子分子磁体[25]。然而，几乎所有的稀土单离子分子磁体中都存在明显的量子隧穿（QTM）现象，这严重阻碍了稀土单分子磁体性质的提高。

6.3.1
量子隧穿

在稀土单分子磁体中，金属中心之间的磁相互作用非常微弱，具有明显的单离子效应，以致量子隧穿对晶体场的变化极为敏感。研究表明，稀土单离子分子磁体中量子隧穿主要与稀土离子的配位环境[64,94]、分子间相互作用[95]以及超精细相互作用[96,97]等有关。为了获得理想的单离子分子磁体，我们需要针对以上量子隧穿的来源采取相应的措施以最大限度地抑制量子隧穿弛豫，如磁稀释、施加外场等。但最重要的仍然是要从分子本身出发，调整稀土离子周围的晶体场环境，因为这与稀土中心的磁各向异性密切相关，特别是横向各向异性是量子隧穿弛豫的直接来源[68,98]。

为了提高稀土离子的单轴各向异性，同时减小其横向成分，目前一个公认的原则就是提高分子本身的轴对称性，特别是内层配位环境的对称性，这在 Stevens[99] 有效晶体场哈密顿算符中得到了很好的体现：

$$H_{CF}(J) = \sum_{k=2,4,6} \sum_{q=-k}^{k} B_k^q O_k^q = \sum_{k=2,4,6} \sum_{q=-k}^{k} a_k A_k^q \langle r^k \rangle O_k^q \qquad (6.30)$$

式中，O_k^q 是由 J^2、J_z、J_-、J_+ 构成的多项式，称为晶体场势能的等价操作算符，其中 O_k^0 决定晶体场分裂 m_J 状态的能级排布，而 O_k^q（$q \neq 0$）项则导致 m_J 和 $m_J + q$ 状态之间可避免的能级交叉，这是量子隧穿产生的主要原因[100]。另外，B_k^q 或 $A_k^q \langle r^k \rangle$ 称为晶体场参数，这能够直接联系到晶体场的对称性，进一步决定了 O_k^q（$q \neq 0$）项的产生或消失。例如，在四方对称性中，仅有 $q=0$、± 4 的 B_k^q 项不为 0，其他项均为 0；随着对称性的提高，在 D_{4d} 中 $q=\pm4$ 的 B_k^q 项也为 0，从而仅存在 B_k^0 项，结果 D_{4d} 对称性在单分子磁体设计中代表着一个理想的对称环境，因为其能够产生能级混合的 O_k^q（$q \neq 0$）项均为 0，有效地限制了量子隧穿[64]。

事实上，实验的观察也正是如此，目前为止，在稀土单离子分子磁体中具有四方反棱柱构型即准 D_{4d} 对称性的单分子磁体占据了大多数，包括我们熟知的双酞菁、多酸以及 β-二酮类化合物。另外，许多其他的对称性，如 $C_{\infty v}$、$D_{\infty h}$、S_8（I_4）、D_{5h}、D_{6d}，也展示了类似的特征，这为我们设计高能垒的稀土单分子磁体提供了有效指导[98]。然而，最新研究表明，稀土化合物中稀土离子的磁各向异性对配位环境的变化是非常敏感的。例如，在 Dy-DOTA 中，配位原子氢键的变化明显改变了 Dy^{III} 各向异性轴的方向[73,101]，从而在设计单离子分子磁体时我们不仅仅要考虑对称性的高低，而且要兼顾到其他可能的因素，例如电荷分布、晶体场强弱以及分子整体的对称性等。特别是，以上强调的基于电荷分布的静电排斥模型为稀土单分子磁体的设计提供了重要的指导思想。另外，在许多单分子磁体中稀土中心的各向异性轴并不指向最高对称性方向，而是与最短的配位键一致（通常配位原子具有较强的负电荷）[102]。下面我们就对现有的稀土单离子分子磁体进行简单的总结，希望为读者提供一个清晰、有效的设计思路。

6.3.2
双酞菁夹心稀土单离子分子磁体

在 2003 年，N. Ishikawa 等第一次报道了稀土酞菁化合物 $[Pc_2Ln]^- \cdot TBA^+$（Ln=Tb^{III}、Dy^{III}）能够表现出优秀的单分子磁体性质，但事实上，在此之前关于双酞菁稀土化合物的合成、晶体结构及电子能级结构的研究已经非常成熟，为此类单分子磁体的进一步发展提供了优越的条件[56,103,104]。特别是由 N. Ishikawa 及其合作者发展的基于磁化率及 ^{1}H NMR 数据的多维最小二乘拟合很好地解析了此类单分子磁体的电子能级结构，为研究稀土单分子磁体的弛豫机制提供了重要的理论依据[105]。更加重要的是，此类化合物已经趋于成熟的合成路线为母体化合物的修饰及氧化还原反应提供了便利的条件，从而为后来高能垒的单分子磁体的发现奠定了重要的基础。图 6.24 给出了目前为止报道的双酞菁稀土单分子磁体中所用到的丰富、多样性的酞菁配体。其外围取代基包含短链、长链、共轭和氟等有机基团[106～112]，可以很好地调节配合物在不同的有机溶剂中的溶解度，为此类单分

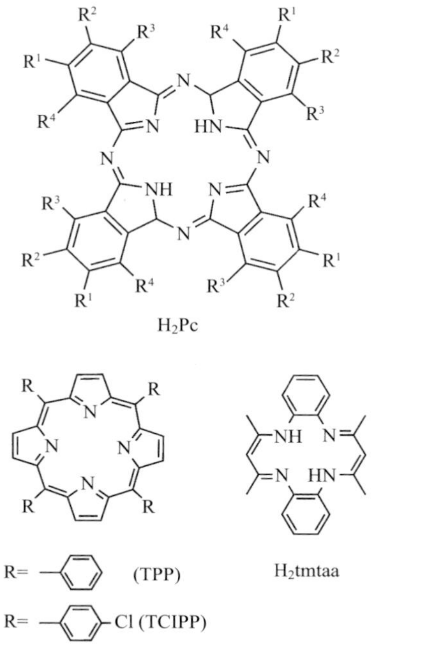

R¹=R²=H	R³=R⁴=H	Pc
R¹=R²=—OEt	R³=R⁴=H	Pc-OEt
R¹=R²=—OnBu	R³=R⁴=H	Pc-OBu
R¹=R²=—CN	R³=R⁴=H	Pc-CN
R¹=R²=—CF(CF₃)₂	R³=R⁴=F	Pc-CF
R¹=R²=R³=H	R⁴OCH(C₂H₅)₂	Pc-OC5
R¹=R²=—OC₁₂H₂₅	R³=R⁴=H	Pc-OC12
R¹=R²=—OPh-p-tBu	R³=R⁴=H	Pc-OPh
R¹=tBu	R²=R³=R⁴=H	Pc-Bu
R¹=R²= —OCH₂CHO(CH₂)₁₁CH₃ 丨 CH₃	R³=R⁴=H	Pc-ODOP
R¹，R² = (结构)	R³=R⁴=H	Pc-IPD
R¹，R² = (结构)	R³=R⁴=H	Pc-a Pc-b Pc-c

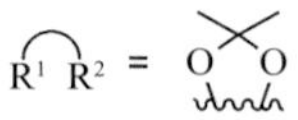

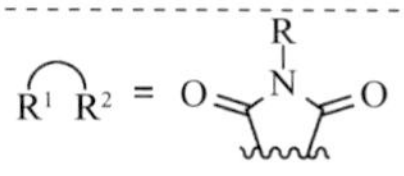

图6.24　目前为止双酞菁稀土单分子磁体中用到的酞菁配体及酞菁配体周围可替换的有机官能团

子磁体的分离及性质调控提供了重要的条件。

值得强调的是，稀土酞菁化合物在溶液中具有很好的氧化还原性质，通过氧化阴离子物种我们可以很容易获得其中性及阳离子物种（图6.25），并对它们的单分子磁体进行研究。2004年，N. Ishikawa及其合作者首先对中性物种[Pc₂Tb]⁰进行了磁学性质的研究，结果显示，其单分子磁体性质明显增强，有效能垒高达410cm⁻¹，相比于阴离子物种增加了接近200cm⁻¹[113]。究其原因，在阴离子物种[Pc₂Ln]⁻中，π电子系统的HOMO轨道是酞菁配体HOMO的反键线性连接，而次HOMO轨道则是其成键线性连接，结果阴离子物种被氧化失去HOMO轨道中的电子时会增强体系的成键性，从而缩短两个酞菁配体之间的距离（图6.25），增强稀土离子周围的晶体场强度，提升单分子磁体性质[104,114]。另外，他们进一步研究了EtO基修饰的双酞菁化合物的阳离子物种[(Pc-OEt)₂Ln]⁺·(SbCl₆)⁻（Ln=Tb^III、Dy^III）的磁学性质，相比于其阴离子物种，其单分子磁体性质同样有明显提升，特别是Dy化合物的有效能垒增加了近一倍[106,115]。

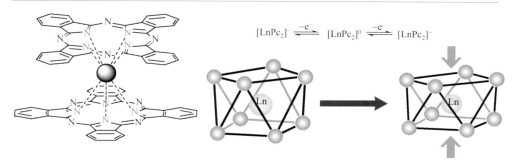

图6.25　稀土双酞菁单分子磁体的示意图及氧化还原反应对晶体场的影响

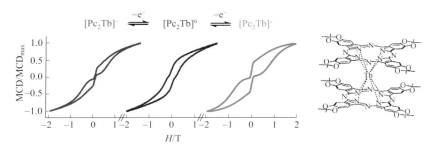

图6.26　三个物种$[Tb(Pc\text{-}IPD)_2]^{-/0/+}$在1.5K时MCD强度对磁场强度$B$的磁滞回线，扫描速率为1T/min[116]

　　2010年，J. McMaster组及其合作者通过磁圆二色谱（MCD）对$[Tb(Pc\text{-}IPD)_2]^{-/0/+}$三个物种分别进行了磁滞回线的研究（图6.26）[116]。其中，尽管阳离子物种在非零场下呈现了最大的开口，但中性物种展示了最完美的磁滞回线，零场下具有最大的矫顽力及相对弱的量子隧穿，表明中性物种更加适合于设计强阻滞的单分子磁体。更重要的是，目前为止单分子磁体中最高有效能垒纪录正是发现于稀土酞菁化合物的中性物种中，即2013年由E. Coronado等报道的$[Tb(Pc)(Pc\text{-}Oph)]$，其U_{eff}为$652cm^{-1}$[53]。

6.3.3
多酸类稀土单离子分子磁体

　　2008年，E. Coronado等报道了第一例多酸类稀土单分子磁体$[Er(W_5O_{18})_2]^{9-}$（ErPOM，图6.27）[90]，其中稀土离子同样处于四方反棱柱的配位构型当中，但

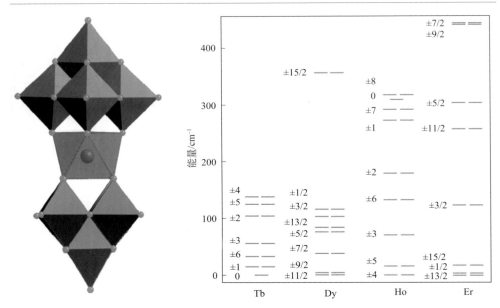

图6.27 [Er(W$_5$O$_{18}$)$_2$]$^{9-}$ 晶体结构及电子能级结构[90]

与酞菁化合物不同的是，此处的四方反棱柱构型呈现明显的轴向压缩，结果导致与酞菁化合物完全不同的电子能级结构。如图6.27所示，相比于酞菁化合物，此处 Tb 及 Dy 化合物的基态自旋明显减小，特别是 TbPOM 的基态自旋量子数为0，而 ErPOM 则具有相对较大的自旋基态，因此造就了与酞菁化合物完全不同的单分子磁体行为[117]。除此之外，E. Coronado 等还研究了其他种类的多酸类化合物的磁学性质，包括 [Ln(SiW$_{11}$O$_{39}$)$_2$]$^{13-}$、[LnP$_5$W$_{30}$O$_{110}$]$^{12-}$，特别是接近 C_5 对称的 [DyP$_5$W$_{30}$O$_{110}$]$^{12-}$ 分子表现出了明显的单分子磁体行为[118]。

6.3.4
β- 二酮类单离子分子磁体

β- 二酮配体作为一种良好的敏化剂已经广泛应用于稀土荧光材料，此类化合物具有易于合成、易于调控、结构稳定等优点，为发展稀土单分子磁体材料提供了很好的基础[56]。事实上，稀土离子的 β- 二酮盐一直作为一种重要的原料来合成稀土自由基化合物，包括单链及单分子磁体[119,120,74,121~123]，但是，β- 二酮体系真正作为单离子分子磁体来研究仅仅开始于2010年，当时北京大学高松院士课题组

报道了 [Dy(acac)₃(H₂O)₂] 单分子磁体[65]。尽管此体系具有明显的量子隧穿，但是通过对样品进行磁稀释及施加直流场，量子隧穿得到了明显抑制（图6.28）。此报道激发了人们对稀土 β- 二酮体系的研究热情，结果大量的 β- 二酮Dy基单分子磁体相继被报道。其中采取的合成手段主要包括修饰 β- 二酮配体[124～128]以及用其他的辅助配体替换上述体系中的两个水分子[129～132]。这里最成功的例子当属南开大学和中国科学院长春应用化学研究所合作报道的三例共轭配体取代的单离子分子磁体[129]。如图6.28所示，随着辅助配体（phen、dpq、dppz）共轭体积的增加，其有效能垒明显提升，而187K的有效能垒则是目前为止在 β- 二酮体系中获得的最高能垒。另外，通过修饰 β- 二酮或者辅助配体，还可以在体系中引入其他一些重要的功能，如手性及荧光等[133,134]，进一步发展多功能的稀土单分子磁体。

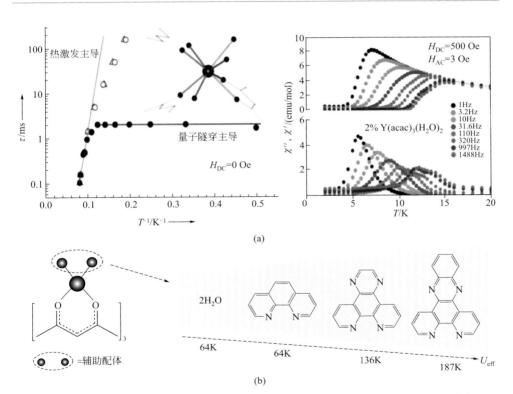

图6.28 （a）[Dy(acac)₃(H₂O)₂]的分子结构、能垒拟合及稀释样品加场后的交流磁化率[65]；
（b）通过替换辅助配体得到了具有更高能垒的 β- 二酮单分子磁体

6.3.5
金属有机类单离子分子磁体

作为一个新兴的研究领域，稀土金属有机配合物的发展始于20世纪50年代。早期研究主要集中在茂稀土金属有机配合物的合成上，配体包括环戊二烯、环辛四烯及其衍生物等。经过几十年的发展，非茂配体也被广泛应用在了稀土金属有机配合物的合成中，并极大地拓展了稀土金属有机配合物的结构种类[135]。到目前为止，我们能够在稀土金属有机配合物中发现具有不同配位数、不同桥联原子以及不同结构特征的稀土化合物[136]，为探索新颖的稀土单分子磁体提供了巨大的宝库。

2011年，高松院士等报道了第一例稀土金属有机单离子分子磁体[(Cp*)Er(COT)][79]（图6.29），其中铒离子处于环辛四烯和五甲基环戊二烯之间形成的双层夹心结构，具有相对较高的轴向性。磁化强度测试揭示了此化合物在5K以下时表现出明显的蝴蝶形磁滞回线，并且1.8K时具有100Oe的矫顽力，表明了此化合物强的单分子磁体性质。进一步，虚部交流磁化率数据在25K以下时呈现了两组交流弛豫峰，揭示了双弛豫过程的发生，这主要是因为分子中无序的 COT^{2-} 配体具有两种稳定的构象。由此能够拟合得到两个高的有效能垒，分别是323K和197K。进一步的理论计算及角度依赖的单晶磁化率研究表明，此化合物具有很强的易轴各向异性，即Ising型的自旋基态，揭示了其单分子磁体性质的来源[78,80]。

值得关注的是，2013年J. R. Long等通过合成具有更高对称性的双茂稀土化合物 $[Er(COT)_2]^-$（图6.30）[137]，进一步提高了其阻滞性质，这主要体现在其阻塞

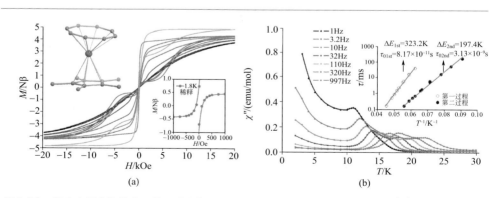

图6.29　稀土金属有机单离子分子磁体[(Cp*)Er(COT)]结构及单分子磁体性质[79]

温度高达10K，已经接近了单分子磁体的阻塞温度纪录（T_B=14K）。这进一步鼓舞了人们对金属有机领域单分子磁体探索的热情。更加重要的是，L. F. Chibotaru等对此系统进行了深入的理论计算，揭示了在此化合物中磁矩的翻转经由稀土离子的第二激发态能级（图6.30）[69]，这在稀土单分子磁体中相当罕见。另外，许多课题组对其他类型的茂稀土化合物也进行了磁性研究，它们中的许多化合物也表现出了很高的有效能垒[138,139,70]。

除了以上讨论的茂稀土金属有机单离子分子磁体，笔者课题组对一例定域碳负离子配位的镝化合物（DyNCN）进行了单分子磁体性质的研究[70]。其结构如图6.30所示，此化合物具有严格的C_{2v}对称性，并且其C_2轴沿着Dy—C键方向，计算表明，这对阻滞磁矩翻转产生了重要影响。相比于其他配位原子，特别是带负电的氯离子，碳负离子与镝离子具有最短距离，从而展示最强的静电相互作用，决定了镝离子基态及第一激发态各向异性轴的取向。计算表明，这

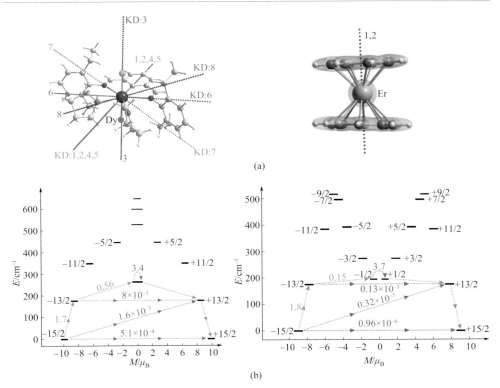

图6.30 （a）[Er(COT)$_2$]$^{-}$[137]及DyNCN[70]单离子分子磁体的分子结构；（b）从头计算表明的两个单分子磁体的弛豫路径

两个Kramers双重态都具有很强的轴向性并且相互平行，导致经由第一激发态的弛豫被抑制。在此基础上，我们第一次提出了稀土单分子磁体经由第二激发态的新弛豫路径。与此相应，交流磁化率揭示了此化合物具有较高的有效能垒（ $270cm^{-1}$ ）。

至此，我们能够发现，稀土单离子分子磁体的快速发展为研究单分子磁体的磁构关系、设计理念以及发展强阻滞的单分子磁体做出了巨大贡献[25]，特别是其在稀土金属有机领域的不断拓展为新弛豫机制的发现及单分子磁体的性质的进一步提升提供了更广阔的空间[140]。

6.4
双核稀土单分子磁体

多核稀土单分子磁体的研究在稀土单分子磁体发展中同样发挥着不可替代的作用。不同于以上的单离子分子磁体，多核稀土化合物中存在分子内磁相互作用，尽管此相互作用相对较弱，但对化合物的单分子磁体性质有非常重要的影响。众所周知，稀土离子中4f轨道由于受到外层电子极强的屏蔽作用而几乎不参与成键，晶体场及离子间超交换作用对其轨道角动量的猝灭微乎其微，以致稀土离子的单离子各向异性在多核稀土化合物中仍然占据主导地位。然而，在分子内其各向异性轴的非线性连接却导致了许多特殊的磁学现象，如多弛豫和自旋手性等。

更重要的是，相比于单离子分子磁体，多核单分子磁体中分子内磁相互作用的存在使我们能够进一步控制量子隧穿。比如，当磁相互作用的强度大于量子隧穿区间的温度时，磁相互作用能够显著抑制量子隧穿[72]。因此，作为最简单的多核稀土单分子磁体，双核稀土单分子磁体的研究对于探索分子内磁相互作用及各向异性轴的连接方式对单分子磁体性质的影响具有十分重要的意义。同样，像这样的研究能够进一步拓展到更多核数的稀土单分子磁体体系中，为多核单分子磁体的设计提供重要的指导[141]。本节我们首先阐述三个从不同角度体现磁相互作用对单分子磁体性质影响的典型双核单分子磁体，然后，通过一系列实例给出我们该如何通过选择不同的桥联配体来增强离子间的磁相互作用。

6.4.1
N_2^{3-} 自由基桥联的双核稀土单分子磁体

自2011年，J. R. Long 等相继报道了一系列的自由基桥联稀土单分子磁体[142~144,54]。其优秀的单分子磁体性质，特别是极高的阻塞温度（T_B），引起了此领域研究人员的广泛关注。以 N_2^{3-} 自由基桥联的双核稀土化合物为例，其结构及磁性如图6.31所示[143,54]。其中，对 Gd_2 直流磁化率的拟合给出的磁交换相互作用为 $J=-27cm^{-1}$，这是到目前为止在 Gd 化合物中发现的最强的磁交换相互作用。从非自由基和自由基化合物的直流磁化率对比可以看出，此自由基对提高磁相互作用起了决定性作用。同样，在 Dy 和 Tb 的同构物中也展示了极强的磁相互作用，并且在低温时 $\chi_M T$ 值急剧下降，表明其磁矩已被有效冻结。特别是，在对自由基桥联的 Dy_2 及 Tb_2 的交流磁化率测量中，我们并没有观察到量子隧穿过程，而是在整个测量区间内显示单一的热致弛豫过程。这与同构的非自由基桥联化合物产生了鲜明的对比，表明增强磁相互作用对抑制量子隧穿发挥的重要作用。尤其值得一提的是，自由基桥联的 Tb_2 化合物展示了目前为止单分子磁体的最高阻塞温度的纪录，$T_B=14K$[54]。

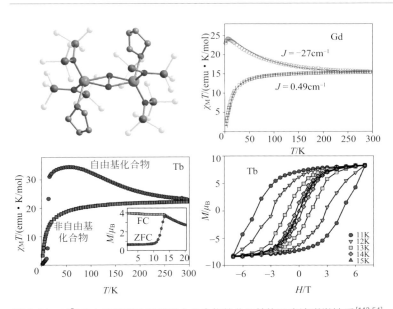

图6.31 N_2^{3-} 自由基桥联的双核稀土化合物的分子结构及直流磁学性质[143,54]

6.4.2
源于酰腙配体的不对称双核稀土单分子磁体

2011年，由笔者课题组报道了一例含有酰腙配体的不对称双核稀土单分子磁体，其结构及交流磁化率性质展示在图6.32中[72]。此Dy_2分子包含两个不同配位环境的Dy中心，分别具有五角双锥及呼啦圈类型的配位构型。相应地，在交流磁化率测试中观察到了不对称交流弛豫峰。通过双弛豫模型拟合，得到了两个高的有效能垒，分别为150K和198K。重要的是，低温下交流磁化率的消失表明此化合物中量子隧穿弛豫被有效地抑制。理论计算表明，因两个金属离子之间互相平行的磁各向异性轴，金属离子之间存在较强的磁偶极相互作用。该磁相互作用导致了强的Ising型双重基态，而此双重态具有非常小的量子隧穿分裂（10^{-8}cm^{-1}），所以有效地抑制了隧穿弛豫。

6.4.3
各向异性磁相互作用

如图6.33所示，不对称Dy_2化合物[83]的分子结构显示Dy_1和Dy_2中心分别位于两个完全不同的配位口袋，从头计算表明，两个金属中心具有不同的各向异性性质。其中，Dy_1中心的g_z值接近20，表明了其基态（$m_J=\pm15/2$）具有强的各向异性，并且轴的方向平行于两个Dy中心的连线；而Dy_2的各向异性参数为g_z=16.42、g_x=0.05、g_y=1.64，表明其各向异性具有较强的横向成分，并且各向异性轴明显偏离了Dy_1的各向异性轴，形成了44°的夹角。交流磁化率测量揭示Dy_2化合物并没有表现出明显的单分子磁体行为，而磁稀释样品$Dy@Y_2$却表现出明

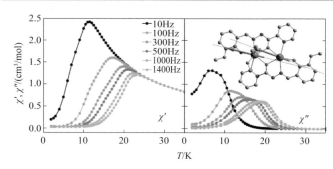

图6.32　含有酰腙配体的不对称双核稀土单分子磁体的分子结构、磁各向异性轴方向及交流磁化率数据[72]

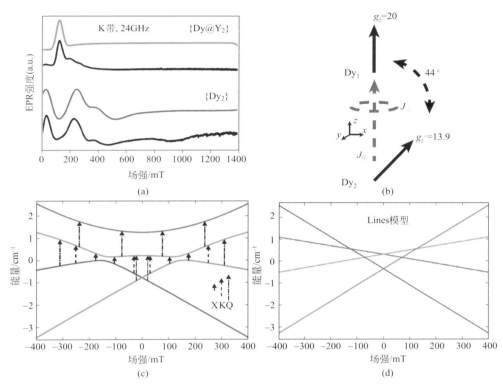

图6.33 （a）不对称Dy$_2$化合物及其稀释样品的低频EPR光谱；（b）EPR模型；（c），（d）EPR及Lines模型的Zeeman分裂图谱[83]

显的单分子磁体行为，能垒为41cm^{-1}，这主要源于强各向异性的Dy$_1$中心，同时也说明在Dy$_2$中磁相互作用猝灭了其单分子磁体行为。为了更加深入地理解磁相互作用对单分子磁体性质的影响，作者对稀释样品Dy@Y$_2$及Dy$_2$化合物进行了低频EPR测试。因为理论计算显示Dy$_1$中心具有纯$m_J=\pm15/2$的基态，没有EPR信号，所以，如图6.33（a）所示，拟合Dy@Y$_2$的EPR信号得到Dy$_2$中心的$g_z=13.9$、$g_x=g_y=0.1$。然而，Dy$_2$化合物的EPR信号因为磁相互作用而被明显拉宽。但是采用基于从头计算的Lines模型并不能很好地拟合此数据。在此，作者采用了如图6.33（b）所示的模型，哈密顿算符表示为：

$$\hat{H} = -2\left[J_\perp \left(\hat{S}_{1x}\hat{S}_{2x} + \hat{S}_{1y}\hat{S}_{2y} \right) + J_{//}\hat{S}_{1z}\hat{S}_{2z} \right] + \mu_B \left(\hat{S}_1 \cdot g_1 + \hat{S}_2 \cdot g_2 \right) \cdot \boldsymbol{B} \qquad (6.31)$$

在此模型中采用有效自旋$S_{\text{eff}}=1/2$，并且根据从头计算及EPR测试定义了各向异性参数Dy$_1$为$g_z=20$、$g_x=g_y=0$，Dy$_2$为$g_z=13.9$、$g_x=g_y=0.1$，而两个Dy的g_z方向

则按照从头计算给出的方向［图 6.33（b）］；另外，Dy_1 的 g_z 方向定义坐标系的 z 轴，而两个 g_z 所在的平面定义为 zx 平面。因此，在哈密顿算符中仅存在变量 J，而通过各向同性的 J 并不能给出合理的拟合，因此作者定义了各向异性的 J 参数，其中 $J_\parallel$ 沿 z 轴方向。如图 6.33（a）所示，通过 Dy_2 的 EPR 数据拟合给出了 $J_\parallel$=1.52cm^{-1}、$J_\perp$=0.525cm^{-1}，揭示了体系中存在铁磁相互作用。但是，通过以上哈密顿算符得到的 Zeeman 分裂图与 Lines 模型所得明显不同。在 EPR 模型［图 6.33（c）］中，零场下体系存在三个交换耦合的能级状态，分别为一个双重基态和两个单重激发态，并且基态与激发态之间存在十分有效的弛豫路径。随外磁场增加，跃迁可能性增大，导致体系无论在零场还是加场条件下都没有明显的单分子磁体行为，这与实验结果非常一致。与此相反，Lines 模型却不能解释以上实验现象。另外，计算亦表明，如果能消除体系中两个 Dy 各向异性之间的偏离，则可以有效抑制以上提到的弛豫路径，使体系表现出单分子磁体行为。由此可见，体系中磁相互作用的横向成分不利于产生单分子磁体行为，而体系中各向异性轴的共线连接将有效改善其单分子磁体性质。

6.4.4
桥联配体的选择

通过以上的例子我们能够看出，适当地调节分子内磁相互作用对于增强稀土化合物的单分子磁体性质具有重要的作用，而分子中桥联配体的选择及连接方式则直接影响金属中心之间磁相互作用的大小，这里我们希望通过一系列具有不同桥联配体的 Dy_2 化合物来说明桥联原子的重要作用。

自从 2010 年以来，R. A. Layfield 等相继报道了由 Cl[145]、N 杂环[146] 及 S[147] 桥联的一系列茂金属有机 Dy_2 化合物，并研究了它们的单分子磁体性质。如图 6.34 所示，化合物 1b 具有 Cl 桥联的一维链状结构，其与双核化合物 1a 以 1 ：3 的比例共结晶在同一晶体中而无法有效分离，但是交流磁化率信号却能够揭示两种化合物的比例关系，从而分别给出了它们的能垒，1a 为 38K 而 1b 为 98K。化合物 1c 则具有与 1a 不同的双核结构，但仍然显示典型的单分子磁体特征，能垒为 49K。化合物 2a 和 2b 由 N 杂环配体桥联而成，它们呈现不同的特征，2b 展现了一个平面类型的 Dy_2N_4 中心结构，而 2a 的中心结构则呈现了一定的角度，因此两个化合物具有完全不同的磁动态学性质。2a 仅仅展示了非常弱的虚部交流信号，而 2b 表现出

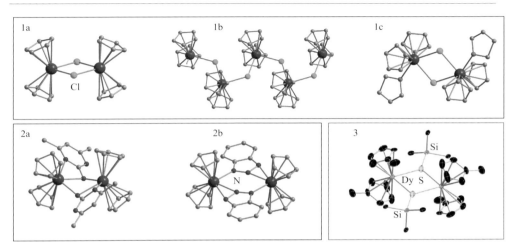

图6.34　由Cl、N及S桥联的一系列茂金属有机Dy_2化合物

了明显的单分子磁体行为，但相比于1a和1c，其单分子磁体性质并没有明显的提升，能垒为47K。为了提高单分子磁体性质，作者进一步合成了由软供体S桥联的双核化合物3。结果其磁学性质得到了明显的提升，交流磁化率出现的温度高达40K并且能垒达到了192K，这主要得益于硫原子软供体的性质增强了Dy之间的交换相互作用。如表6.2所示，从头计算揭示了所有的化合物中Dy都具有很强的轴向性，但是它们具有不同的横向成分（g_x、g_y），其中化合物1b和3具有相较小的g_x、g_y值。同时，对化合物1c及3磁相互作用的计算表明，尽管它们具有类似的偶极相互作用（$J_{dipolar}$），但在3中磁交换相互作用（J_{exch}）明显增加。所以，化合物3是其中性质最好的单分子磁体。

表6.2　源于从头计算的各向异性因子及磁相互作用的对比

项目	1a	1b	1c	2b	3
g_x	0.0004	0.0009	0.0224	0.0073	0.0012
g_y	0.0009	0.0015	0.0479	0.0884	0.0019
g_z	19.4090	19.3590	18.9208	19.0530	19.3611
J_{exch}/cm^{-1}			0.08550		-2.19475
$J_{dipolar}/cm^{-1}$			-1.99075		-2.22550
J/cm^{-1}			-1.90525		-4.42025

　　事实上，到目前为止相关人员已经报道了大量的双核稀土单分子磁体，它们

具有不同的结构特征及多样的桥联配体，特别是通常的含氧桥联配体包含羧酸氧[148~150]、酚羟基氧[151,152]、醇羟基氧[153,154]等，为单分子磁体的发展做出了巨大的贡献，但由于篇幅所限，这里不再赘述。

6.5
多核稀土单分子磁体

多核稀土单分子磁体主要是指三核及以上的稀土单分子磁体[155]。相比于双核单分子磁体，其具有更加复杂的结构及磁学性质。虽然从理论上讲，只要我们能够很好地调节磁中心之间的相互作用及各向异性轴的排列就可以使单分子磁体性质得到提升，但是这却对晶体场、桥联配体及其桥联方式的设计提出了更高的要求。因此，多核稀土单分子磁体的设计仍然是一个巨大的挑战。现在，科研人员已经在这一方面进行了大量的工作，并且取得了一定的成就，特别是对环形自旋的研究产生了一个新的概念，即单分子磁环（single-molecule toroic，SMT）[156]。这一节我们主要介绍单分子磁环及几个高能垒多核稀土单分子磁体。

6.5.1
单分子磁环（SMT）

铁环性[157~160]是继铁磁性、铁弹性和铁电性之后人们发现的第四种铁性体有序形式，它同时违反了时间及空间的反演对称性，具有很强的磁电耦合效应，在发展多铁材料方面具有很好的应用前景。铁环性主要是基于环形磁矩单元的顺时针或逆时针方向的有序排列，如图6.35所示，此环形磁矩由原子自旋或轨道电流产生[159]，可以表示为$T = \sum_n r_n \times s_n$，其中，$T$为环形磁矩，$r$为矢径，$s$为自旋。调查研究发现，许多强各向异性的环形稀土金属簇合物能够为环形磁矩研究提供一个更加确切的分子模型。更重要的是，此类化合物使得人们能够将环形磁矩有效地分离并对其进行针对性研究。像这样的磁性分子我们称之为单分子磁环。最典型的例子当属著名的三角形Dy_3单分子磁体（图6.35）。

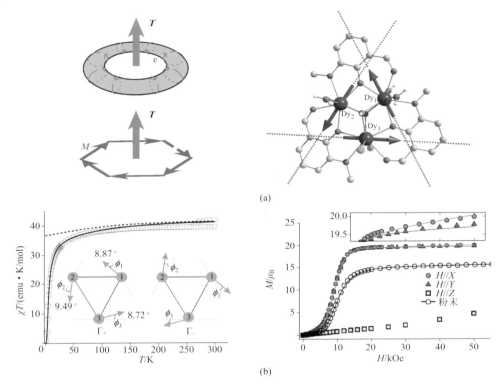

图6.35 （a）不同类型环形磁矩的对比，包括Dy_3的分子结构；（b）Dy_3的多晶和单晶直流磁化率数据及其理论拟合[14 ～ 16]

2006年，A. K. Powell等报道了首例多核稀土Dy_3单分子磁体[14]。此化合物中三个镝离子由三个邻香草醛配体在外围连接，同时两个μ_3-OH$^-$处于Dy_3平面的上下两侧。直流磁化率研究表明，此化合物呈抗磁基态，但是交流磁化率信号表明它仍然表现出了典型的单分子磁体特征，这主要是由化合物的磁激发态所导致的。2008年，R. Sessoli等进行的单晶磁化率研究[15]及L. F. Chibotaru等进行的理论计算[16]均表明，此Dy_3化合物的抗磁基态是由Dy磁矩的环形非线性排列导致的（图6.35）。值得注意的是，它的抗磁基态是二重简并的（Kramers doublet），分别对应于磁矩的顺时针和逆时针排列，具有自旋手性（spin chirality）的特征，可能作为一种潜在的、全新磁存储材料。更重要的是，像这样一个典型的单分子磁环的例子，其磁电效应的研究揭示了外磁场的变化能够有效地诱导体系中的电极化，可以作为铁环性材料的构筑单元[161]。另外，几个其他的Dy_3分子[162,163]也表现出了类似的磁学性质，这里不再详细阐述。

　　除了以上Dy₃类型的例子，理论计算表明，由M. L. Tong等报道的平面Dy₄[164]及由K. S. Murray等报道的环形Dy₆分子[165]同样具有环形磁矩的特征。如图6.36所示，平面Dy₄化合物是多氮配体和稀土金属盐组装而成，这是第一例由此类配体桥联的稀土单分子磁体，其能垒为80K。从头计算揭示四个镝离子基态强的轴各向异性展示了平行四边形的环形排列，并且所有的各向异性轴处在Dy₄平面内，另外，相对强的磁偶极相互作用进一步稳定了此环形磁矩。环形Dy₆分子具有重要的S₆对称性，此分子仅包含一个晶体学独立的Dy中心。直流磁化率拟合显示分子中镝离子之间存在明显的反铁磁偶极相互作用。尽管镝离子的磁各向异性轴偏离了Dy₆平面，但是分子整体仍然具有显著的环形磁矩特征。

　　作为Dy₃环形磁矩的延续性工作，2010年A. K. Powell课题组进一步报道了一例Dy₆单分子磁体［图6.37（a）］[166]，它可以看作由两个Dy₃单元顶点对顶点连接而成。从头计算表明，外围四个镝离子的各向异性轴方向基本与原始Dy₃分子中一致，但是中心的两个镝离子的各向异性轴却较大地偏离（10°）了各自的Dy₃平面。由于反铁磁相互作用，整个分子仍然呈现了抗磁基态的特征，这可以由其单晶磁化率研究得到证实。另外，计算表明，在Dy₃单元内部具有与原始Dy₃分子类似的磁相互作用，而两个Dy₃单元之间的磁相互作用却相对较弱（1.2K）。因此，交换耦合的基态并不能与相应的激发态很好地分离，导致*M-H*曲线并没有呈现S形。值得注意的是，相比于Dy₃分子，此化合物单分子磁体性质明显增强并

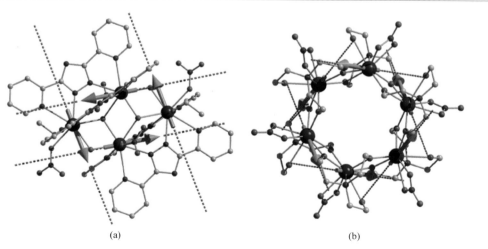

(a)　　　　　　　　　　　　　　　　(b)

图6.36　平面Dy₄（a）[164]及环形Dy₆（b）[165]单分子磁环

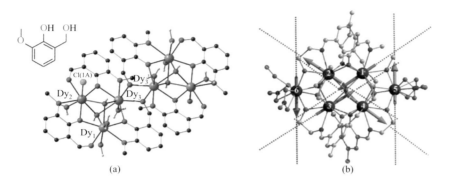

图6.37 两个Dy_6化合物分别展示了Dy_3环形磁矩的顶点对顶点及边对边的连接方式[167]

表现出了多弛豫过程，能垒达到了200K。2012年，笔者课题组报道了一例具有不同连接方式的Dy_6分子［图6.37（b）］[167]，其中两个三角以边对边的方式连接并且中心四个镝离子由一个μ_4-O^{2-}固定。从头计算表明，此化合物中两个Dy_3单元仍然保持了环形磁矩的特征并且都按逆时针方向排列。在该化合物中，通过提高两个Dy_3单元之间的磁相互作用，实现了分子中环形磁矩的同向增强。此类研究加深了我们对环形磁矩的理解。下一步，我们希望将其扩展至更大的分子簇甚至1D/2D/3D框架材料当中，从而为发展铁环性材料提供理论及实验基础[168]。

6.5.2
高能垒多核稀土单分子磁体

2010年，笔者课题组报道了一例由酰腙配体构筑的线型Dy_4单分子磁体[35]（图6.38）。此化合物包含两个晶体学独立的Dy中心，分别具有单帽四方反棱柱和双帽三方棱柱的配位构型。此单分子磁体最突出的特点是表现出了两个独立的弛豫过程。我们首次应用双Debye模型即两个叠加的Debye函数解释了此种弛豫现象，并且将两个弛豫过程归因于分子中两个不同的金属中心。拟合得到其高温能垒达173K，这在当时是较高的有效能垒。

在多核稀土单分子磁体中，由R. E. P. Winpenny等报道的两个醇羟基桥联的多核稀土化合物Dy_5[169]及Dy_4K_2[102]创造了目前为止最高的能垒纪录。它们均是通过金属有机的合成方法用烷基醇配体合成的。如图6.39所示，Dy_5分子展示了典型的金字塔构型，其中五个镝离子由一个中心的μ_5-O、四个μ_3-O以及四个μ-O固定，而每个镝离子呈现八面体配位构型。值得注意的是，镝离子偏离了配位八面

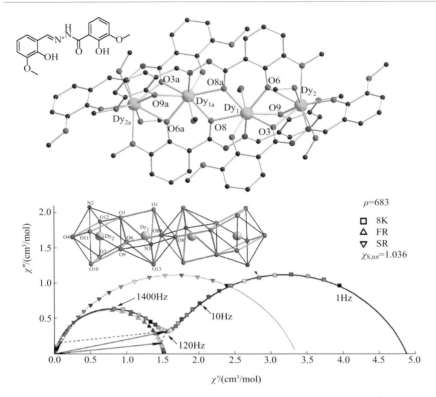

图6.38　源于酰腙配体的线型 Dy$_4$ 化合物表现出双弛豫的单分子磁体性质[35]

体的中心位置，导致周围末端的 Dy—O 键具有最短键长，而从头计算表明这直接决定了稀土离子各向异性轴的方向。交流磁化率测量显示该配合物的慢磁弛豫温度高达41K，拟合得到的能垒为528K。对于 Dy$_4$K$_2$ 分子，金属离子形成了八面体的形状，其中两个钾离子占据顺式的两个顶点位置，而四个镝离子呈现了与 Dy$_5$ 中类似的配位环境，从而展示了相同的各向异性方向。交流磁化率信号显示此化合物表现出了两个弛豫过程，这可能与四个镝离子的排列方式有关，进一步高温弛豫展示了比 Dy$_5$ 更高的弛豫温度，拟合能垒高达692K，这仅次于由双酞菁化合物所创造的能垒纪录。另外，许多其他的多核稀土单分子磁体也具有较高的有效能垒，并且它们具有各种各样的拓扑结构[170～174]，这已在许多综述性文章[6,38]及关于单分子磁体方面的书籍[155]中系统介绍，这里不再一一赘述。

　　我们从稀土离子的基础磁学性质、单分子磁体的弛豫动态学及其最新的研究发展方向对稀土单分子磁体进行了系统的总结。尽管科学家们在稀土单分子磁体

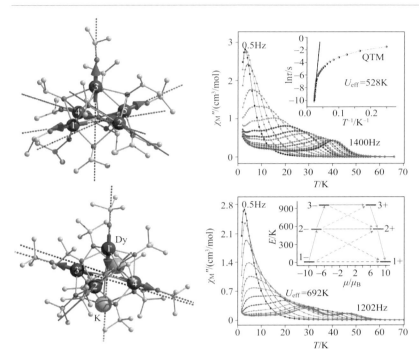

图6.39 目前为止能垒最高的两例多核稀土单分子磁体 Dy_5 [169] 及 Dy_4K_2 [102] 分子的结构、各向异性方向及交流弛豫数据

的弛豫机制及性质提高等方面已经取得了许多突破性进展，然而，对比过渡金属单分子磁体，在稀土化合物中普遍存在快的量子隧穿现象，从而显著降低稀土单分子磁体的有效能垒；由于外电子层对4f轨道的屏蔽作用，稀土离子之间的磁相互作用非常微弱，致使在多核稀土化合物中存在极强的单离子效应，不利于提高化合物的自旋基态。有效调控配体场，抑制隧穿，增强磁相互作用，从而合理设计高阻塞温度稀土单分子磁体依然是此领域急需解决的关键问题。

参考文献

[1] Caneschi A, Gatteschi D, Sessoli R, et al. Alternating current susceptibility, high field magnetization, and millimeter band EPR evidence for a ground S=10 state in [Mn$_{12}$O$_{12}$(CH$_3$COO)$_{16}$(H$_2$O)$_4$]·2CH$_3$COOH·4H$_2$O. J Am Chem Soc, 1991, 113(15): 5873-5874.

[2] Sessoli R, Tsai H L, Schake A R, et al. High-spin molecules: [Mn$_{12}$O$_{12}$ (O$_2$CR)$_{16}$(H$_2$O)$_4$]. J Am Chem Soc, 1993, 115(5): 1804-1816.

[3] Sessoli R, Gatteschi D, Caneschi A, et al. Magnetic bistability in a metal-ion cluster. Nature, 1993, 365(6442): 141-143.

[4] Gutfleisch O, Willard M A, Brück E, et al. Magnetic materials and devices for the 21st century: stronger, lighter, and more energy efficient. Adv Mater, 2011, 23(7): 821-842.

[5] Miller J S, Epstein A J. Molecule-based magnets-an overview. MRS Bull, 2000, 25(11): 21-30.

[6] Zhang P, Guo Y N, Tang J. Recent advances in dysprosium-based single molecule magnets: Structural overview and synthetic strategies. Coord Chem Rev, 2013, 257(11-12): 1728-1763.

[7] Rogez G, Donnio B, Terazzi E, et al. The quest for nanoscale magnets: the example of [Mn$_{12}$] single molecule magnets. Adv Mater, 2009, 21(43): 4323-4333.

[8] Tasiopoulos A J, Vinslava A, Wernsdorfer W, et al. Giant single-molecule magnets: a {Mn$_{84}$} torus and its supramolecular nanotubes. Angew Chem Int Ed, 2004, 116(16): 2169-2173.

[9] Ako A M, Hewitt I J, Mereacre V, et al. A ferromagnetically coupled Mn$_{19}$ aggregate with a record S=83/2 ground spin state. Angew Chem Int Ed, 2006, 118(30): 5048-5051.

[10] Chakov N E, Lee S C, Harter A G, et al. The properties of the [Mn$_{12}$O$_{12}$(O$_2$CR)$_{16}$(H$_2$O)$_4$] single-molecule magnets in truly axial symmetry: [Mn$_{12}$O$_{12}$(O$_2$CCH$_2$Br)$_{16}$(H$_2$O)$_4$]·4CH$_2$Cl$_2$. J Am Chem Soc, 2006, 128(21): 6975-6989.

[11] Milios C J, Vinslava A, Wernsdorfer W, et al. A record anisotropy barrier for a single-molecule magnet. J Am Chem Soc, 2007, 129(10): 2754-2755.

[12] Ruiz E, Cirera J, Cano J, et al. Can large magnetic anisotropy and high spin really coexist? Chem Commun, 2008, (1): 52-54.

[13] Ishikawa N, Sugita M, Ishikawa T, et al. Lanthanide double-decker complexes functioning as magnets at the single-molecular level. J Am Chem Soc, 2003, 125(29): 8694-8695.

[14] Tang J, Hewitt I, Madhu N T, et al. Dysprosium triangles showing single-molecule magnet behavior of thermally excited spin states. Angew Chem Int Ed, 2006, 45(11): 1729-1733.

[15] Luzon J, Bernot K, Hewitt I J, et al. Spin chirality in a molecular dysprosium triangle: the archetype of the noncollinear ising model. Phys Rev Lett, 2008, 100(24): 247205.

[16] Chibotaru L F, Ungur L, Soncini A. The origin of nonmagnetic kramers doublets in the ground state of dysprosium triangles: evidence for a toroidal magnetic moment. Angew Chem Int Ed, 2008, 47(22): 4126-4129.

[17] Ungur L, Van den Heuvel W, Chibotaru L F. Ab initio investigation of the non-collinear magnetic structure and the lowest magnetic excitations in dysprosium triangles. New J Chem, 2009, 33(6): 1224-1230.

[18] Bogani L, Wernsdorfer W. Molecular spintronics using single-molecule magnets. Nat Mater, 2008, 7(3): 179-186.

[19] Urdampilleta M, Klyatskaya S, Cleuziou J P, et al. Supramolecular spin valves. Nat Mater, 2011, 10(7): 502-506.

[20] Candini A, Klyatskaya S, Ruben M, et al. Graphene spintronic devices with molecular nanomagnets. Nano Lett, 2011, 11(7): 2634-2639.

[21] Hong K, Kim W Y. Fano-resonance-driven spin-valve effect using single-molecule magnets. Angew Chem Int Ed, 2013, 52(12): 3389-3393.

[22] Thiele S, Vincent R, Holzmann M, et al. Electrical readout of individual nuclear spin trajectories in a single-molecule magnet spin transistor. Phys Rev Lett, 2013, 111(3): 037203.

[23] Thiele S, Balestro F, Ballou R, et al. Electrically driven nuclear spin resonance in single-molecule magnets. Science, 2014, 344(6188): 1135-1138.

[24] Vincent R, Klyatskaya S, Ruben M, et al. Electronic read-out of a single nuclear spin using a molecular spin transistor. Nature, 2012, 488(7411): 357-360.

[25] Feltham H L C, Brooker S. Review of purely 4f and mixed-metal Nd-4f single-molecule magnets containing only one lanthanide ion. Coord Chem Rev, 2014, 276(0): 1-33.

[26] Gatteschi D, Fittipaldi M, Sangregorio C, et al. Exploring the No-Man's land between molecular nanomagnets and magnetic nanoparticles. Angew Chem Int Ed, 2012, 51(20): 4792-4800.

[27] Gatteschi D, Sessoli R. Quantum tunneling of magnetization and related phenomena in molecular materials. Angew Chem Int Ed, 2003, 42(3): 268-297.

[28] Gatteschi D, Sessoli R, Vallain J. Molecular nanomagnets. New York: Oxford University Press, 2006.

[29] Morrish A H. The physical principles of magnetism. New York: John Weily & Sons Inc, 1965.

[30] Haase W, Wróbel S. Relaxation phenomena. Berlin: Springer, 2003.

[31] Guo Y N, Xu G F, Guo Y, et al. Relaxation dynamics of dysprosium(III)single molecule magnets. Dalton Trans, 2011, 40(39): 9953-9963.

[32] Casimir H B G, du Pré F K. Note on the thermodynamic interpretation of paramagnetic relaxation phenomena. Physica, 1938, 5(6): 507-511.

[33] Cole K S, Cole R H. Dispersion and absorption in dielectrics I. alternating current characteristics. J Chem Phys, 1941, 9(4): 341-351.

[34] Dekker C, Arts A F M, de Wijn H W, et al. Activated dynamics in a two-dimensional ising spin glass: $Rb_2Cu_{1-x}Co_xF_4$. Phys Rev B, 1989, 40(16): 11243-11251.

[35] Guo Y N, Xu G F, Gamez P, et al. Two-step relaxation in a linear tetranuclear dysprosium(III)aggregate showing single-molecule magnet behavior. J Am Chem Soc, 2010, 132(25): 8538-8539.

[36] Christou G, Gatteschi D, Hendrickson D N, et al. Single-molecule magnets. MRS Bull, 2000, 25(11): 66-71.

[37] Ungur L, Thewissen M, Costes J P, et al. Interplay of strongly anisotropic metal ions in magnetic blocking of complexes. Inorg Chem, 2013, 52(11): 6328-6337.

[38] Woodruff D N, Winpenny R E P, Layfield R A. Lanthanide single-molecule magnets. Chem Rev, 2013, 113: 5110-5148.

[39] Carlin R L. Magnetochemistry. Berlin: Springer, 1986.

[40] Abragam A, Bleaney B. Electron paramagnetic resonance of transition ions. Oxford: Clarendon Press, 1970.

[41] Accorsi S, Barra A L, Caneschi A, et al. Tuning anisotropy barriers in a family of tetrairon(III) single-molecule magnets with an $S=5$ ground state. J Am Chem Soc, 2006, 128(14): 4742-4755.

[42] Milios C J, Vinslava A, Wood P A, et al. A single-molecule magnet with a "twist". J Am Chem Soc, 2007, 129(1): 8-9.

[43] Sangregorio C, Ohm T, Paulsen C, et al. Quantum tunneling of the magnetization in an iron cluster nanomagnet. Phys Rev Lett, 1997, 78(24): 4645-4648.

[44] Craig G A, Murrie M. 3d single-ion magnets. Chem Soc Rev, 2015, 44: 2135-2147.

[45] Zadrozny J M, Atanasov M, Bryan A M, et al. Slow magnetization dynamics in a series of two-coordinate iron(II)complexes. Chem Sci, 2013, 4(1): 125-138.

[46] Guo Y-N, Chen X-H, Xue S, et al. Modulating magnetic dynamics of three Dy_2 complexes through keto-enol tautomerism of the o-Vanillin picolinoylhydrazone ligand. Inorg Chem, 2011, 50: 9705-9713.

[47] Waller I, Zeits F. Physik, 1932, 79: 370.

[48] Van Vleck J H. Paramagnetic relaxation times for titanium and chrome alum. Physical Review, 1940, 57(5): 426-447.

[49] de L Kronig R. On the mechanism of paramagnetic relaxation. Physica, 1939, 6(1): 33-43.

[50] Finn C B P, Orbach R, Wolf W P. Spin-lattice

relaxation in cerium magnesium nitrate at liquid helium temperature: a new process. Proc Phys Soc, 1961, 77: 261-268.

[51] Liu J L, Yuan K, Leng J D, et al. A six-coordinate ytterbium complex exhibiting easy-plane anisotropy and field-induced single-ion magnet behavior. Inorg Chem, 2012, 51(15): 8538-8544.

[52] Liddle S T, van Slageren J. Improving f-element single molecule magnets. Chem Soc Rev, 2015, 44(19): 6655-6669.

[53] Ganivet C R, Ballesteros B, de la Torre G, et al. Influence of peripheral substitution on the magnetic behavior of single-ion magnets based on homo- and heteroleptic Tb(III) bis(phthalocyaninate). Chem Eur J, 2013, 19(4): 1457-1465.

[54] Rinehart J D, Fang M, Evans W J, et al. A N_2^{3-}-radical-bridged terbium complex exhibiting magnetic hysteresis at 14 K. J Am Chem Soc, 2011, 133(36): 14236-14239.

[55] Buschow K H J, Boer F R d. Physics of magnetism and magnetic materials. New York: Kluwer Academic/Plenum Publishers, 2003.

[56] Huang C. Rare earth coordination chemistry: fundamentals and applications. Singapore: John Wiley & Sons (Asia)Pte Ltd, 2010.

[57] Rinehart J D, Long J R. Exploiting single-ion anisotropy in the design of f-element single-molecule magnets. Chem Sci, 2011, 2(11): 2078-2085.

[58] Skomski R. Simple models of magnetism. New York: Oxford University Press, 2008.

[59] Benelli C, Gatteschi D. Magnetism of lanthanides in molecular materials with transition-metal ions and organic radicals. Chem Rev, 2002, 102(6): 2369-2388.

[60] Skomski R, Sellmyer D J. Anisotropy of rare-earth magnets. J Rare Earth, 2009, 27(4): 675-679.

[61] Sievers J. Asphericity of 4f-shells in their Hund's rule ground states. Zeitschrift für Physik B Condensed Matter, 1982, 45(4): 289-296.

[62] Zhang P, Zhang L, Wang C, et al. Equatorially coordinated lanthanide single ion magnets. J Am Chem Soc, 2014, 136(12): 4484-4487.

[63] Chilton N F, Collison D, McInnes E J L, et al. An electrostatic model for the determination of magnetic anisotropy in dysprosium complexes. Nat Commun, 2013, 4: 2551.

[64] Sorace L, Benelli C, Gatteschi D. Lanthanides in molecular magnetism: old tools in a new field. Chem Soc Rev, 2011, 40(6): 3092-3104.

[65] Jiang S D, Wang B W, Su G, et al. A mononuclear dysprosium complex featuring single-molecule-magnet behavior. Angew Chem Int Ed, 2010: 7448-7451.

[66] Langley S K, Wielechowski D P, Vieru V, et al. A {Cr^{III}$_2$Dy^{III}$_2$} single-molecule magnet: enhancing the blocking temperature through 3d magnetic exchange. Angew Chem Int Ed, 2013, 52(46): 12014-12019.

[67] Chibotaru L F, Ungur L. Ab initio calculation of anisotropic magnetic properties of complexes. I . Unique definition of pseudospin Hamiltonians and their derivation. J Chem Phys, 2012, 137(6): 064112-064122.

[68] Ungur L, Chibotaru L F. Magnetic anisotropy in the excited states of low symmetry lanthanide complexes. Phys Chem Chem Phys, 2011, 13(45): 20086-20090.

[69] Ungur L, Le Roy J J, Korobkov I, et al. Fine-tuning the local symmetry to attain record blocking temperature and magnetic remanence in a single-ion magnet. Angew Chem Int Ed, 2014, 53(17): 4413-4417.

[70] Guo Y-N, Ungur L, Granroth G E, et al. An NCN-pincer ligand dysprosium single-ion magnet showing magnetic relaxation via the second excited state. Sci Rep, 2014, 4: 5471.

[71] Habib F, Lin P H, Long J, et al. The use of magnetic dilution to elucidate the slow magnetic relaxation effects of a Dy$_2$ single-molecule magnet. J Am Chem Soc, 2011, 133(23): 8830-8833.

[72] Guo Y N, Xu G F, Wernsdorfer W, et al. Strong axiality and ising exchange interaction suppress zero-field tunneling of magnetization of an asymmetric Dy$_2$ single-molecule magnet. J Am Chem Soc, 2011, 133(31): 11948-11951.

[73] Cucinotta G, Perfetti M, Luzon J, et al. Magnetic

anisotropy in a dysprosium/DOTA single-molecule magnet: beyond simple magneto-structural correlations. Angew Chem Int Ed, 2012, 51(7): 1606-1610.

[74] Bernot K, Luzon J, Bogani L, et al. Magnetic anisotropy of dysprosium(Ⅲ)in a low-symmetry environment: a theoretical and experimental investigation. J Am Chem Soc, 2009, 131(15): 5573-5579.

[75] Gregson A K, Mitra S. Magnetic susceptibility, anisotropy, and ESR studies on some copper dialkyldithiocarbamates. J Chem Phys, 1968, 49(8): 3696-3703.

[76] Huang X-C, Vieru V, Chibotaru L F, et al. Determination of magnetic anisotropy in a multinuclear Tb^{Ⅲ}-based single-molecule magnet. Chem Commun, 2015, 51(52): 10373-10376.

[77] Jiang S D, Wang B W, Gao S. Advances in lanthanide single-ion magnets. In Springer Berlin Heidelberg, 2014: 1-31.

[78] Boulon M E, Cucinotta G, Liu S S, et al. Angular-resolved magnetometry beyond triclinic crystals: out-of-equilibrium studies of Cp*ErCOT single-molecule magnet. Chem Eur J, 2013, 19(41): 13726-13731.

[79] Jiang S D, Wang B W, Sun H L, et al. An organometallic single-ion magnet. J Am Chem Soc, 2011, 133(13): 4730-4733.

[80] Perfetti M, Cucinotta G, Boulon M E, et al. Angular-resolved magnetometry beyond triclinic crystals part Ⅱ: torque magnetometry of Cp*ErCOT single-molecule magnets. Chem Eur J, 2014, 20(43): 14051-14056.

[81] 周公度, 段连运. 结构化学基础. 北京: 北京大学出版社, 2007: 363.

[82] Marx R, Moro F, Dorfel M, et al. Spectroscopic determination of crystal field splittings in lanthanide double deckers. Chem Sci, 2014, 5(8): 3287-3293.

[83] Moreno Pineda E, Chilton N F, Marx R, et al. Direct measurement of dysprosium(Ⅲ)···dysprosium(Ⅲ)interactions in a single-molecule magnet. Nat Commun, 2014, 5: 5243.

[84] Pedersen K S, Sigrist M, Sørensen M A, et al. [ReF$_6$]$^{2-}$: A robust module for the design of

molecule-based magnetic materials. Angew Chem Int Ed, 2014, 53(5): 1351-1354.

[85] Martínez-Lillo J, Mastropietro T F, Lhotel E, et al. Highly anisotropic rhenium(Ⅳ)complexes: new examples of mononuclear single-molecule magnets. J Am Chem Soc, 2013, 135(37): 13737-13748.

[86] Meihaus K R, Long J R. Actinide-based single-molecule magnets. Dalton Trans, 2015, 44(6): 2517-2528.

[87] Magnani N, Apostolidis C, Morgenstern A, et al. Magnetic memory effect in a transuranic mononuclear complex. Angew Chem Int Ed, 2011, 50(7): 1696-1698.

[88] Moro F, Mills D P, Liddle S T, et al. The inherent single-molecule magnet character of trivalent uranium. Angew Chem Int Ed, 2013, 52(12): 3430-3433.

[89] King D M, Tuna F, McMaster J, et al. Single-molecule magnetism in a single-ion triamidoamine uranium(Ⅴ)terminal mono-oxo complex. Angew Chem Int Ed, 2013, 52(18): 4921-4924.

[90] AlDamen M A, Clemente-Juan J M, Coronado E, et al. Mononuclear lanthanide single-molecule magnets based on polyoxometalates. J Am Chem Soc, 2008, 130(28): 8874-8875.

[91] Bhunia A, Gamer M T, Ungur L, et al. From a Dy(Ⅲ)single molecule magnet (SMM) to a ferromagnetic [Mn(Ⅱ)Dy(Ⅲ)Mn(Ⅱ)] trinuclear complex. Inorg Chem, 2012, 51(18): 9589-9597.

[92] Campbell V E, Guillot R, Riviere E, et al. Subcomponent self-assembly of rare-earth single-molecule magnets. Inorg Chem, 2013, 52(9): 5194-5200.

[93] Shintoyo S, Murakami K, Fujinami T, et al. Crystal field splitting of the ground state of terbium(Ⅲ)and dysprosium(Ⅲ)complexes with a triimidazolyl tripod ligand and an acetate determined by magnetic analysis and luminescence. Inorg Chem, 2014, 53(19): 10359-10369.

[94] Aravena D, Ruiz E. Shedding light on the single-molecule magnet behavior of mononuclear Dy Ⅲ

complexes. Inorg Chem, 2013, 52(23): 13770-13778.

[95] da Cunha T T, Jung J, Boulon M E, et al. Magnetic poles determinations and robustness of memory effect upon solubilization in a Dy Ⅲ-based single ion magnet. J Am Chem Soc, 2013, 135(44): 16332-16335.

[96] Ishikawa N, Sugita M, Wernsdorfer W. Quantum tunneling of magnetization in lanthanide single-molecule magnets: Bis(phthalocyaninato)terbium and bis(phthalocyaninato)dysprosium anions. Angew Chem Int Ed, 2005, 44(19): 2931-2935.

[97] Pointillart F, Bernot K, Golhen S, et al. Magnetic memory in an isotopically enriched and magnetically isolated mononuclear dysprosium complex. Angew Chem Int Ed, 2015, 54(5): 1504-1507.

[98] Liu J L, Chen Y C, Zheng Y Z, et al. Switching the anisotropy barrier of a single-ion magnet by symmetry change from quasi-D_{5h} to quasi-O_h. Chem Sci, 2013, 4(8): 3310-3316.

[99] Stevens K W H. Matrix elements and operator equivalents connected with the magnetic properties of rare earth ions. Proc Phys Soc A, 1952, 65: 209-215.

[100] Fukuda T, Matsumura K, Ishikawa N. Influence of intramolecular f-f interactions on nuclear spin driven quantum tunneling of magnetizations in quadruple-decker phthalocyanine complexes containing two terbium or dysprosium magnetic centers. J Phys Chem A, 2013, 117(40): 10447-10454.

[101] Boulon M E, Cucinotta G, Luzon J, et al. Magnetic anisotropy and spin-parity effect along the series of lanthanide complexes with DOTA. Angew Chem Int Ed, 2013, 52(1): 350-354.

[102] Blagg R J, Ungur L, Tuna F, et al. Magnetic relaxation pathways in lanthanide single-molecule magnets. Nat Chem, 2013, 5(8): 673-678.

[103] De Cian A, Moussavi M, Fischer J, et al. Synthesis, structure, and spectroscopic and magnetic properties of lutetium(Ⅲ) phthalocyanine derivatives: $LuPc_2 \cdot CH_2Cl_2$

and $[LuPc(OAc)(H_2O)_2] \cdot H_2O \cdot 2CH_3OH$. Inorg Chem, 1985, 24(20): 3162-3167.

[104] Ishikawa N, Ohno O, Kaizu Y. Electronic states of bis(phthalocyaninato)lutetium radical and its related compounds: the application of localized orbital basis set to open-shell phthalocyanine dimers. J Phys Chem, 1993, 97(5): 1004-1010.

[105] Ishikawa N, Sugita M, Okubo T, et al. Determination of ligand-field parameters and f-electronic structures of double-decker bis(phthalocyaninato)lanthanide complexes. Inorg Chem, 2003, 42(7): 2440-2446.

[106] Takamatsu S, Ishikawa T, Koshihara S, et al. Significant increase of the barrier energy for magnetization reversal of a single-4f-ionic single-molecule magnet by a longitudinal contraction of the coordination space. Inorg Chem, 2007, 46(18): 7250-7252.

[107] Gonidec M, Luis F, Vílchez À, et al. A liquid-crystalline single-molecule magnet with variable magnetic properties. Angew Chem Int Ed, 2010, 49(9): 1623-1626.

[108] Katoh K, Kajiwara T, Nakano M, et al. Magnetic relaxation of single-molecule magnets in an external magnetic field: an ising dimer of a terbium(Ⅲ)-phthalocyaninate triple-decker complex. Chem Eur J, 2011, 17(1): 117-122.

[109] Gonidec M, Amabilino D B, Veciana J. Novel double-decker phthalocyaninato terbium(Ⅲ) single molecule magnets with stabilised redox states. Dalton Trans, 2012, 41(44): 13632-13639.

[110] Katoh K, Umetsu K, Breedlove Brian K, et al. Magnetic relaxation behavior of a spatially closed dysprosium(Ⅲ)phthalocyaninato double-decker complex. Sci China Chem, 2012, 55(6): 918-925.

[111] Waters M, Moro F, Krivokapic I, et al. Synthesis, characterisation and magnetic study of a cyano-substituted dysprosium double decker single-molecule magnet. Dalton Trans, 2012, 41(4): 1128-1130.

[112] Gonidec M, Krivokapic I, Vidal-Gancedo J, et al. Highly reduced double-decker single-molecule magnets exhibiting slow magnetic

relaxation. Inorg Chem, 2013, 52(8): 4464-4471.

[113] Ishikawa N, Sugita M, Tanaka N, et al. Upward temperature shift of the intrinsic phase lag of the magnetization of bis(phthalocyaninato) terbium by ligand oxidation creating an S=1/2 spin. Inorg Chem, 2004, 43(18): 5498-5500.

[114] Takamatsu S, Ishikawa N. A theoretical study of a drastic structural change of bis(phthalocyaninato)lanthanide by ligand oxidation: Towards control of ligand field strength and magnetism of single-lanthanide-ionic single molecule magnet. Polyhedron, 2007, 26(9-11): 1859-1862.

[115] Ishikawa N, Mizuno Y, Takamatsu S, et al. Effects of chemically induced contraction of a coordination polyhedron on the dynamical magnetism of bis(phthalocyaninato)disprosium, a single-4f-ionic single-molecule magnet with a kramers ground state. Inorg Chem, 2008, 47(22): 10217-10219.

[116] Gonidec M, Davies E S, McMaster J, et al. Probing the magnetic properties of three interconvertible redox states of a single-molecule magnet with magnetic circular dichroism spectroscopy. J Am Chem Soc, 2010, 132(6): 1756-1757.

[117] AlDamen M A, Cardona-Serra S, Clemente-Juan J M, et al. Mononuclear lanthanide single molecule magnets based on the polyoxometalates $[Ln(W_5O_{18})_2]^{9-}$ and $[Ln(\beta\text{-}SiW_{11}O_{39})_2]^{13-}$ (Ln^{III}=Tb, Dy, Ho, Er, Tm, and Yb). Inorg Chem, 2009, 48(8): 3467-3479.

[118] Cardona-Serra S, Clemente-Juan J M, Coronado E, et al. Lanthanoid single-ion magnets based on polyoxometalates with a 5-fold symmetry: the series $[LnP_5W_{30}O_{110}]^{12-}$ (Ln^{3+}=Tb, Dy, Ho, Er, Tm, and Yb). J Am Chem Soc, 2012, 134(36): 14982-14990.

[119] Bogani L, Sangregorio C, Sessoli R, et al. Molecular engineering for single-chain-magnet behavior in a one-dimensional dysprosium–nitronyl nitroxide compound. Angew Chem Int Ed, 2005, 44(36): 5817-5821.

[120] Poneti G, Bernot K, Bogani L, et al. A rational approach to the modulation of the dynamics of the magnetisation in a dysprosium-nitronyl-nitroxide radical complex. Chem Commun, 2007, (18): 1807-1809.

[121] Zhou N, Ma Y, Wang C, et al. A monometallic tri-spin single-molecule magnet based on rare earth radicals. Dalton Trans, 2009, (40): 8489-8492.

[122] Bernot K, Pointillart F, Rosa P, et al. Single molecule magnet behaviour in robust dysprosium-biradical complexes. Chem Commun, 2010, 46(35): 6458-6460.

[123] Wang X L, Li L C, Liao D Z. Slow magnetic relaxation in lanthanide complexes with chelating nitronyl nitroxide radical. Inorg Chem, 2010, 49(11): 4735-4737.

[124] Li D P, Wang T W, Li C H, et al. Single-ion magnets based on mononuclear lanthanide complexes with chiral Schiff base ligands $[Ln(FTA)_3L]$ (Ln=Sm, Eu, Gd, Tb and Dy). Chem Commun, 2010, 46(17): 2929-2931.

[125] Li D P, Zhang X P, Wang T W, et al. Distinct magnetic dynamic behavior for two polymorphs of the same Dy(III)complex. Chem Commun, 2011, 47(24): 6867-6869.

[126] Wang Y L, Ma Y, Yang X, et al. Syntheses, structures, and magnetic and luminescence properties of a new Dy III -based single-ion magnet. Inorg Chem, 2013, 52(13): 7380-7386.

[127] Jung J, Cador O, Bernot K, et al. Influence of the supramolecular architecture on the magnetic properties of a Dy III single-molecule magnet: an ab initio investigation. Beilstein J Nanotechnol, 2014, 5: 2267-2274.

[128] Liu C M, Zhang D Q, Zhu D B. Field-induced single-ion magnets based on enantiopure chiral β-diketonate ligands. Inorg Chem, 2013, 52(15): 8933-8940.

[129] Chen G J, Guo Y N, Tian J L, et al. Enhancing anisotropy barriers of dysprosium(III)single-ion magnets. Chem Eur J, 2012, 18(9): 2484-2487.

[130] Chen G J, Gao C Y, Tian J L, et al. Coordination-perturbed single-molecule magnet behaviour of mononuclear dysprosium

complexes. Dalton Trans, 2011, 40: 5579-5583.

[131] Bi Y, Guo Y N, Zhao L, et al. Capping ligand perturbed slow magnetic relaxation in dysprosium single-ion magnets. Chem Eur J, 2011, 17(44): 12476-12481.

[132] Li X L, Chen C L, Gao Y L, et al. Modulation of homochiral Dy^{III} complexes: single-molecule magnets with ferroelectric properties. Chem Eur J, 2012, 18(46): 14632-14637.

[133] Wang Y, Li X L, Wang T W, et al. Slow relaxation processes and single-ion magnetic behaviors in dysprosium-containing complexes. Inorg Chem, 2009, 49(3): 969-976.

[134] Menelaou M, Ouharrou F, Rodríguez L, et al. Dy^{III}- and Yb^{III}-curcuminoid compounds: original fluorescent single-ion magnet and magnetic near-ir luminescent species. Chem Eur J, 2012, 18(37): 11545-11549.

[135] 钱长涛, 王春红, 陈耀峰. 稀土金属有机配合物化学60年. 化学学报, 2014, 72(8): 883-905.

[136] Edelmann F T. Lanthanides and actinides: Annual survey of their organometallic chemistry covering the year 2012. Coord Chem Rev, 2014, 261(0): 73-155.

[137] Meihaus K R, Long J R. Magnetic blocking at 10K and a dipolar-mediated avalanche in salts of the bis(η^8-cyclooctatetraenide) complex[Er(COT)$_2$]$^-$. J Am Chem Soc, 2013, 135(47): 17952-17957.

[138] Demir S, Zadrozny J M, Long J R. Large spin-relaxation barriers for the low-symmetry organolanthanide complexes [Cp*$_2$Ln(BPh$_4$)] (Cp*=pentamethylcyclopentadienyl; Ln=Tb, Dy). Chem Eur J, 2014, 20(31): 9524-9529.

[139] Liu S S, Ziller J W, Zhang Y Q, et al. A half-sandwich organometallic single-ion magnet with hexamethylbenzene coordinated to the Dy(III)ion. Chem Commun, 2014, 50(77): 11418-11420.

[140] Layfield R A. Organometallic single-molecule magnets. Organometallics, 2014, 33(5): 1084-1099.

[141] Habib F, Murugesu M. Lessons learned from dinuclear lanthanide nano-magnets. Chem Soc Rev, 2013, 42(8): 3278-3288.

[142] Demir S, Zadrozny J M, Nippe M, et al. Exchange coupling and magnetic blocking in bipyrimidyl radical-bridged dilanthanide complexes. J Am Chem Soc, 2012, 134(45): 18546-18549.

[143] Rinehart J D, Fang M, Evans W J, et al. Strong exchange and magnetic blocking in N$_2^{3-}$-radical-bridged lanthanide complexes. Nat Chem, 2011, 3(7): 538-542.

[144] Demir S, Nippe M, Gonzalez M I, et al. Exchange coupling and magnetic blocking in dilanthanide complexes bridged by the multi-electron redox-active ligand 2, 3, 5, 6-tetra(2-pyridyl)pyrazine. Chem Sci, 2014, 5: 4701-4711.

[145] Sulway S A, Layfield R A, Tuna F, et al. Single-molecule magnetism in cyclopentadienyl-dysprosium chlorides. Chem Commun, 2012, 48: 1508-1510.

[146] Layfield R A, McDouall J J W, Sulway S A, et al. Influence of the N-bridging ligand on magnetic relaxation in an organometallic dysprosium single-molecule magnet. Chem Eur J, 2010, 16(15): 4442-4446.

[147] Tuna F, Smith C A, Bodensteiner M, et al. A high anisotropy barrier in a sulfur-bridged organodysprosium single-molecule magnet. Angew Chem Int Ed, 2012, 51(28): 6976-6980.

[148] Joarder B, Chaudhari A K, Rogez G, et al. A carboxylate-based dinuclear dysprosium(III) cluster exhibiting slow magnetic relaxation behaviour. Dalton Trans, 2012, 41(25): 7695-7699.

[149] Liang L, Peng G, Li G, et al. In situ hydrothermal synthesis of dysprosium(III) single-molecule magnet with lanthanide salt as catalyst. Dalton Trans, 2012, 41(19): 5816-5823.

[150] Xu G F, Wang Q L, Gamez P, et al. A promising new route towards single-molecule magnets based on the oxalate ligand. Chem Commun, 2010, 46: 1506-1508.

[151] Long J, Habib F, Lin P H, et al. Single-molecule magnet behavior for an antiferromagnetically superexchange-coupled dinuclear

dysprosium(III)complex. J Am Chem Soc, 2011, 133(14): 5319-5328.

[152] Habib F, Brunet G, Vieru V, et al. Significant enhancement of energy barriers in dinuclear dysprosium single-molecule magnets through electron-withdrawing effects. J Am Chem Soc, 2013, 135(36): 13242-13245.

[153] Leng J D, Liu J L, Zheng Y Z, et al. Relaxations in heterolanthanide dinuclear single-molecule magnets. Chem Commun, 2013, 49(2): 158-160.

[154] Zhang P, Zhang L, Lin S Y, et al. Modulating magnetic dynamics of Dy_2 system through the coordination geometry and magnetic interaction. Inorg Chem, 2013, 52(8): 4587-4592.

[155] Richard Layfield, Murugesu M. Lanthanides and actinides in molecular magnetism. Weinheim: Weily-VCH, 2015.

[156] Ungur L, Lin S Y, Tang J, et al. Single-molecule toroics in Ising-type lanthanide molecular clusters. Chem Soc Rev, 2014, 43(20): 6894-6905.

[157] Zimmermann A S, Meier D, Fiebig M. Ferroic nature of magnetic toroidal order. Nat Commun, 2014, 5: 4796.

[158] Eerenstein W, Mathur N D, Scott J F. Multiferroic and magnetoelectric materials. Nature, 2006, 442(7104): 759-765.

[159] Van Aken B B, Rivera J P, Schmid H, et al. Observation of ferrotoroidic domains. Nature, 2007, 449(7163): 702-705.

[160] A Spaldin N, Fiebig M, Mostovoy M. The toroidal moment in condensed-matter physics and its relation to the magnetoelectric effect. J Phys: Condens Matter, 2008, 20: 434203.

[161] Plokhov D I, Popov A I, Zvezdin A K. Quantum magnetoelectric effect in the molecular crystal Dy_3. Phys Rev B, 2011, 84(22): 224436.

[162] Wang Y X, Shi W, Li H, et al. A single-molecule magnet assembly exhibiting a dielectric transition at 470 K. Chem Sci, 2012, 3(12): 3366-3370.

[163] Xue S, Chen X H, Zhao L, et al. Two bulky-decorated triangular dysprosium aggregates

[164] Guo P H, Liu J L, Zhang Z M, et al. The first $\{Dy_4\}$ single-molecule magnet with a toroidal magnetic moment in the ground state. Inorg Chem, 2012, 51(3): 1233-1235.

conserving vortex-spin structure. Inorg Chem, 2012, 51(24): 13264-13270.

[165] Ungur L, Langley S K, Hooper T N, et al. Net toroidal magnetic moment in the ground state of a $\{Dy_6\}$-triethanolamine ring. J Am Chem Soc, 2012, 134(45): 18554-18557.

[166] Hewitt I J, Tang J, Madhu N T, et al. Coupling Dy_3 triangles enhances their slow magnetic relaxation. Angew Chem Int Ed, 2010, 49(36): 6352-6356.

[167] Lin S-Y, Wernsdorfer W, Ungur L, et al. Coupling Dy_3 triangles to maximize the toroidal moment. Angew Chem Int Ed, 2012, 51: 12767-12771.

[168] Zhang P, Zhang L, Tang J. Lanthanide single molecule magnets: progress and perspective. Dalton Trans, 2015, 44(9): 3923-3929.

[169] Blagg R J, Muryn C A, McInnes E J L, et al. Single pyramid magnets: Dy_5 pyramids with slow magnetic relaxation to 40K. Angew Chem Int Ed, 2011, 50(29): 6530-6533.

[170] Lin P-H, Burchell T J, Ungur L, et al. A polynuclear lanthanide single-molecule magnet with a record anisotropic barrier. Angew Chem Int Ed, 2009, 48(50): 9489-9492.

[171] Anwar M U, Thompson L K, Dawe L N, et al. Predictable self-assembled [2×2] Ln(III)$_4$ square grids (Ln=Dy, Tb)-SMM behaviour in a new lanthanide cluster motif. Chem Commun, 2012, 48(38): 4576-4578.

[172] Woodruff D N, Tuna F, Bodensteiner M, et al. Single-molecule magnetism in tetrametallic terbium and dysprosium thiolate cages. Organometallics, 2013, 32(5): 1224-1229.

[173] Hussain B, Savard D, Burchell T J, et al. Linking high anisotropy Dy_3 triangles to create a Dy_6 single-molecule magnet. Chem Commun, 2009(9): 1100-1102.

[174] Sharples J W, Zheng Y Z, Tuna F, et al. Lanthanide discs chill well and relax slowly. Chem Commun, 2011, 47(27): 7650-7652.

NANOMATERIALS

稀土纳米材料

Chapter 7

第7章
稀土巨磁电阻材料

孟健，刘孝娟
中国科学院长春应用化学研究所

7.1
巨磁电阻效应

  20世纪人类最伟大的发展之一就是微电子学的发展，微电子学以研究、控制和应用半导体中数目不等的电子或空穴的输运特性为主要内容，以实现电路和系统的集成为目的，它的发展促进了微电子工业的崛起。而量子力学告诉我们，电子是同时具有电荷和自旋双重属性的，在传统的微电子学中，电子的输运过程仅仅利用了它的电荷自由度，对它的自旋状态并没有给予考虑。近年来，随着纳米科学技术的发展，科学家发现当半导体组件的尺寸减小到纳米级别后，其许多宏观特性将会丧失，因此必须考虑电子的自旋特性，同时为了在微电子器件中实现利用磁场来控制载流子输运，也必须将极化自旋注入半导体中。自旋电子学 [spintronics or spin electronics，也称磁电子学（magneto-electronics）] 正是在这样的背景下产生的。

  自旋电子学起始于巨磁电阻效应的发现。早在1988年，法国科学家Albert Fert 在Fe/Cr相间的多层膜电阻中发现，微弱的磁场变化可以导致电阻大小的急剧变化，其变化的幅度比通常高十几倍，他把这种效应命名为巨磁电阻效应（giant magneto-resistive，GMR）[1]。而就在该项发现的不久之前，德国Jülich研究中心的Peter Grüenberg研究小组在具有层间反平行磁化的Fe/Cr/Fe三层膜结构中也发现了完全相同的现象[2]。所谓巨磁电阻效应，是指磁性材料的电阻率在有外磁场作用时比无外磁场作用时存在巨大变化的现象，其大小常用 $\Delta R/R_0 = (R_0 - R_H)/R_0$ 来计算，式中，R_0 表示样品在零磁场下的电阻值；R_H 表示样品在磁场下的电阻值。巨磁电阻效应是一种量子力学效应，其物理机制源于电子自旋在磁性薄膜界面处发生了与自旋相关的散射作用。

  巨磁电阻效应的发现，立刻引起了科学界广泛的兴趣与重视，并迅速发展成为一门新兴的学科——自旋电子学，其主要研究内容是电子的自旋极化输运特性以及基于这些特性而设计、开发的电子器件，研究对象主要包括电子的自旋极化、自旋相关散射、自旋弛豫以及与此相关的性质及其应用等。继多层膜磁电阻效应发现之后，颗粒膜、隧道结磁电阻以及钙钛矿锰氧化物中的庞磁电阻效应相继被发现并取得重大研究进展。在实际应用中，根据巨磁电阻效应，开发研制了可用于硬磁盘的体积小且灵敏的数据读出头（read head），使得存储单字节数据所需的磁性材料的尺寸大大减小，从而使磁盘的存储能力得到大幅度提高。巨磁电阻效应的发现者Albert Fert和Peter Grüenberg也于2007年被授予诺贝尔物理学奖，以表彰他们对于发现巨磁电阻效应所做出的贡献。

7.2
稀土在设计半金属性（half-metal）巨磁电阻材料中的特殊应用

1983年，荷兰Nijmegen大学的de Groot等[3]对霍伊斯勒合金NiMnSb和PtMnSb等化合物进行计算时发现了一种新型的能带结构，即体系的一个自旋子带表现为金属性，另一个自旋子带表现为绝缘体行为（如图7.1所示），所以他们将具有这种性质的材料定义为半金属材料。半金属材料是一种新型的功能材料，可应用到自旋电子器件上，所以从它发现开始就立刻引起了研究人员的广泛关注。到目前为止，人们在很多化合物中都发现了具有半金属性质的材料，如霍伊斯勒合金Co_2MnSi[4]、金红石CrO_2[5]、尖晶石Fe_3O_4[6]、钙钛矿Sr_2FeMoO_6[7]以及闪锌矿结构化合物MnBi[8]、CrSb[9]等。

自旋极化率可以表示为：

$$P = \frac{N_\downarrow - N_\uparrow}{N_\downarrow + N_\uparrow}$$

式中，$N_\uparrow$和$N_\downarrow$分别表示费米能级处自旋向上和自旋向下的载流子数目。一般来讲，材料的自旋极化率越高就越容易实现高性能的自旋电子学器件，因此人们一直在努力探索能够达到完全自旋极化的材料。一方面，对于半金属材料，可以理论计算出其自旋极化率接近100%；另一方面，由于体系的载流子完全由一种自旋取向的电

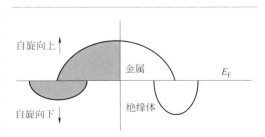

图7.1　半金属材料的态密度图（一个自旋子带为金属，另一个自旋子带为绝缘体）

子组成，所以原则上讲，可以实现不需要任何外力协助而达到输运电子的效果。因此，这类材料具有潜在的应用前景，尤其是寻找室温下可以应用的半金属材料是非常重要的。半金属物质还具有一个重要的特征——总磁矩为整数，即所谓的"磁矩量子化"现象。在半金属化合物中，如果下自旋的子带被占满，平均每个原胞内容纳的下自旋的电子数N^-也必定为整数，由于总的电子数是整数，那么上自旋子带中容纳的电子数为$N^+=N-N^-$（N为总价电子数），也为整数，最终导致总磁矩为玻尔磁矩的整倍数。对于某些特殊的半金属材料，这个整数可以为零，这也就是人们所努力实现的补偿半金属，这种情况可能在半金属反铁磁材料中实现。需要注意的是，这种材料不同于传统的反铁磁材料，在传统的反铁磁材料中上下自旋电子结构完全对称，其载流子的自旋极化率为零；而补偿半金属中上下自旋不对称，自旋极化率是100%。在双层钙钛矿$A_2BB'O_6$中，如果B和B'磁性离子的磁矩大小相等、方向相反，那么就有可能实现这种反铁磁半金属的性质。尤其是自1998年Kobayashi等发现双钙钛矿Sr_2FeMoO_6为反铁磁性半金属以来[5]，人们开始了在双层钙钛矿化合物中寻找可能具有补偿半金属性质的材料。这一特征能够避免与自旋相关的散射过程，在实际应用中具有重要价值，尤其是寻求具有较高居里转变温度的该类材料。因此磁转变温度高于室温100℃的$CaCu_3Mn_4O_{12}$（$AA'_3B_4O_{12}$型）钙钛矿化合物引起了科学家的重视，通过具有三价的稀土离子在A位的取代（即稀土离子取代Ca^{2+}），实现电子在B位的注入，使得电子结构由原来的半导体性转变为人们所期盼的半金属性电子结构。这样基于密度泛函理论计算，做出了非常系统的研究工作，将在下面给予详细的描述与总结。

7.3
HM稀土巨磁电阻材料的计算机理论模拟

7.3.1
密度泛函理论概述

密度泛函理论（density functional theory）是一种用于研究多电子体系电子结构的量子力学方法，它主要用于处理非均匀相互作用的多粒子体系，特别是用来研究凝聚态物质和分子的性质。目前，密度泛函理论已经在凝聚态物理、计算材料科学和计算量子化学等诸多领域获得了巨大成功并且得到了广泛的应用，已经成为许多领域中电子结构计算的领先方法。

对物质的物理和化学性质的微观描述是个复杂的问题，通常，我们处理的是可能受外场影响的具有相互作用的原子集合体，这些粒子的聚集形式可以是气态（分子和团簇），或凝聚态形式（固体、表面等），它们可以以固态、液态或无定形态、均匀态等存在。然而，在所有这些状态中，我们能够清楚地通过库仑（静电）相互作用的大量的原子核和电子来描述系统，形式上，可以将描述一个系统的Hamiltonian量写成如下的一般形式：

$$\hat{H} = -\sum_{I=1}^{P} \frac{\hbar^2}{2M_I}\nabla_I^2 + \frac{e^2}{2}\sum_{I=1}^{P}\sum_{J\neq I}^{P}\frac{Z_I Z_J}{|R_I - R_J|} - \sum_{i=1}^{N}\frac{\hbar^2}{2m}\nabla_i^2$$
$$+ \frac{e^2}{2}\sum_{i=1}^{N}\sum_{j\neq i}^{N}\frac{1}{|r_i - r_j|} - e^2\sum_{I=1}^{P}\sum_{i=1}^{N}\frac{Z_I}{|R_I - r_i|} \tag{7.1}$$

式中，$R=\{R_I\}$，$I=1$，$\cdots$，P，表示所有原子核坐标的集合；$r=\{r_i\}$，$i=1$，$\cdots$，N，表示N个电子坐标的集合；Z_I和M_I分别表示原子核的电荷和质量；m表示电子的质量。由于电子是费米子，所以其总的波函数必须是反对称的，即当任意两个电子交换坐标时需要改变符号，不同的原子核种类是可以辨识的，而相同种类的原子核也可以根据核自旋而遵循具体的统计学。对于半整数的核自旋（如H、^{3}He），它们是费米子；对于整数的核自旋值（如D、^{4}He、H_2），它们是玻色子。大体上，所有的部分都已清晰地知道，因此通过求解多体薛定谔（Schrödinger）方程，我们可以得到体系所有的性质：

$$\hat{H}\Psi_i(R，r)=E_i\Psi_i(R，r) \tag{7.2}$$

式中，E_i是能量的本征值；$\Psi(R，r)$是相对应的本征态或波函数，相对于电子坐标r的交换，它必须是反对称的，而相对于原子核坐标R的交换，它可以是对称的也可以是反对称的。

局域密度近似（local density approximations，LDA）是交换相关能量泛函的最初的简单近似，在很长的一段时间内，都是得到最广泛应用的近似。局域密度近似是由Kohn和Sham在1965年首次提出来的[10]，但是在Thomas-Fermi-Dirac理论中也包含其基本原理。该近似的主要思想是将一般的非均匀电子系统看作局域的电子气，然后应用相对于均匀电子气且很准确的交换关联空穴。也就是用具有相同密度的均匀电子气的交换相关泛函作为对应的非均匀系统的近似值，这种近似假定在空间某点的交换关联能只与该点的电子密度有关系。

对非局域交换关联空穴 $\tilde{\rho}_{XC}$，这种思想可以重新表达为以下形式：

$$\tilde{\rho}_{XC}^{LDA}(r, r') = \rho(r)\{\tilde{g}^{h}[|r-r'|, \rho(r)]-1\} \qquad (7.3)$$

式中，$\tilde{g}^{h}[|r-r'|, \rho(r)]$ 为均匀电子气的对关联函数，它只取决于 r 和 r' 之间的距离（系统是均匀电子气），而且对于密度 ρ 局域采用的值 $\rho(r)$，对关联函数必须被计算出来。根据这种定义，交换关联能可以表达为能量密度 $\tilde{\varepsilon}_{XC}^{LDA}[\rho]$ 的平均值：

$$\tilde{E}_{XC}^{LDA}[\rho] = \int \rho(r)\, \tilde{\varepsilon}_{XC}^{LDA}[\rho(r)]\,\mathrm{d}r \qquad (7.4)$$

由交换关联空穴来表达的交换关联能密度为：

$$\tilde{\varepsilon}_{XC}^{LDA}[\rho] = \frac{1}{2}\int \frac{\tilde{\rho}_{XC}^{LDA}(r, r')}{|r-r'|}\,\mathrm{d}r' \qquad (7.5)$$

在实际中，交换关联能由式（7.4）来计算，运用 $\tilde{\varepsilon}_{XC}^{LDA}[\rho] = \varepsilon_{X}^{LDA}[\rho]+\tilde{\varepsilon}_{C}^{LDA}[\rho]$，其中 $\varepsilon_{X}^{LDA}[\rho]$ 是交换能密度，$\tilde{\varepsilon}_{C}^{LDA}[\rho]$ 是关联能密度。

尽管交换关联能 $E_{XC}[\rho]$ 应该是 ρ 的函数，但是没有理由能量密度也应该是 ρ 的函数。事实上，ε_{XC} 并不是密度的函数，根据它的定义可以很清楚地看出能量密度是非局域性的，因为它反映了这样一个事实：在 r 处找到一个电子的可能性，取决于周围其他电子通过交换关联空穴的存在，然而，在局域密度近似中，它成为了密度的函数，这是因为它对应的是一个 ρ 处处都相同的均匀系统。

在表达式（7.3）中，可以看到在定义中存在不一致，准确的表达意味着我们应该用 $\rho(r')$ 来替代 $\rho(r)$。然而，这样会使 $E_{XC}^{LDA}[\rho]$ 成为非局域性的，使其只取决于 r 和 r' 处的密度，在这样的情况下，运用均匀电子气的参数是不太可能的，因为不清楚该用 $\rho(r)$ 还是 $\rho(r')$ 来作为均匀密度。均匀电子气只能由单个密度来表示，而不能由两个表示。那么，局域密度近似就等于假定对关联函数（和它的耦合常数平均值 $\tilde{g}$）为如下形式：

$$\tilde{g}(r, r') \approx \tilde{g}^{h}[|r-r'|, \rho(r)]\left[\frac{\rho(r)}{\rho(r')}\right] \qquad (7.6)$$

因此，事实上局域密度近似体现了两种不同的近似。

局域密度近似通常能够给出很合理的结果，适用于各种体系基态性质的计算，但严格来讲，它只适用于电子密度变化比较缓慢的情况（如近自由电子体系）。尽管局域密度近似得到了很广泛的应用，但是还有许多不足之处，比如对于一些半导体材料的计算，局域密度近似所计算的带隙通常比实验上所测得的值小。

而对于磁性以及开壳层系统，还应该考虑交换关联中的自旋自由度，这时叫作局域自旋密度近似（LSDA），基本上由自旋极化的表达替换关联能量密度，可有如下表达式：

$$
\begin{aligned}
E_{\mathrm{XC}}^{\mathrm{LSDA}}\left[\rho_{\uparrow}(r),\ \rho_{\downarrow}(r)\right] &= \int\left[\rho_{\uparrow}(r)+\rho_{\downarrow}(r)\right]\varepsilon_{\mathrm{XC}}^{\mathrm{h}}\left[\rho_{\uparrow}(r),\ \rho_{\downarrow}(r)\right]\mathrm{d}r \\
&= \int\rho(r)\varepsilon_{\mathrm{XC}}^{\mathrm{h}}\left[\rho(r),\ \zeta(r)\right]\mathrm{d}r
\end{aligned}
\tag{7.7}
$$

式中，$\rho_{\uparrow}(r)$ 和 $\rho_{\downarrow}(r)$ 分别表示自旋向上和自旋向下的电子密度。

通常，在局域自旋密度近似使用中，采用一些依赖于磁化密度 ζ 的内插函数插入到完全极化（$\varepsilon_{\mathrm{XC}}^{\mathrm{P}}$）和非极化（$\varepsilon_{\mathrm{XC}}^{\mathrm{U}}$）的交换 - 关联能量密度之间：

$$
\varepsilon_{\mathrm{XC}}^{\mathrm{h}}\left[\rho,\ \zeta\right]=f(\zeta)\varepsilon_{\mathrm{XC}}^{\mathrm{U}}\left[\rho\right]+\left[1-f(\zeta)\right]\varepsilon_{\mathrm{XC}}^{\mathrm{P}}\left[\rho\right]
\tag{7.8}
$$

von Barth 和 Hedin[11] 提出了一种对内插函数 $f(\zeta)$ 的近似表达形式：

$$
f^{\mathrm{vBH}}\left[\zeta\right]=\frac{(1+\zeta)^{4/3}+(1-\zeta)^{4/3}-2}{2^{4/3}-2}
\tag{7.9}
$$

之后，Vosko 等[12] 又提出了基于随机相近似的对于关联更真实的公式：

$$
\varepsilon_{\mathrm{C}}^{\mathrm{VWN}}\left[\rho,\ \zeta\right]=\varepsilon_{\mathrm{C}}^{\mathrm{U}}\left[\rho\right]+\left[\frac{f(\zeta)}{f''(0)}\right]\left[1-\zeta^4\right]\varepsilon_{\mathrm{C}}^{\mathrm{A}}\left[\rho\right]+f(\zeta)\zeta^4\left(\varepsilon_{\mathrm{C}}^{\mathrm{P}}\left[\rho\right]-\varepsilon_{\mathrm{C}}^{\mathrm{U}}\left[\rho\right]\right)
\tag{7.10}
$$

式中，$\varepsilon_{\mathrm{C}}^{\mathrm{P}}\left[\rho\right]$ 和 $\varepsilon_{\mathrm{C}}^{\mathrm{U}}\left[\rho\right]$ 分别为完全自旋极化和非自旋极化均匀电子气的关联能量密度；$\varepsilon_{\mathrm{C}}^{\mathrm{A}}\left[\rho\right]$ 与之前的表达相同，只是具有不同的拟合系数。

由于真正的交换关联作用是非局域的，因此，为了阐明电子密度的非均匀性，通常要对密度根据梯度进行扩展，于是在局域密度近似的基础上有人提出了广义梯度近似（generalized gradient approximations，GGA）[13]。在这种近似下，交换相关能是电子密度及其梯度的泛函：

$$
\tilde{E}_{\mathrm{XC}}^{\mathrm{GGA}}\left[\rho(r)\right]=\int\rho(r)\tilde{\varepsilon}_{\mathrm{XC}}^{\mathrm{GGA}}\left[\rho(r),\ \left|\nabla\rho(r)\right|\right]\mathrm{d}r
\tag{7.11}
$$

通常情况下，相比于局域密度近似，广义梯度近似能够更精确地考虑到某位置附近的电子密度及其密度梯度对交换关联能的影响，因此，在某些情况下，广义梯度近似更能给出较好的结果。由于引入到广义梯度近似中的密度梯度可以有不同的形式或方法，因此，存在着不同的版本。比较常用的是由 Perdew 提出的两种形式，一种为GGA91[14]，另一种为GGA96[15]，也称为GGA-PBE，是由Perdew、Burke和Ernzerhof三人共同提出的。此外，Wu和Cohen在2006年也提出了一种新的广义梯度的近似方法[16]。

7.3.2
LDA+*U*及GGA+*U*法

过渡金属氧化物和稀土金属化合物中包含局域化的d轨道和f轨道，这种局域会导致很强的位内关联作用。也就是说，如果一个电子已经占据了一个特定位置，那么将另一个电子放在同一个位置就需要额外的能量U。如果这个所需的额外能量比能带宽度大的话，即使能带没有全部被填满，系统仍然表现为绝缘性质，这种绝缘体我们将其称为Mott绝缘体。这种思想由Hubbard在经验Hamiltonian阶段首次使其具体化[17]，Hubbard模型的研究是对关联电子来说最重要的模型，到目前为止，先进的理论和计算技术得到了极大的发展，包括小团簇体系的准确对角化，以及晶格量子Monte Carlo方法。Hubbard方法与密度泛函计算结合起来，通过一个Hubbard型的位内的排斥项（LDA+U）加载在局域密度近似或者广义梯度近似中[18]：

$$E_{\text{LDA}+U} = E_{\text{LDA}} - \frac{1}{2} UN(N-1) + \frac{1}{2} U \sum_{i \neq j} f_i f_j \qquad （7.12）$$

这里，N为轨道上电子总数，f_i为轨道占据。这种模型产生了一种劈裂：上Hubbard子带和下Hubbard子带，本征值为：

$$\varepsilon_i = \frac{\partial E_{\text{LDA}+U}}{\partial f_i} = \varepsilon_{\text{LDA}} + U\left(\frac{1}{2} - f_i\right) \qquad （7.13）$$

因此能量的分离由Hubbard参数U给出，这也定性地重现了Mott-Hubbard绝缘体的行为，即强关联效应促使带隙打开。Hubbard参数U的确定可以通过经验上拟合实验数据，或者通过改变局域的d或f轨道的占据数时，计算其总能，与LDA计算结果进行对比。而对于LDA+U的泛函形式，其中比较常用的一种形式就是由Dudarev等[19]提出的一种简化模型，其表现形式为：

$$E^{\text{DFT}+U} = E^{\text{LSDA}} + \frac{U-J}{2} \sum_{\sigma} \left(\sum_{m1} n_{m1,m1}^{\sigma} - \sum_{m1,m2} n_{m1,m2}^{\sigma} n_{m2,m1}^{\sigma} \right) \qquad （7.14）$$

在LDA+U方法中，Hubbard项以平均场处理，LDA+U方法在最近又被延伸到动力学平均场关联（LDA-DMFT）[20]，而且也与GWA进行了结合[21]。

实际上，DFT+U的处理方法是一种完全的平均场近似，对于过渡金属或稀土金属离子的d和f局域轨道的计算是一种比较合适的选择。而为了考虑到粒子自能对频率的依赖，又引入了动力学平均场理论（DMFT）[22]，它是经典统计力学中Weiss平均场理论的一个自然推广。但这里的平均场并不是冻结所有的涨落效应，它只冻结空间的涨落，而把局域的量子涨落（指的是在一个给定点阵位置上可能的量子态之间的时间涨落）完全考虑进去。

7.3.3
稀土诱导的半金属性质及其对磁性的微调谐

人们在钙钛矿型的$CaCu_3Mn_4O_{12}$中发现了居里温度（T_C=355K）下巨大的低场响应现象，$CaCu_3Mn_4O_{12}$具有立方结构，空间群为Im-3（No. 204），如图7.2所示。

通常的巨磁电阻（CMR）材料都是在很高的磁场、很窄的温度范围内表现出稳定的磁电阻效应，而$CaCu_3Mn_4O_{12}$则不同，它能够在室温和低场下表现出很好的磁电阻响应，大约在20K能够达到40%[23]。之后，基于密度泛函理论（DFT），人们对$CaCu_3Mn_4O_{12}$进行了系统的电子和磁结构的理论计算[24~26]。发现具有Jahn-Teller效应的Cu^{2+}位于理想钙钛矿ABO_3的A位，它是一种具有较小能隙的亚铁磁半导体，亚铁磁作用来自于Cu^{2+}和Mn^{4+}自旋之间的反铁磁耦合，每个晶胞单元的净磁矩为$9.0\mu_B$。在$CaCu_3Mn_4O_{12}$中，如果用稀土离子R取代Ca^{2+}，就会引入一种电子掺杂效应，将会在很大程度上影响磁性质和输运性质，这种取代将会导致在B位子晶格中出现Mn^{4+}和Mn^{3+}的混合价态，从而使$RCu_3Mn_4O_{12}$出现不同于原型化合物$CaCu_3Mn_4O_{12}$的特殊性质。实际上，在实验上已经得到了几乎所有稀土离子取代的$RCu_3Mn_4O_{12}$（R=La^{3+} ~ Lu^{3+}，Y^{3+}），该系列化合物

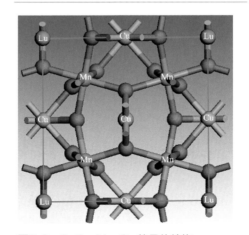

图7.2 $CaCu_3Mn_4O_{12}$的晶体结构

具有和$CaCu_3Mn_4O_{12}$相同的空间群结构，它们都是亚铁磁的，并且磁转变温度高于室温。采用GGA及GGA+U方法发现，当R为La、Tb和Lu时[24,27]，它们具有半金属特性的电子结构，这在自旋电子学的基础研究和技术应用方面都具有很重要的意义。计算所得的电子结构图如图7.3所示。

由此可见，A位稀土离子对$RCu_3Mn_4O_{12}$系列化合物（R=Y，La，Pr，Nd，Sm，Eu，Gd，Tb，Dy，Ho，Er，Tm，Yb和Lu）注入电子而诱导其成为半金属材料。当R从La到Lu变化时，发现稀土离子半径诱导的化学压使T_c^1（Cu与Mn之间的亚铁磁耦合）单调增加[图7.4（a）]；而T_c^2（稀土离子与Cu/Mn之间的磁耦合）的变化趋势与R的原子半径变化趋势一致，即呈现双峰式变化[图7.4（b）]；磁各向异性能与相对应的R离子的总磁矩相关[图7.4（c）]。

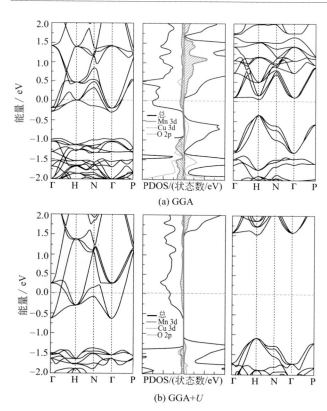

(a) GGA

(b) GGA+U

图7.3　GGA及GGA+U方法计算所得的电子结构

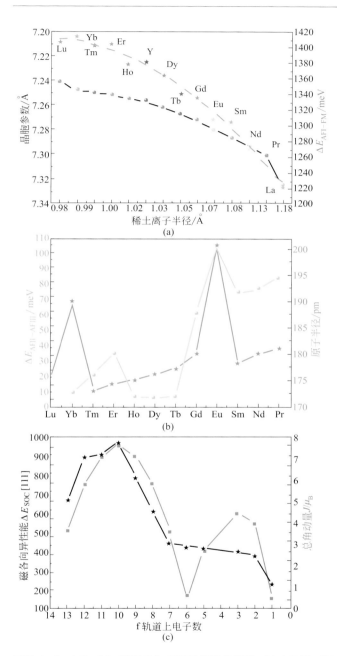

图7.4 （a）Cu/Mn磁耦合与R离子半径的关联；（b）R/Cu(Mn)磁耦合与R原子半径的关联；
（c）磁各向异性能与R总磁矩的关联

7.3.4
稀土对扩展超交换磁耦合强度的微调谐

在四钙$AM_3B_4O_{12}$型化合物中存在非常丰富的磁耦合机制。最近，日本Shimakawa课题组合成了一种新的A位有序钙钛矿$YMn_3Al_4O_{12}$，这也是实验上首次合成A位为Mn、B位为非磁性离子的A位有序钙钛矿[28]。实验测得该化合物呈现反铁磁性，并推测其反铁磁性来源于Mn-Mn的直接相互作用。注意到当A位为Cu、B位被非磁离子所占据的化合物$CaCu_3Ge_4O_{12}$和$A'Cu_3Sn_4O_{12}$（A'=Ca，Sr，Pb）时，化合物显示铁磁性，来源于Cu-Cu的直接相互作用[29,30]，磁化合物中Y和Mn均为A位。此类化合物的通式为$AA'_3B_4O_{12}$，在$YMn_3Al_4O_{12}$中Mn-Mn之间表现为反铁磁相互作用。另外，对它们的组成元素对比分析后，发现前者A位为JT离子Cu^{2+}，电子构型为d^9，在3d轨道有一个空穴，而后者为JT离子Mn^{3+}，电子构型为d^4，在3d轨道有一个电子；而且它们的B位均为主族非磁离子（Sn/Al），这样推测它们的性质应该相近，但是事实上却完全相反。从理论计算的角度对该化合物进行了系统的研究。计算结果表明，其内部真正的磁耦合机制是(Mn—O)—(O—Mn)扩展超交换（extended superexchange）相互作用，这是第一次将扩展超交换相互作用应用到A位有序钙钛矿体系中。通过A位离子的取代，进一步证实O—O间距是影响其磁耦合强度的关键因素，丰富了磁耦合机理。$YMn_3Al_4O_{12}$中四种可能的磁相互作用见图7.5。

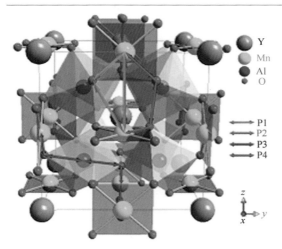

图7.5　$YMn_3Al_4O_{12}$中四种可能的磁相互作用：Mn—O—Mn超交换(P1)；Mn—Mn的直接作用(P2)；Mn—O—Al—O—Mn的超交换(P3)及(Mn—O)—(O—Mn)的扩展超交换(P4)

图7.6给出了$YMn_3Al_4O_{12}$费米面附近的电荷密度。首先，可以排除Mn—O—Mn超交换作用，这是因为Mn—O键太长（为2.718 Å），在这样长的距离下，Mn和O的相互作用是非常弱的，这一点在图7.6（a）中可以明显地看到。其次，从图7.6（a）中还可以清楚地看出Mn—Mn的直接相互作用也是非常弱的，可以不予考虑。再次，Mn—O—Al—O—Mn的超交换也是不合理的，因为从图7.6（b）可以看出，Al附近的电荷密度基本为零，这样使得该相互作用在Al离子处中断。最后，我们可以推断$YMn_3Al_4O_{12}$中最主要的磁耦合作用应该是(Mn—O)—(O—Mn)的扩展超交换。为了证明这一点，我们给出了三维的电荷密度图，从图7.6（c）我们可以直观地看到这种相互作用。

为了探究影响(Mn—O)—(O—Mn)的扩展超交换作用强度的关键因素，分别用La^{3+}和Lu^{3+}取代了A′位的Y^{3+}，其中前者的离子半径比Y^{3+}的大，而后者的离子半径比Y^{3+}的小。计算结果显示，随着A′位离子半径的减小，相应的晶格常数和Mn—Mn、Mn—O及Al—O键长都递减，但是其中O—O距离的变化趋势却完全相反，其值从$LaMn_3Al_4O_{12}$中的2.713Å增大到$YMn_3Al_4O_{12}$中的2.721Å以及$LuMn_3Al_4O_{12}$中的2.723Å。此外，还发现$LaMn_3Al_4O_{12}$和$YMn_3Al_4O_{12}$之间的晶胞参数相差比较大，而$YMn_3Al_4O_{12}$与$LuMn_3Al_4O_{12}$的晶胞参数很接近，这与A′位离子半径的变化程度是一致的，因为La^{3+}和Y^{3+}的离子半径差0.34Å，而Y^{3+}和Lu^{3+}之间的离子半径仅差0.04Å。通过以上的结构分析，说明A′位的离子取代就相当

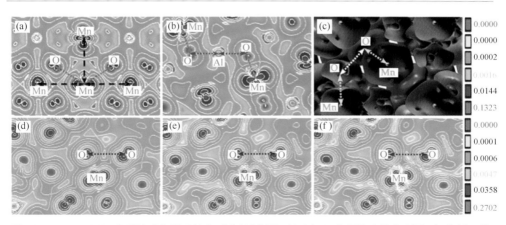

图7.6　$YMn_3Al_4O_{12}$在反铁磁构型下其（a）（100）面、（b）（110）面的电荷密度图；（c）其三维的电荷密度图（蓝色代表自旋向下的离子，红色代表自旋向上的离子）；（d）、（e）以及（f）分别表示$LaMn_3Al_4O_{12}$、$YMn_3Al_4O_{12}$和$LuMn_3Al_4O_{12}$中(Mn—O)—O平面上O—O间的电荷密度分布

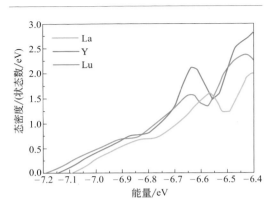

图7.7 LaMn$_3$Al$_4$O$_{12}$、YMn$_3$Al$_4$O$_{12}$以及LuMn$_3$Al$_4$O$_{12}$中O的2p轨道的态密度

于给体系加一个小的外压，使体系的晶胞参数得到小尺度调整。最后的计算结果发现这三种化合物反铁磁绝缘体，而且其中最主要的磁耦合均归因于(Mn—O)—(O—Mn)的扩展超交换作用。

从图7.7可以看出，从LaMn$_3$Al$_4$O$_{12}$到YMn$_3$Al$_4$O$_{12}$再到LuMn$_3$Al$_4$O$_{12}$，Mn与O的杂化作用越来越强，这与Mn—O键长的递减以及MnO$_4$四边形的收缩趋势是一致的。如果Mn—O键长起主要作用的话，那么从LaMn$_3$Al$_4$O$_{12}$到LuMn$_3$Al$_4$O$_{12}$，(Mn—O)—(O—Mn)的扩展超交换作用应该是越来越强的。然而计算发现，它们中铁磁与反铁磁之间的能量差分别为239.3meV/原胞、176.4 meV/原胞、159.8 meV/原胞，说明扩展超交换作用的强度越来越弱，进而证明Mn—O键长不是影响该扩展超交换作用的最主要因素。另外，在取代的过程中，Mn—O—Mn的键角基本保持不变。最后确定影响(Mn—O)—(O—Mn)的扩展超交换作用强度的最主要因素为O—O的距离。为了证明这一点，这里分别给出了三种化合物中(Mn—O)—O平面上O—O间的电荷密度分布。从图7.6（d）～（f）中可以清楚地看到，从LaMn$_3$Al$_4$O$_{12}$到YMn$_3$Al$_4$O$_{12}$再到LuMn$_3$Al$_4$O$_{12}$，随着O—O距离的增大，其间的电荷密度越来越弱，这与计算的能量差的变化趋势是一致的，进而证实O—O的距离为影响(Mn—O)—(O—Mn)的扩展超交换作用强度的最主要因素。

7.3.5
外延应力对HM稀土巨磁电阻材料的性能影响

材料在实际应用中都要受到界面效应的影响，其中外延应力的影响是最基本的因素。在半金属性稀土巨磁电阻材料中，当施加外在应力后其半金属性是否仍然存在是其在实际应用中要考虑的一个重要因素。下面以双钙钛矿La$_2$CoMnO$_6$为例探究施加应力后的电子结构变化规律。在图7.8（a）、（b）的顶部面板图中给出了两种应力下，由LSDA方法得到的La_2CoMnO_6总态密度和分波态密度的分布情况。从图中可以看到，在两种应力下，La_2CoMnO_6是一种半金属，其上自旋子带为绝缘性，下自旋子带为金属性。Co的3d态在自旋向上子带中是全部占据的，分布在$-2.5eV$到费米能级之间的区域内，而在自旋向下轨道中，Co的3d态是被部分填充的，对费米能级位置的态密度具有较大贡献。这些LSDA的计算结果说明，在外延应力下，$Co^{2+}(d^7)$保持其高自旋态不变，这种由应力导致的结构畸变并不足以引起如$LaCoO_3$中所出现的自旋态的转变[31]。

为了说明应力下的La_2CoMnO_6的作用，在图7.8（a）～（c）中分别给出了压应力、平衡态（体材料）和拉应力下的Co的3d轨道的分波态密度图。可以看

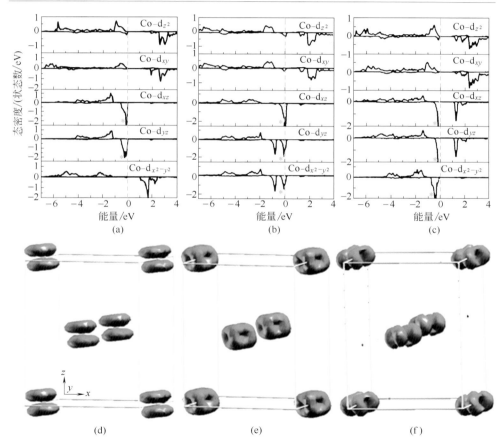

图7.8　由LSDA+U（U=3eV）计算的Co的3d态在三种不同情况下的轨道分解的分波态密度图：（a）压应力，（b）平衡态，（c）拉应力；与（a）～（c）三种情况对应的，在自旋向下子带中紧靠于费米能级下的Co的3d轨道的电荷密度图分别显示于（e）～（g）中

用于画电荷密度图的轨道在图（a）～（c）中用红色星号标示出来，其中较大的星号表示其对电荷密度的贡献较大

出，Co的3d轨道在应力下的电子占据情况与体材料中具有很大不同：在体材料中，CoO_6八面体畸变较小，以至于d_{xz}、d_{yz}和$d_{x^2-y^2}$三个轨道基本上是简并的，处于相同的能量区间内，并且对费米能级的态密度分布有很大贡献；当加入应力之后，CoO_6八面体畸变程度增大，压应力时，位于ab面内的$d_{x^2-y^2}$轨道的能量由于晶胞参数a和b的减小而升高，因此，该轨道上的电子就倾向于转移到与z轴相关的轨道$d_{xz/yz}$上；对于拉伸的情况，正好相反，由于晶胞参数c的缩短，与z轴相关的$d_{xz/yz}$轨道的能量升高，因此，其上的电子就转移到$d_{x^2-y^2}$上。在图7.8中可以得到证实。在图7.8（a）中，自旋向下的$d_{xz/yz}$轨道是全部占据电子的，而$d_{x^2-y^2}$却是全空的；相反，在图7.8（c）中，$d_{x^2-y^2}$轨道在自旋向下子带中是完全占据的，而$d_{xz/yz}$轨道是部分占据的。正是这种Co的3d轨道的不同占据情况使得La_2CoMnO_6由体材料的半金属性质转变为应力下的绝缘体。事实上，轨道占据数可以定量地由态密度的积分得到，在这里，只考虑$d_{x^2-y^2}$和$d_{xz/yz}$轨道的占据数，分别表示为$n_{x^2-y^2}$和$n_{xz/yz}$，然后，根据轨道占据数，可以得到轨道极化P，我们将其定义为：

$$P = \frac{n_{x^2-y^2} - n_{xz/yz}}{n_{x^2-y^2} + n_{xz/yz}} \qquad (7.15)$$

由于Co的d_{xz}和d_{yz}轨道是简并的，所以考虑这两个轨道的占据数平均值，因为在上自旋通道中，轨道占据没有明显的变化，所以只考虑下自旋通道中的情况。计算得到的轨道极化率P对于压应力和拉应力下的La_2CoMnO_6分别为-0.76和0.32，其绝对值均比平衡态下（0.14）的大，这说明电子关联效应引入之后，应力下的La_2CoMnO_6的轨道极化增大。根据这些结果得出结论：由外延应力和电子关联效应两种因素可以诱导电子对$d_{x^2-y^2}$或者$d_{xz/yz}$轨道的优先占据，进而实现绝缘态的出现。为了使这种微观物理更清晰，在图7.8（d）～（f）中分别画出了对应于图7.8（a）～（c）三种情况的Co的3d轨道在靠近费米能级处的电荷密度图。这里只显示自旋向下子带中的情况，并且为了清晰起见，略去了其他原子。从图7.8（e）中可以看到，在Co位并没有明显的轨道有序出现，表明了其比较弱的轨道极化，而对于压应力的情况，在Co位具有很明显的$d_{xz/yz}$形状的轨道有序，对于拉应力，也可以看出很明显的$d_{x^2-y^2}$轨道以及少量的$d_{xz/yz}$轨道，这些结果与图7.8（a）～（c）中的情况是一致的。因此，得出结论，在外延应力和电子关联的共同作用下，La_2CoMnO_6中出现轨道有序，发生了金属-绝缘体转变，类似的情况在之前报道的锰氧化物中也存在[32]。

对于过渡金属离子，电子关联效应是必不可少的，应用LSDA+U方法研究

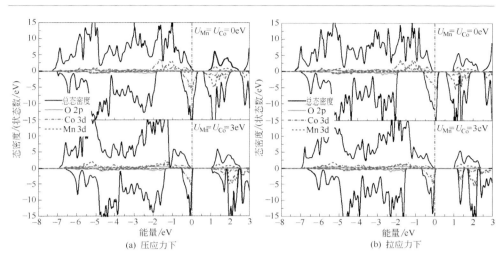

图7.9 由LSDA和LSDA+$U(U=3\text{eV})$方法计算得到的应力下的La$_2$CoMnO$_6$的总态密度图和Co 3d、Mn 3d以及O 2p态的分波态密度图（竖直的红色点划线表示费米能级所在的位置）

电子关联效应对体系电子结构的影响，根据前面的研究结果，我们选择U值为3.0eV来进行讨论。在图7.9（a）、（b）的底部面板图中，给出了LSDA+U方法计算所得到的应力下的总态密度和分波态密度分布。从图中看到，当考虑电子关联效应之后，体系在两种应力下均转变为绝缘体，在自旋向下子带中，Co的3d轨道占据态被移至费米能级以下，而其非占据态被推向更高能级处，导致这两种态之间能隙的出现。这些结果说明电子关联效应对应力下的La$_2$CoMnO$_6$的电子结构表征具有非常重要的作用。

7.4
稀土在巨磁电阻材料中应用的实验研究

7.4.1
阳离子有序度的微调控

双钙钛矿结构氧化物A$_2$BB'O$_6$因其B位的BO$_6$和B'O$_6$配位八面体具有岩盐有序的特殊晶体结构以及由此引发的多样的磁、电特性而引起人们的广泛关注[32～34]。

其中，B位有序的双钙钛矿化合物 La_2CoMnO_6 和 La_2NiMnO_6 显示出了接近室温的磁转变温度[33,35]，其铁磁性被认为来自于Goodenough-Kanamori提出的自旋180°铁磁超级交换相互作用[36~38]。由于B位过渡金属离子的结构和电荷有序，这类化合物也显示出罕见的高温铁磁绝缘特征[39,40]。此外，人们还报道了在近室温环境下磁场诱导的电阻率[41]和介电性质[42,43]的显著变化，特别是最近在部分结构无序的 La_2NiMnO_6 钙钛矿化合物中发现了高的磁介电耦合效应，其耦合系数在 150～300K 温度范围内达8%～20%[44]。上述实验现象都反映了离子有序程度与磁-介电耦合具有内在联系，因而精细调控结构有序度有望实现对材料自旋、电荷以及介电性能的调控。为了进一步提高铁磁交换作用强度，目前的关键问题在于如何获得较高结构有序度的双钙钛矿材料。

用 Bi^{3+} 替代A位的 La^{3+}，发现有利于B位Co-Mn有序度的提高。图7.10显示

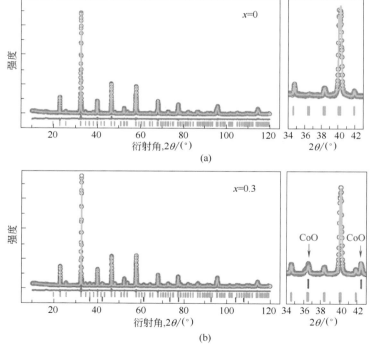

图7.10　$La_{2-x}Bi_xCoMnO_6(x=0, 0.3)$化合物的室温XRD谱图

绿色圆圈代表所测得的衍射强度；橙色线表示拟合强度；右侧小图给出了各自的局部放大图像，CoO杂相用箭头标出；粉色短竖线表示正交相的布拉格衍射峰对应的 2θ 角位置，棕色短竖线表示杂相的衍射峰位置；底部的蓝色曲线表示衍射谱的实测值与拟合值的差异

了 $La_{2-x}Bi_xCoMnO_6$（$x=0$，0.3）经 Rietveld 精修后的粉末衍射谱图。精修结果总结在了表 7.1 和表 7.2 中。样品均被可指标化为正交晶系 Pnma（No. 62）空间群（$\sqrt{2}\,a_c \times 2a_c \times \sqrt{2}\,a_c$，这里 a_c 为简单立方晶胞的晶胞常数）。衍射谱图表明，样品基本为单一钙钛矿相化合物，然而随着 Bi 掺杂量的增大，发现了少量的 CoO 相［少于 3%（摩尔分数）］。一般情况下，当 B 位的 Co-Mn 离子是无序随机分布时，则 B—O 键长应该是几乎相等的[45]。但是，对该体系键长和键角的深入分析发现两种具有明显差异的 Mn(Co)—O2 键长（表 7.1），表明 B 位离子的分布可能是有序

表 7.1　室温 XRD 精修所得 $La_{2-x}Bi_xCoMnO_6$($x=0 \sim 0.3$) 化合物的键长和键角

样品	$x=0$	$x=0.1$	$x=0.2$	$x=0.3$
键长/Å				
La (Bi)—O1	3.097 (9)	3.123 (8)	3.110 (9)	3.166 (13)
	2.894 (7)	2.932 (6)	2.975 (7)	2.983 (9)
	2.643 (7)	2.620 (6)	2.578 (6)	2.599 (8)
	2.431 (9)	2.409 (8)	2.428 (9)	2.372 (13)
<La (Bi)—O1>	2.766 (8)	2.771 (7)	2.773 (8)	2.780 (11)
La (Bi)—O2×2	2.670 (9)	2.674 (6)	2.654 (6)	2.693 (11)
	2.480 (6)	2.447 (5)	2.465 (5)	2.461 (8)
	2.744 (8)	2.745 (7)	2.756 (8)	2.718 (11)
	3.142 (6)	3.192 (1)	3.190 (1)	3.202 (1)
<La (Bi)—O2>	2.759 (8)	2.765 (7)	2.766 (8)	2.769 (8)
Mn (Co)—O1 ×2	1.975 (2)	1.981 (2)	1.980 (2)	1.994 (3)
Mn (Co)—O2×2	2.003 (9)	2.007 (8)	2.012 (8)	2.008 (12)
	1.940 (9)	1.952 (8)	1.947 (8)	1.955 (12)
<Mn (Co)—O2>	1.972 (9)	1.979 (8)	1.980 (8)	1.982 (12)
<B—O>	1.973 (7)	1.980 (6)	1.980 (6)	1.986 (9)
键角/(°)				
La (Bi)—O1—La (Bi)	101.5 (3)	102.8 (3)	103.6 (3)	105.1 (4)
La (Bi)—O2-La (Bi)	167.3 (3)	165.3 (2)	165.9 (3)	165.7 (3)
	96.7 (3)	97.6 (2)	97.8 (3)	98.4 (3)
	96.1 (3)	97.1 (2)	96.5 (3)	95.9 (3)
Mn (Co)—O1—Mn (Co)	158.9 (5)	157.5 (5)	157.4 (5)	154.7 (7)
Mn (Co)—O2—Mn (Co)	161.4 (3)	159.1 (3)	159.6 (3)	159.3 (4)
<B—O—B>	160.2 (4)	158.3 (4)	158.5 (4)	157.0 (6)

表7.2 室温XRD精修所得La$_{2-x}$Bi$_x$CoMnO$_6$（x=0 ~ 0.3）化合物的原子位置、热位移参数和占有率因子

	样品	x=0	x=0.1	x=0.2	x=0.3
	a/Å	5.4813 (1)	5.4903 (1)	5.4970 (1)	5.5026 (1)
	b/Å	7.7656 (1)	7.7728 (1)	7.7782 (1)	7.7834 (1)
	c/Å	5.5218 (1)	5.5232 (1)	5.5232 (1)	5.5244 (1)
La/Bi	x	0.5221 (1)	0.5241 (1)	0.5262 (1)	0.5266 (1)
	y	0.25	0.25	0.25	0.25
	z	0.0053 (2)	0.0050 (2)	0.0048 (2)	0.0064 (2)
	U_{iso}/Å^2	0.0123 (1)	0.0119 (1)	0.0147 (2)	0.0138 (2)
	占有率因子	0	0.05	0.1	0.15
Co/Mn	x	0	0	0	0
	y	0	0	0	0
	z	0	0	0	0
	U_{iso}/Å^2	0.0082 (3)	0.0104 (2)	0.0116 (3)	0.0087 (3)
	占有率因子	0.5	0.5	0.5	0.5
O1	x	−0.0010 (13)	−0.0047 (11)	−0.0103 (12)	−0.0088 (15)
	y	0.25	0.25	0.25	0.25
	z	−0.0656 (17)	−0.0698 (15)	−0.0667 (16)	−0.0784 (23)
	U_{iso}/Å^2	0.0203 (10)	0.0135 (10)	0.0064 (9)	0.0278 (14)
O2	x	0.2735 (17)	0.2852 (13)	0.2836 (15)	0.2823 (21)
	y	0.0305 (10)	0.0337 (8)	0.0343 (9)	0.0286 (13)
	z	0.2187 (14)	0.2223 (13)	0.2251 (14)	0.2110 (18)
	U_{iso}/Å^2	0.0203 (10)	0.0135 (10)	0.0064 (9)	0.0278 (14)
R_p/%		5.95	5.76	5.80	6.47
ωR_p/%		8.15	7.67	7.97	9.20
χ^2		2.472	2.053	2.320	3.218

的。应该注意到，无法对该体系的XRD谱图按离子有序的P2$_1$/n空间群（No. 14）进行指标化并拟合。这是因为锰离子和钴离子对X射线具有非常相近的散射系数，无法通过X射线来分辨两者晶体学占位的差异[45,46]。尽管如此，A位Bi掺杂所引起的B位平均键长和键角的变化仍可以作为一个研究思路。注意到，随着Bi掺杂浓度的增大，La(Bi)—O间距离的差异化程度逐渐增强（表7.1）。这一现象在沿晶体ab平面方向的La(Bi)—O1和La(Bi)—O2上表现得更为突出；此外，沿c轴方向的键长Mn(Co)—O1与键角Mn(Co)—O1—Mn(Co)随Bi掺杂而变化的剧烈程度要比平行于ab平面方向的键长Mn(Co)—O2大得多（图7.11）。这说明A位Bi^{3+}

的掺杂显著影响了B位Mn(Co)离子与近邻氧离子间的电子相互作用，重要的是这种影响是晶体学各向异性的。虽然La^{3+}和Bi^{3+}的离子半径非常相近（配位数为8时的La^{3+}半径为1.16Å，Bi^{3+}半径为1.17Å)[44]，但是这种显著的键参数差异主要被认为是来自于Bi^{3+}的6s轨道和近邻O^{2-}的2p轨道间强烈的杂化作用，杂化后的轨道又与沿c轴方向Mn(Co)的3d轨道相互关联，从而解释了掺杂对于晶体结构的影响。显然，这种择优取向的轨道杂化方式是由6s^{2}孤对电子的立体化学效应所致。因此认为该钙钛矿体系晶体结构中与O1有关的键长对Bi的掺杂较O2而言更为敏感。

La$_2$CoMnO$_6$双钙钛矿体系中由于存在(Mn/Co)O$_6$配位八面体B—O键的伸缩振动，在490cm^{-1}和645cm^{-1}通常可以观察到两类拉曼散射吸收峰[45~47]。人们通过晶格动力学计算预测了位于645cm^{-1}附近的振动模是来自八面体化学键的对称伸缩振动（"呼吸"模式），而位于490cm^{-1}附近的振动模则是源于化学键的非对称伸缩振动和弯曲振动的混合振动模式[47]。图7.12显示了La$_{2-x}$Bi$_x$CoMnO$_6$（x=0，0.1，0.3）的拉曼吸收光谱，入射激光采用632.8nm的激发波长。可以看出，随着Bi^{3+}浓度的增大，拉曼吸收峰的峰宽变宽，峰型的不对称性增强。产生该现象的原因可以由以下三个方面解释：①随掺杂量的增大，B位离子有序度增强，这

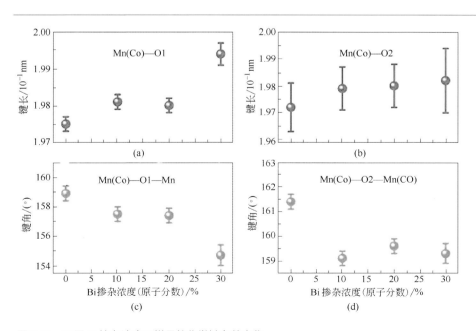

图7.11 不同Bi掺杂浓度下样品的化学键参数变化

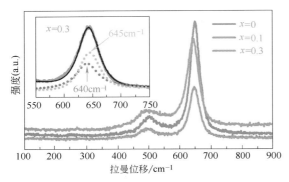

图7.12 La$_{2-x}$Bi$_x$CoMnO$_6$（x=0，0.1，0.3）化合物的室温拉曼光谱

样MnO$_6$和CoO$_6$八面体的化学键振动模的微小差异导致相应频率处的拉曼吸收峰的重叠与展宽；②La$_{2-x}$Bi$_x$CoMnO$_6$体系中存在不同B位有序度的微畴结构，伴随有不同化合价态的锰、钴离子（Mn^{3+}和Mn^{4+}以及Co^{2+}和Co^{3+}），而这些离子的共存会使体系的拉曼谱峰变得非常复杂；③由于MnO$_6$和CoO$_6$化学键的对称伸缩振动频率相近，因此很难观察到各自独立的拉曼信号。将掺杂量x=0.3样品的650cm^{-1}处的拉曼峰进行拟合（图7.12内插图），得到两个独立的振动模640cm^{-1}和645cm^{-1}，意味着Bi掺杂会使B位离子的有序性增强，进而降低晶体结构的对称性。另外，从图7.12可以看到，随着掺杂量增大，位于500cm^{-1}和650cm^{-1}处的拉曼峰向低波数方向出现了微小的移动（约10cm^{-1}）。在之前的结构数据中发现随x增大，Mn(Co)—O键长由1.973Å增大到1.986Å。因此该拉曼位移被认为是键长增大后键的振动能减弱造成的。

为了深入研究Bi掺杂对B位离子化合价的影响，对La$_{2-x}$Bi$_x$CoMnO$_6$（x=0，0.1，0.2，0.3）的Mn的3s芯能级的XPS谱进行了表征（图7.13）。一般认为，Mn 3s芯能级的XPS双峰劈裂值的大小不仅与锰离子的化合价密切相关，而且可以定量计算混合价态中出不同价态锰离子的相对摩尔比[48]。对于La$_{2-x}$Bi$_x$CoMnO$_6$，当x=0.1时对应的劈裂值为5.00eV，而当x=0.3时对应的劈裂值为4.84eV。文献已报道3s芯能级的双峰劈裂值对于+3价的锰离子为5.4eV[49]，对于+4价的锰离子为4.5eV[50]。因此，实验结果清楚地表明体系中Mn^{4+}的比例随着Bi的掺杂而增大，从而进一步说明了在Mn^{4+}-Co^{2+}有序和Mn^{3+}-Co^{3+}无序共存的该双钙钛矿体系中，随Bi^{3+}浓度的增加，Mn^{4+}-Co^{2+}有序度逐渐增大。这一实验结论与之前的XRD和拉曼实验结果相一致。

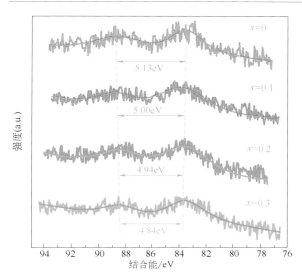

图7.13　La$_{2-x}$Bi$_x$CoMnO$_6$（x=0，0.1，0.2，0.3）化合物中Mn 3s的XPS谱图

7.4.2
阳离子有序度对磁耦合性能的影响

根据报道，对于B位有序的La$_2$CoMnO$_6$化合物，其磁性测试只能在245K附近得到单一的铁磁-顺磁转变温度[51,41]，而在对应的结构无序体系中，则在145K附近发现了另一个明显的磁转变现象[40]。从样品La$_{2-x}$Bi$_x$CoMnO$_6$（x=0，0.1，0.3）的磁化强度与温度的关系曲线中［图7.14（a）］可以看出，在150K附近并未发现这样的异常转变，表明所合成的双钙钛矿化合物基本上是结构有序的。此外，随着样品中Bi掺杂量的增大，场冷-零场冷测试模式对应的磁化强度（M_{FC}，M_{ZFC}）均有所提高。但是在经过M_{ZFC}-T曲线的极大值（即通常定义的自旋冻结温度，T_f）后，各样品的M_{FC}和M_{ZFC}值出现了很大的差异，这被认为是由自旋的团簇玻璃行为所引起的磁不可逆现象。更有趣的是，当x=0、0.1时，在低温下观察到了绝对值较大的负的M_{ZFC}，即磁化强度方向与外加磁场反向相反。这是首次在La$_2$CoMnO$_6$体系中利用相同的测试条件发现该实验现象。而当x=0.3时，M_{ZFC}随温度的降低逐渐接近于零。这些特殊的实验结果被认为与B位离子反位无序所引起的反相晶界的形成有关。为了进一步的搞清楚其诱发机制，下面给出了该体系微观畴结构的示意图［图7.14（b）］。从图中能够看出存在大量铁磁耦合的团簇和

微畴，由短程的Co^{2+}—O—Mn^{4+}铁磁超交换作用支配。而在反相晶界处则出现了反铁磁耦合的团簇。特别的，当磁性离子的自旋被一种具有360°反相晶界的畴壁所隔开时，则很难再通过施加较低的磁场或者降低体系温度来使它们沿相同磁场方向排列。对于本实验中的零场冷测试模式，外加的100Oe磁场强度不足以使冻结在团簇和畴内的自旋转向。这样一来，随着温度的下降，反向晶界附近的自旋仍以反向平行或者倾斜方式稳定存在，因此剩余的磁化强度会很小甚至是负值。M_{ZFC}-T曲线的测试结果表明，Bi的掺杂减少了体系中反位缺陷和反相晶界的数量，进而使得Co、Mn次级晶格分布变得更为有序。

从图7.14（a）中可知，随Bi浓度由0增加至0.3，体系的居里温度（T_C）从230K单调下降至205K。根据表7.1提供的数据，体系的顺磁外斯温度（Θ_p）也出现单调下降的趋势。这样则得到了一种看起来似乎矛盾的结论：在更为有序的体系中具有较低的磁转变温度。这可能是因为对决定T_C和Θ_p大小的影响力而言，影响体系自旋交换强度的轨道重叠几何相比离子有序程度更大。这一结论与Asai等所揭示的化学键参数尤其是Mn—O—Co的键角对T_C起着至关重要的

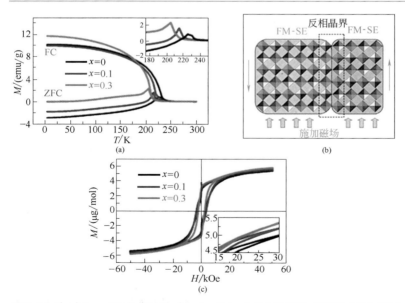

图7.14 （a）$La_{2-x}Bi_xCoMnO_6$（$x=0$，0.1，0.3）的场冷-零场冷（FC-ZFC）磁化强度与温度的关系曲线（M-T），外场强度为100Oe；（b）$La_{2-x}Bi_xCoMnO_6$体系设想的磁畴微结构示意图，可认为反铁磁耦合的Co^{2+}—O—Co^{2+}和Mn^{4+}—O—Mn^{4+}出现在虚线所示的反相晶界处；（c）5K时$La_{2-x}Bi_xCoMnO_6$（$x=0$，0.1，0.3）的磁滞回线（M-H），内插图为局部放大图像

作用相一致。在此 T_C 的降低主要归因于 Mn(Co)—O—Mn(Co) 键角由 160.2(4)° 减小至 157.0(6)°，并且 Mn(Co)—O 键长由 1.973(7)Å 增大到 1.986(9)Å（表 7.1）。这些键参数变化会通过降低有关电子轨道的重叠程度有效地抑制 Co^{2+}—Mn^{4+} 间的铁磁超交换（FM-SE）相互作用。为了更深入地探寻致使 M_{eff} 数值升高的原因，人们提出了一种假设：如果存在一种由超顺磁团簇或微畴组成的特殊的顺磁态（PM），且该状态在临近 T_C 时更易达到热力学稳定，那么基于此物理图像，可以想象在团簇或者微畴内部的自旋应该是铁磁耦合的，而各个团簇或微畴之间则处于顺磁状态。因此更高的测试温度（例如文献报道的 300 ～ 700K[40]）对于获得较理想的居里-外斯拟合结果是很有必要的。另外必须要提出的是，体系中处于高自旋状态的 Co^{2+} 的轨道角动量对磁矩的贡献也应该予以考虑。由图 7.14（c）可得到各个样品在外场强度为 5T、温度为 5K 时的磁矩值（M_{5T}），并且发现 Bi 掺杂后，该值略有升高。Dass 和 Goodenough[40] 曾经报道了在 La_2CoMnO_6 体系中不同结构有序度的样品具有相同的 T_C（226K），但是在 M_{eff} 和 M_{5T} 上则差异很大。这一实验结论与我们得出的结果相一致，说明 B 位离子有序度对该体系磁矩值影响更大。

7.5
稀土对磁介电材料结构及电性能的影响

7.5.1
稀土离子镧系收缩对晶体结构和磁性质的影响

双钙钛矿氧化物的结构通式为 $A_2BB'O_6$ 或 $AA'BB'O_6$，其中 A 和 A' 代表稀土离子或者碱土金属离子，B 和 B' 代表过渡金属或者主族元素。双钙钛矿氧化物因其丰富多彩的物理性质和在科学技术上的广泛应用而成为近些年来人们研究的热点[33,52,53]。双钙钛矿氧化物可以表现出不同的 B 位阳离子有序形式，其中最常见的是岩盐有序。岩盐有序即 BO_6 和 $B'O_6$ 八面体在三个方向上呈 NaCl 型交替排列的形式。B 位阳离子的有序性在双钙钛矿化合物的物理性质的决定方面起着重要的作用。例如，对于 La_2MnMO_6（M=Co，Ni）系列化合物，在 B 位有序的情况下则表现出稀有的铁磁绝缘体特征，并且具有接近室温的居里温度（T_C=270K）。许多相关研究表明，材料的铁磁耦合强度和绝缘性都对该化合物结构和电荷的有序度非常敏感[54,55]。特别是，人们在部分有序的La$_2$NiMnO$_6$材料中发现了显著的磁介电耦合效应，其耦合系数在较宽的温度范围（150～300K）内能够达到8%～20%。此外，在B位部分有序的La$_2$CoMnO$_6$化合物中，反位无序对磁性和介电性质也有着重要影响[56,57]。

B′离子为高化合价态的过渡族金属元素Ta^{5+}、Nb^{5+}、Mo^{6+}或Re^{6+}的双钙钛矿氧化物，因其通常会具有特殊的物理性质（如铁电性和巨磁电阻效应）而受到广泛关注。然而，B′位为外层电子含有p电子的主族元素（如Sb^{5+}）的双钙钛矿氧化物仍需要进行更进一步的研究和探索。另外，在B位晶格处引入非磁性的主族元素通常会使材料具有绝缘性和反铁磁性（AFM）特征。对B位含有Sb元素的双钙钛矿氧化物的研究始于20世纪60年代。Primo-Martin和Jansen研究报道了在Sr$_2$CoSbO$_6$和Sr$_2$CoSbO$_{5.63}$中氧空位对晶体结构和磁性质的影响，并且发现前者的B位阳离子具有相对较低的部分有序性（77%），而后者B位的Co和Sb则具有更高的有序度（可达到84%）。他们将Sr$_2$CoSbO$_{5.63}$化合物中B位有序度的提高归因于Co^{2+}的生成，并且由于氧空位的存在，B位Co和Sb有序度得到提高，从而进一步影响该类化合物的磁性质[58]。最近，Kobayashi等[59]报道了在(Sr$_{1-x}$La$_x$)$_2$CoMO$_6$ (M=Sb，Nb，Ta)体系中用不同掺杂量的La^{3+}替代A位的Sr^{2+}，进一步研究了其对B位有序度和钴离子的基态磁性的影响。他们发现，对M=Sb的化合物而言，在不同的掺杂量下均实现了几乎完全有序的B位有序结构，并且Co的3d电子的自旋态表现为特殊的高自旋态（high-spin，HS）和中间自旋态（intermediate-spin，IS）共存的状态。这主要源于不同的M^{5+}—O^{2-}化学键之间共价性的差异，同时这也是该类化合物B位离子有序性不同和钴离子自旋态不同的主要原因。采用三价的稀土离子（Ln^{3+}）替代A$_2$CoSbO$_6$化合物中的二价A位离子，可使钴离子的化合价由三价降低为二价，从而增大B位Co和Sb之间的有效电荷和离子半径的差异，实现B位有序度的提高并获得相应的物理性质的变化。另外，我们还采用Pb^{2+}作为A位阳离子来替换碱土金属元素，这主要是因为其具有特殊的6s^{2}孤对电子，能够引发较强的晶格畸变，从而导致二级Jahn-Teller效应（second-order Jahn-Teller，SOJT）。下面将具体介绍LnPbCoSbO$_6$（Ln=La，Pr，Nd）体系双钙钛矿氧化物的合成、结构，以及磁、介电性质的研究，并将重点关注A位不同稀土离子的变化对材料晶体结构和磁、介电性质的影响。由XRD衍射谱图进行Rietveld精修确定了样品的晶体结构均为单斜晶系P2$_1$/n空间群，且B位CoO$_6$和SbO$_6$八面体呈高度有序的岩盐结构排列，Glazer倾转类型为$a^-a^-c^+$，如图7.15和图7.16所示。

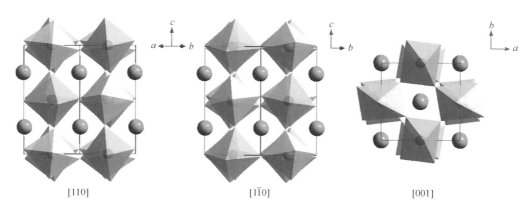

图7.15 双钙钛矿化合物LnPbCoSbO₆（Ln=La，Pr，Nd）沿[1$\bar{1}$0]、[1$\bar{1}$0]和[001]三个方向的晶体结构示意图

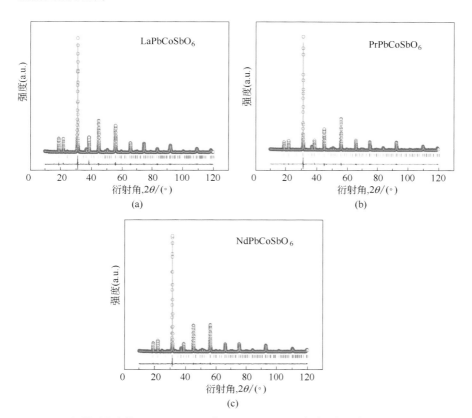

图7.16 双钙钛矿化合物LnPbCoSbO₆（Ln=La，Pr，Nd）多晶样品室温下的粉末XRD精修谱图

圆圈（○）代表实验测量得到的衍射谱图；实线（－）代表拟合得到的衍射谱图；下方竖直短线（｜）代表Bragg衍射峰的出峰位置；最下方实线代表实验数据与拟合数据的差值

受A位镧系收缩的影响，容忍因子和A位阳离子配位数降低，B位八面体扭曲程度增强。所有样品均为反铁磁结构，居里-外斯拟合得到的有效磁矩大于仅考虑高自旋时的理论磁矩，说明在该类化合物中Co^{2+}轨道磁矩的贡献不可忽略。由于晶格畸变的影响，Co^{2+}—O—Sb^{5+}—O—Co^{2+}反铁磁超交换作用减弱，使得5K时等温磁化强度的最大值逐渐增大。这一结果表明，可以通过控制晶格畸变的程度来调控化合物的磁性质，图7.17为测试所得的磁性能结果。

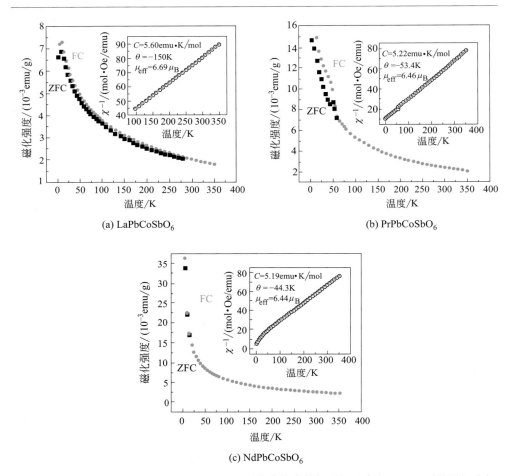

(a) $LaPbCoSbO_6$

(b) $PrPbCoSbO_6$

(c) $NdPbCoSbO_6$

图7.17 $LnPbCoSbO_6$(Ln=La, Pr, Nd)系列化合物在外加磁场强度为100Oe时的零场冷却（ZFC）和场冷却（FC）条件下的磁化强度随温度的变化关系（内插图为磁化率的倒数随温度的变化关系以及居里-外斯拟合的结果）

7.5.2
稀土镧系收缩对介电性能的影响

研究发现，B′位离子是Sb^{5+}的化合物比B′位是高化合价态的过渡金属离子（如Nb^{5+}和Ta^{5+}）的化合物更容易形成高有序度的结构。Woodward等[60]将这一现象归因于高价阳离子的共价键的杂化作用。他们认为，在钙钛矿结构中之所以会造成有序度降低，是因为形成了反位无序结构，即由有序的B—O—B′链变成了反位无序的B′—O—B′链。由于Sb^{5+}无法与氧离子发生sp轨道杂化，所以键角为

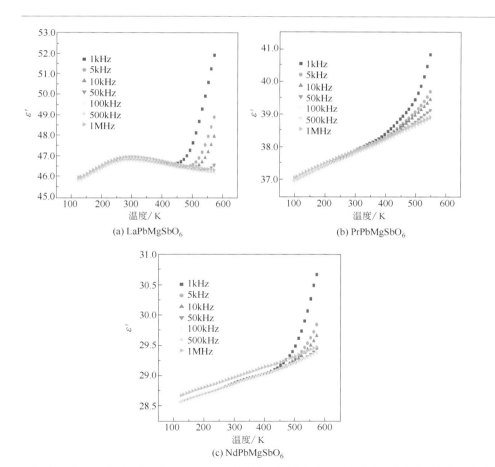

(a) LaPbMgSbO$_6$

(b) PrPbMgSbO$_6$

(c) NdPbMgSbO$_6$

图7.18　LnPbMgSbO$_6$（Ln=La，Pr，Nd）系列化合物在不同频率外加电场下的介电常数（ε'）随温度的变化关系

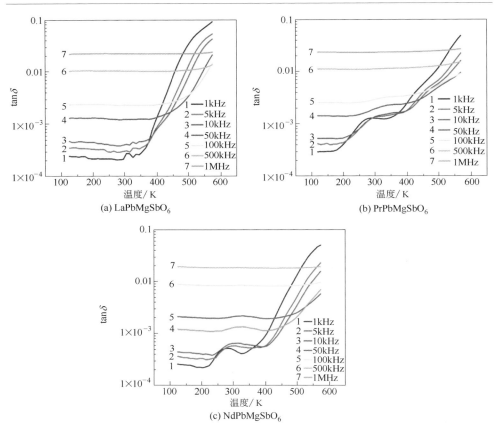

图7.19 LnPbMgSbO₆(Ln=La,Pr,Nd)系列化合物在不同频率外加电场下的介电损耗(tan δ)随温度的变化关系

180°的Sb^{5+}—O—Sb^{5+}链状结构不易形成。而Nb^{5+}和Ta^{5+}均具有空的d轨道，可以与氧离子形成π键，容易稳定Nb^{5+}—O—Nb^{5+}（或Ta^{5+}—O—Ta^{5+}）的180°键角结构。由于Sb^{5+}没有空的d轨道来形成稳定的180°的Sb^{5+}—O—Sb^{5+}结构，因此含锑化合物更容易形成具有90°键角的烧绿石相。另外，铅基钙钛矿氧化物因具有铁电性、压电性和介电性等物理特性而引起人们的极大兴趣[61~63]。考虑到Pb^{2+}具有特殊的$6s^2$电子，当A位有孤对电子时可以与O^{2-}的2p轨道产生较强的杂化作用，从而产生二级Jahn-Teller效应，使配位多面体的中心发生偏移，形成非心对称的结构畸变，而这一结果很容易导致材料的铁电性特征。因此，有人在A位使用不

同半径的稀土离子 La^{3+}、Pr^{3+} 和 Nd^{3+} 进行替换合成了 $LnPbMgSbO_6$（Ln=La，Pr，Nd）系列化合物，并研究了其晶体结构和介电性质，关注不同半径稀土离子的变换对材料结构和介电性能的影响。发现随着 A 位稀土离子由 La^{3+} 到 Nd^{3+} 的替代，在晶体内部产生一定的化学压，使得 B 位配位八面体扭曲程度增加。介电测试结果如图 7.18 和图 7.19 所示。

由于闭壳层主族元素 Mg^{2+} 和 Sb^{5+} 不存在 d 电子，所有样品在 400K 以下时均表现出弱的频率依赖行为，并且具有相对较低的介电常数和介电损耗。受镧系收缩的影响，介电常数相应降低并且介电损耗宽峰也随之向低温方向移动。上述结果表明，可以通过 A 位不同半径离子的替换来调节晶格畸变的程度，进而产生化学压来调控材料的介电性质。

参考文献

[1] Baibich M N, Broto J M, Fert A, Nguyen Van Dau F, Petroff F, Eitenne P, Creuzet G, Friederich A, Chazelas J. Giant magnetoresistance of(001)Fe/(001)Cr magnetic superlattices. Phys Rev Lett, 1988, 61: 2472-2475.

[2] Binasch G, Grünberg P, Saurenbach F, Zinn W. Enhanced magnetoresistance in layered magnetic structures with antiferromagnetic interlayer exchange. Phys Rev B, 1989, 39: 4828-4830.

[3] de Groot R A, Mueller F M, van Engen P G, Buschow K H J. New class of materials: half-metallic ferromagnets. Phys Rev Lett, 1983, 50: 2024-2027.

[4] Burzo E, Balazs I, Chioncel L, Arrigoni E, Beiuseanu F. Rare-earth impurities in Co_2MnSi: Improving half-metallicity at finite temperatures. Phys Rev B, 2009, 80: 214422.

[5] Watts S M, Wirth S, von Molnár S, Barry A, Coey J M D. Evidence for two-band magnetotransport in half-metallic chromium dioxide. Phys Rev B, 2000, 61: 9621-9628.

[6] Yanase A, Sitarori H. Band structure of high temperature phase of Fe_3O_4. J Phys Soc Jpn, 1984, 53: 312-315.

[7] Kobayashi K I, Kimura T, Sawada H, Terakura K, Tokura Y. Room-temperature magnetoresistance in an oxide material with an ordered double-perovskite structure. Nature, 1998, 395: 677-680.

[8] Xu Y Q, Liu B G, Pettifor D G. Half-metallic ferromagnetism of MnBi in the zinc blende structure. Phys Rev B, 2002, 66: 184435.

[9] Liu B G. Robust half-metallic ferromagnetism in zinc blende CrSb. Phys Rev B, 2003, 67: 172411(4 pages).

[10] Kohn W, Sham L. Self-consistent equations including exchange and correlation effects. Phys.

Rev, 1965, 14: A1133-1138.

[11] von Barth U, Hedin L. A local exchange-correlation potential for the spin polarized case. J Phys C, 1972, 5: 1629-1642.

[12] Vosko S H, Wilk L, Nusair M. Accurate spin-dependent electron liquid correlation energies for local spin density calculations: a critical analysis. Can J Phys, 1980, 58: 1200-1211.

[13] Langreth D C, Perdew J P, Theory of nonuniform electronic systems. Ⅰ. Analysis of the gradient approximation and a generalization that works. Phys Rev B, 1980, 21: 5469.

[14] Perdew J P, Chevary J A, Vosko S H, Jackson K A, Pederson M R, Singh D J, Fiolhais C. Atoms, molecules, solids, and surfaces-applications of the generalized gradient approximation for exchange and correlation. Phys Rev B, 1992, 46: 6671-6687.

[15] Perdew J P, Burke K, Ernzerhof M. Generalized gradient approximation made simple. Phys Rev Lett, 1996, 77: 3865-3868.

[16] Wu Z G, Cohen R E. More accurate generalized gradient approximation for solids. Phys Rev B, 2006, 73: 235116(6 pages).

[17] Hubbard J. Electron correlations in narrow energy bands. Ⅳ. The atomic representation. Proc Roy Soc, 1965, 285: 542-560.

[18] Anisimov V I, Zaanen J, Andersen O K. Band theory and Mott insulators: Hubbard U instead of Stoner I. Phys Rev B, 1991, 44: 943-954.

[19] Dudarev S L, Botton G A, Savrasov S Y, Humphreys C J, Sutton A P. Electron-energy-loss spectra and the structural stability of nickel oxide: An LSDA+U study. Phys Rev B, 1998, 57: 1505-1509.

[20] Savrasov S, Kotliar G, Abrahams E. Correlated electrons in d-plutonium within a dynamical mean-field picture. Nature(London), 2000, 410: 793-795.

[21] Biermann S, Aryasetiawan F, Georges A. First-principles approach to the electronic structure of strongly correlated systems: combining the GW approximation and dynamical mean-field theory. Phys Rev Lett, 2003, 90: 086402.

[22] Georges A, Kotliar G, Krauth W, Rozenberg M J. Dynamical mean-field theory of strongly correlated fermion systems and the limit of infinite dimensions. Rev Mod Phys, 1996, 68: 13-125.

[23] Zeng Z, Greenblatt M, Subramanian M A, Croft M. Large low-field magnetoresistance in perovskite-type $CaCu_3Mn_4O_{12}$ without double exchange. Phys Rev Lett, 1999, 82: 3164-3167.

[24] Liu X J, Xiang H P, Cai P, Hao X F, Wu Z J, Meng J. A first-principles study of the different magnetoresistance mechanisms in $CaCu_3Mn_4O_{12}$ and $LaCu_3Mn_4O_{12}$. J Mater Chem, 2006, 16: 4243-4248.

[25] Wu H, Zheng Q Q, Gong X G. Electronic structure study of the magnetoresistance material $CaCu_3Mn_4O_{12}$ by LSDA and LSDA+U. Phys Rev B, 2000, 61: 5217-5222.

[26] Weht R, Pickett W E. Magnetoelectronic properties of a ferrimagnetic semiconductor: The hybrid cupromanganite $CaCu_3Mn_4O_{12}$. Phys Rev B, 2001, 65: 014415(6 pages).

[27] Liu X J, Meng J, Pan E, Albrecht J D. Effects of electron correlation and spin-orbit coupling on the electronic and magnetic properties of $TbCu_3Mn_4O_{12}$. J Magn Magn Mater, 2010, 322: 443-447.

[28] Tohyama T, Saito T, Mizumaki M, Agui A,

Shimakawa Y. Antiferromagnetic interaction between A'-site Mn spins in A-site-ordered perovskite YMn$_3$Al$_4$O$_{12}$. Inorg Chem, 2010, 49: 2492-2495.

[29] Mizumaki M, Saito T, Shiraki H, Shimakawa Y. Orbital hybridization and magnetic coupling of the A-site Cu spins in CaCu$_3$B$_4$O$_{12}$(B=Ti, Ge, and Sn)perovskites. Inorg Chem, 2009, 48: 3499-3501.

[30] Shiraki H, Saito T, Yamada T, Tsujimoto M, Azuma M, Kurata H, Isoda S, Takano M, Shimakawa Y. Ferromagnetic cuprates CaCu$_3$Ge$_4$O$_{12}$ and CaCu$_3$Sn$_4$O$_{12}$ with A-site ordered perovskite structure. Phys Rev B, 2007, 76: 140403(R)(4 pages).

[31] Rondinelli J M, Spaldin N A. Structural effects on the spin-state transition in epitaxially strained LaCoO$_3$ films. Phys Rev B, 2009, 79: 054409(7 pages).

[32] Konishi Y, Fang Z, Izumi M, Manako T, Kasai M, Kuwahara H, Kawasaki M, Terakura K, Tokura Y. Orbital-state-mediated phase-control of manganites. J Phys Soc Jpn, 1999, 68: 3790-3793.

[33] Kobayashi K L, Kimura T, Sawada H, Terakura K, Tokura Y. Room-temperature magnetoresistance in an oxide material with an ordered double-perovskite structure. Nature, 1998, 395(6703): 677-680.

[34] Goodenough J, Arnott R J, Menyuk N, Wold A. Relationship between crystals symmetry and magnetic properties of ionic compounds containing Mn^{3+}. Phys Rev, 1961, 124: 373-384.

[35] Jonker G H. Magnetic and semiconducting properties of perovskites containing manganese and cobalt. J Appl Phys, 1966, 37: 1424.

[36] Goodenough J B. An interpretation of the magnetic properties of the perovskite-type mixed crystals La$_{1-x}$Sr$_x$CoO$_{3-\lambda}$. J Phys Chem Solids, 1958, 6: 287-297.

[37] Goodenough J B. Theory of the role of covalence in the perovskite-type manganites La, M(Ⅱ)MnO$_3$. Phys Rev, 1955, 100: 564-573.

[38] Kanamori J. Superexchange interaction and symmetry properties of electron orbitals. J Phys Chem Solids, 1959, 10: 87-98.

[39] Dass R I, Yan J Q, Goodenough J B. Oxygen stoichiometry, ferromagnetism, and transport properties of La$_2$NiMnO$_{6+\delta}$. Phys Rev B, 2003, 68: 064415.

[40] Dass R I, Goodenough J B. Multiple magnetic phases of La$_2$CoMnO$_{6-\delta}$($0<\delta \leqslant 0.05$). Phys Rev B, 2003, 67: 014401.

[41] Mahato R N, Sethupathi K, Sankaranarayanan V. Colossal magnetoresistance in the double perovskite oxide La$_2$CoMnO$_6$. J Appl Phys, 2010, 107.

[42] Singh M P, Truong K D, Fournier P. Magnetodielectric effect in double perovskite La$_2$CoMnO$_6$ thin films. Appl Phys Lett, 2007, 91: 042504.

[43] Rogado N S, Li J, Sleight A W, Subramanian M A. Magnetocapacitance and magnetoresistance near room temperature in a ferromagnetic semiconductor: La$_2$NiMnO$_6$. Adv Mater, 2005, 17: 2225-2227.

[44] Choudhury D, Mandal P, Mathieu R, Hazarika A, Rajan S, Sundaresan A, Waghmare U V, Knut R, Karis O, Nordblad P, Sarma D D. Near-room-temperature colossal magnetodielectricity and multiglass properties in partially disordered La$_2$NiMnO$_6$. Phys Rev Lett, 2012, 108: 127201.

[45] Asai K, Fujiyoshi K, Nishimori N, Satoh Y, Kobayashi Y, Mizoguchi M. Magnetic properties of $REMe_{0.5}Mn_{0.5}O_3$(RE=rare earth element, Me=Ni, Co). J Phys Soc Jpn, 1998, 67: 4218-4228.

[46] Milenov T I, Rafailov P M, Abrashev M V, Nikolova R P, Nakatsuka A, Avdeev G V, Veleva M N, Dobreva S, Yankova L, Gospodinov M M. Growth and characterization of La_2CoMnO_6 crystals doped with Pb. Mater Sci Eng B, 2010, 172: 80-84.

[47] Iliev M N, Abrashev M V, Litvinchuk A P, Hadjiev V G, Guo H, Gupta A. Raman spectroscopy of ordered double perovskite La_2CoMnO_6 thin films. Phys Rev B, 2007, 75: 104118.

[48] Fujiwara M, Matsushita T, Ikeda S. Evaluation of Mn 3s X-ray photoelectron spectroscopy for characterization of manganese complexes. J Electron Spectrosc Relat Phenom, 1995, 74: 201-206.

[49] Carver J C, Carlson T A, Schweitz Gk. Use of X-ray photoelectron spectroscopy to study bonding in Cr, Mn, Fe, and Co compounds. J Chem Phys, 1972, 57: 973.

[50] Dicastro V, Polzonetti G. XPS study of MnO oxidation. J Electron Spectrosc Relat Phenom, 1989, 48: 117-123.

[51] Takata K, Azuma M, Shimakawa Y, Takano M. New ferroelectric ferromagnetic bismuth double-perovskites synthesized by high-pressure technique. J Jpn Soc Powder Powder Metall, 2005, 52: 913-917.

[52] Anderson M T, Greenwood K B, Taylor G A, Poeppelmeier K R. B-cation arrangements in double perovskites. Progress in Solid State Chemistry, 1993, 22(3): 197-233.

[53] King G, Woodward P M. Cation ordering in perovskites. Journal of Materirals Chemistry, 2010, 20(28), 5785-5796.

[54] Dass R I, Yan J Q, Goodenough J B. Oxygen stoichiometry, ferromagnetism, and transport properties of $La_{2-x}NiMnO_{6+\delta}$. Physical Review B, 2003, 68(6).

[55] Dass R I, Goodenough J B. Multiple magnetic phases of $La_2CoMnO_{6-\delta}(0 \leq \delta \leq 0.05)$. Physical Review B, 2003, 67(1).

[56] Baron-Gonzalez A J, Frontera C, Garcia-Munoz J L, Rivas-Murias B, Blasco J. Effect of cation disorder on structural, magnetic and dielectric properties of La_2MnCoO_6 double perovskite. Journal of Physics-Condensed Matter, 2011, 23(49).

[57] Bai Y J, Liu X J, Xia Y J, Li H P, Deng X L, Han L, Liang Q S, Wu X J, Wang Z C, Meng J. B-site ordering induced suppression of magnetic cluster glass and dielectric anomaly in $La_{2-x}Bi_xCoMnO_6$. Applied Physics Letters, 2012, 100(22).

[58] Primo-Martin V, Jansen M. Synthesis, structure, and physical properties of cobalt perovskites: $Sr_3CoSb_2O_9$ and $Sr_2CoSbO_{6-\delta}$. Journal of Solid State Chemistry, 2001, 157(1): 76-85.

[59] Kobayashi Y, Kamogawa M, Terakado Y, Asai K. Magnetic properties of the double perovskites$(Sr_{1-x}La_x)_2CoMO_6$ with M=Sb, Nb, and Ta. Journal of the Physical Society of Japan, 2012, 81(4).

[60] Woodward P, Hoffmann R D, Sleight A W. Order-disordered in $A_2M^{3+}M^{5+}O_6$ perovskites. Journal of Materials Research, 1994, 9(8), 2118-2127.

[61] Cross L E. Relaxor ferroelectrics. Ferroelectrics, 1987, 76(3-4): 241-267.

[62] Damjanovic D. Ferroelectric, dielectric and piezoelectric properties of ferroelectric thin films and ceramics. Reports on Progress in Physics, 1998, 61(9): 1267-1324.

[63] Guo R, Cross L E, Park S E, Noheda B, Cox D E, Shirane G. Origin of the high piezoelectric response in $PbZr_{1-x}Ti_xO_3$. Physical Review Letters, 2000, 84(23): 5423-5426.

NANOMATERIALS

稀土纳米材料

Chapter 8

第8章
稀土陶瓷材料

施伟东，宋术岩
江苏大学化学化工学院，中国科学院长春应用化学研究所

8.1
稀土在陶瓷中的作用机理

我国稀土资源十分丰富，稀土种类齐全，储存量占世界首位。目前，全世界的陶瓷和玻璃等工业中稀土应用量约占稀土总产量的40%。稀土在陶瓷领域的应用历史，最早可追溯到南宋时期的龙泉青瓷[1]。龙泉青瓷原料中使用的紫金土中就含有微量的镧、镱、钇等稀土元素，由于镧、镱、钇与铜、铁、钴等离子进行组合，出现了新的吸收光谱，因而获得了晶莹润泽、青翠如玉的釉色，达到青瓷历史上的最高水平。

稀土在陶瓷里的存在形式以氧化物为主，且稀土氧化物具有诸多独特的优点。比如，稀土原子与氧原子的结合力强，致使稀土氧化物熔点很高，通常需要在1000℃以上才能熔化；稀土氧化物晶型种类较多且容易发生晶型转变；稀土氧化物具有多色性。基于稀土氧化物以上特点，人们通常将稀土氧化物作为稳定剂、烧结助剂用于制备各类陶瓷[2]。稀土氧化物的添加不但显著改进了陶瓷的强度、韧性，降低其烧结温度，而且还实现了制备成本的降低。特别是，稀土在超导陶瓷、压电陶瓷、导电陶瓷、介电陶瓷和敏感陶瓷等功能陶瓷中也起到了非常重要的作用。

在陶瓷制备过程中，稀土通常作为一种添加剂，而并非陶瓷中的主要成分。稀土氧化物作为添加剂可有效调控陶瓷材料的烧结性、致密度、显微结构和相组成等以满足在不同场合下使用的陶瓷的质量和性能要求。总之，稀土可有效调控陶瓷材料的结构和性能，其作用主要是陶瓷烧结添加剂、稳定剂以及色釉添加剂。

Si_3N_4陶瓷强度很高，尤其是热压氮化硅，是世界上最坚硬的物质之一，属于一类重要的工业陶瓷材料。Si_3N_4陶瓷的基本结构单元为Si—N所组成的四面体，其中硅原子位于四面体的中心，在其周围有四个氮原子，形成极为坚固的三维连续的网络共价键结构。Si_3N_4陶瓷极耐高温，受热后不会熔成融体，温度达到1900℃后才开始分解。基于Si_3N_4陶瓷的高温稳定性，高温烧结制备Si_3N_4陶瓷十分困难。但是研究发现，在烧结体系中加入La、Ce和Y等稀土氧化物，可使其在高温烧结时产生液相并能增强材料的高温力学性能。同时，Si_3N_4陶瓷烧结过程中的液相黏度会随稀土离子半径的减小而增大，扩散速率相应地下降，烧结动力学由界面反应控制逐渐过渡为扩散传质控制，从而使得晶粒发育更为完善。Si_3N_4陶瓷的热导率随稀土离子半径的减小而逐渐提高[3,4]，稀土阳离子半径与Si_3N_4陶瓷热导率的关系曲线见图8.1[5]。

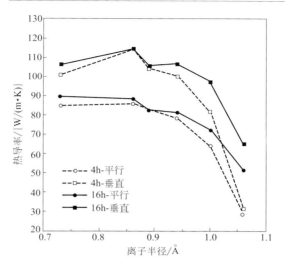

图8.1 Si_3N_4陶瓷热导率与稀土阳离子半径的关系曲线[5]

同时，La_2O_3和Y_2O_3等稀土氧化物作为烧结添加剂可以有效降低Al_2O_3陶瓷的烧结温度，并能改善Al_2O_3陶瓷的烧结体性能和润湿性能，降低陶瓷材料的熔点。稀土氧化物 La_2O_3 和 Y_2O_3 可以促进Al_2O_3与SiO_2和CaO等的化学反应。Y_2O_3 和 La_2O_3 倾向于分布在基体颗粒的表面，并且易于形成低熔点液相，加上颗粒之间的毛细作用，促使颗粒间的物质向孔隙处填充，从而降低孔隙率，提高致密度，降低烧结温度[6,7]。

三价稀土离子半径处于68 ~ 106.1pm范围之内，锆离子半径为80pm，稀土离子和锆离子半径十分接近，因此大部分稀土元素均可渗入到ZrO_2晶格内部，并处于八重配位的锆离子位置。基于此原因，稀土被广泛用于氧化锆陶瓷制备，使ZrO_2物相稳定性极大地提高。潘伟等[8]的研究表明，稀土还能够在一定程度上改善ZrO_2陶瓷的韧性，A. Loganathan 等[9]也研究了Gd_2O_3和Yb_2O_3稳定的ZrO_2的断裂韧性。然而，稀土氧化物稳定ZrO_2的增韧机理仍然有待进一步研究。另外，稀土掺杂种类和组成还会对ZrO_2陶瓷的电导率、热稳定性和硬度等起到显著的改善作用（表8.1）。

镧系元素具有独特的f轨道电子结构，并且电子可以在f轨道进行跃迁，进而产生对光谱的吸收和发射。基于此原因，稀土在陶瓷方面的另一重要应用是可作为陶瓷色釉料的着色剂、助色剂、变色剂或光泽剂，用于改进陶瓷色釉料性质。稀土元素中铈、镨、钕、钇、铒等氧化物，用于陶瓷着色颜料中，具有色彩鲜艳、稳定性好、耐高温性能好、遮盖力强、呈色富有变化等特点。

稀土中的镨在陶瓷中是一种重要的釉用原料，因为其稳定纯正并着色力强。镨在富氧状态下呈现为黄色，即镨黄。通过添加其他元素成分，也可以进一步改

表8.1　多元稀土复合ZrO₂陶瓷的性能比较[10]

复 合 物	优 势	不足之处
Yb_2O_3-Y_2O_3-ZrO_2	可有效降低材料热导率	难溶于ZrO_2晶格中
Gd_2O_3-Y_2O_3-ZrO_2	良好的电导率	导热性不佳、致密度下降
Sc_2O_3-Y_2O_3-ZrO_2	高温热稳定性好、热导率低	—
Sm_2O_3-Y_2O_3-ZrO_2	材料电导率高	—
Nd_2O_3-Y_2O_3-ZrO_2	可有效降低材料热导率	—
La_2O_3-Y_2O_3-ZrO_2	抑制老化、提高材料热稳定性、粉体流动性好	易发生团聚现象
La_2O_3-CeO_2-ZrO_2	高温热稳定性强	—
CeO_2-Y_2O_3-ZrO_2	可抑制低温老化、细化晶粒、提高烧结密度及硬度	韧度下降
CeO_2-Nd_2O_3-ZrO_2	热导率极低	—
Er_2O_3-CeO_2-Pr_6O_{11}-ZrO_2	良好的断裂韧性、较高的维氏硬度	—

进锆釉的颜色，比如锆与镨混合可制备出鲜黄色釉料，它是在$ZrSiO_4$（锆英石）中由Pr^{4+}置换部分Zr^{4+}形成的固溶体并产生颜色变化；镨和五氧化二钒混合可制备出绿色釉，即镨绿；镨和钕混合后可得到灰色釉，进一步引入硒化锌可将其颜色转变为淡紫色；另外，将钴元素掺杂进镨-钕混合物中后，会使所制备的釉色呈亮灰色。此外，稀土的引入还可以产生变色釉，比如，将La-Ce-Sm氧化物体系掺入透明釉中可烧制成变色的釉彩颜料。同时钕也是制备变色釉的一类重要稀土元素[11,12]。

由此可见，稀土元素在功能陶瓷领域扮演着重要的角色，稀土元素的添加不但可以改变陶瓷结构，更重要的是还会使其性能出现质的变化。

8.2
稀土改性超导陶瓷

超导电性是固体物理研究领域内一个重要的分支。所谓超导电性，就是某些材料在临界温度T_c附近电阻突然消失的现象。自1911年荷兰物理学家卡麦林·翁纳斯发现低温下水银的超导电性以来，超导材料引起了越来越多的科学家们关注。

人们也已经逐渐地认识到超导材料必将深远地影响未来科学技术的发展，超导电技术的实际应用在人类生活中展示出了十分广阔的前景[13]。

超导陶瓷是超导材料的一类重要分支。由于在陶瓷材料研究中发现了超导性的重大突破，瑞士苏黎士研究所的米勒（K. A. Müller）和联邦德国的贝德尔茨（J. G. Bednorz）1987年获得诺贝尔物理学奖，这进一步激起了人们对超导材料的研究热情。超导陶瓷大部分为含稀土的陶瓷材料。如REBCO（RE指Y或其他稀土元素）就是一种具有优良高温超导性的氧化物陶瓷，它可将所需的环境工作温度由低温超导材料的液氦区（T_c=4.2K）提高到液氮区（T_c=77K）以上，极大地提升了超导材料的实用价值，是真正具有广泛应用潜力和产业化前景的一种超导陶瓷材料。除此之外，其他一些稀土材料也可形成类似的高温超导化合物，目前报道的一些稀土超导陶瓷材料类型大致如表8.2所示[14～16]。高温超导材料REBCO即便在低温下仍可保持大的电流容量和良好的磁场耐受性，且其热导率比常规金属铜导线要小得多，因此造成的热损失极小[17,18]。其临界磁场强度显著提高，磁通钉扎力也大为增强，在电力、储能和运输等方面极具实用价值。高温超导块材是一种脆性陶瓷氧化物，但将其与玻璃纤维进一步复合可制成热导率低且强度高的纤维增强塑料（玻璃钢）。

表8.2　超导陶瓷材料的类型

类型	类型	类型	类型
LaBaCuO	LaSrCuO	YBaCuO	NdBaCuO
SmBaCuO	EuBaCuO	DyBaCuO	HoBaCuO
ErBaCuO	TmBaCuO	YbBaCuO	GdBaCuFO
YBaCuFO	SrBaYCuO	SrBaCuO	BiPbSbCaCuO

近日，报道了一种由$REBa_2Cu_3O_{7-\delta}$组成的带状超导涂层导体的先进研究技术（RE123，RE指稀土Gd或Y，$0 < \delta < 1$），此技术通过减少RE123超导层的抗磁性使其在强磁场领域的性能得到了显著改善。高磁场核磁共振成像应用的主要挑战是在高临界电流下获得500MPa以上的高拉伸应力。在这项研究中，使用市售的RE123单芯涂层导体通过内部分裂的方法制备了一种多芯RE123超导体。此多芯超导体中，只有陶瓷（RE123和缓冲层）被电分离成多丝状且长丝之间无超导电流。实验结果表明，2芯、3芯、4芯、5芯焊丝具有较高的临界电流（高于原电流的95%），并在650MPa以上保持拉伸应力。五芯线的抗磁性在7T可减少至原

来的85%，拓展了其高场使用范围[19]。

2008年，日本东京工业大学细野秀雄教授团队发现了一种新型的铁基稀土超导材料LaFeAsO，目前这类材料中的氟掺SmFeAsO的最高超导温度可达到55K。无论是铜基还是铁基稀土超导陶瓷，稀土元素均参与其中并作为基质，其超导作用与稀土离子中外层束缚不紧密的4f电子的强关联作用有关。理论研究认为，氧缺陷对结构的调整是造成超导现象的结构因素[20～22]。

稀土超导陶瓷等超导材料具有许多优良特性，其应用极为广泛。在交通运输方面利用超导陶瓷的强抗磁性制造磁悬浮列车，靠磁力在铁轨上"漂浮"滑行，其速度高、运行平稳、安全可靠。在电子工程方面利用超导体的性质可制成超导体的器件，用于提高电子计算机的运算速度，并能有效缩小体积。在电力系统方面，由于电阻为零，稀土超导陶瓷可以用于输配电而没有能量损耗；可以制造超导线圈，由于可形成永久电流，所以可以长期无损耗地储存能量。利用其抗磁性，在环保方面可以进行废水净化和去除毒物；在医药方面可以从血浆中分离血红细胞并有望抑制和杀死癌细胞；在高能物理方面可利用其磁场加速高能粒子等[23]。把稀土超导材料引入实际生产和应用门槛上是一个漫长的过程，但已有了成功的开始。目前时机已经十分成熟，将来也可能派生出一系列新的工业领域，发展前景十分广阔。

8.3
稀土改性压电陶瓷

压电陶瓷材料制作的压电元器件已获得广泛应用，如用于压电马达、微位移器、医疗诊断、通信、传感器及各类信息的检测、转换、处理和存储中。压电陶瓷以其优良的性能一直以来得到广泛的应用和重视。应用较普遍的压电陶瓷材料是具有典型钙钛矿结构的锆钛酸铅Pb(Zr$_{1-x}$Ti$_x$)O$_3$（PZT）压电陶瓷及其三元系压电陶瓷[24]。

钛酸铅（PbTiO$_3$）是一种典型的压电陶瓷，它的居里温度为490℃，介电常数低，晶体结构的各向异性大，适合在高温和高频条件下应用于转化器。但在其制备冷却过程中，因产生立方-四方相变而易出现显微裂纹。采用稀土对其进行改性，经1150℃温度烧结后可获得相对密度为99%的RE-PbTiO₃陶瓷，可有效解决这一问题。并且因陶瓷的介电常数和径向机电耦合系数减小，其高频谐振峰变得单纯，利于制造高灵敏度、高分辨率的超声换能器[25]。

铝钛酸铅（PZT）是锆酸铅和钛酸铅的固溶体，是一种具有高压电系数的压电材料，通过添加La、Sm、Nd和Ce等稀土氧化物，PZT中A位的Pb^{2+}被三价的La^{3+}、Sm^{3+}、Nd^{3+}和Ce^{3+}等稀土离子取代后，PZT陶瓷的电物理特性发生一系列变化，可明显改善所得陶瓷的烧结性能并利于获得稳定的电学性能和压电性能[26]。稀土氧化物是典型的施主掺杂物，它们的掺杂使得PZT或多元系压电陶瓷的介电常数升高、机电耦合系数增大、频率常数降低、机械品质因数减小或老化率减小。此外，利用稀土元素和其他离子组成复合钙钛矿氧化物与PZT形成三元系压电陶瓷，通过调整Zr/Ti比值、软/硬掺杂和添加新组分等技术，合理配比，可改善压电陶瓷的电性能，来满足各种压电器件对材料的新的应用要求。经稀土改性的PZT陶瓷，现已在高压发生器、超声发生器、水声换能器等装置中得到广泛应用。

8.4
稀土改性导电陶瓷

自20世纪初期，人们已经开始关注并研究导电陶瓷，尤其是近几十年来，新型导电陶瓷开发以及陶瓷材料与器件一体化研究已逐步成为一个热门研究领域。导电陶瓷具有诸多优点，比如抗氧化、抗腐蚀、抗辐射、耐高温和长寿命等。导电陶瓷应用范围很广，在固体燃料电池、气敏元件高温加热体、固定电阻器、氧化还原材料、铁电材料和高临界温度超导材料等领域均会涉及导电陶瓷[27]。

通常情况下，陶瓷是非导电体，具有良好的绝缘性，因此在生活和工业中，陶瓷经常会被用于制备高压绝缘器件。陶瓷不导电的原因在于其内部原子的外层电子通常受到原子核的吸引力，被束缚在各自原子的周围，不能自由运

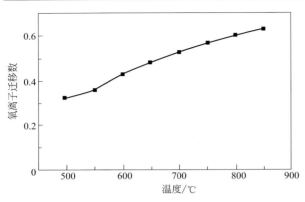

图8.2 $Nd_{0.9}Sr_{0.1}AlO_3$ 的氧离子迁移数随温度的变化

动。导电陶瓷是集金属电学性质和陶瓷结构特性于一身的高性能功能材料，它不仅导电性好，并且化学稳定性好、耐高温、抗氧化、抗腐蚀、机械强度高，这些优良的特点是其他金属导电材料所不能比拟的[28,29]。

稀土在导电陶瓷中扮演重要的角色。铬酸镧（$LaCrO_3$）陶瓷是电子导电陶瓷中重要的一类新型高温电子导电陶瓷。它的使用温度可达1800℃以上，在空气中的使用寿命在1700h以上，耐高温、抗热震性好，可用作高温电炉的发热体和磁流体发电机的高温电极材料，应用十分广泛。掺杂有稀土的 $Nd_{0.9}Sr_{0.1}AlO_3$ 导电陶瓷，当测量温度由500℃升高到850℃时，相应的氧离子迁移数从0.32逐渐增加到0.6[30]（图8.2）。掺杂有稀土的 $LaCr_{0.9}Mg_{0.1}O_3La_{0.85}Sr_{0.15}MnO_3$ 陶瓷及 $Ni-Zr(Y)O_2-X$ 金属陶瓷薄层，还可分别用作固体氧化物燃料电池的双极性极板、多孔阴极和多孔阳极材料[31]。

稀土导电陶瓷可用于固体燃料电池电极、气敏元件、高温加热体、电导体、固定电阻器等诸多方面。随着新技术的继续发展，21世纪的导电陶瓷的前景更为可观，应用将更为广泛。

8.5
稀土改性介电陶瓷

介电陶瓷，又被称为电介质陶瓷。介电陶瓷一般要求材料具有较高的介电常数、较低的介质损耗和适当的介电常数温度系数。介电陶瓷主要用于制作陶瓷电容器和微波介质元件。当陶瓷材料的电阻率大于108Ω·m时，能承受较强的电场而不被击穿。根据在电场中的极化特性，可将介电陶瓷分为电绝缘陶瓷和电容器陶瓷。稀土氧化物对介电陶瓷的性能有着重要影响[32]。

稀土元素对介电陶瓷的改性作用是十分引人注目的，它既能改善材料的介电性质，又能赋予材料复合特性，还可以使材料产生新的功能特性。$MgTiO_3$、$CaSnO_3$具有介电损耗低和温度系数小的特点，常被用于热补偿电容器方面，但它们的介电常数不高、热稳定性差，使其应用受到限制。而掺有稀土氧化物的$MgO\text{-}La_2O_3\text{-}TiO_2$作为介电陶瓷材料，不仅保持了原有优点，而且其介电常数也得到了显著提高，介电性质得到明显改善。同时，稀土氧化物La_2O_3与$CaTiO_3$、$SrTiO_3$和$MgTiO_3$的复合，也扩大了热补偿电容器陶瓷的应用范围[33]。稀土元素的添加可以调节介电常数，显著改善其介电性能，制备出综合性能较佳的介电陶瓷材料。在$BaTiO_3$陶瓷中，添加介电常数值为$30 \sim 60$的La、Nd稀土化合物，可使其介电常数在宽温度范围内保持稳定，可使器件的使用寿命显著提高。

<h1 style="text-align:center">8.6</h1>

<h1 style="text-align:center">稀土改性敏感陶瓷</h1>

稀土敏感陶瓷的特征是对某些外界条件反应敏感。通过其相关电性能参数的变化可实现对电路、操作过程或环境的监控，在工业生产自动控制、交通运输管理、环境保护和气象预报、灾情预测和家用电器等方面得到愈来愈广泛的应用。陶瓷敏感元件具有灵敏度高、结构简单、使用方便和价格低廉等优点，作为一类重要的无源电子元件，广泛应用于现代激光技术、光电技术、计算机技术和微电子技术等许多高技术领域。敏感陶瓷根据其具体功能可划分为热敏、气敏以及湿敏等[34,35]。

电阻率受温度影响而发生变化的一类功能陶瓷被称为热敏陶瓷。热敏陶瓷按阻温特性可分为负温度系数（NTC）热敏电阻陶瓷、正温度系数（PTC）热敏陶瓷和临界温度（CTR）热敏陶瓷。NTC热敏陶瓷的特点为随温度升高其电阻率呈指数关系衰减，NTC热敏陶瓷主要以尖晶石型氧化物半导体陶瓷为主，并且多数NTC热敏陶瓷基质由锰、镍和铁等过渡金属氧化物组成，其导电机理因组成、结构和半导体化的方式不同而异。而对于PTC热敏陶瓷，当超过一定的温度（居里温度）时，其电阻值随着温度的升高呈阶跃性的增高。人们很早就发现，稀土元素掺杂的$BaTiO_3$陶瓷在某一很窄的温度范围内其电阻率可以增高，比如1955年研究人员在$BaTiO_3$中掺加微量稀土元素，得到了n型$BaTiO_3$半导体，陶瓷电阻率幅度降低了3个数量级，并在其居里点附近发现了显著的正温度系数特性，由此稀土掺杂BaTiO₃热敏陶瓷被深入研究[36,37]。PTC热敏陶瓷的主要成分为钒、钡、锶、磷等混合氧化物。

气敏陶瓷吸收（可表现为表面物理吸附、化学吸附或物理化学吸附）某种气体后，该陶瓷的电阻率会出现变化。其中二氧化锡陶瓷是最常见的一类气敏陶瓷，通过掺杂活性物质（如Pt、Pd、In和Ga等）提高灵敏度，如添加ThO₂可大大提高其对CO吸附的灵敏度，而抑制对H₂和C₃H₈等气体吸附的灵敏度。ZnO也属于一类重要的气敏陶瓷，ZnO对气体具有较高的选择性，进一步掺杂贵金属如Pt和Pd催化剂可有效增强其对气体响应的灵敏度。目前气敏陶瓷主要应用于气敏检漏仪等自动报警装置。ZnO、SnO₂及Fe₂O₃等气敏陶瓷均可作为稀土氧化物的掺杂基质。研究表明稀土氧化物可明显改善ZnO对丙烯气体分子的响应灵敏度，同时CeO₂-SnO₂稀土陶瓷体系可实现对乙醇气体分子的传感。除了稀土掺杂陶瓷可用于气敏传感外，稀土与金属氧化物所形成的钙钛矿铁酸盐同样具有优异的气敏传感能力，比如NdFeO₃、SmFeO₃和LaFeO₃，其中NdFeO₃在三者之中对乙醇的响应灵敏度最高[38~41]。

湿敏陶瓷的电阻可以随环境湿度的改变而变化，与其他湿敏材料相比，湿敏陶瓷所制备的元件测湿范围宽且工作温度高（可达800℃）。湿敏陶瓷大多是金属氧化物半导体陶瓷，其主要成分有钛、钒、铬、锰、铁、钴、镍、铜、锌、锑、锡等金属氧化物，钴、锰的钛酸盐，镍、锰的钨酸盐和镁、锌的铬酸盐等。湿敏陶瓷通常按湿敏特性分为负特性湿敏陶瓷和正特性湿敏陶瓷。负特性湿敏陶瓷随湿度增加电阻率减小，而正特性湿敏陶瓷随湿度增加电阻率增加。以TiO₂为例，纯TiO₂可以作为一种优异的湿敏元件基质材料，但是其较高的电阻限制了其应用范围。研究发现，在TiO₂基质中掺杂一些其他金属氧化物比如氧化钒和氧化铌等，可优化本征TiO₂的电阻值。此外，在一些本征半导体陶瓷基质中，通过掺杂或混合添加剂的方式，可有效调控湿敏陶瓷的力学性能和灵敏度等性能[42,43]。稀土陶瓷材料在湿敏传感方面具有很好的应用前景，比如SrCe₀.₉₅Yb₅O₃（图8.3）、Sr₁₋ₓLaₓSnO₃和La₂O₃-TiO₂-V₂O₅等稀土陶瓷均具有优异的湿敏传感性能[43]。

将稀土氧化物（La₂O₃）掺杂入锆钛酸铅镧（PLZT）基质中，经过烧结成型后，即可得到透明的PLZT电光陶瓷。La₂O₃的作用主要在于它可以消除PLZT基质中的孔隙并减弱各向异性和光散射作用，进而提高PLZT陶瓷的透光性。PLZT电光陶瓷具有独特的一次电光效应（波克尔效应）、二次电光效应（克尔效应）、光散射效应和光学记忆效应。PLZT陶瓷可应用于重型轰炸机的窗口、光通信调制器以及全息记录装置等[44,45]。

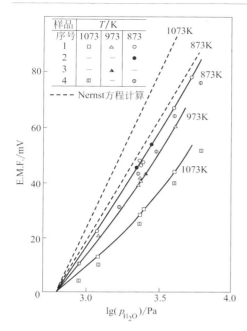

图中表格：

样品	T/K		
序号	1073	973	873
1	□	△	○
2	—	—	●
3	—	▲	—
4	▣	—	◐

- - - - Nernst方程计算

纵轴：E.M.F./mV
横轴：$\lg(p_{H_2O})/Pa$

图8.3　$SrCe_{0.95}Yb_5O_3$湿敏陶瓷的性能测试参数（p_{H_2O}为水蒸气压）

　　压敏陶瓷种类很多，应用较多的压敏电阻器主要有ZnO系、TiO_2系和$SrTiO_3$系等。$ZnO-Bi_2O_3$是一类研究较为广泛的压敏陶瓷[46]。研究发现，稀土掺杂可进一步优化该类压敏陶瓷的性能，比如Nd_2O_3的掺杂可有效提高材料的电位梯度。当稀土氧化物掺杂分数为0.1%时，可使$ZnO-Bi_2O_3$压敏陶瓷的电位梯度提高30%[47]。同时，La、Ce、Y等稀土元素对$Nb-TiO_2$基陶瓷的压敏性能有显著影响，因为La_2O_3和Y_2O_3会在TiO_2晶界偏析，并形成电荷传输的阻隔层，改善非线性特性，使其非线性系数由3.2分别升高到4.2和3.9。

8.7
稀土改性透明陶瓷

　　透明陶瓷是一类通过玻璃的受控晶化而形成的由特定纳米晶相和玻璃基体构

图8.4 Ce掺杂的YAG陶瓷

成的复合材料。选用高纯原料及先进工艺手段使陶瓷内部避免存在杂质和气孔，避免光的吸收和散射，可制备出透明陶瓷[48]。近年来，因在光通信、激光、固态三维显示和太阳能电池等领域具有广阔的应用前景，透明陶瓷成为光学材料领域的研究热点。常见的透明陶瓷有透明的氧化铝陶瓷、烧结白刚玉、氧化镁、氧化铍、氧化钇、氧化钇-二氧化锆等多种氧化物系列，及砷化镓、硫化锌、硒化锌、氟化镁、氟化钙等非氧化物透明陶瓷。Ce掺杂的YAG陶瓷见图8.4。

　　稀土掺杂透明陶瓷的上转换荧光性能由于在彩色显示、高密度存储器、光数据存储、传感器和太阳能电池等诸多领域的应用前景而被广泛研究。近些年，氟氧化物透明陶瓷由于其高的化学稳定性、制备技术简单、易于加工，且具有高发光效率、高机械强度等而备受关注。$(Dy^{2+}, U^{3+}, Ho^{3+}):CaF$、$Nd:Yttralox$、$Nd:YAG$、$Nd:Y_2O_3$、$Yb^{3+}:Y_2O_3$、$Nd^{3+}:Lu_2O_3$、$Yb^{3+}:YSAG$、$Yb^{3+}:Sc_2O_3$ 等稀土复合陶瓷都被成功地用作激光介质。Ba_2LaF_7纳米晶氟氧化物玻璃具有高的热稳定性和机械韧性，且从紫外到红外区域都有高的光学透射率，与其他商用激光眼镜相比具有低的非线性折射率，被应用于发展更为卓越的发光材料和器件。此外，稀土离子与金属离子跃迁之间的能量转移在上转换过程中起着重要的作用。例如，对Er/Yb、Tm/Yb、Tb/Yb、Tb/Er/Yb、Tm/Er/Yb等在太阳能电池领域中的能量转移研究方面已经非常活跃。昆明理工大学杨正文、邱建备等人在稀土修饰透明陶瓷方面做了大量研究。2017年该团队制备出彩色可调的能量转换发光$Tb^{3+}/Tm^{3+}/Yb^{3+}$共掺含Ba_2LaF_7纳米晶氟氧化物玻璃陶瓷[49]。研究表明，$45SiO_2\text{-}15Al_2O_3\text{-}12Na_2CO_3\text{-}21BaF_2\text{-}7LaF_{3-x}TbF_{3-y}TmF_{3-z}YbF_3$玻璃陶瓷中，面心立方$Ba_2LaF_7$纳米晶的存在使其展示出高效的上转换发光。上转换发光颜色可很容易通过同时调整掺杂稀土离子的浓度和激发激光功率实现。$Tb^{3+}/Tm^{3+}/Yb^{3+}$共掺杂的氟氧化物玻璃陶瓷的发射强度和激发泵浦功率之间的关系显示从红外到蓝色和红色发光分别是三光子和双光子吸收为主的转换过程。研究证实了能量

传输的方向为从 Yb^{3+} 到 Tm^{3+} 和 Tb^{3+}，从 Tm^{3+} 到 Tb^{3+}，提出了一种新的 Tm^{3+} 红光能量传输机制，研究了纳米晶析出行为与上转换发光之间的相互关系，建立了上转换发光增强的机理模型。

稀土改性透明陶瓷方面仍然还有许多研究有待进一步开展，例如，如何实现近红外光高效利用，提高太阳能电池的效率等使其将来广泛应用于癌症治疗、光学成像、传感器甚至是高效的太阳能电池转换器。此外，发光稀土透明陶瓷是发展固体激光器以及大功率激光光源的关键，白光 LED 透明陶瓷是 21 世纪的绿色照明光源，被多国列为国家发展战略规划。稀土透明发光陶瓷是今后稀土陶瓷发展的主流方向。

8.8
稀土陶瓷在其他方面的应用

近年来，随着稀土复合功能陶瓷研究的深入，稀土陶瓷作为一类极具发展潜力的功能材料已广泛应用于众多领域。尤其是我国作为一个众所周知的稀土资源大国，更应充分发挥稀土资源优势，进一步加强稀土掺杂对功能陶瓷性能影响的研究，以有效提升稀土在高科技新型功能陶瓷中的应用。特别是部分稀土陶瓷材料经工业中试放大并成功商品化，加快了中国开发并高效利用本土稀土战略资源的步伐。重要的是，2010 年国务院颁布的《国务院关于加快培育和发展战略性新兴产业的决定》明确指出了几个重点发展的新材料领域，其中就有稀土功能材料和功能陶瓷，因此稀土陶瓷研究属于我国急需发展的重要对象。

稀土能有效改变陶瓷的一些特性，并赋予陶瓷高的性能。比如，赣州部分企业成功开发了稀土陶瓷刀具，并已顺利进入香港市场。与常规的金属刀具相比，稀土陶瓷刀具具有绿色环保、不生锈、耐酸碱腐蚀、无磁性和优良的耐磨性等优点。稀土陶瓷同时具有良好的生物相容性，在医学方面可用于制作人造牙齿、关节和骨骼等。同时，稀土在抗菌陶瓷材料中也有着特殊的用途，稀土元素可与银、锌、铜等过渡元素协同增效，稀土复合磷酸盐还可赋予陶瓷以丰富的羟基自由基，从而使得这类稀土陶瓷材料具有优异的抗菌特性。

参考文献

[1] 钦征骑. 新型陶瓷材料手册. 南京：江苏科学技术出版社，1995.

[2] 唐志阳. 稀土氧化物在陶瓷中的应用. 山东陶瓷，2005, 28: 16-19.

[3] Ernst Zinner , Sachiko Amari, Robert Guinness, Cristine Jennings, Aaron F Mertz, Ann N Nguyen, Roberto Gallino, Peter Hoppe, Maria Lugaro, Larry R Nittler, Roy S Lewis. Nano SIMS isotopic analysis of small presolar grains: Search for Si_3N_4 grains from AGB stars and Al and Ti isotopic compositions of rare presolar SiC grains. Geochimica Et Cosmochimica Acta, 2007, 71: 4786-4813.

[4] 刘光华. 稀土固体材料学. 北京：机械工业出版社，1997: 120-125.

[5] Kitayama M, Hirao K, Watari K, Toriyama M, Kanzaki S. Thermal conductivity of β-Si_3N_4: Ⅲ, effect of rare-earth(RE=La, Nd, Gd, Y, Yb, and Sc) oxide additives. J Am Ceram Soc, 2001, 84, 353-358.

[6] 姚义俊，丘泰，焦宝祥，等. Y_2O_3、La_2O_3和Sm_2O_3对氧化铝瓷烧结及力学性能的影响. 中国稀土学报，2005, 23: 158-161.

[7] 穆柏春，孙旭东. 稀土对Al_2O_3陶瓷烧结温度、显微组织和力学性能的影响. 中国稀土学报，2002, 20: 104-107.

[8] 赵蒙，贾秋阳，刘瀚文，雷宇雄，潘伟. 稀土氧化物稳定氧化锆陶瓷的铁弹增韧. 稀有金属材料与工程，2013, 42: 473-476.

[9] Loganathan A, Gandhi A S. Transactions of the Indian Institute of Metals, 2011, 64: 71.

[10] 吴龙，吴迪，叶信宇，杨斌. 稀土氧化物复合ZrO_2陶瓷的制备及应用研究进展. 有色金属科学与工程，2012, 3: 36-42.

[11] 彭梅兰，吴基球，李竟先. 稀土氧化物在改善和提高陶瓷色釉料性能中的作用. 陶瓷，2011: 23-25.

[12] 苑金生. 稀土元素的发色特性及其在陶瓷色釉料中的应用. 陶瓷，2010: 34-36.

[13] 任玉芳. 稀土传感材料. 化学通报，1988, 11: 12-14.

[14] Foltyn S R, Civale L, MacManuS-DriSColl J L, et al. Materials science challenges for high-temperature superconducting wire. Nat Mater 2007, 6, 631-642.

[15] 李春鸿. 稀土超导陶瓷材料研究情况介绍. 稀土，1988: 66-68.

[16] Tranquada J M, Axe J D, Ichikawa N, et al. Coexistence of, and competition between, superconductivity and charge-stripe order in $La_{1.6-x}Nd_{0.4}Sr_xCuO_4$. Phys Rev Lett, 1997, 78: 338-241.

[17] 杨遇春. 稀土在高温超导材料中的应用. 稀有金属材料与工程，2000, 29: 78-81.

[18] 王岳，高温超导材料及其应用前瞻. 材料开发与应用，2013, (4): 1-6.

[19] Jin X, Oguro H, Oshima Y, Matsuda T, Maeda H. Development of a $REBa_2Cu_3O_7$-delta multi-core superconductor with 'inner split' technology. Supercond Sci & tech, 2006, 29: 045006.

[20] Kamihara Y, Watanabe T, Hirano M, Hosono H. Iron-based layered superconductor $La[O_{1-x}F_x]$ FeAs (x = 0.05 ～ 0.12) with T_c = 26 K. J Am Chem Soc, 2008, 130: 3296-3297.

[21] Ren Z, Lu W, Yang J, et al. Superconductivity at 55 K in iron-based F-doped layered quaternary compound $Sm[O_{1-x}F_x]$ FeAs. Chin Phys Lett, 2008, 25: 2215-2216.

[22] 马廷灿，万勇，姜山. 铁基超导材料制备研究进展. 科学通报，2009, 54: 557-568.

[23] 黄良钊. 稀土超导陶瓷. Chinese Rare Earths, 1999: 76-78.

[24] Cheng J, Cross L E. Effects of La substituent on ferroelectric rhombohedral/tetragonal morphotropic phase boundary in$(1-x)$(Bi,La)$(Ga_{0.05}Fe_{0.95})O_3$-$xPbTiO_3$ piezoelectric ceramics. J Appl Phys, 2003, 94: 5188-5192.

[25] 杨遇春，金红. 稀土功能陶瓷. 稀有金属，1993, 17: 288-294.

[26] 詹志洪. 稀土在功能陶瓷新材料中的应用及市场前景. 有色金属，2004, 10: 21-24.

[27] 马小玲，冯小明. 导电陶瓷的研究进展. 佛山陶

瓷, 2009, 6: 43-46.

[28] Puertas-Arbizu I, Luis-Perez C J. A revision of the applications of the electrical discharge machining process to the manufacture of conductive ceramics. Revista De Metalurgia, 2002, 38: 358-372.

[29] Wang X H, Zhou Y C. Layered machinable and electrically conductive Ti_2AlC and Ti_3AlC_2 ceramics: a review. J Mater Sci&Tech, 2010, 26: 385-416.

[30] 向军, 郭银涛, 周广振, 褚艳秋. 碱土和过渡金属掺杂 $NdAlO_3$ 导电陶瓷的制备、结构与电性能研究. 物理学报, 2012, 61: 227201.

[31] Okuyucu Hasan, Cinici Hanifi, Konak Tulin. Coating of nano-sized ionically conductive Sr and Ca doped $LaMnO_3$ films by sol-gel route. Ceramics International, 2013, 39: 903-909.

[32] 刘小珍. 稀土精细化学品化学. 北京: 化学工业出版社, 2009.

[33] 肖洪地, 王成建, 马洪磊. 稀土元素 Ln 对 $SrTiO_3$ 陶瓷介电性质的影响. 功能材料, 2003: 78-82.

[34] 徐翠艳, 王文新, 李成. 半导体陶瓷的研究现状与发展前景. 辽宁工学院学报. 2005: 247-249.

[35] 黄勇, 陈国华. 敏感陶瓷材料的制备及展望. 佛山陶瓷, 2003: 4-7.

[36] 王成建. 稀土元素在热敏半导瓷中的应用. 稀土, 1988, 1: 34-38.

[37] Altenburg H, Mrooz O, Plewa J, et al. Semiconductor ceramics for NTC thermistors: the reliability aspects. Journal of the European Ceramic Society, 2001, 21: 1787-1791.

[38] Mandayo G G. Gas detection by semiconductor ceramics: tin oxide as improved sensing material. Sens Lett, 2007, 5: 341-360.

[39] 张维兰, 欧江, 夏先均. 气敏陶瓷研究进展. 热处理技术与装备, 2006, 27: 15-20.

[40] 杨冉. 气敏陶瓷原理综述. 中国科技信息, 2009, 10: 143-150.

[41] Akbar S, Dutta P, Lee C. High-temperature ceramic gas sensors: a review. Int J Appl Ceram Tec, 2006, 3(4): 302-311.

[42] 应皆荣, 张泉荣, 万春荣, 姜长印, 何培炯. 陶瓷湿敏元件的长期稳定性问题及改进措施. 功能材料, 2001, 32: 7-11.

[43] Traversa E, Ceramic sensors for humidity detection: the state-of-the-art and future developments. Sensors & Actuators B Chemical, 1995, 23(B): 135-156.

[44] 何夕云, 张勇, 郑鑫森, 仇萍荪. 摘掺杂锆钛酸铅镧透明陶瓷的结构和电光性能. 光学学报, 2009: 1601-1604.

[45] 谢菊芳, 张端明, 王世敏, 刘素玲, 马卫东. 透明 PLZT 电光陶瓷材料的制备及应用研究进展. 功能材料, 1998: 1-7.

[46] 范积伟, 刘向洋, 赵慧君, 张小立, 张振国. 压敏陶瓷研究的最新发展. 中原工学院学报, 2012, 23: 29-32.

[47] Houabes M, Metz R. Rare earth oxides effects on both the threshold voltage and energy absorption capability of ZnO varistors. Ceram Int, 2007, 33: 1191-1197.

[48] 王学荣, 米晓云, 卢歆. 透明陶瓷的研究进展. 硅酸盐学报, 2007, 35: 1671-1674.

[49] Li Z C, Zhou D C, Yang Y, Ren P, Qiu J B. Adjustable multicolor up-energy conversion in light-luminesce in $Tb^{3+}/Tm^{3+}/Yb^{3+}$ co-doped oxyfluorifFde glass-ceramics containing Ba_2LaF_7 nanocrystals. Sci Rep, 2017, 7: 6518.

NANOMATERIALS

稀土纳米材料

Chapter 9

第9章
稀土催化材料

宋卫国，曹昌燕
中国科学院化学研究所

稀土元素独特的4f电子层结构，使其在化学反应过程中表现出良好的助催化性能与功效。因此，稀土催化材料是稀土资源综合利用的出路之一。到目前为止，工业中获得应用的稀土催化材料主要有3类，即分子筛稀土催化材料、稀土钙钛矿催化材料以及铈锆固溶体催化材料。其中分子筛稀土催化材料主要用于炼油催化剂。稀土钙钛矿催化材料由于其制备简单，耐高温、抗中毒等性能优越，目前主要用作环保催化剂，也广泛用于光催化分解水制氢以及石油化工行业的烃类重整反应等方面。铈锆固溶体催化材料则是应汽车尾气净化市场的需求发展起来的一种稀土催化材料。

与传统的贵金属催化剂相比，稀土催化材料在资源丰度、成本、制备工艺以及性能等方面都具有较强的优势。目前不仅大量用于汽车尾气净化，还扩展到工业有机废气、室内空气净化、催化燃烧以及燃料电池等领域。因此，稀土催化材料在环保催化剂产品市场，特别是在有毒、有害气体的净化方面，具有巨大的应用市场和发展潜力。本章将主要概括稀土催化材料在工业废气、汽车尾气和光催化环境净化等方面的研究进展。

9.1
稀土元素在催化剂中的作用机理

常见的稀土元素包括Ce、La、Pr、Nd等轻稀土元素及Y、Sm、Eu、Gd、Tb、Dy、Ho、Er、Tm、Yb和Lu等重稀土元素。研究表明，在催化剂中加入轻稀土元素可以减少贵金属用量，改变催化剂的电子结构和表面性质，从而提高催化剂活性和稳定性。此外，稀土元素的加入还可以提高催化剂的热稳定性和抗中毒能力，下面将分别进行具体阐述。

（1）提高催化剂的活性

稀土元素作为催化剂的助剂被广泛应用于汽车尾气处理、水煤气转换和蒸汽重整反应以及石油工业中烃类的催化裂化反应中。以CeO_2为例，一般认为CeO_2作为助催化剂提高反应活性的原因有以下两个方面：①CeO_2自身的氧化还原特性会产生晶格缺陷，即铈元素的+4价与+3价之间的变化会产生氧空位，从而提高催化剂的氧化还原性能。②CeO_2与贵金属之间的相互作用也是提高催化活性的重要原因，这种界面相互作用可以增大贵金属纳米颗粒的分散度、改变贵金属的电子态等，使催化活性得到改善。

John G. Nunan 等通过改变 CeO_2 掺杂量和 CeO_2 纳米晶的尺寸，研究了 Pt-Rh-Ce/γ-Al_2O_3 催化剂中贵金属与 CeO_2 相互作用对汽车尾气处理催化活性的影响[1]。研究表明，在少量 H_2 中贵金属和表面 Ce 被还原后，Pt 与 CeO_2 的直接相互作用大大提高了催化活性。程序升温还原（TPR）和扫描透射电子显微镜（STEM）结果表明，减小助剂 CeO_2 的晶粒尺寸可以增强 Pt/Ce 的相互作用，而且这种相互作用可以协同还原 Pt 和表面 Ce，从而提高催化活性。Do Heui Kim 研究了在还原和氧化条件下 Pt 与 CeO_2 之间的相互作用，拉曼光谱表明，在氧化过程中 Pt 与 CeO_2 之间形成 Pt—O—Ce 键[2]。在还原气氛中 CeO_2 与 Pt/CeO_2 的静态 CO 吸附量几乎相同，表明 Pt 位于还原的 CeO_2 表面的氧空位上。

（2）提高催化剂载体的热稳定性和机械强度

稀土元素的另一个作用是可以稳定催化剂载体，提高其高温抗烧结能力和机械强度。如 Ce、La、Pr、Nd 等元素常掺入三效催化剂的载体 γ-Al_2O_3 或 ZrO_2 中，使其在高温下保持较高的比表面积和机械强度。掺入 Ce 和 La 后，Al_2O_3 在 1100℃ 高温下的比表面积下降程度减少，老化 4h 后 Ce 和 La 对于比表面积的影响基本相同；而延长老化时间，掺 La 的效果要好于 Ce[3]。上述结果表明，Ce^{4+} 和 La^{3+} 在老化起始时与载体的相互作用机制相似，Ce^{4+} 在延长老化时间后不能稳定载体的原因可能是 CeO_2 与 Al_2O_3 产生相分离使得 Al_2O_3 不再受保护。在 1100℃ 老化 24h 后，2% CeO_2/Al_2O_3 出现了 CeO_2 和 α-Al_2O_3 分离的两相，而与此不同的是 2% La_2O_3/Al_2O_3 的 XRD 谱图中主要为 θ-Al_2O_3，只有很少量的 α-Al_2O_3，而且也没有 $LaAlO_3$ 等分相。

（3）提高催化剂的抗毒能力

催化剂的化学中毒主要由 S、Pb 和 P 造成。在氧化型催化剂中，S 可以吸附在三效催化剂中的 Pd 上，使催化剂的活性位点减少，导致尾气的转化率下降。稀土具有抗硫化物中毒的能力，表现为这些有毒物可与催化剂中的稀土成分生成稳定相，如 Ce_2O_3 与硫化物反应生成稳定的 $Ce_2(SO_4)_3$。在还原气氛中，这些硫化物又被释放出来并在 Pt 和 Rh 催化剂上转化为 H_2S 气体，随尾气一起排出[4]。

Hengyong Xu 等以 Pd/CeO_2 为催化剂，催化含硫的合成气制备甲醇，催化剂在含硫的情况下不会失活[5]。研究表明，这是因为 CeO_2 可以将 H_2S 转化为 SO_x，因此 Pd 活性位点可以保留而使催化剂免于失活。该研究还表明，催化反应的活性中心是 Pd，而不是金属硫化物。作者提出了 Pd/CeO_2 催化该反应的硫耐受性机理：Pd/CeO_2 在此模型中具有双重催化性能，甲醇的合成主要是因为 Pd 活性位点，

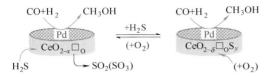

图9.1 双功能Pd/CeO$_2$（$x<\delta<0.5$）催化剂在S存在的条件下催化甲醇合成的过程示意图

而S的转化是在CeO$_2$上发生，如图9.1所示。

由上述转化过程可以看出，为了达到很好的转化硫的效果，需要在合成气中加入少量O$_2$。所以在甲醇合成过程中，原料气中的S被CeO$_2$氧化，使催化剂免于中毒。这一机理也同样适用于费托合成、氢化-氧化反应等，即贵金属可以催化反应的进行，而CeO$_2$可以将H$_2$S转化为SO$_x$。

9.2
稀土催化剂在工业废气净化中的应用

工业废气是指企业厂区内燃料燃烧和生产工艺过程中产生的各种排入空气的含有污染物气体的总称。从形态上看，工业废气可分为颗粒性废气和气态性废气。颗粒性废气主要指生产过程中可燃物不完全燃烧而产生的污染性烟尘、粉尘；气态性废气主要包括含氮废气、含硫废气、烃类有机废气以及挥发性有机物（volatile organic compounds，VOCs）[6]。随着科学技术的不断发展，经济实现了快速增长，人们的生活水平得以提高，但随之而来的也包括环境污染等各种问题。工业生产产生的含氮、含硫废气以及挥发性有机物等废气被排放到大气中，已经成为城市主要污染源之一，严重影响了生态环境和人体健康。近年来，中国不断加大废气治理力度，工业废气排放量整体呈现下降趋势，但整体排放量仍较高。

这些含有氮氧化物、硫氧化物、烃类以及VOCs的工业废气，如果不经过处理大量排放到大气中，不仅会对环境造成危害，还会影响植物发育，更严重的是会损坏人类的身体健康。比如，氮氧化物、硫氧化物会与空气中的水结合，形成酸性物质，引发酸雨；氯氟碳化物和氯氟烃等有机废气扩散到空气中，会对臭氧层造成破坏，进而引发一系列的问题；而且，许多挥发性有机物均易燃易爆，会给企业生产带来许多安全隐患；空气中大量烟粉尘会使空气变得浑浊，减少到达地面的太阳辐射量，影响动植物的生长发育；二氧化硫、氟化物等，无论浓度高低，都会对植物的生长发育产生影响，造成植物产量下降，品质变坏；人需要呼吸来维持生命，各种各样的工业废气污染物不仅会对人类的呼吸道等造成严重的影响，也会引起人类中枢神经系统、生殖系统等功能异常，甚至损坏DNA以及致癌[7]。

9.2.1
稀土催化剂在烟气脱硫、脱硝中的应用

目前有许多稀土催化剂在脱硫、脱硝中表现出优异的催化性能，具有广阔的应用前景。许多金属元素都可以作为脱硫剂，各有优劣[8~11]。脱硫剂不仅硫化性能要好，而且要能经历多次脱硫-再生循环，从而实现循环利用。

稀土催化剂作为脱硫剂，研究较多的是氧化镧和氧化铈[12,13]。氧化铈具有的氧缺位和高氧流动性，提高了催化剂的储氧能力，改善了催化剂的催化还原活性，使其在催化还原脱硫中得到了广泛应用。此外，氧化铈在脱硫再生的过程中可以产生单质硫，很好地避免再生气体的处理问题，并且循环稳定性好，经济合理[14]。然而，氧化铈的氧缺位易受含氧分子CO_2和H_2O等的侵占，使其催化活性降低。因此，随着研究的发展深入，对稀土催化剂催化还原SO_2的研究已经不仅仅局限于氧化镧和氧化铈的单组分方面。

Sena Yasyerli合成了铈-锰脱硫剂，锰的加入增加了脱硫剂的硫容和H_2S的吸收速率，该脱硫剂再生性能好，经十次循环后活性没有明显的下降，并且脱硫过程中90%的硫化物都转化为了单质硫而不是SO_2[15]。陈爱平等发现，单独的Co或La的氧化物都很难生成金属硫氧化物，而$LaCoO_3$钙钛矿结构却能够促进La_2O_2S和CoS_2的生成，增强Co和La在活化硫化和脱硫反应中的协同效应[16]。单独使用Co_3O_4和La_2O_3时活性都很低，将二者机械混合后活性提高，而Co和La形成$LaCoO_3$时活性最高。

除了SO_2，氮氧化物（NO_x）也是工业废气的主要成分。除去NO_x的催化剂包括贵金属、过渡金属、钙钛矿以及复合氧化物等。但是，SO_2会在催化剂表面与NO发生竞争吸附，可能与催化剂反应生成硫酸盐，被认为是NO_x选择性还原催

化最重要的毒性物质[17]。因此开发出具有抗 SO_2 中毒能力的催化剂至关重要。有研究人员已经制备出 Cu-Ce 复合催化剂，具有高抗 SO_2 中毒能力[18]；此外，也有研究表明，SO_2 在 La_2O_2S 和 CeO_2-La_2O_3/γ-Al_2O_3 上的存在不仅没有毒化催化剂，反而促进了 NO 的催化还原[19,20]。

多数情况下，SO_2 和 NO_x 总是同时存在，因而，人们希望同时使其脱除，使得同步脱硫、脱硝技术成为烟气净化技术研究的热点。稀土催化剂在同步脱硫、脱硝上表现出优异的性能。单组分稀土氧化物、CeO_2-La_2O_3 复合氧化物以及 La_2O_2S 催化剂上同步催化还原 SO_2 和 NO_x 均得到了较高的脱硫、脱硝转化率[19~23]。然而，烟气脱硫、脱硝往往在含氧气氛下进行，氧气的存在不仅会破坏催化剂表面的还原氛围，而且可能使催化剂因组成和结构发生变化而失活，最终降低 SO_2 和 NO_x 的转化率和选择性。因此，提高催化剂的耐氧性能尤为重要。周金海等研究发现，稀土催化剂 CeO_2-La_2O_3/γ-Al_2O_3 具有一定的耐氧脱硫性能[24]。Zhang 等用纯的 Sr 改性稀土氧化物，用于催化还原 NO。结果显示，La_2O_3、CeO_2 以及 Sm_2O_3 等稀土氧化物在有氧无氧气氛下均具有较好的活性，并且除了 CeO_2，氧气的存在还促进了其他稀土氧化物催化还原 NO 的转化率[25]。

9.2.2
稀土催化材料在工业废气和人居环境净化中的应用

9.2.2.1
挥发性有机物治理

挥发性有机物（VOCs）是指常温常压下易挥发（沸点在 50 ~ 260℃ 之间）的有机化合物，一般具有较高的蒸气压和较低的水溶性。大部分挥发性有机物都具有毒性、恶臭气味和致癌性，同时 VOCs 又是光化学烟雾的主要来源之一，因此被认为是一类主要的空气污染物[26]。空气中的 VOCs 来源广泛，可分为室内排放源和室外排放源。室内 VOCs 主要来源于家居产品，比如建筑装饰材料、绝缘材料、清洁产品等；室外 VOCs 则主要来源于化学品和药物厂、炼油厂、汽车尾气排放、食品加工厂等。近几十年来，由于全球工业化进程的加快，VOCs 的排放量急剧增加，这严重危害到人类和其他生物的健康，同时加剧了光化学烟雾的产生，因此 VOCs 的排放受到日益严格的控制。

为了有效减少排放到环境中的VOCs量，人们发展了许多方法和技术来消除VOCs，包括活性炭吸附法、冷凝法、膜分离技术、光催化、直接燃烧法和催化燃烧法[27]。其中，催化燃烧是在催化剂作用下的低温无焰燃烧，其本质是活性氧参与的剧烈氧化反应，反应产物是CO_2和水。与直接火焰燃烧法相比，催化燃烧过程具有反应温度低、操作安全、可在低的VOCs浓度（<1%）下进行等优势，因而被认为是最有效和经济可行的消除VOCs的方法。由于不同VOCs的组成和性质存在差异，因此对催化材料的选择也不一样。目前研究较多的催化VOCs燃烧的催化剂主要包括贵金属催化剂（Pt、Pd、Rh、Au）和过渡金属氧化物催化剂（CuO、Co_3O_4、MnO_2、CeO_2和V_2O_5等）[28～30]。由于贵金属催化剂在低温下即表现出优异的催化活性，因此被广泛研究。虽然贵金属催化剂具有活性高的优点，但是由于其储量有限导致价格昂贵，限制了其大范围工业化应用。另外，由于贵金属的敏感性，含氯VOCs中Cl元素的存在会导致催化剂的失活。因此，价格低廉的各种过渡金属氧化物及其复合物作为贵金属催化剂的替代物得到了广泛研究，研究的重点主要在于提高其低温催化活性和抗中毒性。

虽然CeO_2具有很好的氧化催化性能，但其作为燃烧催化剂时，氧化还原过程主要发生在表面，因此高比表面积是CeO_2具有高储放氧能力的先决条件，而在催化燃烧过程中反应强放热温度往往很高，导致CeO_2易烧结，从而减小其比表面积，使储放氧能力大大降低。并且CeO_2催化剂还原温度较高，限制了其在低温条件下使用。为提高CeO_2催化剂的抗高温烧结能力和降低还原温度，可在CeO_2中掺入Zr、La、Ga等元素。其中Zr掺杂能形成$Ce_{1-x}Zr_xO_2$固溶体并改善CeO_2的体相特性。通过形成$Ce_{1-x}Zr_xO_2$固溶体，一方面可以降低CeO_2基材料的表面和体相还原温度，改善其氧化还原动力学行为，大大提高催化剂的储氧能力；另一方面能明显提高催化剂的高温稳定性，而且形成$Ce_{1-x}Zr_xO_2$固溶体后，体相氧也能参与反应，即使在比表面积较低的情况下也容易被还原。为了得到较高比表面积，一般采用液相法合成$Ce_{1-x}Zr_xO_2$固溶体，然而由于$Ce_{1-x}Zr_xO_2$成核，生长速率不可控，往往很难控制颗粒的大小，并且得到的往往是不规则的颗粒或块体材料[31]。

由于空气中VOCs的浓度很低，因此要求催化剂需要具有很高的低温活性，并且从成本考虑希望对VOCs处理能力越大越好，一般要求高通量处理，这就要求催化剂床层具有很好的传质性能和较低的压降。通过构筑合适的孔结构和增加比表面积可以使$Ce_{1-x}Zr_xO_2$催化剂具有优异的低温活性和高温稳定性。多级孔结构材料因其具有高的比表面积、便捷的传输通道和较好的抗冲击性而受到催化研究工作者的广泛关注[32,33]。

图 9.2　$Ce_{1-x}Zr_xO_2$ 固溶体的扫描、透射电子显微像及催化甲苯燃烧效果图

宋卫国等采用静电纺丝方法，结合柠檬酸辅助燃烧法，成功制备了介孔 $Ce_{1-x}Zr_xO_2$ 纳米纤维组成的无纺布材料，如图 9.2 所示[34]。其中介孔纳米纤维相互交联形成丰富的大孔结构，其比表面积最高达 133.7m^2/g。将这种同时具有大孔介孔多级孔结构的 $Ce_{1-x}Zr_xO_2$ 材料用于催化 VOCs 燃烧，结果表明，所得的 $Ce_{1-x}Zr_xO_2$ 无纺布材料具有比相同组成的介孔 $Ce_{1-x}Zr_xO_2$ 块体材料更优异的催化性能，在 310℃ 就能将浓度为 2000μL/L 的甲苯完全除去，这主要得益于其特殊的孔结构。此外，掺入 Zr 形成 $Ce_{1-x}Zr_xO_2$ 固溶体能明显改善 CeO_2 的高温稳定性。

9.2.2.2
光催化空气净化

空气中的硫氧化物、氮氧化物、VOCs 以及烃类，绝对量大，治理困难，已经对环境和人体健康造成严重的影响。同时，室内空气污染物繁多、浓度低、自净性差，更需要先进的技术对其进行处理。传统的空气净化主要采用活性炭对有毒污染物进行吸附，但污染物本身的处理仍需解决。纳米 TiO_2 生产成本低、化学稳定性好，并且可以利用太阳光为反应光源对污染物进行催化处理，因此，以锐钛矿型纳米 TiO_2 催化剂为代表的光催化空气净化技术在空气的深度净化方面有很大的应用潜力。稀土在光催化中的应用，体现在它作为助催化剂对 TiO_2 进行改性，提高其催化性能，以及用钙钛矿、铌酸盐类复合氧化物等稀土复合氧化物作为光催化剂[35~40]。

刘月等从理论和实验两方面探讨了稀土金属掺杂对锐钛矿 TiO_2 光催化活性的影响[36]。图 9.3 为纯 TiO_2 和稀土掺杂 TiO_2 的紫外-可见吸收光谱，可以看出，Ho、

Pr、Ce、Sm、Y、Yb和Gd掺杂使TiO₂在可见光区的吸收系数有了不同程度的提高，而Gd、Ce、Y和Er的掺杂使TiO₂在紫外光区的吸收系数也有了一定程度的提高。此外，采用溶胶-凝胶法制备了稀土金属掺杂的TiO₂粉体，表征显示，掺杂前后的TiO₂均为锐钛矿相，且Ho、Pr、Ce、Sm、Y、Yb和Gd掺杂使TiO₂在可见光区的吸

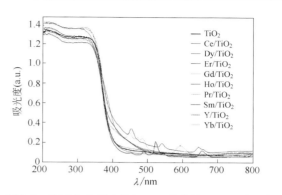

图9.3 纯TiO₂和稀土掺杂TiO₂的紫外-可见吸收光谱

收系数有了不同程度的提高，理论预测与实验结果基本保持一致。杨秋华等采用柠檬酸法合成了钙钛矿型复合氧化物$LaFeO_3$和$LaCoO_3$，用其作光催化剂对水溶性染料进行光催化降解[38]。结果表明，$LaFeO_3$和$LaCoO_3$均有较强的光催化活性，而$LaCoO_3$的光催化活性明显高于$LaFeO_3$，这主要与Fe^{3+}和Co^{3+}的电子构型以及Fe—O键和Co—O键的结合能有关。

稀土型低温氧化催化剂可在室温下催化去除CO等有害气体，可实现室温下净化人居环境。吴静谧等使用Pd/CeO_2-纳米管为催化剂，研究其低温催化CO氧化反应，$0.9Pd/CeO_2$-纳米管具有最好的活性。催化剂表面丰富的Ce^{3+}能为反应提供更多的氧空位，Pd—O—Ce键的形成能增强金属-载体间的相互作用，有利于CO与催化剂表面晶格氧发生反应[41]。宋卫国等采取微波辅助水热法制备了氧化铈空心纳米球，采用沉淀-沉积法负载金纳米粒子后，用于催化CO氧化，在室温下即可催化CO完全转化，如图9.4所示[42]。

在人居环境净化中，甲醛是一类常见的污染物。甲醛对皮肤黏膜有刺激作用，当在室内达到一定浓度时，人就有不适感，严重的会引起眼红、眼痒、咽喉不适或疼痛、声音嘶哑、喷嚏、胸闷、气喘、皮炎等。新装修的房间甲醛含量较高，是众多疾病的主要诱因，因此，对甲醛的控制和处理十分重要，研究人员对此展开了许多研究[43～46]。彭洪根等采用稀土La掺杂锐钛矿型TiO₂，负载少量Pt后用于室内低浓度（0.5μL/L）甲醛的催化氧化[45]。活性测试结果如图9.5所示，负载0.5%Pt后，Pt/TiO_2和$Pt/La-TiO_2$对甲醛转化率均高于80%，尤其是3%（质量分数）La掺杂的催化剂，催化活性高达96%以上，且连续反应8h后活性未见下降。多种表征手段表明，La修饰后，贵金属Pt纳米粒子尺寸减小、分散度提高及Pt与载体间相互作用增强是其活性优异的主要原因。

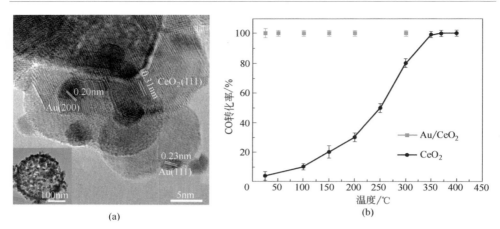

(a)　　　　　　　　(b)

图9.4　Au/CeO₂空心纳米球透射电镜图及催化CO氧化效果图

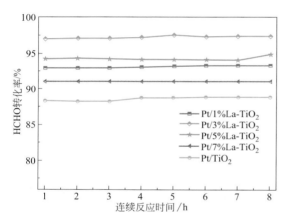

图9.5　不同含量La（质量分数）掺杂催化剂对甲醛的转化率

9.3
稀土催化剂在汽车尾气净化中的应用

汽车尾气中主要有害成分包括烃类（HC）、一氧化碳（CO）、氮氧化物（NO$_x$）、二氧化硫（SO$_2$）、铅化合物、固体颗粒物。其中HC、CO、NO$_x$是汽车尾气的主要成分，也是主要的大气污染物，对人体健康具有潜在的长久危害，对生态环境造成严重的破坏[47～49]。汽车尾气净化技术分为机内净化技术和机外净化技术[50]。汽车尾气催化净化器可以在污染物排出气缸进入大气之前将其中含有的HC、NO$_x$、CO等有害气体转化为无害物质。由于绝大多数汽车污染物来自尾管排放，所以机外净化成为控制汽车尾气的快捷而有力的手段，其研究重点是催化净化的问题。开发实用高效的催化剂是解决汽车尾气污染的最有效办法。稀土元素独特的4f电子层结构使其在化学反应过程中表现出良好的助催化功效，在机动车尾气净化中得到了广泛应用。

9.3.1
储放氧材料

CeO_2因为Ce^{4+}/Ce^{3+}存在较好的可逆转化效率而被广泛用作储氧（OSC）材料[51]。在贫氧气氛下，CeO_2可提供CO和HC氧化所需的氧；在富氧气氛下，Ce_2O_3可与气氛中的氧结合，使NO$_x$被CO和HC还原，从而使贵金属催化剂总体上保持较高的同时净化效率。但是，纯CeO_2材料在高温下会发生严重烧结而导致OSC性能剧烈下降甚至丧失，从而限制其应用。通过对CeO_2进行掺杂改性可改善其综合性能，CeO_2-ZrO_2复合氧化物是目前最常用的储放氧材料。同时，CeO_2-ZrO_2复合氧化物除了通过储放氧来调节空燃比达到较高的净化效率，还有助于贵金属在催化剂表面的均匀分散，提高PM的利用率，并可促进还原条件下水煤气变换反应的进行，使一氧化碳易于在还原条件下被晶格氧氧化消除。正是因为CeO_2-ZrO_2复合氧化物具有诸多重要的作用，所以其已经成为三效催化剂等机动车尾气净化器中必不可少的组分。

9.3.2
碳氢低温起燃催化剂

碳氢低温起燃催化剂主要是将贵金属浸渍负载在高比表面积的载体上。目前有关研究主要集中在三个方向：一是对传统的贵金属/Al$_2$O$_3$进行材料改性，如添加稀土氧化物、酸性氧化物或者固体酸等；二是采用新的制备方法开发新型的高性能氧化催化剂，如贵金属掺杂型催化剂等；三是开发密偶催化剂，从而使催化剂可以更加靠近发动机。但这对催化剂的寿命也提出了更高的要求。Carlsson等以甲烷和一氧化碳的催化燃烧反应为例研究了Pt/Al_2O_3和Pt/CeO_2的低温催化性能，研究发现，后者具有更优的甲烷催化活性[52]。作者将这种高活性的来源归结为具有高催化活性的$Pt-CeO_2$界面，并且CeO_2所具有的储放氧性能及其有利于氧传递和扩散的特点也是高活性的来源。为了进一步提高Pt/CeO_2材料的碳氢氧化活性，Zhang等采用硫酸负载的铈锆复合氧化物作为载体，负载1% Pt后催化剂的丙烷起燃温度（T_{50}）相比于未负载硫酸的样品降低了60℃，体现了优异的低温催化性能。作者认为硫酸添加后与贵金属Pt相互作用形成的$Pt^{\delta+}$物种是高活性的来源[53]。

在新型高效氧化催化剂开发方面，Hegde等采用溶液燃烧法制备了$Ce_{0.98}Pd_{0.02}O_2$材料，并研究了其对不同烃类的转化温度。他们发现这种催化剂对丙烷的T_{50}为280℃，相比于传统的Pt/Al_2O_3催化剂降低了近100℃，表现出了良好的低温氧化活性，作者认为高活性的来源是氧化铈使更多的Pd处于高价态（Pd^{4+}物种）及产生的$Pd-CeO_2$界面活性位[54]。周仁贤等研究了在$Pd/Ce_{0.2}Zr_{0.8}O_2$材料中添加不同含量La对催化剂三效催化活性的影响。研究发现，La的添加能够提高材料的比表面积、热稳定性及储放氧性能，其中添加5% La的样品表现出了最优的活性，经过1100℃+4h的老化后，相比于不添加La的样品，其对丙烷的T_{50}降低了近100℃。作者认为其表现出最优活性的原因是在$Ce_{0.2}Zr_{0.8}O_2$固溶体中掺杂5%的La_2O_3能够形成更均匀的固溶体[55]。

9.3.3
碳烟氧化催化剂

目前碳烟氧化催化剂的研究主要有贵金属催化剂、金属氧化物催化剂、碱金属和碱土金属催化剂及钙钛矿（ABO_3）或类钙钛矿（A_2BO_4）型催化剂等四大类。CeO_2材料由于具有良好的储放氧及氧扩散性能在碳烟氧化领域得到了广泛重视。目前的研究热点主要集中在过渡金属-铈基复合氧化物的相关研究上。

翁端等人系统地研究了CeO_2基复合氧化物的碳烟催化活性，开发出了Cu-Ce、Cu-K/CeO_2、Mn-Ce、Co-CeO_2等一系列催化材料，发现过渡金属-铈基催化剂在$NO+O_2$气氛下具有不弱于贵金属的碳烟催化活性。在此基础上，将Ba氧化物引入该体系，得到的钡改性过渡金属-铈基催化剂具有更强的氮氧化物存储能力和碳烟氧化性能，可将碳烟氧化反应的温度降至400℃以下[56]。中国石油大学的赵震等采用模板法制备了三维有序大孔钙钛矿$LaFeO_3$、$La_{1-x}K_xCoO_3$和$Ce_{1-x}Zr_xO_2$等催化材料，并在上面担载了Au，这种结构的催化材料表现出优异的碳烟催化活性[57]。以$LaFeO_3$为例，$Au_{0.04}/LaFeO_3$碳烟起燃温度（T_{10}）仅为228℃，其活性优于Pt/SiO_2催化材料（247℃）。作者认为其优异的低温活性主要来源于氧的活化，一定颗粒尺寸的纳米Au颗粒有助于氧的活化过程，而三维有序大孔结构中的大孔有利于碳烟进入催化剂的内孔及在其中的扩散，从而可以增大固体反应物碳烟与催化剂的接触面积，这都有利于碳烟氧化低温活性的提高。济南大学的Zhang等研究了Fe掺杂的CeO_2材料在紧密接触条件下氧气气氛中的碳烟燃烧反应，并进一步对反应进行了动力学模拟计算。研究发现，最优的Fe含量为10%（原子分数），碳烟氧化反应是通过Ce^{4+}/Fe^{3+}和Ce^{3+}/Fe^{2+}氧化还原反应对进行的，而反应的活性位点为Fe-O-Ce物种，其相对于Ce-O-Ce物种具有更强的氧化还原性能[58]。

9.3.4
NH$_3$-SCR催化材料

钒基NH_3-SCR催化剂已广泛应用于工业固定源和柴油车移动源脱硝技术，但其自身仍然存在着操作温度较高、高温时大量生成N_2O造成二次污染以及硫酸盐中毒等问题。另外，V_2O_5具有生物毒性，在移动源氮氧化物净化过程中容易发生升华或脱落，对生态环境和人体健康造成潜在危害。因此，开发高效稳定、环境友好的新型移动源SCR催化剂是柴油车尾气净化技术研发的重要任务，而稀土尤其是Ce基氧化物由于自身具有一定的氧化-还原能力而被广泛研究。在早期的报道中，CeO_2主要是作为助剂或第二活性组分被引入催化剂体系，随着研究的逐步深入，人们发现Ce基氧化物本身也对SCR反应有很好的催化活性，从而开展了大量研究，取得了一定进展。

中科院生态环境研究中心的贺泓采用简单的共沉淀法制备了Ce-W-Ti催化剂，其中$Ce_{0.2}W_{0.2}TiO_x$催化剂在空速为$100000h^{-1}$时在$180 \sim 450$℃温度窗口内NO_x转化率能够达到80%以上，即使在空速上升为$250000h^{-1}$时，获得90% NO_x转化率的温度窗口仍有$275 \sim 450$℃，且生成N_2的选择性几乎为100%，表现出良好的NO_x去除能力[59]。作者认为一方面Ce物种具有较高的活性，而W的添加则有助于提高Ce物种的分散，并增加高活性CeO_2微晶和氧空位的数目，有利于促进NO

在低温下氧化成NO_2，从而以快SCR路径发生反应，提高材料的低温活性。另一方面，W的添加有利于抑制高温下NH_3的非选择性氧化，从而使催化剂保持较高的高温活性。

清华大学的Peng和Li等采用共沉淀法制备了CeO_2-WO_3（CeW）和锰掺杂的CeO_2-WO_3（MnCeW）催化剂，发现后者在150℃即能达到80%的NO_x净化率[60]。而从材料表面化学性质分析，相比于CeW，MnCeW具有更强的B酸性位，有利于NH_3的吸附；同时具有更多的表面氧空位，具有更优异的氧化-还原性能。作者进一步采用DFT的方法对MnCeW、CeW及CeO_2材料的氧空位生成能进行了计算，结果表明，MnCeW（110）、CeW及CeO_2上的氧空位生成能分别为1.82eV、2.60eV和3.14eV，即氧空位更容易在MnCeW（110）晶面上形成。而氧空位的增多有利于NH_3的吸附及催化活性的提高，这与活性测试结果中MnCeW催化材料具有最高的活性是一致的。

9.4
稀土催化剂在光催化环境净化中的应用

1972年，Honda和Fujishima在*Nature*上发表关于TiO_2光解水的文章，标志着光催化时代的开始[61,62]。到目前为止，在环境治理中得到应用的半导体材料有TiO_2、ZnO、CdS等物质，而TiO_2是其中应用最广泛、最有效的光催化剂。但TiO_2的禁带（约为3.2eV）较宽，需要能量较高的紫外光（$\lambda<387.5nm$）才能使其价带中的电子受激发，因此单独的TiO_2催化剂只能在高能的紫外光照射下才能表现出光催化活性。然而自然界太阳光中的紫外线辐射所占部分较少（只有总体的3%～5%），所以TiO_2光催化剂对太阳光的利用率较低就成为了限制其进一步发展的瓶颈。对TiO_2进行掺杂稀土元素改性，其光催化性能能够得到显著提高。

稀土元素具有独特的4f电子结构、配位数及电子构型，将稀土离子掺杂进入光催化剂的晶格中，其离子半径大，可引起晶格畸变，产生形变应力，有利于形成缺陷位点；同时，电荷的不均衡可以引起催化剂电子结构发生改变，从而增强催化剂的表面吸附能力，增大表面羟基数量，增强催化性能；此外，还可以在光催化剂的禁带中引入杂质能级，减小禁带宽度，拓宽光催化剂的光谱响应范围[63~68]。稀土离子的引入也能影响光催化剂的结晶程度、晶相转变及比表面积等，从而影响光催化剂的性能。

9.4.1
在气相污染物光催化净化中的应用

利用 TiO_2 光催化剂，在光照条件下可将空气中的有机污染物分解为 CO_2、H_2O 和相应的无机酸。目前，国内外学者已对烯烃、醇、酮、醛、芳香族化合物、有机酸、胺、有机复合物、三氯乙烯等气态有机物的 TiO_2 光催化降解进行了研究，取得了较为满意的效果。气相光催化氧化过程反应速率快，且光能利用效率高，因此很容易实现完全氧化。例如，Nimlos 等报道三氯乙烯（TCE）光催化氧化的总量子效率高达 $0.5 \sim 0.8$，而 TCE 的液相光催化氧化的量子效率一般低于 $0.01^{[69]}$。一般来说，气相光催化的量子效率是降解水溶液中同样有机物的 10 倍以上[70]。另外，在 TiO_2 光催化反应中，一些芳香族化合物的光催化降解过程往往伴随着多种中间产物的产生，有些中间产物具有相当大的毒性，从而使芳香族化合物不适于液相光催化反应过程，如水的净化处理。但在气相光催化反应中，只要生成的中间产物挥发性不大，就不会从 TiO_2 表面脱离进入气相，造成新的污染，而是进一步分解氧化，最终生成 CO_2 和 H_2O。因此，气相光催化在降解有机污染物方面比液相光催化表现出更多的优势和潜力。

黄雅丽研究了稀土元素掺杂的 TiO_2 对气相有机物的光催化降解[71]。光催化降解乙烯、溴代甲烷的实验结果表明，与纯 TiO_2 相比，掺杂 La^{3+}、Y^{3+}、Gd^{3+}、Er^{3+}、Nd^{3+} 的 TiO_2 样品上，乙烯、溴代甲烷的转化率均有不同程度的提高，CO_2 的产生量也相应增加，说明 La^{3+}、Y^{3+}、Gd^{3+}、Er^{3+}、Nd^{3+} 掺杂后 TiO_2 样品的光催化性能都有所改善，而且表现出较强的矿化能力。但是，Pr^{3+} 掺杂后 TiO_2 样品的光催化活性没有提高甚至降低。TiO_2 掺杂稀土离子的最佳掺杂量为 0.5%（质量分数），掺杂的稀土离子经焙烧后可能以氧化物的形式分散在 TiO_2 的表面。稀土离子 La^{3+}、Y^{3+}、Gd^{3+}、Er^{3+}、Nd^{3+}、Pr^{3+} 掺杂后，TiO_2 样品的锐钛矿含量增加，比表面积增大，粒径变小，表现出量子尺寸效应。DRS 和 SPS 的表征结果显示，稀土离子掺杂后 TiO_2 样品的吸收边发生蓝移，表面光电压的响应阈值增大，光致电子-空穴对的氧化还原能力增强；此外，Pr^{3+} 除外的其他稀土离子掺杂的 TiO_2 样品的表面光电压信号增强，导致光生电子-空穴对的分离效率提高，这些都可能是TiO_2掺杂La^{3+}、Y^{3+}、Gd^{3+}、Er^{3+}、Nd^{3+}后光催化活性提高的原因。价态可变的Pr^{3+}容易成为空穴捕获的不可逆陷阱，因此Pr/TiO_2催化剂虽然锐钛矿相含量增加、比表面积增大、粒径变小、吸收边发生蓝移、SPS的响应阈值增大，但是其表面光电压信号减弱，光生电子-空穴对没有得到有效分离，故显示出较差的光催化活性。原位红外光谱研究乙烯、丙酮、苯的光催化降解的结果显示，乙烯可以被光催化氧化生成CO_2和水，而丙酮、苯被光催化氧化除了生成CO_2和水外，还可能有其他较稳定的产物CO_3^{2-}生成。

陈晓淼以表面活性剂P123作为结构导向剂，结合溶胶-凝胶法制备出了稀土元素铕、钐、镧掺杂的介孔TiO_2和钐、铕掺杂的非介孔TiO_2光催化剂[72]。XRD和TEM结果表明，稀土掺杂可以阻碍TiO_2光催化剂从锐钛矿型向金红石型的晶相转移，降低其结晶程度，提高光催化剂的热稳定性，抑制催化剂的高温失活。以甲醇和丙酮为消除底物，考察了镧、钐、铕的掺杂量及催化剂活化温度对光催化效率的影响。随着掺杂量的增加，催化剂对甲醇和丙酮的紫外光催化消除率都呈现出先增大、后降低的规律。在相同光催化测试条件下，钐、铕和镧掺杂的介孔TiO_2对甲醇的消除率最高，依次为掺杂的介孔TiO_2>掺杂的非介孔TiO_2>P25>未掺杂的介孔TiO_2。钐和镧掺杂的介孔TiO_2对甲醇和丙酮的紫外光催化结果表明，介孔TiO_2对甲醇具有更好的选择性。无论是紫外光还是可见光催化，催化活性都随着甲醇初始浓度的增加而降低，且相同条件下，镧、钐、铕掺杂的介孔TiO_2催化活性在一定的浓度范围内都比P25高。在紫外光照射下，甲醇浓度约$12g/m^3$时，镧、钐、铕掺杂的介孔TiO_2对甲醇的消除均达到了98.8%。对催化剂进行的稳定性研究实验表明，制备镧掺杂的介孔TiO_2催化剂寿命较长，且不易失活。对苯、甲苯、二甲苯进行紫外光催化的降解，实验结果表明，稀土掺杂的介孔TiO_2的光催化活性均高于P25。

洪伟采用溶胶-凝胶法制备了稀土离子La^{3+}、Ce^{3+}、Nd^{3+}改性TiO_2光催化剂[73]。XRD结果表明，稀土离子掺杂可以阻碍TiO_2光催化剂的晶相转移，降低其结晶程度，提高光催化剂的热稳定性。稀土离子掺杂显著增加光催化剂表面Ti^{3+}的含量，随着稀土离子掺杂浓度的上升，Ti^{3+}比例增大。Ce^{3+}掺杂表面Ti^{3+}的含量增加最明显。实验结果表明，稀土离子掺杂显著提高了光催化剂对苯、甲苯、乙苯、二甲苯等四种有机物的吸附能力，掺杂浓度越高，吸附能力越强，吸附去除率提高$1\sim2$倍。吸附能力提高的主要原因是比表面积的增大，以及稀土离子4f空轨道的存在，稀土离子也可能与有机物形成配合物。

韩燕飞采用溶胶-凝胶法制备了 V-Ce-TiO$_2$ 光催化剂，V-Ce-TiO$_2$（500℃）样品的平均粒径为18.3nm，结晶程度较好，以锐钛矿结构为主，共掺杂样品能够抑制 TiO$_2$ 晶粒的长大，引起 TiO$_2$ 的晶格畸变和膨胀，致使晶形粒径较小，比表面积较大，抑制电子-空穴复合[74]。当掺杂配比为 n(V)：n(Ce)：n(TiO$_2$)=0.1%：0.05%：1、煅烧温度为500℃时，V-Ce 共掺杂样品对甲醛降解效率最高，在紫外光照射下，V-Ce-TiO$_2$ 在2h内对甲醛的降解率达到58%，高于 V-TiO$_2$ 的45%、Ce-TiO$_2$ 的42%和纯 TiO$_2$ 的25%。

9.4.2
在光催化氧化水体中有机污染物中的应用

目前，常以 TiO$_2$、SnO$_2$、ZrO$_2$、Fe$_2$O$_3$ 等半导体氧化物作为光催化反应中的光催化剂，在太阳光照射下进行光催化降解水体中的污染物引起广大研究者的关注[75]。光催化降解通常是指有机物在光的作用下逐步氧化成低分子中间产物，最终生成 CO$_2$、H$_2$O 及其他的离子。

稀土元素 La、Ce、Eu 和 Y，在掺杂引入 TiO$_2$ 后，都可以起到细化 TiO$_2$ 晶粒的作用，同时掺杂 TiO$_2$ 的形貌均为片层状结构[76]。由于选用的4种离子的半径均大于 Ti^{4+}，在掺杂引入时都会造成 TiO$_2$ 晶格的膨胀和畸变。稀土离子的掺杂还会导致 TiO$_2$ 光吸收范围的拓展，不同程度地提高 TiO$_2$ 的可见光利用率。不同元素掺杂 TiO$_2$ 光催化实验指出：La、Ce、Eu 和 Y 的掺杂都可以提高 TiO$_2$ 在可见光和紫外光下对亚甲基蓝的降解效率，且紫外光下对降解率的提高明显高于可见光下。在各自元素对应的最佳掺杂量下，轻稀土元素 La 和 Ce 对光催化能力的提高均大于 Eu 和 Y。

周平利用溶胶-凝胶法制备了镧铈掺杂的 TiO$_2$，未掺杂 TiO$_2$ 的晶型转变温度低于700℃，单一稀土镧掺杂的 TiO$_2$ 的晶型转变温度在800℃左右，稀土镧和铈掺杂 TiO$_2$ 的晶型转变温度在800℃和900℃之间[77]。以甲基橙作为目标降解物，通过对比不同样品的光催化降解率，发现在相同晶型的 TiO$_2$ 纳米粉体中，与未掺杂的 TiO$_2$ 纳米粉体相比，稀土掺杂提高了 TiO$_2$ 的光催化性能。

任民利用溶胶-凝胶法制备了 TiO$_2$ 纳米粉末。通过 XRD 分析发现，温度在不高于550℃时产物全为锐钛矿相，稀土离子（La^{3+}，Y^{3+}，Eu^{3+}）的掺杂可以增加 TiO$_2$ 的晶格缺陷、比表面积和吸附能力，明显提高光催化剂的催化降解能力，并且 La^{3+}、Y^{3+}、Eu^{3+} 的掺杂存在一个最佳值。稀土离子共掺杂的 TiO_2 的光催化活性大大优于纳米 TiO_2 及稀土离子单掺杂的 TiO_2 的光催化活性，例如 La、Y 共掺杂对硝基苯 1h 的降解率由 31.94% 提高到 67.10%，2h 的降解率由 37.54% 提高到 96.40%[78]。

9.4.3
在灭菌杀毒中的应用

赵月利用溶胶-凝胶法合成了稀土离子 Er^{3+}、Yb^{3+} 与过渡金属离子 Fe^{3+} 共掺杂的纳米 TiO_2 粉末，利用 XRD、TEM、UV-Vis 及 488nm 上转换光致发光光谱等表征手段，研究了纳米光催化剂粉末的晶体结构及发光特性[79]。尽管 Er^{3+} 和 Yb^{3+} 可以在一定程度上抑制锐钛矿相向金红石相的转变，但是由于 Fe^{3+} 的掺杂，且煅烧温度（1050℃）较高，掺杂纳米光催化剂的晶相结构以金红石相为主，同时混有少量的烧绿石，无锐钛矿相的存在。UV-Vis 图谱显示催化剂吸收截止波长已扩展到可见光区。通过 XRD 以及 TEM 分析发现，所合成的纳米晶尺寸约为 30nm。以大肠杆菌（JM-109）为实验菌株，在室温下，在 150W 可见光照射下，催化剂浓度为 1.0mg/mL，大肠杆菌（JM-109）初始浓度为 $3×10^7$CFU/mL，光照 90min 后，大肠杆菌（JM-109）杀灭率达到 93.8%。利用溶胶-凝胶法，以载玻片为基底，通过添加高分子 PEG，制备出 Er^{3+}-Yb^{3+}-Fe^{3+} 三掺纳米 TiO_2 薄膜。XRD 显示，在 400℃ 下煅烧的催化剂结晶性较差，晶相为锐钛矿相。TEM 显示，薄膜表面有大量的裂隙，增加了催化剂的表面积。以大肠杆菌（JM-109）为实验菌株，室温下，在 150W 可见光照射下，对初始浓度为 $3×10^4$CFU/mL 的菌液光照 90min 时，以加入 PEG 的分子量为 2000、每份凝胶加入量为 2g、400℃ 煅烧下制得的二掺纳米 TiO_2 薄膜催化剂杀菌率最大，可达 78.6%。当以粉末法固化催化剂时，室温下，在 150W 可见光照射下，对初始浓度为 $3×10^4$CFU/mL 的菌液，光照 30min 后，当 PVA 与催化剂的质量比为 20∶1 时，催化杀菌效率最大。通过对比悬液体系与固化体系，可以看出，悬液体系中催化剂与细菌接触充分，表面积大，杀菌率远远高于固化体系。但是，由于悬液体系存在催化剂回收问题，现实环境中细菌密度一般低于实验中所选择的浓度，因此光催化剂固化研究具有一定的实用价值。

梁艳采用溶胶-凝胶并结合旋转涂膜法制备了 10 种稀土掺杂光催化抗菌薄

膜（La/TiO$_2$，Ce/TiO$_2$，Pr/TiO$_2$，Nd/TiO$_2$，Sm/TiO$_2$，Eu/TiO$_2$，Gd/TiO$_2$，Dy/TiO$_2$，Ho/TiO$_2$，Y/TiO$_2$）和Ag/Ce/TiO$_2$复合型光催化抗菌薄膜，以大肠杆菌、金黄色葡萄球菌和肺炎克雷伯氏菌为实验菌种，分别以室内普通日光灯和太阳光作为光源，测定杀菌效果[80]。研究发现，RE/TiO$_2$薄膜和Ag/Ce/TiO$_2$复合型光催化抗菌薄膜除Ce/TiO$_2$含有极少量金红石相TiO$_2$外，其余均由单一锐钛矿相TiO$_2$构成，平均粒径为12~27nm；除Dy/TiO$_2$和Y/TiO$_2$外，其余薄膜均存在明显缺陷，尤其是Eu/TiO$_2$、Ce/TiO$_2$、Nd/TiO$_2$和Ag/Ce/TiO$_2$为多孔状薄膜；稀土掺杂有效抑制了TiO$_2$由锐钛矿相向金红石相的转变，显著提高了光催化材料对可见光的响应。

参考文献

[1] Nunan J G, Robota H J, Cohn M J, Bradley S A. Physicochemical properties of Ce-containing three-way catalysts and the effect of Ce on catalyst activity. Journal of Catalysis, 1992, 133(2): 309-324.

[2] Lee J, Ryou Y S, Chan X J, Kim T J, Kim D H. How Pt interacts with CeO$_2$ under the reducing and oxidizing environments at elevated temperature: the origin of improved thermal stability of Pt/CeO$_2$ compared to CeO$_2$. Journal of Physical Chemistry C, 2016, 120 (45): 25870-25879.

[3] Church J S, Cant N W. Stabilisation of aluminas by rare earth and alkaline earth ions. Applied Catalysis A: General, 1993, 101 (2): 105-116.

[4] 赵卓, 彭鹏, 傅平丰. 稀土催化材料在环境保护中的应用. 北京: 化学工业出版社, 2013.

[5] Ma Y C, Ge Q J, Li W Z, Xu H Y. Methanol synthesis from sulfur-containing syngas over Pd/CeO$_2$ catalyst. Applied Catalysis B: Environmental, 2009, 90(1-2): 99-104.

[6] 吕刚. 工业废气的危害及防治措施. 科技创新与应用, 2016, (11): 160.

[7] 李建. 涂料和胶粘剂中有毒物质及其检测技术. 北京: 中国计划出版社, 2002.

[8] Chang L P, Zhang Z Y, Ren X R, et al. Study on the stability of sorbents removing H$_2$S from hot coal gas. Energy Fuels, 2009, 23: 762-765.

[9] Slimane R B, Abbasian J. Regenerable mixed metal oxide sorbents for coal gas desulfurization at moderate temperatures. Adv Environ Res, 2000, 4: 147-162.

[10] Pan Y G, Perales J F, Velo E, et al. Kinetic behavior of iron oxide sorbent in hot gas desulfurization. Fuel, 2005, 84: 1105-1109.

[11] Chung J B, Chung J S. Desulfurization of H$_2$S using cobalt-containing sorbents at low temperatures. Chem Eng Sci, 2005, 60: 1515-1523.

[12] 王磊, 马建新, 孙凡, 等. 稀土氧化物上SO$_2$和NO的催化还原 II. 用CO作还原剂的脱硫及反应机理. 催化学报, 2000, 21(6): 547-550.

[13] Ma J X, Fang M, Ngai T L. Activation of La$_2$O$_3$

for the catalytic reduction of SO_2 by CO. J Catal, 1996, 163(2): 271-278.

[14] 湛月平. 稀土氧化物高温煤气脱硫剂的制备、表征与性能研究[D]. 天津: 天津大学, 2010.

[15] Yasyerli S. Cerium-manganese mixed oxides for high temperature H_2S removal and activity comparisons with V-Mn, Zn-Mn, Fe-Mn sorbents. Chem Eng Process, 2008, 47: 577-584.

[16] 陈爱平, 马建新, 方明, 等. 钙钛矿结构在CO还原SO_2催化脱硫中的作用. 催化学报, 1998, 19(4): 320-324.

[17] 赵岳, 张晓玲, 胡辉, 等. 稀土催化剂在环境保护中的应用进展. 工业催化, 2008, 16(3): 13-17.

[18] Wen B, He M Y. Study of the Cu-Ce synergism for NO reduction with CO in the presence of O_2, H_2O and SO_2 in FCC operation. Appl Catal B: Environ, 2002, 37: 75-82.

[19] Hu H, Wang S X, Zhang X L, et al. Study on simultaneous catalytic reduction of sulfur dioxide and nitric oxide on rare earth mixed compounds. J Rare Earth, 2006, 24(6): 695-698.

[20] Lau N T, Fang M, Chan C K. The role of SO_2 in the reduction of NO by CO on La_2O_2S. J Catal, 2007, 245: 301-307.

[21] 王磊, 马建新, 孙凡, 等. 稀土氧化物上SO_2和NO的催化还原 I. 催化剂的活化特性和机理. 催化学报, 2000, 21(6): 542-546.

[22] 王磊, 马建新, 孙凡, 等. 稀土氧化物上SO_2和NO的催化还原 III. 用CO作还原剂的同步脱硫和脱氮. 高等学校化学学报, 2002, 23(5): 897-901.

[23] 王磊, 马建新, 孙凡, 等. 稀土氧化物上SO_2和NO的催化还原 V. 以城市煤气作还原剂同步脱硫脱氮. 化学世界, 2005, 6: 325-327.

[24] 周金海, 何正浩, 余福胜, 等. La_2O_3-CeO_2/γ-Al_2O_3催化还原脱硫耐氧特性及其反应机理研究. 环境污染与防治, 2007, 29(2): 99-104.

[25] Zhang X K, Arden B W, Vannice M A. NO reduction by CH_4 over rare earth oxides. Catalysis Today, 1996, 27: 41-47.

[26] Liotta L F. Catalytic oxidation of volatile organic compounds on supported noble metals. Applied Catalysis B: Environmental, 2010, 100: 403-412.

[27] 陈朝秋. 金属氧化物纳米多孔材料的制备及在催化中的应用[D]. 北京: 中国科学院研究生院, 2011.

[28] Li W B, Wang J X, Gong H. Catalytic combustion of VOCs on non-noble metal catalysts. Catalysis Today, 2009, 148, 81-87.

[29] Delimaris D, Ioannides T. VOC oxidation over CuO-CeO_2 catalysts prepared by a combustion method. Applied Catalysis B: Environmental, 2009, 89: 295-302.

[30] Kim S C, Shim W G. Catalytic combustion of VOCs over a series of manganese oxide catalysts. Applied Catalysis B: Environmental, 2010, 98, 180-185.

[31] Yuan Q, Liu Q, Song W G, Feng W, Pu W L, Sun L D, Zhang Y W, Yan C H. Ordered mesoporous $Ce_{1-x}Zr_xO_2$ solid solutions with crystalline walls. J Am Chem Soc, 2007, 129: 6698-6699.

[32] de Jong K P, Zečević J, Friedrich H, de Jongh P E, Bulut M, van Donk S, Kenmogne R, Finiels A, Hulea V, Fajula, F. Zeolite Y crystals with trimodal porosity as ideal hydrocracking catalysts. Angew Chem Int Ed, 2010, 49: 10074-10078.

[33] Dacquin J P, Dhainaut J, Duprez D, Royer S, Lee A F, Wilson K. An efficient route to highly organized, tunable macroporous-mesoporous alumina. J Am Chem Soc, 2009, 131: 12896-12897.

[34] Chaoqiu Chen, Yu Yu, Wei Li, Changyan Cao, Ping Li, Zhifeng Dou, Weiguo Song. Mesoporous $Ce_{1-x}Zr_xO_2$ solid solution nanofibers as high efficiency catalysts for the catalytic combustion

of VOCs. J Mater Chem, 2011, 21: 12836-12841.

[35] 洪伟. 稀土改性 TiO_2 光催化氧化苯类有机废气研究 [D]. 广州: 华南理工大学, 2003.

[36] 刘月, 余林, 魏志钢, 潘湛昌, 邹燕娣, 谢英豪. 稀土金属掺杂对锐钛矿型 TiO_2 光催化活性影响的理论和实验研究. 高等学校化学学报, 2013, 34(2): 434-440.

[37] 宋爱君, 高发明. $LaFeO_3$ 溶胶凝胶合成和光催化性能. 稀土, 2004, 25(1): 25-27.

[38] 杨秋华, 傅希贤, 王俊珍, 孙艺环, 曾淑兰. 钙钛矿型复合氧化物 $LaFeO_3$ 和 $LaCoO_3$ 的光催化活性. 催化学报, 1999, 20(5): 521-524.

[39] 牛新书, 李红花, 张锋, 刘国光, 蒋凯. $GdFeO_3$ 纳米晶的制备及其光催化活性. 中国稀土学报, 2005, 23(1): 81-84.

[40] 徐科, 张朝平. 钙钛矿型 $GdFeO_3$ 纳米材料的制备及光催化氧化 NO_2^- 的研究. 化学与生物工程, 2005(10): 26-28.

[41] Wu J M, Zeng L, Cheng D G, Chen F Q, Zhan X L, Gong J L. Synthesis of Pd nanoparticles supported on CeO_2 nanotubes for CO oxidation at low temperatures. Chinese Journal of Catalysis, 2016, 37(1): 83-90.

[42] Cao Chang Yan, Cui Zhi Min, Chen Chao Qiu, Song Wei Guo, Cai Wei. Ceria hollow nanospheres produced by a template-free microwave-assisted hydrothermal method for heavy metal ion removal and catalysis. J Phys Chem C, 2010, 114: 9865-9870.

[43] 韩燕飞. 共掺杂纳米 TiO_2 光催化薄膜降解室内甲醛污染的实验研究 [D]. 重庆: 重庆大学, 2009.

[44] 张浩. $Cu-Ce/TiO_2$ 纳米颗粒对室内甲醛光催化性能及机理研究 [D]. 西安: 西安建筑科技大学, 2009.

[45] Peng H G, Ying J W, Zhang J Y, Zhang X H, Peng C, Rao C, Liu W M, Zhang N, Wang X. La-doped Pt/TiO_2 as an efficient catalyst for room

temperature oxidation of low concentration HCHO. Chinese Journal of Catalysis, 2017, 38(1): 39-47.

[46] 李伶睿, 赵晓艳, 龙海啸, 吴晓燕, 张淑娴, 梁婵娟. 稀土镧对室内观赏植物吸收甲醛能力及生理生化指标的影响. 安全与环境学报, 2016, 16(1): 254-257.

[47] 武建刚, 胡嘉莹. 关于汽车尾气对城市环境污染现状的调查. 科技资讯, 2011, (32): 127.

[48] 石祥辉. 浅议汽车尾气排放危害与控制. 汽车零部件, 2010: 84.

[49] 王锦平. 城市汽车尾气排放与环境污染及其防治对策. 科技信息, 2013, (1): 445-446.

[50] 刘菊荣, 宋绍富. 汽车尾气净化技术及催化剂的发展. 石油化工高等学校学报, 2000, 17(1): 31-36.

[51] Nagai Y, Yamamoto T, Tsunehiro T. X-ray absorption fine structure analysis of local structure of CeO_2-ZrO_2 mixed oxides with the same composition ratio (Ce/Zr=1). Catal Today, 2002, 74: 225-234.

[52] Carlsson P, Skoglundh M. Low-temperature oxidation of carbon monoxide and methane over alumina and ceria supported platinum catalysts. Appl Catal B: Environ, 2011, 101(3-4): 669-675.

[53] Zhang L, Weng D, Wang B, Wu XD. Effects of sulfation on the activity of $Ce_{0.67}Zr_{0.33}O_2$ supported Pt catalyst for propane oxidation. Catal Commun, 2010, 11(15): 1229-1232.

[54] Sharma S, Hegde MS, Das RN, Pandey M. Hydrocarbon oxidation and three-way catalytic activity on a single step directly coated cordierite monolith: high catalytic activity of $Ce_{0.98}Pd_{0.02}O_{2-\delta}$. Appl Catal A: Gen, 2008, 337(2): 130-137.

[55] Wang QY, Li GF, Zhao B, Shen MQ, Zhou RX. The effect of La doping on the structure of $Ce_{0.2}Zr_{0.8}O_2$ and the catalytic performance of its supported Pd-only three-way catalyst. Appl Catal

B: Environ, 2010, 101(1-2): 150-159.

[56] Wu XD, Lin F, Wang L, Weng D, Zhou Z. Preparation methods and thermal stability of Ba-Mn-Ce oxide catalyst for NO_x-assisted soot oxidation. J Environ Sci, 2011, 23(1): 1205-1210.

[57] Wei YC, Liu J, Zhao Z, Chen YS, Xu CM, Duan AJ, Jiang GY, He H. Highly active catalysts of gold nanoparticles supported on three-dimensionally ordered macroporous $LaFeO_3$ for soot oxidation. Angew Chem Int Ed, 2011, 123(10): 2374-2377.

[58] Zhang ZL, Han D, Wei SJ, Zhang YX. Determination of active site densities and mechanisms for soot combustion with O_2 on Fe-doped CeO_2 mixed oxides. J Catal, 2010, 276: 16-23.

[59] Shan WP, Liu FD, He H, Shi XY, Zhang CB. A superior Ce-W-Ti mixed oxide catalyst for the selective catalytic reduction of NO_x with NH_3. Appl Catal B: Environ, 2012, 115-116: 100-106.

[60] Peng Y, Liu ZM, Niu XW, Zhou L, Fu CW, Zhang H, Li JH, Han W. Manganese doped CeO_2-WO_3 catalysts for the selective catalytic reduction of NO_x with NH_3: an experimental and theoretical study. Catal Commun, 2012, 19: 127-131.

[61] Chen X, Mao S. Titanium dioxide nanomaterials: synthesis, properties, modifications, and applications. Chemical Reviews, 2007, 107(7): 2891-2959.

[62] Fujishima A, Honda K. Electrochemical photolysis of water at a semiconductor electrode. Nature, 1972, 238(5358): 37-38.

[63] He Z, et al. A visible light-driven titanium dioxide photocatalyst codoped with lanthanum and iodine: an application in the degradation of oxalic acid. The Journal of Physical Chemistry C, 2008. 112(42): 16431-16437.

[64] Luo W, et al. Evidence of trivalent europium incorporated in anatase TiO_2 nanocrystals with multiple sites. The Journal of Physical Chemistry C, 2008, 112(28): 10370-10377.

[65] Du P, et al. The effect of surface OH-population on the photocatalytic activity of rare earth-doped P25-TiO_2 in methylene blue degradation. Journal of Catalysis, 2008, 260(1): 75-80.

[66] 李沙沙, 等. 金红石相Ce/TiO_2复合材料的制备及其光催化性能. 化工新型材料, 2017(1): 59-61.

[67] 梁瑞钰, 等. 铈掺杂石墨相氮化碳的合成及可见光光催化性能. 高等学校化学学报, 2016, 37(11): 1953-1959.

[68] Li F B, et al. Enhanced photocatalytic degradation of VOCs using Ln^{3+}-TiO_2 catalysts for indoor air purification. Chemosphere, 2005, 59(6): 787-800.

[69] Nimlos M R, et al. Direct mass spectrometric studies of the destruction of hazardous wastes. 2. Gas-phase photocatalytic oxidation of trichloroethylene over titanium oxide: products and mechanisms. Environmental Science & Technology, 1993, 27(4): 732-740.

[70] Mills A, Hunte S L. An overview of semiconductor photocatalysis. Journal of Photochemistry & Photobiology A Chemistry, 1997, 108(1): 1-35.

[71] 黄雅丽. 稀土掺杂二氧化钛气相光催化降解有机污染物的研究 [D]. 福州: 福州大学, 2004.

[72] 陈晓淼. 镧、钐、铕掺杂TiO_2介孔材料的制备及其光催化消除VOCs的研究 [D]. 湘潭: 湖南科技大学, 2012.

[73] 洪伟. 稀土改性TiO_2光催化氧化苯类有机废气研究 [D]. 广州: 华南理工大学, 2003.

[74] 韩燕飞. 共掺杂纳米TiO_2光催化薄膜降解室内甲醛污染的实验研究 [D]. 重庆: 重庆大学, 2009.

[75] 翁端, 等. 稀土催化材料在能源环境领域的应

用探讨. 中国基础科学, 2003, (4): 12-15.

[76] 王瑞芬. 稀土改性二氧化钛光催化剂的性能及机理研究 [D]. 北京: 北京科技大学, 2016.

[77] 周平. 稀土镧、铈掺杂混晶二氧化钛纳米管光催化性能研究 [D]. 重庆: 重庆大学, 2012.

[78] 任民. 稀土离子掺杂的 TiO_2 纳米光催化剂的研究 [D]. 济南: 山东大学, 2006.

[79] 赵月. 可见光下铒-镱-铁共掺纳米 TiO_2 光催化杀菌作用研究 [D]. 长春: 东北师范大学, 2011.

[80] 梁艳. 高效复合型稀土掺杂光催化抗菌材料的研究 [D]. 沈阳: 东北大学, 2006.

8 NANOMATERIALS

稀土纳米材料

Chapter 10

第10章
稀土电化学能源材料

林静，梁飞，王立民，常志文，张新波
中国科学院长春应用化学研究所

稀土元素是位于元素周期表第6周期中15种镧系元素外加钪和钇共计17种金属元素的总称。相比元素周期表中的其他元素，稀土元素具有特异的4f电子构型。4f电子被完全填满的外层5s和5p电子所屏蔽，4f电子的不同运动方式使稀土具有不同于周期表中其他元素的光学、磁学和电学等物理和化学特性。本章重点介绍稀土纳米材料在镍氢电池、锂离子电池、固体氧化物燃料电池和超级电容器中的应用。

10.1
稀土纳米材料在镍氢电池中的应用

10.1.1
镍氢电池的工作原理

镍氢电池是20世纪90年代发展起来的一种新型绿色电池，具有高能量、长寿命、无污染等特点，因而成为世界各国竞相发展的高科技产品之一。

镍氢电池正极采用氢氧化镍［充电态为 $NiOOH$，放电态为 $Ni(OH)_2$］，负极采用具有储藏氢原子的活化性储氢合金，并以氢氧化钾水溶液作为电解质。由 $Ni(OH)_2$ 正极和储氢合金（用 M 表示）负极组成的电池的反应式可表述如下[1]：

$$MH+NiOOH \rightleftharpoons M+Ni(OH)_2 \qquad (10.1)$$

从式（10.1）看，放电时负极里的氢原子转移到正极成为质子，充电时正极的质子转移到负极成为氢原子，不产生氢气，电解质水溶液不参加电池反应。镍氢电池工作原理如图10.1所示。

电池中的电解质溶液起离子迁移电荷的作用，而且氢氧化钾水溶液中的 OH^- 和 H_2O 在充放电过程中都参与了如下反应：

正极：
$$NiOOH+H_2O+e^- \rightleftharpoons Ni(OH)_2+OH^- \qquad (10.2)$$

负极：
$$MH+OH^- \rightleftharpoons M+H_2O+e^- \qquad (10.3)$$

镍氢电池的负极以储氢合金为活性物质，储氢合金在充放电过程中伴有吸氢和放氢反应，涉及电极表面电化学及体相扩散过程，对电池综合性能有着重要影响。充电时，溶液中的质子在负极表面得到电子变为氢原子，氢原子再由负极表面向内扩散与负极储氢合金形成氢化物；放电时，氢化物中的氢原子在负极表面

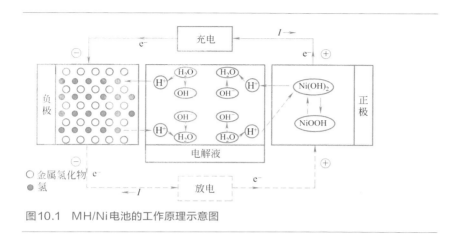

图10.1 MH/Ni电池的工作原理示意图

失去电子形成质子，进入电解质，与电解质中的氢氧根结合成水分子[2~4]。

10.1.2
稀土纳米材料在镍氢电池负极材料中的应用

目前，能够在镍氢电池应用的储氢合金负极材料主要有AB_5型、AB_2型、AB型、AB_3型、A_2B型以及V基固溶体型等合金系[5~8]，它们的主要特征见表10.1。

表10.1 典型储氢合金的主要特征

合金类型	典型氢化物	合金组成	吸氢量/%	电化学容量 /（mA·h/g）	
				理论值	实测值
AB_5	$LaNi_5H_6$	$M_mNi_a(Mn,Al)_bCo_c$ （a=3.5~4.0，b=0.3~0.8，$a+b+c$=5）	1.3	348	330
AB_2	$Ti_{1.2}Mn_{1.6}H_3$，$ZrMn_2H_3$	$Zr_{1-x}Ti_xNi_a(Mn,V)_b(Co,Fe,Cr)_c$ （a=1.0~1.3，b=0.5~0.8， c=0.1~0.2，$a+b+c$=2）	1.8	482	420
AB_3	$LaNi_3H_5$	$LaNi_3$，$CaNi_3$	1.56	425	360
AB	$TiFeH_2$，$TiCoH_5$	$ZrNi_{1.4}$，TiNi，$Ti_{1-x}Zr_xNi_a$（a=0.5~1.0）	2.0	536	350
A_2B	Mg_2NiH_4	MgNi	3.6	965	500
V基固溶体	$V_{0.8}Ti_{0.2}H_{0.8}$	$V_{4-x}(Nb,Ta,Ti,Co)_xNi_{0.5}$	3.8	1018	500

由于储氢合金在吸放氢过程中存在体积膨胀，随着充放电循环的进行，合金不断粉化，导致电池容量降低，而合成纳米级储氢合金后，电池容量和循环使用

寿命得到提高[9～11]。例如，肖勇[12]等制备的纳米晶结构的 AB_5 型富铈稀土储氢合金，在100mA/g放电条件下，合金比容量为295mA·h/g；在300mA/g充放电条件下，经120次循环后容量衰减仅为4.8%。Zaluski[13,14]等分析了纳米结构对Mg、Mg_2Ni、FeTi以及 $LaNi_5$ 等不同类型储氢合金的吸放氢性能的影响，研究发现，纳米级储氢合金的吸放氢动力学更优异，储氢容量更高。Orimo[15]等通过机械合金化方法制备了纳米尺度Mg-Ni合金，并系统研究了该纳米合金的储氢性能，结果证明，纳米 Mg_2Ni［Mg-33%（原子分数）Ni］合金低温放氢动力学明显提高。Jung[16]研究组研究了纳米结构TiFe储氢合金的吸放氢性能，$TiFe_{0.4}Ni_{0.5}$ 纳米储氢合金的吸氢平台压下降了0.5MPa，而且更容易活化。乔玉卿[17]等制备的 Mg_2Ni 纳米氢化物电极具有较好的高倍率充放电性能，在70℃下的放电容量达到530mA·h/g。

氢在储氢合金中的扩散过程主要为氢的晶内扩散以及晶界扩散，扩散过程与晶粒的大小有直接关系。减小晶粒尺寸能加快氢到达晶界及晶块表面的过程，同时增加单位体积内的晶界数量，因此，可以增加氢的扩散速率[13]，提高储氢合金的活化性能[14,15]以及吸放氢动力学性能[16～18]，改善储氢合金在吸放氢过程中膨胀和收缩产生的应力，有利于储氢合金的倍率放电性能。此外，当晶粒尺寸较小时，晶界数量增多，使合金抗粉化性能得以改善，提高循环寿命。

储氢合金纳米颗粒的制备方法主要有机械合金化法、化学合成法、脉冲电化学沉积法、快速凝固法等，其中，研究较多的是机械合金化法。机械合金化法设备简单，操作方便，能明显改善储氢合金的性能，可以制取纳米晶、微晶、非晶以及纳米复合材料。不过稀土纳米储氢材料尚有较大的提高空间，储氢合金的应用还需要广大科研工作者的不断努力。

10.1.3
镍氢电池负极材料的回收

随着镍氢电池大量的应用，废弃的电池也越来越多。虽然镍氢电池不含高毒性元素，但是电极材料中的碱性电解液等对环境存在一定危害，而且电池中含有大量的有价值的Ni、Co、稀土等金属，因此，废旧镍氢电池的处理对于有价值材料的二次利用以及环境保护都十分重要。

镍氢电池正极材料是镀镍钢或镍网，其上覆盖一层由氢氧化镍、氧化钴、黏合剂和导电媒剂等混合物组成的活性材料。负极材料是储氢合金，其成分包括Ni、稀土、Co、Mn和其他物质[19,20]。镍氢电池的负极储氢材料主要是混合稀土系的储氢合金[5,6]。镍氢电池中的稀土元素主要是轻稀土元素，其中的La、Ce含量较大。目前回收废旧镍氢电池的方法主要有火法冶金处理技术和湿法冶金处理技术[21,22]。

（1）火法冶金处理技术

火法冶金处理技术先通过高温热解，再萃取分离纯化。该技术首先破碎电池以解离用于冶金处理的电极活性物质，磨碎后的物料进行湿筛，加热除掉有机成分，这样就获得了包含金属等有价成分的细粒产品，以及铁屑、电极格板、塑料屑、纸和隔膜絮状物等混合物组成的粗粒产品[23]。然后将有价的细粒产品经过还原法熔炼，可得到以镍铁和稀土金属为主的合金材料。合金材料可根据不同目标进一步冶炼，如将杂质元素氧化以去除稀土、Mn、V等元素。该工艺方法的优点是流程简单，物料通过量大，对所处理的储氢合金类型没有限制，适合处理较复杂的电池，但是利用此工艺方法得到的合金价值低，贵重金属Co没有被有效回收，稀土元素成分也部分进入了炉渣，资源浪费较大。另一种火法回收工艺是将经过分解和前处理的镍氢电池在直流电弧熔炉中熔化，然后生产Co-Ni合金，Co和Ni几乎100%集中到金属相中。稀土金属则集中在渣相中，稀土金属以杂质如氧化物的形式收集，而稀土氧化物与化合物或元素进行反应，生成氯化物或氟化物，这些化合物比氧化物更适合于后续的渣处理和熔盐电解。需要指出的是，火法冶金处理技术采用高温热解、分离纯化等技术，由于该技术不能有效回收灰烬中的稀土元素，且存在能耗高、周期长、对仪器设备要求较高、处理过程中产生有害气体等问题，在实际应用中受到极大的限制。因此，需要使用其他更加有效的处理方法。

（2）湿法冶金处理技术

湿法冶金工艺成熟、对仪器设备要求不高、成本低而且对环境污染小，得到了广泛的应用[24,25]。湿法冶金处理技术多采用酸浸和有机溶剂萃取进行处理，是将各种金属元素单独回收且回收率高，但处理工艺比较复杂。将镍氢电池经过机械粉碎、去碱液、磁力与重力分离方法处理后，含铁物质将被分离出来。然后用酸浸，溶解全部电极敷料，过滤除去不溶物（黏结剂和导电剂石墨等），再加入相应的试剂，使稀土、Fe等金属元素以沉淀的形式分离出来，得到Co和Ni元素含量较高的酸溶液。湿法冶金处理技术中，金属元素的浸出和分离已经被广泛采用，利用此方法，稀土、Ni和Co元素的回收率都超过了98%[23]。另外，研究人员也提出了以湿法得到的含钴硫酸镍溶液为原料制备含钴型β-Ni(OH)$_2$的一种无须分离Co和Ni的回收新技术，该方法工艺流程较为简单，易操作，成本也较低，并且避开了Ni、Co难分离的问题，可考虑作为镍氢电池电极材料资源回收复用的新方法。

10.2
稀土纳米材料在锂电池中的应用

10.2.1
锂离子电池的工作原理

锂离子电池的研究历史可以追溯到20世纪50年代，于70年代进入实用化。它具有比能量高、电池电压高、工作温度范围宽、储存寿命长等优点，已被广泛应用于军事和民用小型电器以及纯电动汽车中。

锂离子电池的工作原理是基于插层反应。如图10.2所示，在放电过程中，锂离子从负极中脱出，通过电解质的传输嵌入正极，正极处于富锂状态。在充电过程中，锂离子从正极中脱出，然后通过电解液嵌入负极中，正极处于贫锂状态。锂离子电池的充放电过程，可以认为是锂离子的嵌入和脱出过程。充放电过程中，锂离子在正负极之间往返脱嵌，被形象地称为"摇椅电池"（rocking chair batteries）。

目前，商用锂离子电池单体主要有圆柱状锂离子电池、方形锂离子电池和纽扣型电池。锂离子电池结构上一般主要由正极、负极、隔膜和电解质四部分组成，

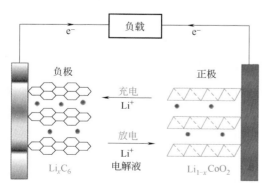

图10.2　锂离子电池工作原理[26]

另外还包括其他辅助部件，如正、负极引线，电池壳等组成。电极材料对锂离子电池性能有着重要的影响。其中，正极材料的性能对电池的极限能量密度有着较大的影响。正极材料的研究目标就是实现高电位、高容量、循环稳定性好、过电位低及安全性能好。目前主要应用的正极材料有两大类：一类是橄榄石结构的磷酸铁锂（$LiFePO_4$）及其衍生化合物；另一类是层状结构的锂化金属氧化物 $LiMO_2$（M：Ni、Mn、Al、Co 等）。负极材料在锂离子电池中的主要作用是储锂，在充放电过程中实现锂离子的嵌入/脱出。当前负极材料主要分成三类：①碳材料及合金材料类负极材料，这一类典型材料是石墨、硬炭、硅、铝等；②高电位嵌入型负极材料，这类材料包括钛酸锂（$Li_4Ti_5O_{12}$）、钒酸锂（$Li_{1+x}V_{1-x}O_2$）等；③转化型反应负极材料，这一类材料包括大多数的金属氧化物、硫化物、磷化物等。

10.2.2
稀土掺杂在锂离子电池电极材料中的应用

电极是电池的核心，由活性物质和导电骨架组成。正负极活性物质是产生电能的源泉，是决定电池基本特性的重要组成部分。下面将围绕稀土元素在锂离子电池的正极和负极材料中的应用展开讨论。

在各种锂离子电池的正极材料中，$LiMn_2O_4$ 是最具有前途的正极材料之一[27]。但需要指出的是它的循环稳定性差，电池容量衰减快。稳定性差的主要原因是：$LiMn_2O_4$ 中的 Mn 离子具有 +3 价和 +4 价，其中 Mn^{3+} 易发生歧化反应生成 Mn^{2+} 和 Mn^{4+}，Mn^{2+} 容易溶解到电解液中，破坏电极材料的稳定性[28]。在电池反复充放电过程中，晶格反复收缩与膨胀会导致晶格坍塌。研究表明，掺杂稀土离子可以降低 $LiMn_2O_4$ 中 Mn^{3+} 的含量，从而在一定程度上减少锰的溶解。同时，稀土原子与氧原子结合的键能比锰原子与氧原子结合的键能更强（如 La—O 键能为 786.2kJ/mol，而 Mn—O 键能为 402.0kJ/mol），有利于提高 $LiMn_2O_4$ 的结构稳定性。稀土离子半径比 Mn^{3+} 的半径大，稀土离子掺杂取代 Mn^{3+} 会使晶胞变大，有利于锂离子的脱出，从而提高 $LiMn_2O_4$ 材料的比容量和循环稳定性[28]。稀土离子还可以稳定电极材料的晶体结构，进而提升其比容量。例如，ZrO_2 在高温下比较稳定，而 Y 掺杂能稳定 ZrO_2，从而提高 $Y/ZrO_2@MnO_2$ 电极材料的稳定性和电导率，使其具有较高的比容量。

目前，商业化的锂离子电池负极材料主要是石墨类碳材料，理论容量是

372mA·h/g，放电平台在0.1V左右。然而，人造高质量石墨的成本很高，天然石墨性能又比较差，过低的比容量严重限制了锂离子电池能量密度的提高。由于充放电电位很低，在大电流充放电时，容易在电极表面沉积金属锂形成锂枝晶，给电池带来严重的安全隐患。为了促进锂离子电池的发展，研究人员不断在寻找新的适合的负极材料。最近第ⅣA族元素单质和化合物作为锂离子电池负极材料的研究引起人们的广泛兴趣，如Sn、SnO_2、Ge及GeO_2等[29~31]。这类材料的特点是充放电电位较低，比容量高。其中Ge和GeO_2由于锂离子和电子传导率较高，其研究更受关注。GeO_2被认为是一种有应用前景的锂离子电池负极材料，因为它理论比容量高（1125mA·h/g）、充放电电压低（低于1.5V）及热稳定性好。然而，GeO_2的循环和倍率性能很差。这主要是因为在充放电过程中，电极材料体积变化很大，导致材料粉化与集流体脱离，最终失去活性。研究人员尝试过很多种不同的方法。其中，将材料纳米化并与导电的缓冲基底复合是一类比较有效的方法。一方面，电极材料纳米化后可以缩短锂离子和电子的传输路径，有利于倍率性能的提高。另一方面，导电的缓冲基底既可以缓解因电极材料体积变化引起的粉化，又可以为电子的传输提供快速通道，进而提高电极材料的循环和倍率性能。文献[29]在泡沫镍基体上沉积GeO_2-RGO（还原的氧化石墨烯）复合材料并将其用作锂离子电池负极材料，基于该负极材料的锂离子电池在0.2A/g和16A/g的电流密度下，分别具有1716mA·h/g和702mA·h/g的可逆比容量。

10.2.3
稀土纳米材料在锂-空气电池中的应用

能源和环境问题越来越引起人们的关注，寻找环境友好可持续发展的能源技术已成为科学家的首要任务之一。近年来，锂离子电池已经广泛应用于社会各领域。然而嵌入与脱出式的正极材料的固有性能严重地制约了其比能量的提高，远远不能满足新能源汽车的动力源和清洁能源储能的要求。为了解决这个问题，需要研发一系列高能量密度的储能设备。其中，金属-空气电池具有较高的理论能量密度。根据负极金属的种类，金属空气电池可以分为：锌-空气电池、镁-空气电池、钠-空气电池和锂-空气电池等。在各种金属空气电池中，锂-空气电池具有最高的理论能量密度，其数值高达13000W·h/kg，与汽油的能量密度（13200W·h/kg）接近[32]。由此可见，锂-空气电池是一种高效的储能设备，锂-空气电池技术的发展有利于提高电动汽车的行车里程，从而方便人们的日常生活。

锂-空气电池根据使用的电解液的类型可以分为有机系、水系、有机-水混合体系以及固态电解液体系四大类。目前，绝大多数的锂-空气电池的研究都以有机系锂-空气电池为主要对象，本节简要介绍稀土纳米材料在有机系锂-空气电池中的应用。

有机系锂-空气电池由负极、隔膜、有机电解液和多孔正极组成。

在锂-空气电池放/充电的过程中发生的反应[33]是 $2Li+O_2 \rightleftharpoons Li_2O_2$。由反应式可知，锂-空气电池通过生成 Li_2O_2 和分解 Li_2O_2 实现电能的释放与储存。在锂-空气电池充放电过程中，在锂片负极上发生的反应为：$Li \rightleftharpoons Li^++e^-$；在空气正极上发生的反应为：$2Li^++O_2+2e^- \rightleftharpoons Li_2O_2$。据此可知，大部分的反应发生在空气正极上，空气正极的性质包括材料和形貌对锂-空气电池的性能有着较大的影响[33]。目前，碳材料因具有良好的导电性、易于造孔、成本低等优点而被广泛地用作锂-空气电池的正极材料。但是，纯碳电催化纳米材料的OER活性较低，氧析出过程电流密度偏小，过电位偏高，进而降低锂-空气电池的能量转换效率并限制其在锂-空气电池中的应用。而副产物在正极表面的堆积会进一步加大电极的极化，从而降低锂-空气电池的循环稳定性。众多研究结果表明，催化剂可以有效地降低锂-空气电池电极反应过电位，并提升电池的能量利用效率和容量，改善倍率性能及循环稳定性等[34]。

稀土元素是具有高的氧化能和高电荷的大离子，能与碳形成强键，很容易获得和失去电子，促进化学反应。稀土氧化物的顺磁性、晶格氧的可转移性、阳离子可变价以及表面碱性等与许多催化作用有本质联系。因此，稀土催化材料具有较高的催化活性，几乎涉及所有的催化反应。其中，含稀土元素的钙钛矿型氧化物因具有缺陷结构、相对较高的电子和离子导电率以及优异的氧流动性而被广泛地应用于固体氧化物燃料电池、燃料电池等领域。然而，锂-空气电池的发展还处于初级阶段，人们对催化剂在电池体系中的机理认识尚不全面，因此本节内容将结合已经发表的工作成果从提高正极ORR/OER活性和调控正极结构提高正极稳定性两个方面介绍稀土纳米材料作为电催化剂在锂-空气电池中的应用。

文献[35]制备了层状 $La_{1.7}Ca_{0.3}Ni_{0.75}Cu_{0.25}O_4$ 纳米催化剂，并且证明该催化剂在充电过程中能有效地促进过氧化锂的分解，含有该催化剂的正极电池的充电平台比不含催化剂电池的充电平台低0.4V。文献[36]利用溶胶-凝胶-退火的方法制备了双层 $Sr_2CrMoO_{6-\delta}$ 钙钛矿型氧化物。该钙钛矿型氧化物具有良好的电催化性，并且能有效地提高充电过程中的反应动力学，降低锂-空气电池的充电电压。文献[37]利用共沉淀方法和微乳方法制备了$LaFe_{0.5}Mn_{0.5}O_3$和Ce掺杂的$LaFe_{0.5}Mn_{0.5}O_3$催化剂。当将CeO_2掺入$LaFe_{0.5}Mn_{0.5}O_3$催化剂后，基于$LaFe_{0.5}Mn_{0.5}O_3$-CeO_2催化剂的锂-空气电池的放电容量得到了显著提升，这是因为Ce的掺杂能显著提高催化剂的供氧能力和导电性。文献[38]利用$KMnO_4$和$Ce(OH)CO_3$之间的原位氧化还原反应在CeO_2纳米棒上负载了MnO_x催化剂。通过负载MnO_x纳米颗粒，$MnO_x@CeO_2$纳米棒催化剂的催化活性得到了显著提高。在100mA/g的电流密度下，基于含有$MnO_x@CeO_2$纳米棒催化剂正极的锂-空气电池的放电比容量高达2617mA·h/g，明显高于基于CeO_2纳米棒的锂-空气电池的放电比容量。同时，基于$MnO_x@CeO_2$纳米棒催化剂正极的锂-空气电池也展现出良好的循环稳定性。

多孔结构能够为氧气的传输和电解液的扩散提供理想的通道，并且同时还能提供更多的活性位点，从而促进氧还原和氧析出活性。在碳材料中加入具有一定形貌的催化剂可以有效地提高正极的催化性能。文献[39]利用软模板法制备了介孔$La_{0.8}Sr_{0.2}MnO_3$纳米棒催化剂。同时，利用溶胶-凝胶的方法合成了$La_{0.8}Sr_{0.2}MnO_3$纳米颗粒催化剂，作为对比材料。相比纯碳材料，$La_{0.8}Sr_{0.2}MnO_3$纳米棒催化剂和$La_{0.8}Sr_{0.2}MnO_3$纳米颗粒催化剂均表现了良好的氧还原和氧析出活性。相比$La_{0.8}Sr_{0.2}MnO_3$纳米颗粒催化剂，$La_{0.8}Sr_{0.2}MnO_3$纳米棒催化剂独特的介孔结构和一维结构促进了电池反应过程中的传质，而且其上面的众多缺陷增加了反应的活性位点。受益于这些性质，基于$La_{0.8}Sr_{0.2}MnO_3$纳米棒催化剂的锂-空气电池具有良好的倍率性能和循环稳定性。文献[40]制备了$LaNiO_3$纳米立方体与$LaNiO_3$纳米颗粒，并将其用作锂-空气电池的正极催化剂。相比于$LaNiO_3$纳米颗粒，$LaNiO_3$纳米立方体具有更大的比表面积和更多的活性位点，基于$LaNiO_3$纳米立方体的锂-空气电池体现了良好的循环稳定性。通过加入催化剂可以有效地提高锂-空气电池的性能。同时，通过加入催化剂调控碳正极的结构也可以明显地提高锂空气电池的性能。

通常情况下，锂-空气电池正极由气体扩散层和催化层组成。在锂-空气电池放电的过程中，放电产物Li_2O_2会沉积在正极表面导致氧气无法扩散到空气正极的内部，从而限制了锂-空气电池的放电容量的提升。可以通过制备出具有特殊形貌的催化剂，并将其使用在锂-空气电池中。催化剂的特殊形貌可以有效地改善电池放电过程中正极的传质过程，从而提高锂-空气正极的电化学性能。文献[41]利用一种合理简便的策略制备了三维有序大孔$LaFeO_3$（3DOM-LFO）。在室温

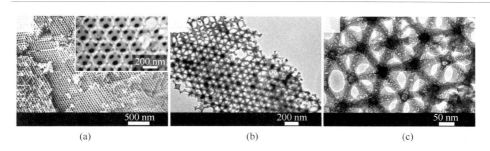

(a)　　　　　　　　　　(b)　　　　　　　　　　(c)

图10.3　在600℃下煅烧3h的3DOM-LFO的扫描电镜图片

下，将一定量的混合盐［LaNO$_3$·6H$_2$O：Fe(NO$_3$)$_3$·9H$_2$O=1∶1］加入到二乙醇-甲醇［30%～50%（体积分数）］的混合溶剂中。然后把PS胶晶球浸泡在金属前驱体溶液中1h，之后通过抽滤的方式除去过剩的溶剂。把获得的样品放在60℃空气中干燥2h。随后以1℃/min的加热速度将获得的PS球放在流动的空气中加热至400℃，再将制备的样品放在马弗炉中并利用不同的煅烧条件处理，最终可获得具有一定形貌的催化剂。

图10.3（a）的插图为放大的场发射扫描电镜图像，图10.3（b）、（c）分别为低倍率和高倍率的3DOM-LFO催化剂的透射电镜图像。根据图10.3（a）～（c）的结果，原来的PS球模板的紧密堆积序列在600℃下煅烧3h后被完整地保留了下来，而且排列有序的"空气球"和相互连通的球壁构成了一个三维"蜂窝状"的孔结构。毫无疑问，这种开放的内部贯通的3DOM结构具有很大的比表面积，进而暴露出更多的活性位点，从而可以有效地避免锂-空气电池放电过程中生成的Li$_2$O$_2$对正极孔道的堵塞，进而有利于O$_2$和Li离子向正极内部传输。最终基于含有3DOM-LFO催化剂正极的锂-空气电池实现了130次的充放电循环。

文献[42]利用静电纺丝技术和加热方法制备了具有钙钛矿结构的多孔La$_{0.75}$Sr$_{0.25}$MnO$_3$纳米管。由图10.4可知，静电纺丝制备的复合物纤维的表面光滑而且直径大约是300nm。在650℃加热3h后，会得到中空的管状结构［图10.4（c）、（d）］，而且制备的PNT-LSM的直径大约是100nm，壁厚大约是15nm。在加热去除模板的过程中，会在管壁上产生许多小的孔，这可能是由在加热的过程中生成的气体向外扩散导致的。受益于提高的传质速率以及优化的正极结构，相比纯KB碳正极，混合有3DOM-LFO的KB碳正极显示出了良好的倍率性能和循环稳定性。

在镧系元素中，铈可失去两个6s电子和一个5d电子形成三价离子，也可

图10.4 （a），（b）静电纺丝制备的复合物纤维的扫描电镜图；（c），（d）在650℃条件下煅烧3h制备的PNT-LSM扫描电镜图；（e）PNT-LSM的低分辨率投射电镜图；（f）PNT-LSM的高分辨率透射电镜图

由于受4f电子排布的影响形成稳定的4f空轨道，形成四价离子。这种变价特性，使铈具有很好的氧化还原性能。下面将简要介绍几个基于二氧化铈展开的工作。

文献[43]报道了CeO_2纳米颗粒。因为CeO_2表面和反应氧物种（例如O_2和LiO_2）之间的吸附作用很强，从而能够促进Li_2O_2的表面形核生长，进而生成膜状Li_2O_2。同时，文献[44]利用简单的水热方法将CeO_2负载在δ-MnO_2催化剂上制备了CeO_2/δ-MnO_2催化剂。经过研究发现，锂空气电池放电之后，小尺寸Li_2O_2颗粒松散地堆积在CeO_2/δ-MnO_2催化剂表面，从而在δ-MnO_2催化剂表面生成致密的Li_2O_2膜。相比之下，在放电过程中，Li_2O_2松散地堆积在正极上可以减缓正极的钝化，进而有利于降低过电位和提高容量。受益于松散堆积的膜状Li_2O_2，以及良好的CeO_2/δ-MnO_2催化活性，基于CeO_2/δ-MnO_2催化剂的锂-空气电池展示了良好的电化学性能，包括高的放电比容量（8260mA·h/g，100mA/g）、良好的倍率性能（735mA·h/g，1600mA/g），以及好的循环稳定性（296圈，限制500mA·h/g比容量）。这些性能远远超过了基于纯δ-MnO_2催化剂的锂-空气电池性能。

上述文献结果表明，在空气正极中加入CeO_2颗粒可以有效地改变放电产物的形貌并提高空气正极的催化活性等性能。这一观点被文献[43]进一步地支持。随后，研究者在$NiCo_2O_4$上负载CeO_2纳米颗粒[45]，制备了一种高效的$CeO_2@$ $NiCo_2O_4$纳米阵列线。相比纯$NiCo_2O_4$纳米阵列线，$CeO_2@NiCo_2O_4$纳米阵列线具有较低的过电位，高的放电容量以及良好的循环稳定性。这些改进归功于负载的CeO_2纳米颗粒可以调控放电产物的形貌并提高氧还原/氧析出活性。

10.3
稀土纳米材料在固体氧化物燃料电池中的应用

10.3.1
固体氧化物燃料电池的工作原理

燃料电池（fuel cell）经历了第1代碱性燃料电池（AFC），第2代磷酸燃料电池（PAFC），第3代熔融碳酸盐燃料电池（MCFC）后，在20世纪80年代迅速发展起了新型固体氧化物燃料电池（SOFC）[46]。该电池具有诸多的优点，比如：避免了使用液态电解质所带来的腐蚀和电解质流失等问题；电极反应过程相当迅速；无须采用贵金属电极因而降低了成本；能量的综合利用效率可从单纯60％电效率提高到80％以上；燃料范围广泛，不仅可以用H_2、CO等作燃料，而且可以直接用天然气、煤气和甲醇等作燃料；可以承受较高浓度的硫化物和CO的毒害，因此对电极的要求大大降低等[47]。

SOFC主要由阴极、阳极、电解质和连接材料组成。其工作原理如式（10.4）～式（10.6）所示，燃料电池在运行过程中，在阳极（燃料极）和阴极（空气极）分别送入还原和氧化气体后，氧气在多孔的阴极上发生还原反应，生成氧负离子。氧负离子在固体电解质中通过氧离子空位和氧离子之间的换位跃迁到达阳极，然后与燃料反应，生成H_2O和CO_2，从而形成带电离子的定向流动。通过负载输出电能，化学能就转变成电能[48]。

阴极：
$$O_2 + 4e^- \longrightarrow 2O^{2-} \quad\quad (10.4)$$

阳极：
$$2CO + 2O^{2-} \longrightarrow 2CO_2 + 4e^- \quad\quad (10.5)$$

$$2H_2 + 2O^{2-} \longrightarrow 2H_2O + 4e^- \quad\quad (10.6)$$

10.3.2
稀土在电解质材料中的应用

在SOFC系统中，电解质材料是整个SOFC的核心部件，电池的工作温度、功率输出等直接受到电解质材料的影响，而且与之匹配的连接材料和电极材料也受限于电解质，因此，燃料电池的电极以及辅助材料必须针对电解质进行制备和设计。电解质需要有较大的离子导电能力和小的电子导电能力；必须是致密的隔离层以防止氧化气体和还原气体的相互渗透；能保持好的化学稳定性和较好的晶体稳定性。

目前，氧化钇-氧化锆（YSZ）是最为经典的SOFC的电解质材料。首先，YSZ作为电解质材料，其化学稳定性与机械强度都很好，符合电池应用的需求；其次，在一个很宽的氧分压范围内，YSZ的氧离子的迁移数几乎接近于1，几乎是一个纯的氧离子导体；在高温下YSZ具有良好的氧离子电导（在1000℃时电导率达到0.14S/cm）；最后，YSZ易于制备，甚至可以制作成致密的膜电解质。正因为YSZ满足了燃料电池的几乎所有要求，因此其成为SOFC电解质材料的首选。常温下纯ZrO_2属单斜晶系，1100℃下不可逆地转变为四方晶体结构，在2370℃下进一步转变为立方萤石结构，并一直保持到熔点2680℃。单斜和四方之间的相变引起很大的体积变化（5%～7%），易导致基体的开裂。通过在ZrO_2基体中掺杂一些二价和三价的金属氧化物，可以保持其完全稳定的立方萤石结构，避免相变的发生。并且掺杂物将在材料中形成缺陷。掺杂后，ZrO_2中产生了较多的氧空位，氧离子通过这些空位来实现离子导电。Y_2O_3等掺杂量达到某一值时，离子电导出现最大值，其原因在于缺陷的有序化和缺陷缔合及静电作用。目前Y_2O_3的最佳掺杂量一般都控制在8%（原子分数）左右。然而作为电池的电解质，YSZ的电导率在中温下偏低，这阻碍了SOFC的中温化发展。虽然YSZ可以通过电解质的薄膜化降低燃料电池的工作温度，但其仍然需要在800℃左右甚至更高的温度下工作，不符合中低温化的要求。在高温下，另一个有潜力的是氧化钪（Sc_2O_3）掺杂Zr_2O_3（SSZ）电解质，SSZ的电导率在1000℃几乎达到0.3S/cm，高于YSZ同温度下的0.14S/cm，但是SSZ在高温下长期运行会老化，而导致电解质的电导率急剧降低[49]。

Ishihara等发现钙钛矿结构的$La_{1-x}Sr_xGa_{1-y}Mg_yO_{3-\delta}$（LSGM）具有很高的氧离子电导率，利用LSGM为电解质制备燃料电池，单电池的输出功率表现出极好的电池性能。LSGM的电导率远远高于传统电解质YSZ的电导率，在800℃可以达到0.17S/cm（在800℃时YSZ的电导率大约是0.02S/cm），并且其氧离子迁移数在很宽的氧分压范围（1～20atm，1000℃）内几乎不受影响，为纯的氧离子电导性质。缺点在于：LSGM容易与阳极材料NiO发生反应生成非氧离子导电的$LaNiO_3$，不利于氧离子在电解质中的传导，而且阳极的电化学活性被降低，阳极与电解质的接触电阻急剧增大。采用活性微波烧结工艺进一步提高掺杂碱稀土的LSGM粉体的致密度，制备了致密稳定的电解质层，应用于中温固体氧化物燃料电池。与传统的烧结工艺相比，由于原位处产生热，新工艺可使烧结过程具有更高活性而获得较高的动力学效应[50]。

掺杂的CeO_2（DCO）基材料被认为是中温SOFC电解质的最具潜力的材料。无论是使用哪一种稀土元素掺杂，CeO_2基电解质的氧离子导体（GDC、SDC）都要比传统的YSZ电导率更高，甚至要高出一个数量级，这意味着其更适合中温（600～800℃）SOFC情况下的应用，完全符合中温SOFC应用的需要。近期报道的Sm_2O_3掺杂CeO_2电解质燃料电池在中温下显示了优异的电化学输出性能，表现出良好的应用前景。缺点在于在还原性气氛下，CeO_2的电解质中Ce^{4+}很容易被还原成Ce^{3+}而在电解质内部产生电子电导，导致电池的电压低于理论电压，材料晶格由Ce^{4+}到Ce^{3+}的变化会引起膨胀而增加机械应力。采用固相反应方法合成了碱土(Ca,Sr)双掺氧化铈基固溶体材料$Ce_{0.9}Ca_{0.1-x}Sr_xO_{1.9}$（$x=0$，0.04，0.05，0.06，1.0），制备的碱土双掺杂的CeO_2呈立方萤石结构。利用阻抗谱研究了材料的离子导电性，发现碱土双掺杂有利于提高材料离子电导率。掺杂两种碱土金属的等效离子半径接近临界离子半径时电导率最高。将此系列材料作电解质进行燃料电池试验，电池输出功率高于YSZ电解质及碱土金属单掺杂氧化铈，且电池输出开路电压也高于单掺杂情况[51]。利用溶胶-凝胶法低温合成了$BaCe_{0.8}Ln_{0.2}O_{2.9}$（Ln = Gd，Sm，Eu）固体电解质，900℃即形成正交钙钛矿结构，较高温固相反应合成温度降低了约600℃，可减小或消除固体电解质的晶界电阻，800℃时$BaCe_{0.8}Ln_{0.2}O_{2.9}$的$\sigma= 7.87 \times 10^{-2}$S/cm，以它为电解质的氢氧燃料电池开路电压接1V，最大输出功率密度为30mW/cm^2 [52]。

10.3.3
稀土在阴极材料中的应用

SOFC的阴极又叫空气极，氧气在阴极上还原成氧负离子。作为阴极材料必须满足以下要求：①电极材料具有较大的电子电导能力；②必须保持化学和维度的稳定性；③与电池其他材料具有好的热匹配性；④必须与电解质和连接材料具有好的相容性和低的反应性；⑤应该具有多孔属性，使得氧气能够很快地传送到电解质与阴极界面上。

采用甘氨酸-硝酸盐法（GNP）合成了 $La_{0.5}RE_{0.3}Sr_{0.2}FeO_{3-\delta}$（RE = Nd，Ce，Sm）系列复合氧化物粉体，结果显示，掺 Nd 的样品 1200℃ 烧结 2h 成为单一立方钙钛矿结构[53]，掺 Ce 样品有明显的 CeO_2 立方相析出，掺 Sm 样品主相为钙钛矿结构并伴有微弱的杂峰。1250℃ 烧结 2h 的 $La_{0.5}RE_{0.3}Sr_{0.2}FeO_{3-\delta}$ 在 600℃ 时电导率高达 100S/cm 以上，明显高于 $La_{0.5}RE_{0.3}Sr_{0.2}FeO_{3-\delta}$ 及 $La_{0.5}RE_{0.3}Sr_{0.2}FeO_{3-\delta}$ 样品的电导率，预示着 $La_{0.5}RE_{0.3}Sr_{0.2}FeO_{3-\delta}$ 有可能成为一种良好的中温 SOFC 的阴极材料。

10.3.4
稀土在阳极材料中的应用

阳极材料必须在还原性气氛中具有稳定性、良好的导电性并且电极材料必须具备多孔性，以利于把氧化产物从电解质与阳极的界面处释放出来。最早，人们使用焦炭作为阳极，而后采用金属。由于 Ni 的价格较为便宜，故此被普遍采用[54]。但是 Ni 的热膨胀系数比 YSZ 稍大，并且在电池的工作温度下，Ni 会发生烧结，从而使得电极的气孔率降低。故此常常把 Ni 与 YSZ 粉末混合制成多孔金属陶瓷，YSZ 既是 Ni 的多孔载体，同时又是 Ni 的烧结抑制剂。而且该材料与 YSZ 电解质的黏结力好，热膨胀系数匹配。金属陶瓷中，当 Ni 含量小于 30% 时，离子电导占主导，含量在 30% 以上时，电导率有 3 个数量级以上的突变，如图 10.5 所示[55]。

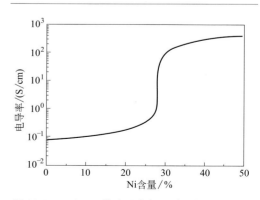

图10.5　Ni/YSZ 的电导率与 Ni 含量的关系

10.3.5
稀土在连接材料中的应用

SOFC 连接材料用于电池之间的

连接，其必须具备以下一些性质：①近乎 100％ 的电子导电；②保证材料在电池运行中具有好的稳定性；③具有低的氧气、氢气渗透能力；④热膨胀系数应当与电解质和电极材料相匹配；⑤不能与电解质、电极和其他导电材料发生化学反应。常用材料主要是铬酸镧基材料。当 La^{3+} 和 Cr^{3+} 位被低价的离子（Ca^{2+}、Mg^{2+}、Sr^{2+} 等）所取代时，材料的电导率将迅速增大[56]。有些替代还可以改善铬酸镧的烧结性能，从而获得较为致密的连接材料。铁素体不锈钢 SUS430（含 16％ ～ 17％Cr，质量分数）适宜作为低温（< 800℃）操作下 SOFC 的连接材料。但是在超过此温度时，不锈钢很容易氧化，生成 Cr_2O_3 和 Fe_3O_4（尖晶石），大大降低电池的性能。采用等离子喷涂技术（APS），在钢表面喷涂 $La_{0.8}Sr_{0.2}MnO_{3-\delta}$（LSM20）涂层或 $La_{0.8}Sr_{0.2}FeO_{3-\delta}$ 涂层（LSF20）[57]，可减慢氧化物的生长，特别是 Cr_2O_3 相。涂层后的样品在 800℃ 下，经过 50 次循环（每次 20h）反复氧化，表现非常稳定。然而，未经喷涂的不锈钢则会发生严重的蜕变和失重。LSF20 在减少表面氧化、界面阻力和防止铬的扩散等方面具有明显的优势。将喷有涂层 LSF20 的合金在大气中 800℃ 下放置 1000h 后，其界面阻力比喷有涂层 LSM20 的合金降低 23 倍。采用改进的溶胶-凝胶法合成的 $La_{9.33}Si_6O_{26}$ 型硅磷灰石粉体，与目前用传统固态法制备的氧化物 $Ln_{10-x}B_6O_{26\pm z}$（B =Si，Ge）离子传导体比较，用该种方法具有能降低结晶温度以及制备出纳米级颗粒等优点[58]。该类氧化物是以硅醇盐和氮化镧为前驱物合成的，为了在溶胶分解后制备纯相粉体，对工艺参数（水解率、溶胶中金属前驱物的浓度和有机化合物的作用）进行了考察，发现在 800℃ 时，可制备出纯的 $La_{9.33}Si_6O_{26}$ 型硅磷灰石粉体。用该粉体在 1400℃ 下可制备出高致密性（90％ ～ 95％）的陶瓷，使其具有高离子传导率，防止气体混合物从 SOFC 一端进入另一端。

10.4
稀土纳米材料在超级电容器中的应用

超级电容器也称电化学电容器。超级电容器是介于传统电容器和充电电池之间的一种新型储能装置，其容量可达几百至上千法拉。与传统电容器相比，它具有较大的容量、较高的能量、较宽的工作温度范围和极长的使用寿命；而与蓄电池相比，它又具有较高的比功率，且对环境无污染。因此可以说，超级电容器是一种高效、实用、环保的能量存储装置。

超级电容器作为功率补偿和能量存储装置，其储存电量的多少表现为电容 F 的大小。目前，根据其电能的储存与转化机理，超级电容器分为双电层电容器（electric double layer capacitor，EDLC）和法拉第准电容器（又叫赝电容器，pseudo-capacitors）。其中法拉第准电容器又包括金属氧化物电容器和导电高分子电容器。最近又出现了一种正负极分别采用电池材料和活性炭材料的混合超级电容器。目前，超级电容器的关键材料包括电极材料、电解质、隔膜和集电材料与外壳材料等。

文献[59]应用化学共沉淀法制备了掺La的纳米NiO。XRD分析表明，La的掺入不改变NiO的晶体结构，但晶粒尺寸有所减小。而且掺La后电极内阻有所减小，在低频区曲线斜率明显增大，表明掺杂提高了电容性能。这是因为La进入到NiO的晶体结构中，增大了晶格常数，晶体中的通道扩大，从而增强了质子在晶体内部的扩散能力。在高频区，掺杂后阻抗圆弧较明显且半径有所减小，这表明La的掺杂降低了电化学传荷电阻，提高了电极电荷传递速度。文献[60]利用电沉积方法制备了镧掺杂氢氧化镍复合物。镧元素的掺入会扭曲氢氧化镍的晶格点阵但不会改变氢氧化镍的晶体结构。经测试，氢氧化镧电极的比容量是零，说明氢氧化镧没有电容行为，而镧元素掺入的氢氧化镍电极具有较高的电容。这是因为镧元素的掺入会扭曲氢氧化镍的晶体结构，提高质子的扩散速率，进而提高 $Ni(OH)_2$ 的比容量。文献[61]利用对甲苯磺酰二氯胺作为掺杂剂和 $FeCl_3$ 作为氧化剂，进行原位聚合制备了高导电的聚吡咯（PPY）/石墨烯纳米片（GNS）/稀土离子（ RE^{3+} ）复合物，并探索了GNS和 RE^{3+} 对复合物导电性的影响。实验结果表明，在1A/g的电流密度下，PPY/ GNS/ RE^{3+} 复合物实现了238F/g的比容量，这是当时最好的性能之一。文献[62]利用镍基混合稀土（镧35%，铈55%，镨5%，钕5%）合金作为正极材料，1-丁基-3-甲基咪唑六氟磷酸盐作为电解液，富含氧官能团的活性炭为负极材料。最终制备了3V非对称电容器，而且获得了458W/kg的功率密度和50W·h/kg的能量密度，并且实现了500次的充放电循环，未发生明显的容量衰减。文献[63]通过 $KMnO_4$ 和 $MnCl_2$ 的低温固相反应，制备了掺杂稀土氧化镧的二氧化锰超大容量电容器复合正极材料。而且X射线衍射（XRD）分析表明，所制备的复合电极材料中 MnO_2 是其 α 相与 γ 相的混合晶相。透射电镜分析（TEM）表明，复合材料呈棒状结构，其平均长度为250～350nm，平均直径为15～20nm，长径比大于15。通过对新型复合电极材料进行电化学性能测试，发现掺入氧化镧的复合电极材料具有更好的充放电性能和电容特性，当 MnO_2 与

La$_2$O$_3$的质量比为1：0.1时，复合电极在2mol/L (NH$_4$)$_2$SO$_4$溶液中单电极最大放电比容量可达156.15F/g，比纯二氧化锰电极提高54.6%，充放电效率提高19.5%。

除了上述提到的超级电容器，现在人们还研发了一种新型的超级电容器系统——胶体离子超级电容器。它的电极结构独特：具有准离子态的电活性胶体，并原位生长在导电碳表面上[64]。因此，胶体离子超级电容器同时具有高的能量密度和高的功率密度。胶体离子超级电容器是利用多价态阳离子来储存电能的体系，显著提高了金属阳离子的利用率，进而可以高效使用稀土离子[65]。研究者通过设计化学和电化学反应驱动的原位成核-生长结晶过程，形成了高活性稀土胶体离子超级电容器电极材料。电极材料利用率得到大幅度提高，同时发生多电子氧化还原反应，解决了传统电极材料比容量低的问题。Ce基胶体离子超级电容器的比容量可以达到2060F/g[66]，Yb基胶体离子超级电容器的比容量可以达到2210F/g[67]，均大于其1电子理论容量。需要指出的是，稀土胶体离子超级电容器仍处于发展的初级阶段，需要进一步的研究与发展。

参考文献

[1] Divya KC, Østergaard Jacob. Battery energy storage technology for power systems—An overview.Electric Power Systems Research, 2009, 79: 511-520.

[2] 闫慧忠. 稀土储氢合金的主要应用. 世界有色金属, 2011, 3: 68.

[3] 蒋利军. 稀土储氢合金研究与应用. 稀土信息, 2011, 9: 4-6.

[4] Liu YF, Pan HG, Gao MX, et al. Advanced hydrogen storage alloys for Ni/MH rechargeable batteries. Journal of Materials Chemistry, 2011, 21: 4743-4755.

[5] 张鹏, 孟进, 许英. 镍氢电池的原理及与镍镉电池的比较. 国外电子元器件, 1997, 5: 16-18.

[6] 张瑞英. 稀土储氢产量的发展与应用. 内蒙古石油化工, 2010, 10: 109-111.

[7] 林河成. 中国稀土储氢电池在快速发展. 稀有金属快报, 2003, 6: 3-5.

[8] 程菊, 徐德明. 镍氢电池用储氢合金现状与发展.

金属功能材料, 2000, 7: 13-14.

[9] 赵家宏, 邢志勇, 李相哲, 等. 用于电动车的新型高能动力镍氢电池研发. 能源研究与利用, 2005, 3: 1-3.

[10] 王艳芝, 赵敏寿, 李书存. 镍氢电池复合储氢合金负极材料的研究进展. 稀有金属材料与工程, 2008, 37: 195-199.

[11] Cuscueta DJ, Ghilarducci AA, Salva HR. Design, elaboration and characterization of a Ni-H battery prototype. International Journal of Hydrogen Energy, 2010, 35: 11315-11323.

[12] 肖勇, 刘应亮, 袁定胜, 等. 纳米晶富铈稀土储氢合金制备及电化学性能. 稀土, 2009, 30(2): 43-45.

[13] Zaluski L, Zaluska A, Ström-Olsen. Nanocrystalline metal hydride. Journal of Alloys and Compounds, 1997, 253-254: 70-79.

[14] Zaluski L, Zaluska A, Ström-Olsen. Hydrogen absorption in nanocrystalline Mg$_2$Ni formed

by mechanical alloying. Journal of Alloys and Compounds, 1995, 217: 245-249.

[15] Orimo S, Fuji H. Effects of nanometer scale structure on hydriding properties of Mg-Ni alloys: a review. Intermetallics, 1998, 6: 185-192.

[16] Jung B, Kim JH, Lee KS. Electrode characteristics of nanostructured TiFe and $ZrCr_2$ type metal hydride prepare d by mechanicalalloying. Nanostructured Materials, 1997, 9: 579-582.

[17] 乔玉卿, 赵敏寿, 田冰. Mg_2Ni 纳米储氢合金结构及电化学性能研究. 功能材料, 2005, 36(12): 1875-1878.

[18] 刘战伟. 纳米储氢合金的研究进展. 广西物理, 2009, 30(1): 33-36.

[19] Zhang P, Yokoyama T, Itabashi O, et al. Recovery of metal values from spent nickel-metal hydride rechargeable batteries. Journal of Power Sources, 1999, 77: S.116-S.122.

[20] Tenorio JAS, Espinosa DCR. Recovery of Ni-based alloys from spent NiMH batteries. Journal of Power Sources, 2002, 108: S.70-S.73.

[21] 钟艳萍, 王大辉, 康龙. 从废弃镍基电池中回收有价金属的研究进展. 新技术新工艺, 2009(8): 81-86.

[22] 王颜赟, 高虹, 赵春英. 废旧氢镍电池回收处理技术研究进展. 有色矿冶, 2008, 24(4): 40-42.

[23] 海根H. 从废镍氢电池中再生回收镍、钴和稀土金属的闭路循环. 国外金属矿选矿, 2006, 6: 34-38.

[24] 黄小卫, 李红卫, 薛向欣, 等. 我国稀土湿法冶金发展状况及研究进展. 中国稀土学报, 2006, 24(2): 129-133.

[25] 廖春发, 胡礼刚, 夏李斌. 从废镍氢电池负极浸出液中回收稀土. 湿法冶金, 2011, 30(2): 152-154.

[26] Arumugam Manthiram. Materials challenges and opportunities of lithium ion batteries. Journal of Physical Chemistry Letters, 2011, 2: 176-184.

[27] Chen Kunfeng, Xue Dongfeng. Anode performances of mixed $LiMn_2O_4$ and carbon black toward lithium-ion battery. Funct Mater Lett, 2014, 7(2):

1450017.

[28] Liu C, Neale Z G, Cao G. Understanding electrochemical potentials of cathode materials in rechargeable batteries. Mater Today, 2016, 19 (2): 109-123.

[29] Qiu Heyuan, Zeng Lingxing, Lan Tongbin, Ding Xiaokun, Wei Mingdeng. In situ synthesis of GeO_2/reduced graphene oxide composite on Ni foam substrate as a binder-free anode for high-capacity lithium-ion batteries. J Mater Chem A, 2015, 3: 1619-1623.

[30] Zhuang Z, Huang F, Lin Z, et al. Aggregation-induced fast crystal growth of SnO_2 nanocrystals. Journal of the American Chemical Society, 2012, 134: 16228-16234.

[31] Kravchyk K, Protesescu L, Bodnarchuk M I, et al. Monodisperse and inorganically capped Sn and Sn/SnO_2 nanocrystals for high-performance Li-ion battery anodes. Journal of the American Chemical Society, 2013, 135: 4199-4202.

[32] Lu J, Li L, Park J-B, et al. Aprotic and aqueous $Li-O_2$ batteries. Chem Rev, 2014, 114: 5611-5640.

[33] Xu J-J, Wang Z-L, Xu D, et al. Tailoring deposition and morphology ofdischarge products towards high-rate and long-life lithium-oxygen batteries. Nat Commun, 2013, 4: 2438-2447.

[34] Lu Y-C, Xu Z, Gasteiger H A, et al. Platinum-gold nanoparticles: A highly active bifunctional electrocatalyst for rechargeable lithium-air batteries. Journal of the American Chemical Society, 2010, 132: 12170-12171.

[35] Jung K N, Lee J I, Im W B, et al. Promoting Li_2O_2 oxidation by an $La_{1.7}Ca_{0.3}Ni_{0.75}Cu_{0.25}O_4$ layered pervoskite in lithium-oxygen batteries. perovskite in lithium-oxygen batteries. Chem Commun, 2012, 48, 9406-9408.

[36] Ma Z, Yuan X, Li L, et al. The double perovskite oxide $Sr_2CrMoO_{6-\delta}$ as an efficient electrocatalyst for rechargeable lithium air batteries. Chem Commun, 2014, 50, 14855.

[37] Meng T, Ara M, Wang L, et al. Enhanced capacity for lithium-air batteries using $LaFe_{0.5}Mn_{0.5}O_3$-

CeO₂ composite catalyst. J Mater Sci, 2014, 49: 4058-4066.

[38] Zhu Y, Liu S, Jin C, et al. MnO$_x$ decorated CeO₂ nanorods as cathode catalyst for rechargeable lithium-air batteries. J Mater Chem A, 2015, 3: 13563-13567.

[39] Lu F, Wang Y, Jin C, et al. Microporous La$_{0.8}$Sr$_{0.2}$MnO₃ perovskite nanorods as efficient electrocatalysts for lithium-air battery. Journal of Power Sources, 2015, 293: 726-733.

[40] Zhang J, Zhao Y, Zhao X, et al. Porous perovskite LaNiO₃ nanocubes ascathode catalysts for Li-O₂ batteries with low charge potential. Scientific Reports, 2014, 4: 1-6.

[41] Xu J J, Wang Z L, Xu D, et al. 3D ordered macroporous LaFeO₃ as efficient electrocatalyst for Li-O₂ batteries with enhanced rate capability and cyclic performance. Energy Environ Sci, 2014, 7: 2213-2219.

[42] Xu J-J, Xu D, Wang Z-L, et al. Synthesis of perovskite-based porous La$_{0.75}$Sr$_{0.25}$MnO₃ nanotubes as a highly efficient electrocatalyst for rechargeable lithium-oxygen batteries. Angew Chem Int Ed, 2013, 52: 3887-3890.

[43] Yang C, Wong R, Hong M, et al. Unexpected Li₂O₂ Film growth on carbon nanotube electrodes with CeO₂ nanoparticles in Li-O₂ batteries. Nano Lett, 2016, 16: 2969-2974.

[44] Can C, Jian X, Shichao Z, et al. Graphene-like d-MnO₂ decorated with ultrafine CeO₂ as a highly efficient catalyst for long-life lithium-oxygen batteries. J Mater Chem A, 2017, 5: 6747.

[45] Yang ZD, Chang ZW, Xu JJ. CeO₂@NiCo₂O₄ nanowire arrays on carbon textiles as high performance cathode for Li-O₂ batteries. Science China Chemistry, 2017, (12): 1-6.

[46] Singhal S C. Advances in solid oxide fuel cell technology.Solid State Ionics, 2000, 135: 305.

[47] Yamamoto O. Solid oxide fuel cells: fundamental aspects and prospects. Electrochemical Acta, 2000, 45(15-16): 2423-2325.

[48] 卢俊彪, 张中太, 唐子龙. 固体氧化物燃料电池

[49] 杨书廷, 曹朝霞, 张焰峰. 质子交换膜燃料电池 (PEMFC) 新型纳米稀土催化剂的制备与性质. 无机材料学报, 2004, 19(4): 921-925.

[50] Kesapragada S V, Bhaduri S B, Bhaduri S, et al. Densificationof LSGM electrolytes using activatedmicrowave sintering. Journal of Power Sources, 2003, 124: 499-504.

[51] 吕喆, 黄喜强, 刘巍, 等. 碱土金属双掺杂的 Ce$_{0.9}$Ca$_{0.1-x}$Sr$_x$O$_{1.9}$中温固体电解质的性能及应用. 中国稀土学报, 2000, 18(4): 313-316.

[52] 蒋凯, 何志奇, 王鸿燕, 等. BaCe$_{0.8}$Ln$_{0.2}$O$_{2.9}$(Ln=Gd, Sm, Eu)固体电解质的低温制备及其燃料电池性质. 中国科学, 1999, 29 (4): 355-360.

[53] 陈永红, 魏亦军, 仲洪海, 等. La$_{0.8}$RE$_{0.3}$Sr$_{0.2}$FeO$_{3-δ}$ (RE=Nd, Ce, Sm) 体系双稀土阴极材料的制备与电性能. 物理化学学报, 2005, 21(12): 1357-1362.

[54] 程继贵, 李海滨, 刘杏芹, 等. 燃料电池 Ni/SCO 阳极流延膜的性能研究. 稀有金属材料与工程, 2003, 32(12): 986-989.

[55] 刘旭俐, 马俊峰, 刘文化, 等. 固体氧化物燃料电池的研究进展. 硅酸盐通报, 2001, 1: 24-29.

[56] Sammes N M, Hatchwell C E. Optimization of slip-cast La$_{0.8}$Sr$_{0.2}$CrO₃ perovskite material for use as an interconnect in SOFC applications. Materials Letters, 1997, 32(5-6): 339-345.

[57] Fu CJ, Sun KN, Zhou DR. Effects of La$_{0.8}$Sr$_{0.2}$Mn(Fe)O$_{3-δ}$ protective coatings on SOFC metallicinterconnects. Journal of Rare Earths, 2006, 24: 320-326.

[58] Lepe F J, Fernandez-Urban J, Mestres L, et al. Synthesis and electrical properties of new rare- earth titaniumperovskites for SOFC anode applications. Journal of Power Sources, 2005, 151: 74-78.

[59] 陈野, 韩丹丹, 张密林, 等. 掺镧纳米 NiO 的制备及超大电容性能研究. 中国稀土学报, 2006, 24(6): 692-694.

[60] Shao G, Yao Y, Zhang S, et al. Supercapacitor characteristic of La-doped Ni(OH)₂ prepared by

electrodeposition. Rare Metals, 2009, 28: 132-136.

[61] Wan S, Mo Z. PPy/graphene nanosheets/rare earth ions: A new composite electrode material for supercapacitor. Materials Science and Engineering B, 2013, 178: 527-532.

[62] Liu H, He P, Li Z, et al. A novel nickel-based mixed rare-earth oxide/activated carbon supercapacitor using room temperature ionic liquid electrolyte. Electrochimica Acta, 2006, 51: 1925-1931.

[63] 吕彦玲, 邵光杰, 赵北龙, 等. 稀土镧掺杂MnO_2电极的制备及性能研究. 中国稀土学报, 2009, 27(5): 653-656.

[64] 陈昆峰, 薛冬峰. 胶体离子超级电容器的比容量评价. 应用化学, 2016, 33(1): 9-24.

[65] Chen Kunfen, Xue Dongfeng. Rare earth and transitional metal colloidal supercapacitors. Sci China Tech Sci, 2015, 58(11): 1768-1778.

[66] Chen Kunfeng, Xue Dongfeng. Water-soluble inorganic salt with ultrahigh specific capacitance: $Ce(NO_3)_3$ can be designed as excellent pseudocapacitor electrode. J Colloid Interface Sci, 2014, 416: 172-176.

[67] Chen Kunfeng, Xue Dongfeng. $YbCl_3$ electrode in alkaline aqueous electrolyte with high pseudocapacitance. J Colloid Interface Sci, 2014, 424: 84-89.

索 引